U0171997

南海及邻域海洋地质系列丛书

南海矿产资源

杨楚鹏　周　娇　鞠　东等　著

科学出版社

北　京

内 容 简 介

南海是我国四大海域中矿产资源最为丰富的海区。本书以南海海域1∶100万海洋区域地质调查工作所获取的实际资料及调查成果为基础，系统收集历年在南海进行的油气资源、天然气水合物资源、砂矿资源、深海多金属结核和结壳等调查成果资料，通过对大量资料的梳理、整合和综合研究，全面总结了南海油气、天然气水合物和固体矿产的资源分布特征、赋存规律与成藏－成矿主控因素，并对各类资源远景进行了评价和预测，对未来方向进行了分析。希望本书能为我国矿产资源战略研究、海洋矿产资源开发利用等提供基础资料和理论支撑。

本书可供从事海洋地质学研究、海洋矿产资源勘探和开发的科技人员以及高等院校相关专业师生参考。

审图号：GS京（2022）1571号

图书在版编目（CIP）数据

南海矿产资源/杨楚鹏等著. —北京：科学出版社，2023.9
（南海及邻域海洋地质系列丛书）
ISBN 978-7-03-074795-2

Ⅰ. ①南… Ⅱ. ①杨… Ⅲ. ①南海-海底矿物资源 Ⅳ. ①P744

中国国家版本馆 CIP 数据核字（2023）第 022992 号

责任编辑：韦 沁 张梦雪／责任校对：何艳萍
责任印制：肖 兴／封面设计：中煤地西安地图制印有限公司

科 学 出 版 社 出版

北京东黄城根北街 16 号
邮政编码：100717
http://www.sciencep.com

北京建宏印刷有限公司印刷
科学出版社发行　各地新华书店经销

*

2023 年 9 月第 一 版　开本：889×1194　1/16
2024 年 8 月第二次印刷　印张：16 1/4
字数：388 000

定价：238.00 元
（如有印装质量问题，我社负责调换）

作者名单

杨楚鹏　　周　娇　　鞠　东　　熊量莉

李学杰　　蔡鹏捷　　姚永坚　　高红芳

何家雄　　张江勇　　田成静　　赵　利

胡小三　　聂　鑫　　钟和贤　　崔　娟

丛 书 序

华夏文明历史上是由北向南发展的，海洋的开发也不例外。当秦始皇、曹操"东临碣石"的时候，遥远的南海不过是蛮荒之地。虽然秦汉年代在岭南一带就已经设有南海郡，我们真正进入南海水域还是近千年以来的事。阳江岸外的沉船"南海一号"，和近来在北部陆坡1500 m深处发现的明代沉船，都见证了南宋和明朝海上丝绸之路的盛况。那时候最强的海军也在中国，15世纪初郑和下西洋的船队雄冠全球。

然而16世纪的"大航海时期"扭转了历史的车轮，到19世纪中国的大陆文明在欧洲海洋文明前败下阵来，沦为半殖民地。20世纪，尽管我国在第二次世界大战之后已经收回了南海诸岛的主权，可最早来探索南海深水的还是西方的船只。20世纪70年代在联合国"国际海洋考察十年（International Decade of Ocean Exploration，IDOE）"的框架下，美国船在南海深水区进行了地球物理和沉积地貌的调查，接着又有多个发达国家的船只来南海考察。截止到十年前，至少有过16个国际航次，在南海200多个站位钻取岩心或者沉积柱状样。我国自己在南海的地质调查，基本上是改革开放以来的事。

我国海洋地质的早期工作，是在建国后以石油勘探为重点发展起来的，同样也是由北向南先在渤海取得突破，到1970年才开始调查南海，然而南海很快就成为我国深海地质的主战场。1976年，在广州成立的南海地质调查指挥部，到1989年改名为广州海洋地质调查局（简称广海局），正式挑起了我国海洋地质、尤其是深海地质基础调查的重担，开启了南海地质的系统工作。

南海1∶100万比例尺的区域地质调查，是广海局完成的一件有深远意义的重大业绩。调查范围覆盖了南海全部深水区，在长达20年的时间里，近千人科技人员使用10余艘调查船舶和百余套调查设备，完成了惊人数量的海上工作，包括30多万千米的测深剖面，各长10多万千米的重、磁和地震测量，以及2000多站位的地质取样，史无前例地对一个深水盆地进行全面系统的地质调查。现在摆在你面前的"南海及邻域海洋地质系列丛书"，包括其整套的专著和图件，就是这桩伟大工程的盈枝硕果。

近二十年来，南海经历了学术上的黄金时期。我国"建设海洋强国"，无论深海技术或者深海科学，都以南海作为重点。从载人深潜到深海潜标，从海底地震长期观测到大洋钻探，种种新手段都应用在南海深水。在资源勘探方面，深海油气和天然气水合物都取得了突破；在科学研究方面，"南海深部计划"胜利完成，作为我国最大规模的海洋基础研究，赢得了南海深海科学的主导权。今天的南海，已经在世界边缘海的深海研究中脱颖而出，面临的题目是如何在已有进展的基础上再创辉煌，更上层楼。

多年前我们说过，背靠亚洲面向太平洋的南海，是世界最大的大陆和最大的大洋之间，一个最大的边缘海。经过这些年的研究之后，现在可以说的更加明确：欧亚非大陆是板块运动新一代超级大陆的雏形，西太平洋是古老超级大洋板块运动的终端。介于这两者之间的南海，无论海底下的地质构造，还是海底上的沉积记录，都有可能成为海洋地质新观点的突破口。

就板块学说而言，当年大西洋海底扩张的研究，揭示了超级大陆聚合崩解的旋回，从而撰写了威尔逊旋回的上集；现在西太平洋俯冲带，是两亿年来大洋板片埋葬的坟场，因而也是超级大洋演变历史的档案库。如果以南海为抓手，揭示大洋板块的俯冲历史，那就有可能续写威尔逊旋回的下集。至于深海沉积，那是记录千万年气候变化的史书，而南海深海沉积的质量在西太平洋名列前茅。当今流行的古气候学从第四纪冰期旋回入手，建立了以冰盖演变为基础的米兰科维奇学说，然而二十多年来南海的研究已经发现，地质历史上气候演变的驱动力主要来自低纬而不是高纬过程，从而对传统的学说提出了挑战，亟待作进一步的深入研究实现学术上的突破。

科学突破的基础是材料的积累，"南海及邻域海洋地质系列丛书"所汇总的海量材料，正是为实现这些学术突破准备了基础。当前世界上深海研究程度最高的边缘海有三个：墨西哥湾、日本海和南海。三者相比，南海不仅面积最大、海水最深，而且深部过程的研究后来居上，只有南海的基底经过了大洋钻探，是唯一从裂谷到扩张，都已经取得深海地质证据的边缘海盆。相比之下，墨西哥湾厚逾万米的沉积层，阻挠了基底的钻探；而日本海封闭性太强、底层水温太低，限制了深海沉积的信息量。

总之，科学突破的桅杆已经在南海升出水面，只要我们继续攀登、再上层楼，南海势必将成为边缘海研究的国际典范，成为世界海洋科学的天然实验室，为海洋科学做出全球性的贡献。追今抚昔，回顾我国海洋地质几十年来的历程；鉴往知来，展望南海今后在世界学坛上的前景，笔者行文至此感慨万分。让我们在这里衷心祝贺"南海及邻域海洋地质系列丛书"的出版，祝愿多年来为南海调查做出贡献的同行们更上层楼，再铸辉煌！

中国科学院院士 汪品先

2023年6月8日

前　言

从太空鸟瞰，地球是深邃的湛蓝色，这是占地球表面积71%的海洋的颜色。海洋是地球生命之源，孕育了种类繁多、数量庞大的生物资源，同时也蕴藏着丰富的能源和矿产资源。其中，海洋中的油气资源储量占世界油气总量的一半以上，还有大约98%的天然气水合物分布在边缘海环境中，是人类获取能源资源的宝库。另外，海洋中的化学元素及铁锰结核、富钴结壳、砂矿等矿产资源的储量也远大于陆地。对于任何一个拥有漫长海岸线的国家而言，大规模开发海洋矿产资源，已成为现代资源开发战略的重要一环。

为摸清我国海域资源的家底，从20世纪90年代开始，中国地质调查局组织开展了1∶100万比例尺的海洋区域地质调查工作。自此，中国地质调查局广州海洋地质调查局海洋区域地质调查研究团队开始了历时二十多年的南海1∶100万海洋区域地质调查和集成创新研究。我们运用海洋地质领域最新的理论、技术和方法，获取了海量的实测资料，完成了我国南部管辖海域11个国际分幅调查，实现了南海传统海疆线内1∶100万海洋区域地质调查的全覆盖。以这些实测资料为基础，不断吸纳和总结前人的调查研究成果，系统分析了南海矿产资源成矿、成藏的基础地质背景，较为深入地探讨了油气、天然气水合物、砂矿、多金属结核（壳）资源的分布特征、形成规律以及成藏（矿）主控因素，圈划了各类资源富集的潜力区带，并评述了它们资源潜力和开发利用前景。

本书根据南海沉积盆地形成的动力学机制、所处的板块构造环境、大地构造位置、地壳类型以及构造演化阶段和特征，将南海各盆地划分为三大类七种类型；对南海10个典型含油气盆地的石油地质条件进行了梳理，并进行了南海南、北油气地质条件的对比分析；在油气地质条件和已有勘探成果的综合分析基础上总结了南海油气资源赋存规律。

本书通过对南海1∶100万海洋区域地质调查中获取的地震资料的全面解译，对南海整体的似海底反射层（bottom simulating reflector，BSR）进行了系统识别追踪，全面认识了南海BSR的分布特征，据此划分了南海西缘、北缘、东缘、南缘四个天然气水合物异常区带；根据天然气水合物成藏系统理论，对南海四个天然气水合物异常区带的成矿模式进行了梳理总结，初步评价了异常区带的勘探前景。

本书基于沉积物岩矿特征的全面分析，阐述海域砂矿资源成矿背景，在南海初步圈定出锆石、钛铁矿、锐钛矿、独居石、磁铁矿、石榴子石等重矿物异常区范围，并划分了24个重矿物砂矿远景区、六个砂矿成矿带和九个建筑用砂远景区。综合分析认为，南海海砂成矿模式是多源、多动力条件、多成因、多类型成矿模式，海砂的物源既有陆源物质也有来自陆架的架源物质，既有径流搬运，又有等深流搬运，从而形成了多类型砂矿资源。海平面升降、东亚季风作用、海陆相互作用的影响，以及海洋动力和沉积过程共同控制着海砂的地质演化过程。

本书系统总结了到目前为止在南海发现的铁锰结核（壳）样品的地球化学特征，将南海分为六个不同的区域进行对比分析，六个区铁锰结核（壳）地球化学特征存在一定的相似性和差异性。并与大洋样品进行对比评价，发现南海铁锰结核（壳）的金属元素整体丰度不如太平洋其他区域丰富，但稀土元素含量高，接近工业开采品位，具有潜在的经济价值。

本书是"南海及邻域海洋地质系列丛书"的组成部分，也是《南海及邻域海洋地质图集》的配套成果，由杨楚鹏教授级高工牵头编写完成。本书共计六章，其中第一章由杨楚鹏负责，鞠东、周娇参加撰写；第二章由杨楚鹏、李学杰负责，姚永坚、高红芳、张江勇、田成静、胡小三参加撰写；第三章由杨楚鹏、熊量莉负责，高红芳、姚永坚、何家雄、聂鑫参加撰写；第四章由鞠东负责，杨楚鹏、胡小三参加撰写；第五章由周娇负责，蔡鹏捷、杨楚鹏、田成静、赵利、钟和贤参加撰写；第六章由周娇负责撰写；结语由杨楚鹏、周娇、鞠东撰写。全书由杨楚鹏负责审核统稿，鞠东、周娇、熊量莉、蔡鹏捷、崔娟负责插图的绘制、文献整理和编辑工作。

本书的出版得到了中国地质调查局基础地质调查部、广州海洋地质调查局、青岛海洋地质研究所领导和专家的大力支持和帮助，何家雄研究员和刘海龄研究员对全书内容进行了细致的审稿，提出了宝贵的修改意见和建议，在此一并表示衷心的感谢！由于著者水平有限，难免有疏忽错漏，不足之处恳请读者不吝赐教，我们将不断修改完善！

著　者

2022年12月于广州

目　　录

第 / 一 / 章

绪　论

矿产资源是人类社会发展的重要物质基础，从新石器时代、青铜器时代、铁器时代直至工业时代、信息时代，每一次人类文明的跨越都伴随着对自然矿产资源利用科技水平的飞跃。随着现代科技与工业的发展，人们对矿产资源的需求也在不断增加，由于陆地资源日渐匮乏，世界各国都已把开发海洋矿产资源作为新的战略目标。海洋是各种资源的重要宝库，其占全球面积的71%，蕴藏着丰富的矿产资源，其中石油资源占全球总储量的30%～50%。另外，海洋中砂矿、铁锰结核（富钴结壳）、天然气水合物等资源的储量远大于陆地。对于任何一个拥有漫长海岸线的国家而言，大规模开发海洋矿产资源，已成为现代资源开发战略的重要一环。自1873年英国"挑战者"号首航大西洋发现大洋多金属结核以来，人类在深海矿产资源的调查与研究方面已经历了百余年的历史。随着人类对深海矿产资源潜力的认识，加之海洋调查技术，尤其是深海勘查技术的日新月异，海洋矿产资源已成为世界各国争相抢夺的对象。

我国海域辽阔，由北到南分布有渤海、黄海、东海和南海。南海是我国最大的边缘海，除了拥有丰富的石油、天然气和水合物资源外，还蕴藏着分布广泛且资源量可观的固体矿产资源。从20世纪50年代以来，广州海洋地质调查局开始对南海的矿产资源做大量的基础地质调查工作，为综合研究评价南海矿产资源的分布、成矿规律等提供了翔实的地质资料。

第一节　海洋矿产资源类型与分布

按照海洋矿产形成的环境和分布特征，从滨浅海至深海大洋分布有滨海砂矿、石油与天然气、天然气水合物、磷钙土、多金属软泥、多金属结核（壳）（富钴结壳）以及热液硫化物等（表1.1）（高亚峰，2009）。

表1.1　海洋矿产资源分布表

海洋地貌单元	矿产资源类型
海岸带	钛铁矿、磁铁矿、金红石、锆英石、独居石、磷钇矿、褐钇铌矿、砂金、砂锡、铂砂、金刚石、石英砂等各类滨海砂矿，以及石油与天然气资源等
陆架和陆坡	煤、铁、铜、铅、锌、锡、钛、磷钙石、稀土、金、金刚石，以及丰富的石油与天然气、天然气水合物、多金属结核（壳）（富钴结壳）等
深海平原	多金属结核（壳）（富钴结壳），大量的镍、钴、铜、铅、锌等金属元素，深海稀土资源和多金属硫化物等

1. 石油与天然气

全球经济快速增长，能源消耗不断上升，传统陆上的油气勘探新增储量放缓，新发现的油气藏规模越来越小。相比之下，海洋油气资源勘探开发程度及探明率较低，油气资源潜力巨大。自2000年以来，全球海洋油气勘探开发进程加快，海上油气新发现超过陆地，油气储产量持续增长，已成为全球油气资源的战略接替区（江文荣等，2010）。特别是随着海洋油气勘探新技术的不断应用和日臻成熟，全球已进入深水油气勘探开发阶段，海洋油气勘探开发已成为全球石油行业主要投资领域之一。

全球海洋油气资源潜力十分巨大。目前，全球七大海域油气富集区包括北海油气富集区、西非海域油气富集区、西伯利亚海域油气富集区、波斯湾油气富集区、墨西哥湾油气富集区、中国近海油气富集区、南海（中国远海）油气富集区（陈进娥等，2012）。据国际能源署（International Energy Agency，IEA）统计，2017年全球海洋油气技术可采储量分别为10970亿bbl[①]和311万亿m³，分别占全球油气技术可采总量的32.81%和57.06%。从油气探明程度上看，海洋石油和天然气储量探明率仅分别为23.70%和30.55%，尚处于勘探早期阶段。从水深分布来看，浅水（<400 m）、深水（400～2000 m）、超深水（>2000 m）的石油探明率分别为28.05%、13.84%和7.69%；天然气分别为38.55%、27.85%和7.55%。据伍德·麦肯兹（Wood Mackenzie）统计，2013年以来，在全球91个可采储量大于2亿bbl的油气发现中，有52个位于深水、超深水区，占新增储量的47%（吴林强等，2019）。

2. 天然气水合物

天然气水合物（gas hydrate）俗称"可燃冰"，存在于多年冻土带、深水海底浅层沉积物和深湖相沉积物中。天然气水合物是一种在海域及陆地高压低温自然地质环境下形成的天然气和水的"似冰"状结晶物质，是一种主要分布于陆坡、大洋和极地等冻土带，可以提供巨量天然气资源的重要环保型能源，资源潜力巨大。随着人类日益增长的能源需求和天然气水合物分解释放对气候的重大影响，天然气水合物研究日益成为全球关注的热点。全球已发现天然气水合物聚集区约40处（Collett，2010）。据估计，全球天然气水合物的总资源量约为20000万亿m³，总有机碳含量高达10万亿t，大约是目前全球天然气储量（187.3万亿m³）的100倍，是目前已知的全球常规化石能源（包括煤炭、石油、天然气）储量的两倍（Lu，2015）。其中，海域天然气水合物资源量占99%，主要分布在300 m水深以下的海底及海底以下数百米的沉积层中（王淑玲和孙张涛，2018）。

3. 海底煤矿

海底煤矿是指埋藏于海底岩层中的煤矿，一般是陆地煤田向海底延伸的部分。海底煤矿作为一种潜在矿产资源已越来越被世界各国重视，尤其对于在陆地煤矿资源缺乏而工业技术先进的国家更是不可多得的资源。英国纽卡斯尔及达勒姆郡东北部和诺森伯兰郡东南的浅海地区、加拿大新斯科舍省的布雷顿角岛附近、智利康塞普西翁城以南海底、日本九州西岸、北海道东岸等地区均有不同规模的海底煤矿开采、开发，并获得了巨大的经济社会效益，中国的山东省龙口以及黄海、东海、南海北部、台湾省海底也发现了煤层分布（高亚峰，2009）。

4. 滨浅海砂矿

滨浅海砂矿资源主要分布在沿海的大陆架地区，主要矿物种类包括金属矿物中的钛铁矿、金红石、锆石、磁铁矿（钛磁铁矿），稀有金属矿物中的锡石、铌钽铁矿，稀土矿物中的独居石、磷钇矿，贵金属矿物中的砂金、金刚石、银、铂，非金属矿物中的石英砂、贝壳、琥珀等。澳大利亚、新西兰、印度、斯里兰卡、塞内加尔、美国、毛里塔尼亚、冈比亚、南非、莫桑比克、埃及、巴西以及欧洲沿海国家等具有丰富的重矿物砂矿（钛铁矿-金红石-锆石-独居石砂矿）资源；美国、英国、缅甸、菲律宾、泰国、马来西亚和印度尼西亚的海岸带具有锡砂矿资源；美国、俄罗斯、加拿大、智利、新西兰、澳大利亚、菲律宾和南非海岸

---

① 1 bbl=42 gal=1.58987×10² dm³。

带具有砂金–铂金砂矿资源；纳米比亚、南非、利比里亚、安哥拉沿海具有丰富的金刚石砂矿；俄罗斯、波兰、德国、新西兰、南非北岸、科特迪瓦、越南、泰国等沿海发现众多宝石砂矿（高亚峰，2009）。

5. 多金属结核（壳）

多金属结核（壳）（polymetallic nodule/crust）又称铁锰结核（壳）（ferromanganese nodule/crust），富集于水深为4000～6000 m的大洋洋底，全球洋底15%的面积被多金属结核（壳）所覆盖，是最重要的深海固体矿产资源之一（Kolbe and Siapno，1974；Heimendahl et al.，1976；张振国等，2008）。另外，还因其在形成过程中记录了古大洋环境演变的重要信息，而备受海洋地质学界的广泛关注（许东禹等，1994；Schulz et al.，2000；张兴茂和翁焕新，2005）。

多金属结核主要赋存于水深为3000～6500 m的深海平原上，据统计，已知多金属结核分布区面积约为3800万km²，其中有19%位于沿海国的专属经济区内（Levin et al.，2020）。多金属结核的成分非常稳定，锰、镍、铜、钴是主要有用组分，钼、钒、铂族金属、铋、稀土是伴生组分。多金属结核中经济意义最大的金属是镍和钴，其次是铜和锰（王淑玲等，2020）。最著名的富含镍和铜的多金属结核区位于东赤道太平洋的克拉里昂–克里帕顿（Clarim-Clipperton）断裂带（CC区），海底的结核密度可达75 kg/m²（湿重）。据估算，结核总量达210亿t，其中含有2.8亿t镍（是陆地镍总储量的3.5倍）、2.2亿t铜、0.4亿t钴（是陆地钴总储量的5.5倍）（王淑玲等，2020）。多金属结核在南美的秘鲁海盆、中印度洋海盆以及南太平洋科克群岛的彭林盆地也具有巨大的资源潜力。

富钴铁锰结壳为富含金属的一种层状沉积物，其通过水合氧化锰或水合氧化铁胶体固结在大洋深海底质上形成的层状沉积物。一般赋存于水深为800～2500 m处的海山、海台和海岭的顶部和斜坡上，已知结壳分布区面积约为170万km²，其中有54%位于沿海国的专属经济区内。富钴结壳富含钴、镍、铜、铅、锌等金属元素以及稀土元素（rare earth element，REE）和铂族元素（platinum group element，PGE），其中富钴结壳金属钴含量高达2%（Halbach，1985），是陆地原生钴矿床含量的20倍以上；贵金属铂含量也相当于陆上含铂量的80倍。富钴铁锰结壳在三大洋均有分布，其中太平洋海山区是世界海底富钴结壳资源的主要产出区域；中太平洋国际海域富钴结壳的潜在资源量达5亿t，分布面积达4万km²（张涛和蒋成竹，2017）。

6. 深海稀土

稀土是高新材料研发的重要资源，有着"工业黄金"和"现代工业的维生素"之称，被世界各国视为战略性资源。其在太阳能工程、红外线光学工程等高新技术领域中具有广泛的应用价值。随着人们对深海沉积物研究的不断深入，发现深海沉积物中蕴含着丰富的稀土矿产资源。2011年，日本科学家对国际大洋钻探获得的柱状沉积物样品进行分析时，发现东南太平洋和中北太平洋多个站位的深海泥具有较高的稀土元素和钇（统称为REY），并率先提出太平洋表层沉积物中的稀土元素可能是未来重要的矿产资源之一（Kato et al.，2011）。深海富稀土沉积物在太平洋和印度洋广泛分布，其稀土氧化物资源量可达1000亿t，其中重稀土资源量约为325亿t，引起了国际学术界的普遍关注（张霄宇等，2019）。其中，东太平洋克拉里昂–克里伯顿断裂带深海沉积物中ΣREY（ΣREE+Y）值达 $422.77 \times 10^{-6} \sim 1508.10 \times 10^{-6}$；南太平洋东部深海沉积物中ΣREY值为 $1000 \times 10^{-6} \sim 2230 \times 10^{-6}$；在北太平洋东部以及夏威夷群岛的西部海域中，深海沉积物中ΣREY值达 $450 \times 10^{-6} \sim 1002 \times 10^{-6}$，平均为 625×10^{-6}（王汾连等，2019）。据估算，太平洋深海稀土资源总量为目前陆上稀土资源总量的800倍（王淑玲等，2020）。

7. 热液硫化物

海底热液硫化物，也叫多金属硫化物、块状硫化物，是由高温黑烟囱喷发的富含金属元素的硫化物、硫酸盐等构成的矿物集合体（Rona and Scott，1993）。多金属硫化物于1978年在东太平洋隆起区域被发现，主要富含铜、钴、锌、锰、铁、镉、钼、钒、锡、银、金等多金属元素。多分布于2000 m深处的大洋中脊、海隆和弧后盆地的扩张中心等深海构造活动带上，通常与高温、高盐热卤水伴生，呈块状或软泥状，在世界大洋水深数百米至3500 m均有分布。截至2009年，全球已发现和推断的海底热液硫化物矿点有588个，主要分布在太平洋（约67%），其次在大西洋（约19%）、红海（约5%）、印度洋（约4%）和地中海（约4%），以及北冰洋和南大洋等海域（约1%）（公衍芬等，2014）。

第二节 南海矿产资源调查与研究现状

一、油气资源勘探开发现状

南海是西太平洋最大的边缘海，由于受欧亚板块、太平洋板块和印度-澳大利亚板块的共同作用，经历了复杂的地质演化过程，发育有二十多个沉积盆地，盆地沉积充填地层主要为新生界，部分区域有中生代残余地层。独特的大地构造位置及复杂的构造动力学环境、优越的油气成藏地质条件以及蕴藏的丰富油气资源，使南海备受国内外地学界的关注。

南海油气勘探活动大约从20世纪60年代开始，至今已有半个多世纪。早期油气勘探主要在华南大陆边缘沿海陆地（粤西及海南岛地区），而后不断推进到浅滩、浅海，最后又从浅海逐渐推进到深海。我国早期在南海油气勘探活动均主要集中于南海北部浅水区，经过几十年的艰苦勘探，先后在珠江口盆地、北部湾盆地、琼东南盆地和莺歌海盆地共发现油气田51个（朱伟林，2010）。近年来，随着南海北部珠江口盆地南部白云凹陷一系列深水油气藏的勘探发现，以及南海北部西区琼东南盆地南部中央峡谷水道自营深水大中型天然气田里程碑式的勘探发现及重大突破，南海北部深水油气储量及产量所占比重亦逐渐提高，可以预测深水油气勘探领域将是未来该区常规油气勘探的主战场及油气储量及产量新的增长点。

我国在南海中南部的油气勘探开发起步较晚，南海中南部的周边国家，如菲律宾、马来西亚、文莱、越南等，早期主要在其近海海域进行油气勘探开发活动，但近些年已逐步向中国南海传统海疆线内的深水区迈进，据不完全统计，南海周边国家，如马来西亚、菲律宾、文莱、越南在南海累计钻探了3000多口油气井，生产石油累计约7亿t、天然气累计约1万亿m³（王子雯等，2018）。

（一）南海北部勘探开发现状

长期以来，我国南海油气资源勘探工作主要集中在南海北部大陆边缘盆地，且重点在北部陆架浅水区，其海洋地质调查和油气勘查研究程度较高。据不完全统计，迄今为止，在南海北部主要盆地已勘探发现油气田及含油气构造119个，其中，在生产的油气田有65个（油田48个、气田17个），油气总产量自2010年以来，一直保持在约2300万t油当量/a的油气产能（何家雄等，2020b），这些油气田主要分布于盆地陆架浅水区，而与陆架浅水区相邻的陆坡以及洋陆过渡带深水区，油气勘探程度较低。

2012年以来，在南海海域新增的油气探明可采储量7.41亿t油当量中，与深水沉积体系相关的油气储量高达4.09亿t油当量，占近年新增总油气探明可采储量的55%（张强等，2018b）。由此可见，深水区必然是南海未来油气勘探的重要战略接替区及主要油气勘探领域。近年来南海北部深水油气勘探进展较快且成果颇丰。2011年，中国海油与加拿大哈斯基（Husky）能源公司联合勘探开发区块（29/06）荔湾3-1、流花34-2和流花29-1三个天然气田的发现，拉开了南海北部深水油气勘探开发的序幕，这三个大中型气田已于2014年相继开始开发投产，天然气总产量达1420万m³/d。2012年，我国首个自主研发设计的第六代深水半潜式"981"钻井平台在南海北部1496 m水深海域成功钻探"荔湾6-1"油气勘探目标，表明我国具备了独立进行深水油气勘探开发的技术装备及能力（周子云，2017）。2014年，"981"钻井平台相继前往西沙、南沙部分海域和琼东南盆地西南部深水区进行油气勘探开发活动，并取得了自营深水油气勘探的里程碑式的重大突破，勘探发现了我国第一个自营深水大气田——陵水17-2，开创了南海北部深水油气勘探开发的新局面。截至2018年底，我国在南海北部已先后发现了14个大中型深水油气田，累计探明油气地质储量约为3.9亿t油当量。其中，在白云凹陷东北部发现了流花16-2、流花20-2和流花21-2等深水油田，累计石油探明储量达7500万t；在白云凹陷东南部发现荔湾3-1等大中型深水气田，在乐东–陵水凹陷发现了陵水17-2、陵水18-1及陵水25-1等大中型深水气田，累计获得天然气探明储量达4000亿m³。截至2018年，在南海北部已建成投产10个深水油气田，2018年石油产量约为90万t、天然气产量约为50亿m³，合计达528.7万t油当量。目前，尚有陵水17-2、陵水25-1等多个气田在建待产，预计2025年南海北部深水区油气产量有望突破1200万t油当量，增产量约占同期全国的8%。其中，天然气产量超过100亿m³，有望建成中国深水海域第一个百亿立方米级大气区（王陆新等，2020）。

（二）南海南部勘探开发现状

据不完全统计，南海南部在中国传统海疆线内油气总资源量为438.9亿t油当量，南部油气资源量约为北部油气资源量的两倍。南海南部石油天然气资源主要集中在曾母盆地、文莱沙巴盆地、南薇西盆地和万安盆地。曾母盆地和文莱沙巴盆地均发现上百个油气田，其中曾母盆地以产气为主，文莱沙巴盆地以产油为主，曾母盆地天然气探明储量达153.2亿t油当量，文莱沙巴盆地石油探明储量为73.9亿t。

据不完全统计，越南、文莱、马来西亚、印度尼西亚、菲律宾五国，在南海南部海域的钻探油井已达1380口，年石油产量约6000万t，产值超过2000多亿美元（黄少婉，2015），而其所圈定的石油勘探开发区块有一部分已经深入中国南海传统海疆线内，其在传统海疆线内开发的油气资源量超过3000万t。

越南作为东南亚重要的石油出口国，其在湄公盆地和万安盆地一带的油气勘探活动十分活跃。以大熊油田为代表，大熊油田是越南早期发现并开发的油田，其跨越我国传统海疆线，1988年越苏石油公司以05-1区块大熊油田为中心开展调查评价，该区块石油储量约为3.546亿bbl，天然气约为8.482亿m³，开采年限到2025年（周子云，2017）。菲律宾的油气勘探活动，主要集中在南沙海域礼乐盆地和巴拉望盆地。1976年，礼乐滩海域已经勘探发现桑帕吉塔（Sampaguita）气田，至2006年桑帕吉塔气田的初步调查结果显示该区域含有962.77亿m³天然气。2017年7月31日，菲律宾公布了位于西北巴拉望盆地海域的三个区块油气田的开发权，面积分别为61.1万hm²、60万hm²和42.4万hm²，在这三个区块油气田中，有两个在中国传统海疆线内（黄少婉，2015）。马来西亚在南沙海域的油气勘探活动，主要集中在曾母盆地和文莱沙巴盆地。据统计，马来西亚在南海争议区的石油和天然气产量分别达50万bbl/d和491.4亿m³/a（周子云，2017）。

二、天然气水合物资源调查与研究现状

国务院于2017年11月3日正式批准将天然气水合物列为新矿种，其成为我国第173个矿种。天然气水合物形成于高压低温环境，主要分布赋存于地球上的两类区域：一类是水深大于300 m的海底及海底以下数百米的沉积物内；另一类是陆地永久冻土带。据初步估算，全球天然气水合物资源量约为2.1×10^{16} m³（Milkov，2003），是煤炭、石油和天然气资源总量的两倍，足够人类使用千年以上。目前，世界上许多海域直接或间接发现了天然气水合物，其中包括中国的南海北部陆坡、南沙海槽和东海陆坡（李培廉和杨文达，2006；陈忠等，2007a；于兴河等，2014）。水合物的稳定性对其保存环境条件有很高要求，一般存在于高压（>10 MPa）和低温（0~10℃）条件下（耿威等，2020）。当温压条件发生改变超出水合物的稳定条件时，水合物会快速分解，释放出大量气体和水，甚至会引发地质灾害，如海底滑坡，从而毁坏海上作业装备甚至引发海啸。天然气水合物分解后释放甲烷等气体如果逃逸到海水及大气中，更可能会引起气候变化（舟丹，2013）。同时，存在天然气水合物的区域，在温度增加时天然气水合物会分解，造成海底滑塌、形成块状搬运沉积体等地质现象（蓝坤等，2021）。

不同地区的天然气水合物具有不同的地质地球物理及地球化学特征。南海北部海域天然气水合物地震剖面上多具有似海底反射层（bottom simulating reflector，BSR）、空白反射、低地震频率、高波阻抗、振幅随炮检距变化（amplitude versus with offset，AVO）响应、地震速度异常等特征。同时，在地球物理测井上常常具有高电阻率和高声波速度等特点。因此，上述这些均可作为天然气水合物的地震识别标志与测井判识标志。在二维（三维）高分辨率地震资料精细分析的基础上，根据天然气水合物具有的独特地震响应特征，结合地球物理测井结果即可综合识别与确定天然气水合物分布范围及展布特征。

（一）全球天然气水合物发现及调查勘探历史

1810年，英国科学家Davy在实验室合成了氯气水合物。1934年，美国科学家Hammerschmidt发现天然气水合物会堵塞输气管道，影响天然气输送，为此美国、苏联、荷兰、德国等先后开展了水合物形成动力学和热力学研究，以及如何防治输气管道中形成水合物的课题（Sloan et al.，1994）。1965年，苏联在西伯利亚麦索亚哈（Messoyakha）凝析油气田首次发现天然产出的天然气水合物（Collett and Ginsburg，1998），之后美国、加拿大也相继在阿拉斯加、马更些（Mackenzie）三角洲等陆上冻土区发现了天然气水合物（Timothy and Scott，1999）。1974年，苏联科学家在黑海沉积物中发现了大块水合物结核。1979年，国际深海钻探计划（Deep Sea Drilling Program，DSDP）第66、67航次先后在中美海槽钻孔岩心中发现了海底天然气水合物（Sloan et al.，1994）。此后，水合物成为许多国家和部分国际组织关注的热点，美国、苏联、日本、德国、加拿大、英国、挪威等，以及DSDP和随后的大洋钻探计划（Ocean Drilling Program，ODP）、综合大洋钻探计划（Integrated Ocean Drilling Program，IODP）等进行了大量调查取样，先后在世界各地直接或间接地发现了大量天然气水合物实物样品（萧惠中和张振，2021）。2002年春，美国、日本、加拿大、德国、印度五国合作，对加拿大马更些冻土区Mallik5L-38井的天然气水合物进行了试验性开发，通过注入约80℃的钻井泥浆，成功地从1200 m的深水合物层中分离出甲烷并予以回收，同时进行的减压法试验也获得了成功，由此进入了水合物开采试验阶段（陈建东和孟浩，2013）。进入21世纪以来，多个国家和组织都实施了天然气水合物勘探研究及开发计划（表1.2）。

表1.2 世界主要国家或组织的天然气水合物勘探开发计划表（据杨胜雄等，2019）

国家或组织	计划、项目及投资规模	执行时间（年份）		主要目标任务
美国	国家甲烷水合物研发计划（每年投资超过1500万美元）	1999～2015年		建立全球天然气水合物资源数据库；2010年解决开采技术问题，2015年实现商业开采；评价对国家能源安全的贡献，以及对全球能源市场的贡献；量化在全球资源和碳循环中的作用；评价开采天然气水合物对常规油气生产及海底稳定性的影响
美国	矿物管理服务研究发展计划	2004～2006年		墨西哥湾渗漏系统天然气水合物观测研究
	墨西哥湾钻井项目	2004年至今		钻井16口、取心井和测试井
日本	甲烷水合物开发计划（2001～2016年）（每年投资超过1亿美元）	2001～2003年		甲烷水合物分布调查（与"甲烷水合物资源调查研究"项目一并执行），确定井位
		2004年		钻井取心
		2004～2005年		陆上二次开采试验（麦肯齐三角洲）
		2006～2016年	第一阶段	2006年开始海上开采试验，确定南海海槽富集区，准确评价资源，研究深水区软层钻井和完井技术以及提高采收率技术，评估开采对环境的影响
			第二阶段	2007～2011年开采试验和技术总结
			第三阶段	2012～2016年商业开发评估确认
德国	地球工程-地球系统"从过程认识到地球管理"计划	2000～2015年		"气体水合物的能源载体和气候因素"：天然气水合物物性、赋存和分布定量研究，对油气勘查作用和取样、开采技术研究
加拿大	加拿大地球科学断面计划	2004年		建立约束勘探模型；研发合适天然气水合物开采方法；潜在效益与区域经济发展
韩国	天然气水合物长期发展规划	2004～2013年		远景区详查；评价和开发、运输和储存技术、安全生产技术
中国	国家专项，总投资8.1亿元	2002～2011年		中国南海天然气水合物资源调查与评价
日本、俄罗斯、韩国、德国、比利时	CHAOS项目	2005年		鄂霍次克海天然气水合物富集条件和渗漏系统天然气水合物调查
日本、加拿大、美国、印度	陆上天然气水合物二次开发试验	2005年		永冻区天然气水合物试验性开采
IODP	天然气水合物调查	2003年10月至2013年		钻探、环境和水文地质

总之，虽然目前天然气水合物勘查开发面临工程技术、开采试验、经济评价等诸多挑战，但科学技术突破及快速发展将加快人类开发利用天然气水合物的步伐，最终使这些难以获得的环保型资源被人类广泛开发利用。

（二）国内天然气水合物勘查试采研究及进展

1. 国内天然气水合物勘查试采研究及进展

与国外相比，中国在天然气水合物调查研究起步较晚。20世纪80年代中后期，原地质矿产部及有关科研院所、大专院校开始了天然气水合物信息搜集、前期研究及合成试验。在此基础上，重点在南海北部陆坡深水区开展了天然气水合物地质地球物理调查及勘查试采等研究工作。迄今为止，已在天然气水合物资源勘查试采等方面取得了里程碑式的重大突破与进展，根据其发展历程及重要节点，总体上分为三个阶段。

第一阶段：水合物研究预查阶段（1985～2001年）。1985年始，中国部分期刊已陆续开始了天然气水合物相关信息的报道，其后《天然气地球科学》先后发表了"天然气水合物研究专辑"和香山科学会议天然气水合物专题会议的相关成果。1995年，中国大洋矿产资源研究开发协会设立了"西太平洋气体水合物找矿前景与方法的调研"课题。1997年，地质矿产部设立了"中国海域天然气水合物勘查研究调研"课题。1998年，国家高技术研究发展计划（863计划）设立了"海底气体水合物资源勘查的关键技术"课题，并组织中国地质科学院矿产资源研究所、广州海洋地质调查局、中国科学院地质与地球物理研究所等，对中国近海天然气水合物的成矿条件、调查方法、远景预测等方面进行前期调查研究（Dickens和张延敏，1998；Kvenvolden，1998；汪品先，1998；姚伯初，1998b），进而为中国天然气水合物资源调查及其勘查工作做好了充分的准备。

1999年，国土资源部启动"新一轮国土资源大调查"计划，1999年10月，广州海洋地质调查局"奋斗五号"实施执行了中国地质调查局"西沙海槽天然气水合物资源前期调查"项目，即正式启动和开展了国家天然气水合物调查工作。该水合物调查结果基本上确证了西沙海槽存在多段具有极性反转、上部空白反射、近似平行海底地震反射、地震速度局部增高等典型BSR标志，这一结果大大增强了中国地质矿产决策部门和国内同行在南海勘探寻找天然气水合物的信心（孙春岩和王宏语，2004）。2000年，广州海洋地质调查局"海洋四号"调查船，进一步开展了对该海域地质地球化学的调查，并发现了一系列与天然气水合物有关的地质地球化学异常标志。同时，在水合物结构特征及合成实验研究方面，2001年，国土资源部在青岛建成了中国第一个拥有自主知识产权的"天然气水合物模拟实验室"，并成功合成水合物样品。2002年，国土资源部正式设立"我国海域天然气水合物资源调查与评价"国家专项，加上2000～2001年的水合物专项预研究项目，广州海洋地质调查局迄今已在南海北部陆坡深水区完成了针对水合物勘查的几十个航次的地质、地球物理和地球化学调查，并开展了高分辨多道地震、多波束、浅层剖面、单道地震、地质地球化学取样、海底摄像、热流测量等全方位的地质地球物理及地球化学调查工作。与此同时，广州海洋地质调查局及其合作单位还进行了相应的地质综合研究。总之，通过上述水合物调查及勘查研究工作，基本上掌握了南海北部陆坡区天然气水合物资源潜力及其分布状况，圈定了天然气水合物存在的BSR分布范围，发现了与天然气水合物有关的地质地球化学异常标志，初步预测了天然气水合物的分布规模并估算了水合物资源量。

第二阶段：调查突破阶段（2002～2010年）。2002年，国家设立"我国海域天然气水合物资源调查与评价"国家专项，广州海洋地质调查局先后派出"海洋四号"、"探宝号"、"奋斗四号"、"奋斗五号"等调查船，开展了18个航次的调查工作，进一步确证了南海北部陆坡深水区具有天然气水合物的赋存条件，并取得了与水合物相关的一系列地球物理、地球化学、地质及生物等第一手资料。2002年，863计划设立"天然气水合物探测技术"课题，系统开展了天然气水合物地震、地球化学、采样技术研发；同时，2004年还与德国基尔海洋中心合作，开展"南海北部陆坡甲烷和天然气水合物分布、形成及其对环境的影响研究"，与德国进行政府间合作，德国"SONNE"调查船首次赴中国南海海域，实施了中德合作的SO-177航次，首次在南海发现了大规模自生碳酸盐岩区、甲烷气体喷溢形成的菌席、双壳类生物及与之伴生的管状蠕虫，预测南海北部陆坡具有良好的水合物资源远景，初步圈定了天然气水合物找矿重点目标区（黄永样等，2008）。2006年，中国地质调查局两次邀请包括IODP-311航次、印度洋钻探航次首席科学家Riedel博士、德国著名科学家Susse博士在内的美国、加拿大、荷兰等国的科学家，利用网络会议讨论了南海北部陆坡的天然气水合物钻井方案。2007年，BAVENT号工程船进入现场，分两个航段对南海北部陆坡深水区水合物实施钻探取心工作，于5月1日在第一个钻探站位成功取心，获得了中国第一个天然气水合物实物样品（邓希光等，2008；张永勤，2010）。该样品取自深水海底以下183～201 m，水深1245 m处，天然气水合物饱和度为20%，天然气水合物层总厚度为18 m，并在现场对岩心进行X-射线照相、红外扫描和18项测试分析工作。并于5月15日在第四个钻探站位再次获得水合物实物样品，其分解气体中甲烷含量高达99.8%。总之，南海北部深水区勘查发现的天然气水合物矿层厚度之大、丰度之高、甲烷含量之纯，都是世界上其他地区分散浸染状天然气水合物中非常罕见的，是一种新的类型。这一重大发现，使中国成为继美国、日本、印度之后，第四个通过国家级研发计划在深水海底钻探到天然气水合物实物样品的国家（张永勤，2010）。

第三阶段：勘查试开采阶段（2011～2020年）。2011年，国务院批准设立"天然气水合物资源勘查与试采工程"（127工程）国家专项。同时，国家重点基础研究发展计划（973计划）和863计划亦设立配套的研发项目，拟在10年内初步摸清天然气水合物资源家底，同时开展开发试验，掌握天然气水合物试开采的核心技术，研发关键装备，为将来商业化开发和产业化奠定基础。2011年9～10月，中国地质调查局在我国陆域祁连山南缘亦开展了冻土区天然气水合物的首次试开采试验，并运用降压法和加热法成功将地下130～400 m处的天然气水合物分解采出天然气，且在101 h内回收到95 m³的天然气，同期进行的环境监测结果显示，本次试开采并未出现甲烷泄漏（祝有海等，2010），表明陆域冻土带水合物勘查试采亦获取重要进展。2012年，中国第一艘自行设计的天然气水合物综合调查船"海洋六号"再次深入南海东北部海域，利用深水多波束、海底电磁仪等探测，结合海底摄像、ROV海底机器人等实地观测，进一步调查天然气水合物的分布与赋存特征。2013年，广州海洋地质调查局再度在南海北部陆坡珠江口东部钻获高纯度天然气水合物样品，此次发现的天然气水合物具有埋藏浅、厚度大、类型多、含矿率高、甲烷纯度高等特点，呈层状、块状、结核状、脉状等多种类型产出，含矿率为45%～55%，甲烷含量最高达到99%。本航次23口钻井所控制的天然气水合物分布面积约55 km²，其资源量折算成天然气达1000亿～1500亿m³，相当于一特大型常规天然气田。2013年，在祁连山冻土区再次钻获天然气水合物样品，并取得扩边勘查重要进展（范广慧，2016）。2017年5月10日，随着中国天然气水合物专项计划的顺利推进，我国在南海北部陆坡中部神狐海域水合物首次试开采获得成功，并于7月9日关井，连续试开采60d，累计产气超过30万m³，取得了持续产气时间最长、产气总量最大、气流稳定、环境安全等多项重大突破性成果，创造了产气时长和总量的世界纪录（何家雄等，2020a）。其后，2020年实施了南海北部水合物的第二次试开采，并取得了重大突破与进展，2020年3月31日，自然资源部宣布我国海域天然气水合物第二轮试采取得圆满成功，本次试采持续产气42d，累计产气总量149.86万m³、日均产气量3.57万m³，是第一轮60d总产气量的4.8倍，创造了"产气总量和日均产气量"两项世界纪录，实现了从探索性试采向试验性试采的重大跨越（叶建良等，2020）。

2. 国内天然气水合物实验及勘查探测技术研发进展

自1990年起，通过相关国家专项的设立和实施，我国开启了天然气水合物的相关基础理论、实验模拟和开发工程技术的研究。通过多年的努力，我国建成了第一艘多功能天然气水合物综合地质地球物理调查船"海洋地质六号"（原名"海洋六号"）；建成功能完善的水合物模拟实验室，研制了一批具有独立自主知识产权的水合物探测装备和实验测试装置，形成了高分辨率多道地震与海底地震联合目标探测、海底微地貌和热流探测、海底原位空隙水取样、海底沉积物保真取样等关键技术；建立了适合我国海域天然气水合物矿藏的多元信息评价及成矿预测方法，初步形成海域天然气水合物资源综合勘查技术体系（杨胜雄等，2019）。

1990年，中国科学院兰州冰川冻土研究所与莫斯科大学合作，成功进行天然气水合物人工合成实验（王平康等，2015）；2000年以来，中国海洋石油总公司、青岛海洋地质研究所、中国石油大学（北京）、中国科学院广州能源研究所、西安交通大学、中国科学院兰州冰川冻土研究所等均开展了开采技术前期的天然气水合物模拟实验研究，在海底天然气凝析液长输管道内天然气水合物生产、预测与控制技术研究及工程实践的基础上，开展天然气水合物的形成、分解热力学与动力学过程的研究（姚伯初，1998b；朱岳年，1998；江英，2000；杨文达和陆文才，2000；孟宪伟等，2000）。

在天然气水合物开采基础理论研究方面，中国科学院于1999年启动天然气水合物研究的院长特别基金，2001年设立"天然气水合物形成与分解机理"的研究专项，2002年实施知识创新工程，支持"天然气水合物开采关键问题"和"大陆坡天然气水合物形成的地质条件与成藏机理研究"两个重要方向性项目，并在海底天然气水合物岩石物理模型、振幅随炮检距变化（AVO）分析、实际地震处理、多种地球物理资料的综合分析和速度全波形反演方面取得创新性的研究成果（孙建业等，2008）。

2009年，973计划项目"南海天然气水合物富集规律与开采基础研究"立项。通过五年的研究，系统总结了水合物成藏的地球物理、地球化学及生物学响应机理和识别标志，获得水合物稳定带中不同甲烷相态的微生物及宏生物组合特征，以及冷泉环境下氧化-还原界面附近生物地球化学响应特征；综合分析控矿因素，揭示成矿规律，创新性地提出南北部两个主要水合物成矿带。第一成矿带位于小于2000 m水深范围的新生代大型沉积盆地发育的区域，以热解气源水合物为主要类型，部分为混合气源；第二成矿带位于水深大于2000 m的新生代中小型沉积盆地发育的古斜坡区域，以生物气源的水合物为主（杨胜雄，2013；梁金强等，2014；王平康等，2015）。

在水合物开采物理模拟和数值模拟技术方面，中国海洋石油总公司与中国科学院广州能源研究所、中国科学院力学研究所、中国科学院海洋研究所、中国石油大学（北京）、大连理工大学、广州海洋地质调查局等联合开展研究，初步建立天然气水合物声电特性测量装置、一维和二维开采模拟装置、天然气水合物沉积物骨骼结构可视化实验系统和低压天然气水合物沉积物机械特性测量装置，正在建立三维可视天然气水合物开采模拟装置，为开采技术研究奠定初步实验研究基础（张怀文等，2019；吴能友等，2020；康家浩，2020）。

在海洋天然气水合物开发工程方面，中国海洋石油总公司具备从勘探、开发、钻完井、海洋工程及大型海上作业装备等配套的海上油气田开发基础，在"十五"后期，中国海洋石油总公司建立了中国海洋石油总公司深水工程重点实验室，增设天然气水合物开采研究方向，配备先进的天然气水合物基础研究软件，以及用于天然气水合物相态、天然气水合物生成和分解预测软件（李淑霞等，2020；付强等，2020；张金华等，2020）。2005年，中国海洋石油总公司启动"天然气水合物开采技术专业调研和开采技术初步研究"课题和天然气水合物开采前沿技术专项，国内首次采用海上现场油气水合成管道内天然气水合物，在海底钻完井及输送过程天然气水合物解堵技术方面积累了丰富的经验，同时，我国正在开展的深水油气勘探、深水工程重大装备深水海洋工程技术研究为深水油气和海洋天然气水合物开发工程实施提供技术支撑（何家雄等，2020a，2020b；付强等，2020）。

总之，我国广阔的管辖海域和专属经济区（深水区）有着巨大的天然气水合物资源前景，对于我国这样一个能源相对短缺的国家，实施天然气水合物资源试采工程技术研究，尽早开发利用天然气水合物是解决我国能源供给、保证国家能源安全的有效途径。

三、固体矿产资源调查与研究现状

我国是一个海域辽阔、海岸线漫长的沿岸国，不仅有丰富的石油和天然气等流体矿产资源，而且还有丰富的滨海砂矿、浅海重矿物砂矿、海底煤田、热液硫化物、多金属结核（壳）等其他潜在的固体矿产资源。

（一）砂矿调查与研究现状

海洋砂矿主要是在海洋水动力等因素的作用下，具有工业价值的重矿物在有利于富集的海底地貌部位形成的一种固体矿产资源（谭启新，1998）。南海海域广阔，不仅油气、天然气水合物资源丰富，而且具有丰富的滨岸及近海砂矿资源。前期勘探工作和现有资料已发现一些重要的砂矿资源，尤其是重矿物砂矿，它们遍布华南和越南海岸带，在台湾和巴拉望海岸带的局部地区也发现含钛磁铁矿和铬铁矿（Clark和陈颐亨，1993）。

20世纪50~60年代是我国滨海砂矿调查较盛行期，沿海省（自治区、直辖市）地质局、冶金局、非金属矿业公司等部门相继开展了地质调查与勘探评价。据不完全统计，截至1986年，已探明具有工业储量矿产地90余处，各类不同矿种的砂矿床140个，各矿种的储量合计如下：锆石250万t、钛铁矿2379万t、独居石11万t、磷钇矿9000 t、金红石7万t、磁铁矿71万t、铬铁矿20万t、锡砂矿8000 t、铌铁矿2811 t、钽铁矿750 t、玻璃石英砂18000万t、金2.5 t（海洋地质研究所1986年"中国滨海砂矿分布及富集规模研究报告"）。截至2006年，已探明各类砂矿床193处（其中大型37处、中型51处、小型105处）、矿点160余处（钱凤仪，1996；谭启新，1998；孙岩和韩昌甫，1999）；已查明石英砂矿储量达15亿t以上，锆石、钛铁矿、独居石、磷钇矿、金红石、磁铁矿和锡石储量总计2720万t以上（陈忠等，2006）。

20世纪50年代末至今，很多学者对部分中国近海区重矿物砂矿资源分布进行了调查研究，取得了一定的成果。叶维强等（1990）通过对广西滨海砂矿形成的研究，发现矿产地144处，查明砂矿床22处，杨道斐（1993）总结了华南滨海砂矿特征，划分了五个主要成矿带；张本（1998）总结了海南省环岛砂矿资源特征，矿种为钛铁矿、锆石、独居石等，目前已探明钛铁矿砂矿24处，储量2096.4万t，锆石砂矿28处，独居石砂矿6处；谭启新（1998）宏观研究了我国的海洋砂矿，在南海浅海区圈定锆石、钛铁矿、金红石（锐钛矿）、独居石等I级异常区10个、II级异常区20个，各级异常区共计49个，并划分了10余个成矿带，并分析总结了我国滨浅海砂矿分布规律；随后，在台湾海峡西部（沈若慧等，1999）、南沙海槽南部（陈忠，2003）等部分浅海区，均有针对表层重砂矿资源的预测及评价研究。陈忠等（2006）在现有的工作基础上，结合最新调查资料，系统编制了南海固体矿产资源评价图，且粗略地划分了研究区重矿物的异常区及高含量区，但没有详细地对单一矿种进行品位划分。近几年，也有不少学者（林明坤等，2016；潘燕俊等，2017；周娇等，2018，2021；仝长亮，2018）在海南岛周边浅海区，开展了砂矿资源潜力调查与评价工作，对海南岛周边浅海表层沉积物砂矿资源分布有进一步的认识。我国浅海砂矿探查还很少，目前仅海南省地质勘查局于2000年发现并探明海南首处中型锆钛砂矿，通过进一步地质研究与评价预测，最终确定海南岛近海锆钛砂矿资源中锆英石达280万t、钛铁矿在1000万t以上（潘燕俊，2005）。

（二）多金属结核（壳）及多金属硫化物调查与研究现状

1. 国外多金属结核（壳）及多金属硫化物勘查现状

自1873年英国"挑战者"号首航大西洋发现大洋多金属结核（壳）以来，人类在深海矿产资源的调查与研究方面已经历了百余年的历史。随着陆地金属矿产资源的日益枯竭，人类对深海固体矿产资源潜力的认识，加之海洋调查技术尤其是深海勘查技术的进步，海洋固体矿产资源已成为世界各国争相抢夺的对象。西方各国从20世纪50年代末开始投资进行深海资源调查活动，抢先占有颇具商业远景的多金属结核（壳）富矿区，并于20世纪70年代进行了采矿系统的海上试验，基本完成了开采前的技术储备。国内外在太平洋各海山区投入了大量调查研究工作，迄今为止全球结壳资源量为1081.1661亿～2162.3322亿t（韦振权等，2017）。已有日本、中国、俄罗斯和巴西等四个国家与国际海底管理局（International Seabed Authority，ISA）签订了富钴结壳勘探合同，而韩国的矿区申请也于2016年获得核准。目前国际海底管理局与多个国家或地区签订了29份15年的合同，勘探深海海底的多金属结核（壳）、多金属硫化物和富钴结壳。17份勘探多金属结核（壳）的合同位于东太平洋克拉克昂–克里珀顿（Clarion-Clipperton）断裂带（CC区）（16份）和中印度洋海盆（1份）；7份勘探多金属硫化物的合同位于西南印度洋脊、中印度洋洋中脊和大西洋洋中脊；5份勘探富钴结壳的合同位于西太平洋（4份）和南大西洋（1份）（表1.3）。

表1.3 与国际海底管理局签订海底矿产资源勘探合同统计表

资源类型	合同承包者	合同起始时间（年.月.日）	合同所属国家或地区	勘探地点
多金属结核（壳）	中国五矿集团	2017.5.12－2032.5.11	中国	CC区
	库克群岛投资公司	2016.7.15－2031.7.14	库克群岛	CC区
	英国海底资源有限公司	2016.3.29－2031.3.28	英国	CC区
	新加坡海底矿产有限公司	2015.1.22－2030.1.21	新加坡	CC区
	英国海底资源有限公司	2013.2.8－2028.2.7	英国	CC区
	全球海底资源公司	2013.1.14－2028.1.13	比利时	CC区
	马拉瓦勘探研究有限公司	2015.1.19－2030.1.18	基里巴斯	CC区
	汤加海洋矿产有限公司	2012.1.11－2027.1.10	汤加	CC区
	秘鲁海洋资源公司	2011.7.22－2026.7.21	秘鲁	CC区
	德国联邦地球科学与自然资源研究所	2006.7.19－2021.7.18	德国	CC区
	印度政府	2002.3.25－2017.3.24（延长至2022.3.24）	印度	印度洋
	法兰西海洋开发研究所	2001.6.20－2016.6.19（延长至2021.6.19）	法国	CC区
	深海资源开发有限公司	2001.6.20－2016.6.19（延长至2021.6.19）	日本	CC区
	中国大洋协会	2001.5.22－2016.5.21（延长至2021.5.21）	中国	CC区
	韩国政府	2001.4.27－2016.4.26（延长至2021.4.26）	韩国	CC区
	JSC Yuzhmorgeologiya	2001.5.29－2016.5.28（延长至2021.5.28）	俄罗斯	CC区
	国际海洋金属矿产联合组织	2001.5.29－2016.5.28（延长至2021.5.28）	保加利亚、古巴、捷克、波兰、俄罗斯及斯洛伐克	CC区

续表

资源类型	合同承包者	合同起始时间（年.月.日）	合同所属国家或地区	勘探地点
多金属硫化物	波兰政府	2018.2.12 － 2033.2.11	波兰	大西洋中脊
	印度政府	2016.9.26 － 2031.9.25	印度	印度洋中心
	德国联邦地球科学和自然资源研究所	2015.5.6 － 2030.5.5	德国	印度洋中心
	法兰西海洋开发研究所	2014.11.18 － 2029.11.17	法国	大西洋中脊
	韩国政府	2014.6.24 － 2029.6.23	韩国	印度洋中脊
	俄罗斯政府	2012.10.29 － 2027.10.28	俄罗斯	大西洋中脊
	中国大洋协会	2011.11.18 － 2026.11.17	中国	西南印度洋中脊
富钴结壳	韩国政府	2018.3.27 － 2033.3.26	韩国	西太平洋
	矿业公司	2015.11.9 － 2030.11.8	巴西	南大西洋里奥格兰德隆起
	俄罗斯自然资源与环境部	2015.3.10 － 2030.3.9	俄罗斯	太平洋麦哲伦海上
	日本国立石油天然气和金属公司	2014.1.27 － 2029.1.26	日本	西太平洋
	中国大洋协会	2014.4.29 － 2029.4.28	中国	西太平洋

注：CC区表示太平洋克拉克昂－克里珀顿断裂带。

2. 南海多金属结核（壳）及多金属硫化物勘查现状

南海是我国边缘海中铁锰氧化物最丰富和最有潜力的海区。南海海盆区水深普遍大于4000 m，与大洋深水环境十分相似，海盆区存在大量海山链，其地质环境特征也有利于形成海山铁锰结壳。

1979～1989年，我国在对南海海洋地质调查时就发现中沙群岛南部深海盆地及东沙群岛东南部和南部的大陆坡地区存在多金属结核（壳）的富集区，分布面积约为3200 km²。结核有结核状、团粒状、生物状及结壳状等。主要分布于115°～118° E、18°～21° N的水深1500～4000 m处，即外陆坡区及中央海盆区的北缘，呈不连续分布，其丰度变化较大。在宏观上，北部海区较南部海区分布广泛，而海盆区又较陆坡区分布普遍。在区域分布上，不同的类型也有较明显的差异。例如，结核状主要分布于东沙群岛的东北部平缓的陆坡区；团粒状主要分布于中央海盆区；生物状则多分布于陆坡区及中、西沙群岛周围。20世纪80年代，前人在北部陆坡区和中央海盆区采到锰结核和结壳，并进行了初步研究（梁美桃等，1988；苏广庆和王天行，1990；何良彪，1991；鲍根德和李全兴，1991；虞夏军，1994），尽管结核缺乏丰度资料，但仍有样品的铜、钴、镍含量高于其他边缘海的铁锰结核。杨慧宁等（2005）根据产出形式和大小，在南海发现10处铁锰结核、12处结壳和一些微结核（Φ<1 mm）。随着南海1∶100万海洋区域地质调查工作的全面覆盖，发现铁锰结核、结壳的站位数量也逐渐在增加，目前为止，已经发现的铁锰结核有25处、结壳有28处。另外，2022年周娇等针对东部次海盆海珍贝-黄岩海山链上新获取的多金属结核（壳）样品分析，发现该区结核（壳）稀土元素具有总量高（平均2070.01 ppm，1 ppm=1×10⁻⁶）的特点，高于南海北部其他样品，并远高于中太平洋海盆（Central Pacific Basin，CP区）和东太平洋CC区，与西太平洋结壳稀土含量接近（接近工业品位），指示其重要的稀土资源前景。

多金属硫化物在南海的发育和分布较为局限，目前尚未有系统的海底多金属硫化物资源调查和研究的报道。

第 / 二 / 章

区域地质背景

南海位于欧亚板块与菲律宾海板块之间，自中生代以来经历了复杂的构造演化历程，构造样式多、变形复杂是研究特提斯构造域和环太平洋构造域相互作用的关键地区。而且太平洋板块俯冲，在东亚大陆边缘形成世界上最为壮观的沟-弧-盆系统及地震-火山活动带，亦是研究大陆边缘形成演化、边缘海地质构造及弧-陆碰撞最有利的区域。在该地质构造背景下蕴藏着丰富的石油、天然气和天然气水合物等矿产资源，是我国重要的海上矿产资源基地。同时，南海作为典型的海-陆交互的边缘海，在西太平洋东亚季风气候重建、沉积源-汇研究和碳循环等全球变化环境演化问题上亦具有重要意义。总之，南海的形成演化、地质动力学过程和现代沉积过程与油气、天然气水合物以及表生固体矿产资源的成藏成矿等密切相关。

第一节　地形地貌特征

南海是西太平洋最大的边缘海，面积近350万km²，其中中国管辖的海域总面积约210万km²，为中国近海面积最大、平均水深最大的海区，最深处位于马尼拉海沟南端，约5400 m。南海整体上呈菱形，东北-西南向延伸，南北跨越约2000 km、东西横跨约1000 km。其展布范围大致北起广东省南澳岛与台湾岛南段鹅銮鼻一线，南至加里曼丹岛即苏门答腊岛、西依中国华南大陆西南部、中南半岛及马来半岛，东至菲律宾，并通过海峡或水道与太平洋相连，西与印度洋相通，是一个东北-西南走向的半封闭海（图2.1）。

南海海底地形从周边向中央倾斜，水深逐渐增大，由外向内由浅到深依次为陆架和岛架、陆坡和岛坡、深海盆地（洋盆）。其中，陆架和岛架较大，总面积约168.5万km²，约占南海总面积的48.15%。南海陆（岛）架整体宽度具有南部、西北部和北部宽，东部和西南部窄的特点。就水深而言，陆架和岛架的水深范围各区域差异较大，但是大多数南海陆架水深一般在100～250 m，总体上地形平坦，地貌上以陆架平原为主，其上发育有水下浅滩、水下三角洲、侵蚀洼地、台地和阶地等。南海陆坡和岛坡总面积约为126.4万km²，约占南海总面积的36.11%，南海陆坡和岛坡地形高差起伏较大，水深为200～3800 m，是南海地形变化最复杂区域，其上发育有陆坡斜坡、陆坡盆地、陆坡阶地、海隆、高地、海台、海岭、海盆、海槽、海谷、洼地、峡谷群等次一级的地貌单元。深海盆地（洋盆）位于南海中部，总面积约为55.11万km²，约占南海总面积的15.74%，水深为3400～4500 m，平面上呈北东-南西向展布，并大致以南北向的中南海山链及往北的延长线为界，南海海盆可分为西北次海盆、西南次海盆和东部次海盆。南海深海盆地以深海平原为主，其上发育海山、海山群、海山链、海沟、海脊等地貌单元，深海平原水深为4000～4500 m，地形开阔平坦，是整个南海地形最平坦的区域，平均坡度小于0.01°。

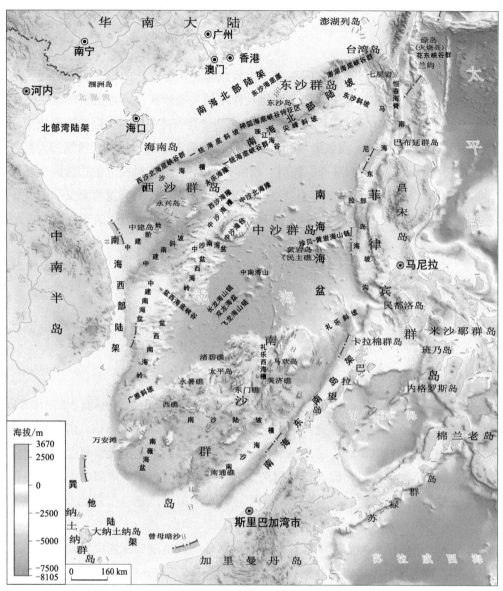

图2.1　南海及邻域地形图

　　根据最新的海洋地质调查研究成果，可将南海地貌分为四级，其中包括海岸带、陆（岛）架、陆（岛）坡和深海盆地四类二级地貌类型，其下可再分为47类三级地貌类型和22类四级地貌类型。海岸带地貌是在各种内外营力作用下发育的各种海蚀和海积地貌类型，其典型地貌单元主要包括海滩、水下岸坡、海湾堆积平原、水下三角洲等；陆架和陆坡则是相邻大陆断裂解体沉陷而成，其三级地貌为陆（岛）架堆积-侵蚀平原、陆架堆积平原、陆架侵蚀平原、大型水下浅滩、侵蚀台地、陆架阶地、陆架洼地、陆架浅谷和陆（岛）架外缘斜坡等，由于地形高差起伏大，陆坡和岛坡也被看作是南海地貌类型最复杂的区域，其次级地貌类型主要有陆（岛）坡斜坡、陆（岛）坡海脊、岛坡海槛、大型峡谷群、陆（岛）坡阶地和岛坡断陷盆地等；南海海盆由海底扩张形成，主要呈北东-南西向展布，以平原地貌为主，发育有深海平原、海沟、深海海脊以及高低悬殊、宏伟壮观的线状海山和链状海山等大洋型地貌。

第二节 海底表层沉积物特征

一、南海表层沉积的物源构成

南海沉积物供应主要来自边缘海周边物源供给系统及其相关物质，具体包括陆源物质、海源物质和火山物质。

1. 陆源物质

南海北部、南部和西部陆坡区海底表层沉积物为以晚第四纪以粉砂质黏土（黏土质粉砂）为主的陆源碎屑沉积，但粒度组成在空间和时间分布上表现复杂，这种复杂性反映了沉积物来源、沉积动力和控制机制的复杂性。陆源物质主要通过河流及三角洲体系物源系统搬运而来，因不同河流流域风化物质母岩地球化学成分的差异和河流搬运至南海的物质组成也有差别。一般利用黏土矿物组成来判识陆源物质来源最为有效（刘志飞等，2007a，2007b）。由于南海及其附近区域巨大的地形落差和季风降雨，亚洲东南部大陆及其南部岛屿向南海提供了大量的陆源沉积物，使得南海成为沉积物流的汇聚中心（郑洪波等，2008）。南海北部邻近华南陆缘区，陆架宽阔、平坦、坡度小，珠江、红河河流及三角洲物源供给体系带来的大量陆源碎屑物质，通过重力流、等深流等沉积动力作用输送至南海陆架、陆坡及深海盆等区域沉积；台湾周边河流众多、降水充沛、剥蚀速率高，每年向南海输送大量沉积物，甚至长江的碎屑物质亦可通过闽浙沿岸流穿越台湾海峡搬运至南海；南海西南缘的湄公河亦可将大量来自青藏高原的碎屑物携带到南海沉积，另外，巽他陆架发育大量的古水道，冰期时出露的巽他陆架物质被剥蚀搬运的岩屑亦可输送至南海沉积；南海的东部和南部被岛链包围，加里曼丹岛、吕宋岛等提供了大量物源，其陆坡陆源碎屑沉积特征多表现为岁差周期的波动，可能与夏季风的演化有关。

受冰期-间冰期海平面变化和河流输入的控制，南海陆源物质沉积速率呈现明显的冰期-间冰期旋回。在南海南部和北部，陆源物质沉积速率均呈现冰期高而间冰期低的变化趋势，这是因为在冰期时，海平面下降，陆架暴露，沉积区域距河口的距离缩短，更多的陆源沉积物可以到达沉积区（郑洪波等，2008；Wang and Li，2009）；而南海西部的陆源碎屑沉积通量则呈现出间冰期高而冰期低的特征。相对而言，海流对该区域沉积作用的控制占主导，间冰期时顺时针洋流的搬运作用，将南部陆源碎屑搬运至此地，而且比冰期时逆时针洋流的搬运作用强（陈国成等，2007）。

根据南海表层沉积物中黏土矿物的分布特点，可以推断以吕宋岛为核心的南海东部与南部火山岛弧是蒙脱石的供给源区，而伊利石的主要源区可能是中南半岛，该区域通过湄公河可以将大部分伊利石输入南海。海南岛则可能是高岭石的重要供给区，在冬季风气旋式洋流作用下，经南海西部陆坡向南海南部海域扩散，在反气旋式洋流作用下，向东北方向扩散，但受阻于珠江冲淡水作用，高岭石在珠江口以东海域的分布相当有限。南海东北部台湾岛东南侧海域受亚洲大陆的影响比较小，故主要受到台湾岛弧源区黏土矿物的影响，因此主要表现为绿泥石富集，台湾岛是绿泥石的主要供给区。另外，砂粒级石英和长石在南海陆架的分布特征很可能指示海岸带是其重要的物源区。石英在南海北部陆架（特别是海南岛周边和莺歌海陆架区）是砂级碎屑矿物的优势矿物，其在南海南部陆架也有一定分布。长石在台湾岛西面的陆架和环海南岛陆架的含量也较丰富，石英和长石的富集暗示海南岛和台湾岛及其海岸带可能是很重要的物源供给区。

2. 海源物质

南海海洋自身生产力形成的沉积物是主要的海源物质来源。在南海表层沉积物中，富含浮游有孔虫、底栖有孔虫、钙质超微化石等钙质生物遗壳，还分布有大量硅藻、放射虫等硅质生物遗壳。陆坡通常是钙质生物遗壳的主要埋藏保存区域，其中碳酸钙含量占沉积物整体重量的1/3～2/3，可见海洋生源钙质生物是一类重要的物源。相对而言，硅质生物遗壳在海洋沉积物中的比例比较小，但在南海海盆和台湾岛东南侧深海，生物硅质遗壳的比例显著上升，这是由于该区域碳酸钙溶解作用强烈，钙质组分大部分都被溶解，从而突显硅质生物遗壳的占比优势。

3. 火山物质

南海除了有河流碎屑物质的输入外，火山喷发时产生的火山粉尘在南海海域也有广泛的分布。南海海盆中部的表层沉积物中，火山玻璃、磁铁矿、角闪石含量相对较高，反映了火山喷发成因的特征。陈国成等（2007）在钻孔样品的研究中也发现，南海15°N区域高空主要盛行西向风，可将来自吕宋岛火山喷发出的细微火山粉尘搬运至该区域，造成沉积物磁化率的异常增高。

二、南海沉积碎屑矿物分布特征及其物源

根据南海表层沉积物中各种碎屑矿物的分布，可将其分为三大矿物组合区，每个组合区又可以进一步根据其矿物组合区中主要组成矿物含量变化，将其再划分为七个矿物亚区（图2.2），不同矿物组合区碎屑矿物的组合差异较大，表明其来源明显不同。

1. 南海北部、北部湾陆架和台湾岛架、岛坡组合区（Ⅰ区）

此组合区的碎屑矿物丰度含量高、种类多，基本上分布有南海和台湾岛以东海域的所有矿物，出现概率高。碎屑矿物主要为石英、长石、赤铁矿、磁铁矿、褐铁矿、辉石、角闪石、绿帘石、钛铁矿、锆石、云母、白钛石、金红石、电气石、石榴子石、钙质碎屑、硅质碎屑、海绿石等。该区碎屑矿物以陆源碎屑为主，自生矿物仅含少量在氧化环境下出现的海绿石，钙质碎屑和硅质碎屑生物分布广泛但含量极低，且未见火山玻璃。因此陆源碎屑为该区的主要物源供给成分，自生组分和生物碎屑组分影响较小。

根据陆源碎屑矿物中白钛石、褐铁矿、辉石、绿泥石、绿帘石、钛铁矿、石英、长石等主要碎屑矿物含量的明显差异，可进一步将其划分为三个矿物亚区，即Ⅰ$_1$、Ⅰ$_2$、Ⅰ$_3$。Ⅰ$_1$矿物亚区位于南海北部陆架（珠江口以西海域）及北部湾北部海域；Ⅰ$_2$矿物亚区位于南海北部陆架（珠江口以东海域）及台西南岛架、岛坡和台东岛坡；Ⅰ$_3$矿物亚区位于环海南岛近岸海域。Ⅰ$_1$相较于Ⅰ$_2$、Ⅰ$_3$富含白钛石、褐铁矿、辉石、角闪石、绿帘石、绿泥石，其陆源碎屑矿物主要来源于珠江及广东沿岸流；Ⅰ$_2$中富含长石及锆石，有学者认为台湾岛和长江源物质对南海东北部陆架具有重要的贡献，因此该区陆源碎屑受珠江携带物质影响，台湾岛和长江源物质对其贡献也较大；Ⅰ$_3$中陆源碎屑矿物分布规律与Ⅰ$_1$差异较大，与Ⅰ$_2$相近，根据其地理位置判定陆源碎屑组分应主要来源于海南岛，但海南岛东部部分矿物特征与南海北部陆架（珠江口以东海域）相近，推测台湾的物质可通过洋流的作用搬运至此。

2. 南海南部巽他陆架组合区（Ⅱ区）

此组合区的碎屑矿物丰度较高、种类多，南海和台湾岛以东海域所有的陆源碎屑矿物在该区均有分布，且出现的概率和含量均很高，主要为赤铁矿、磁铁矿、电气石、锆石、褐铁矿、辉石、角闪石、绿帘石、石榴子石、石英、钛铁矿、云母、长石。碎屑矿物均为陆源碎屑组分。

3. 南海西部陆架-陆坡、北部陆坡和海盆组合区（Ⅲ区）

此组合区总体上碎屑矿物丰度低、种类少，根据碎屑矿物种类差异将该区划为三个亚区，即Ⅲ$_1$、Ⅲ$_2$、Ⅲ$_3$。Ⅲ$_1$主要位于南海北部陆坡及洋陆过渡带和菲律宾海盆区，该区碎屑矿物几乎全为钙质生物碎屑和硅质生物碎屑。钙质生物碎屑主要分布于南海北部陆坡处，海盆区钙质生物含量低而硅质生物含量高，由于位于CCD界面以下，碳酸盐溶解钙质生物含量急剧减少，硅质生物含量才明显增加；Ⅲ$_2$位于南海西

部陆架、陆坡处，该区碎屑矿物以钙质和硅质为主，含少量陆源碎屑矿物组分，如长石、石英、绿泥石、云母，该区虽然紧邻西部的中南半岛，根据碎屑矿物分布规律看中南半岛陆源物质对其影响较小；Ⅲ₃主要位于黄岩岛附近海域，该区相较于Ⅲ₁、Ⅲ₂生物组分含量明显降低，而火山玻璃及磁铁矿、角闪石、石英、长石含量则为高值区，主要是受东部吕宋岛物质影响。

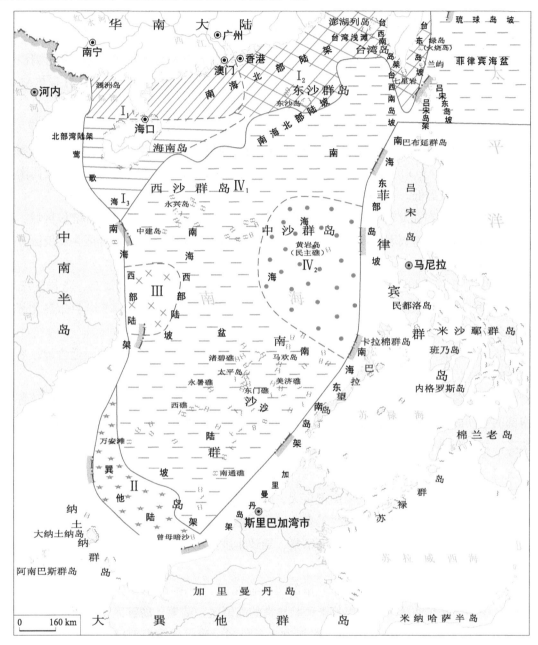

图2.2　南海和台湾岛以东海域表层沉积物碎屑矿物组合分区图

三、南海表层沉积元素地球化学分布特征及来源

1. 常量元素分布特征

SiO_2：高值区位于南海北部陆架，特别是台湾浅滩、北部湾陆架以及南部的巽他陆架，其水深较浅，波浪和潮汐作用强，沉积物经水动力分选后，富含粗粒的石英碎屑矿物；中值区水深一般大于3500 m，以细粒黏土沉积为主，由于生物成因硅的加入，即丰富的硅藻和放射虫等浮游生物摄取海水中的溶解硅，

形成的各类生物硅质壳分；低值区主要位于南海北部、西北部陆坡，特别是东沙群岛、西沙群岛、中沙海台，以及南部的南沙群岛、礼乐海台附近，与该区域生物岛礁发育和生源碳酸盐碎屑的稀释作用有关。

Al_2O_3：作为细粒沉积物中富集的典型元素，其高值区位于南海海盆细粒沉积区，且随着水深的增加，Al_2O_3含量逐渐呈增大趋势；低值区主要位于南海北部陆架，特别是台湾浅滩、北部湾陆架以及南部的巽他陆架等浅水区，岛礁发育的北部东沙群岛、西沙群岛、中沙海台，以及南部的南沙群岛、礼乐海台附近也是其分布的低值区。

Fe_2O_3：表现为深海海盆区含量高，陆坡次之，低值区多位于南海北部陆架，特别是台湾浅滩、中部的中沙海台和南部的巽他陆架等浅水区，以及南部的南沙群岛、礼乐海台附近，整体分布与Al_2O_3具有很大的相似性。

MgO：与Al_2O_3分布类似，易被富含Al_2O_3的黏土矿物吸附，表现为深海海盆区含量高，近马尼拉海槽的中部出现含量最高；陆坡次之；低值区多位于北部陆架和西南陆架局部区域，以及南部的礼乐海台附近。

K_2O、Na_2O：K_2O与Al_2O_3的分布最为相似；Na_2O的分布表现为东部次海盆高，陆坡及西南次海盆次之，陆架及岛礁发育海域最低。

MnO：高值区主要分布在北部下陆坡、东部次海盆北部，中沙群岛以东以及南部陆坡区域，富集特征明显，对应沉积物矿物中自生成因的铁锰结核富集区；内陆架区以及生物岛礁发育为低值区，与大量生物碳酸盐沉积有关。

TiO_2：除吕宋岛北部含量较低外，总体上分布与Al_2O_3类似，海盆区含量最高，近岸陆架、陆坡次之，低值区主要为外陆架浅水区、岛礁发育的北部东沙群岛、西沙群岛、中沙海台、吕宋岛北部海域以及南部的礼乐海台附近。

P_2O_5：陆坡区含量最高，海盆次之，陆架最低。其中礼乐海台以及少部分岛礁附近含量较高，可能与生物沉积作用有一定关系。

CaO：高值区主要位于陆坡处的珊瑚岛礁、台地区域，主要为北部的东沙群岛、西沙群岛、中沙海台，以及南部的南沙群岛、礼乐海台附近，因为其丰富的物源量、低的陆源物质输入和弱的碳酸钙溶解作用；陆架次之，其受陆源非碳酸盐物质的稀释而降低；深海盆因强烈的溶解作用而最低。

2. 微量元素分布特征

南海处于亚热带和热带气候区，气温高湿度大，降水量大，以湿热为其突出特点，因此，化学风化作用强烈，一些在风化中不稳定、易于迁移的元素，如Sr、Ba、Cu、Ni容易发生不同程度的淋失，进入海域后又因其他组分的加入（生物、火山沉积）而富集，导致丰度波动较大。南海表层沉积物中主要微量元素分布一般具有以下特征。

Co：富集区主要分布在吕宋岛西北部、东部次海盆北部、中南半岛东南部、花东海盆、西北部陆坡、吕宋海峡、中南半岛东南等，会出现若干斑状异常的高值区；陆架、岛礁区为含量低值区。

Cu：富集区主要分布在东部次海盆和花东海盆，且呈多个斑状异常高值区。陆架、陆坡区为含量低值区。Co、Cu元素具有亲硫性质，主要以硫化物出现，或被有机质、黏土、胶体等吸附。其来源主要为河流输入和海底火山喷发，也与现代海底热水活动有一定关系。

Ni：富集区主要分布于东部次海盆以及东南部邻近陆坡、巴拉望岛架外缘。表生作用中Ni的迁移与硫化物和有机质关系密切，因此还原环境含硫化物和有机质高的黏土中Ni富集。

Cr：富集区主要分布在花东海盆、东部次海盆等，南海南部出现多个斑状异常高值区，海南岛西面的北部湾陆架区也有一定的富集。

Zn：富集区主要分布在陆坡、海盆，其中吕宋岛西北部的东部次海盆北部、西南次海盆为高值区，北部陆架、岛礁发育区为低值区。

Zr：高值区主要分布于南海北部陆架，特别是台湾浅滩区，可能由于粗粒沉积中富含锆石等重矿物；中值区主要位于南海中部以及南部陆架海域；岛礁、海盆区为低值区。

Sr：富集区主要分布在北部陆坡的西沙群岛、中沙海台以及东南部的礼乐海台。Sr的地球化学行为与$CaCO_3$相似，被视为生物沉积的标志，岛礁区与现代钙质生物沉积关系密切。南海北部陆坡区为其含量的中值区；低值主要分布于陆架、海盆区。

Ba：富集区基本沿陆坡边缘等深线分布，其与深海硅质生物沉积（硅藻、放射虫等）伴生。在CCD面以上，生物沉积以钙质生物为主，CCD面以下，由于海水温度降低及压力增大，生物碳酸钙壳体的溶解作用强而导致其含量急剧下降，生物沉积作用以硅质为主。因此Ba与Sr大多数分布呈互补关系，而东南部的礼乐海台，因水深较浅，两者含量均较高。此外，Ba的富集也可能与海底热液活动有关。

Pb：富集区主要分布在吕宋岛西北部的东部次海盆北部、花东海盆等深水区，其中中南半岛东南部有一异常高值区，其在北部陆架近岸也有较高的富集，其代表陆源输入及人类现代工农业污染的影响。

3. 稀土元素分布特征

稀土元素（REE）作为亲陆源碎屑元素，其在南海的ΣREE平均为131.68 μg/g，最小值为4.55 μg/g，最大值为440.48 μg/g，且含量变化范围较大。南海全海域均值低于中国近海的浅海沉积物，也低于黄河、长江、珠江流域的沉积物，且略低于中国黄土、上地壳沉积物，但大大高于大洋玄武岩。受粒度和物源组分比例等因素影响，南海大陆架、大陆坡、海盆区和全海区沉积物ΣREE差别较大，往往表现为海盆区高于陆架区，陆坡区含量最低。

REE的富集区主要分布在南海西北部内陆架、陆坡，东沙群岛以南的陆坡、海盆，中南半岛中东部，巽他陆架浅水区及花东海盆等，具有明显的亲陆源性质，其分布与黏土富集区域相对应。陆架区主要与河流带来的大量碎屑和黏土物质的吸附沉积有关，部分区域，如西北部陆架REE的高值区与元素Zr高值区重合，表明该区受海流分选作用形成一定的重矿物富集带，而重矿物是稀土和Zr的重要载体；REE低值区主要分布于南海北部陆架砂质沉积区、岛礁发育区，中南半岛东南部海域以及南海海盆东部海域，受粗粒沉积（石英为主）以及对应区域的生源物质、海底火山喷发物质的影响，已有研究表明南海海盆东南部有大量的幔源火山物质，石英、生物以及火山物质是沉积物中稀土元素含量的"稀释剂"。总之，南海表层沉积物稀土元素总体上呈现出以陆源沉积为主的特征，其元素丰度和各参数值都比较接近陆源河流和中国陆源海，而与其他样品（南海花岗岩、南海辉长岩）差别比较大，其与南海铁锰结壳（核）相比，则差别更是显著。

综上所述，南海表层沉积物稀土元素来源复杂，含量及分配模式均呈现出以陆源为主的特征，其丰度和各参数都接近陆源河流和中国近海海域的浅海沉积物，而与太平洋深海黏土和大洋玄武岩差别显著，且部分海区明显受到了生物沉积和海底火山沉积物质的影响和改造，显示出多源沉积的特点，但总体上其沉积物的物源仍以陆源供给为主，属于混合型的由陆缘沉积向大洋沉积过渡的边缘海沉积环境。

第三节　区域构造特征与演化

南海是西太平洋最大的边缘海，位于欧亚、印度-澳大利亚和菲律宾海-太平洋三大板块的交汇处，地质构造复杂，曾受到特提斯、太平洋和印度-澳大利亚三大构造域共同作用。南海周边构造动力学环境复杂,形成演化亦受到了其影响和制约。对南海北部华南大陆、西部中南半岛、东部菲律宾岛弧、南部加里曼丹岛与巴拉望等周边地区构造地质特征及其构造演化特点分述如下。

一、区域地质构造特征

(一)华南陆缘

华南大陆地处欧亚大陆东南,太平洋西缘,北隔秦岭–大别造山带与华北地块相望,西北以程江–木里、龙门山断裂带与特提斯构造域青藏高原相连,西南侧以金沙江–马江缝合带与印支块体接触,东南为西太平洋构造区(舒良树,2012;张国伟等,2013)。华南大陆主体由扬子地块与华夏地块组成,其结晶基底为前南华纪泥砂质岩和岩浆岩,经历多期变质作用。

以江绍–钦防断裂带为界,华南大陆主体可分为扬子与华夏两地块(张国伟等,2013)(图2.3)。扬子地块包括具有前南华纪基底的扬子古微板块和华夏古微板块的西部,基底之上统一不整合覆盖南华系、下古生界及以上岩层,表明扬子地块是虽具不同基底但有统一盖层的大陆块体(张国伟等,2013)。华夏地块存在多块古老结晶基底和中—新元古代变质变形基底,属非克拉通的多个中小陆块群的组合体,直到晋宁Ⅰ期可能才形成相对统一的华夏古微陆块,最后经晋宁Ⅱ期才与扬子准克拉通碰撞拼合而统一构成华南大陆的组成部分。

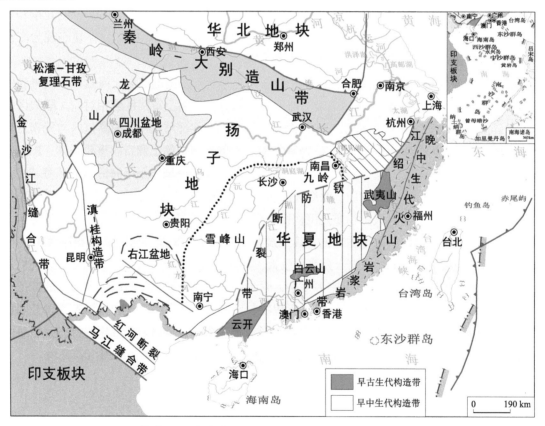

图2.3 华南大陆构造单元区划图(据张国伟等,2013,修改)

华南大陆具有复杂的地质构造演化历史,在早前寒武纪多块体构造复杂演化基础上,自中—新元古代以来长期处于全球超大陆聚散与南北大陆离散拼合的交接转换地带的总体构造动力学背景中(张国伟等,2013)。中新生代以来在全球板块构造演化格局中,位于欧亚板块东南,三大板块结合部位,受到西太平洋板块西向俯冲和青藏高原形成与印度–澳大利亚板块北向差异运动多重作用。华南大陆自显生宙以来，全球罗迪尼亚（Rodinia）与潘吉亚（Pangea）超大陆拼合与裂解演化进程相吻合，主要经历了四大构造演化阶段：中—新元古代、广西（加里东）期、印支期、燕山–喜马拉雅期。

（二）中南半岛

南海西缘为中南半岛，是新特提斯构造域的重要组成部分，区内主要构造单元在区域上与毗邻的中国藏南–滇西地区相应构造单元相互连接和延伸（王宏等，2012）。在大地构造研究中，不同学派有着不同的构造单元划分依据。本书借鉴近年来前人对三江中南段–东南亚地区的大地构造划分和研究，依据区域构造演化史、构造–岩石的分布发育情况及时空属性，将研究区自西向东划分为七个构造单元：印度板块、那加–若开构造带、西缅地块、中缅马苏地块、昌宁–孟连（文冬–劳勿）缝合带、兰坪–思茅地块和印支地块等（图2.4）。其北部相连的是喜马拉雅构造带、拉萨地块、羌塘地块、松潘–甘孜地块和扬子–华南地块。

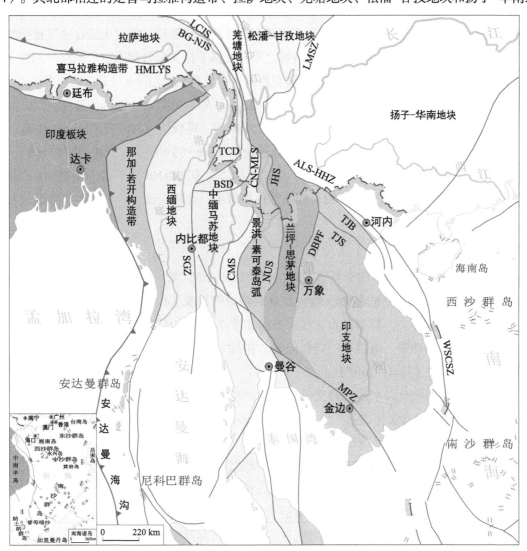

图2.4　中南半岛及周边陆地区域构造简图

HMLYS. 喜马拉雅缝合带；BG-NJS. 班公湖–怒江缝合带；LCJS. 澜沧江缝合带；CN-MLS. 昌宁–孟连缝合带；CMS. 清迈缝合带；
NUS. 难河–程逸缝合带；JHS. 景洪缝合带；DBPF. 奠边府断裂；SGZ. 实皆断裂带；TCD. 腾冲地块；BSD. 保山地块；
ALS-HHZ. 哀牢山–红河断裂带；LMSZ. 龙门山断裂带；TJB. 沱江地块；MPZ. 梅屏断裂带；WSCSZ. 南海西缘断裂带；TJS. 沱江缝合带

中南半岛古生代以来的演化与古、中、新三大特提斯洋的张开与关闭密切相关，形成一系列陆块、火山岛弧以及洋盆（包括弧后盆地）关闭残余的缝合带（Metcalfe，2011）。

（三）台湾-菲律宾岛弧系

南海东缘为西太平洋板块边缘的台湾-菲律宾岛弧系。西太平洋边缘构造带北起千岛海沟，往南包括日本海沟、南海海槽、琉球海沟、菲律宾海沟、新几内亚海沟、马努斯海沟、北所罗门海沟等一系列俯冲带，延绵数千千米，构成地球上规模最大最复杂的板块边界。该边缘构造带地震活动强烈，是中生代以来太平洋板块与欧亚板块、印度-澳大利亚板块长期演化的结果，包含极其复杂的俯冲、碰撞、增生以及弧后扩张等。

1. 台湾弧-陆碰撞带

台湾弧-陆碰撞带是世界上最新、最典型的碰撞造山地区之一，在大地构造上位于菲律宾海板块和欧亚板块的交汇处，同时位于琉球海沟俯冲带和菲律宾俯冲带的枢纽部位。欧亚大陆在这里被撕裂，南部欧亚大陆边缘及南海沿马尼拉海沟俯冲于菲律宾岛弧之下，北部菲律宾海盆洋壳沿琉球海沟俯冲于欧亚大陆之下。约16 Ma前，俯冲带从菲律宾群岛的东侧移至西侧，形成马尼拉俯冲带（Lallemand et al.，2013）。之后，吕宋岛弧形成为洋内弧（Sibuet et al.，2004）。北吕宋火山岛弧以8.2 cm/a的速度沿310°向欧亚板块移动（Yu et al.，1999），最终于4～5 Ma与欧亚大陆边缘碰撞，导致台湾岛隆升（Yu and Hong，2006）。全球板块运动表明，现在菲律宾海板块相对于欧亚板块，以80～83 mm/a向西北（306°N）运动（Yu et al.，1999）。北菲律宾岛弧原始走向为N10°W，中国大陆边缘走向为N60°E。由于该俯冲-碰撞带的斜向形态，碰撞点从北往南迁移，弧-陆碰撞及台湾山脉往南增生，北部为成熟碰撞，南部逐渐过渡为初始碰撞，再往南仍处于洋壳俯冲状态。

2. 菲律宾岛弧系（双向俯冲带）

菲律宾岛弧系，北起台湾岛，南至马鲁古海，长约1500 km，宽100～400 km，为菲律宾海板块与欧亚板块间的活动构造带，由复杂的岛弧、陆块及双向俯冲带组成（图2.5）。与北部的沟-弧-盆体系不同，该段板块边界要复杂得多，其东界为北吕宋海沟和菲律宾海沟俯冲带，西界为马尼拉海沟、内格罗斯海沟和哥打巴托海沟俯冲带。地震震中资料证实，在吕宋岛弧东、西两侧均存在贝尼奥夫带，深度约为200 km，倾斜方向相对（Hall，2002）。

菲律宾活动带是晚中生代以来形成的交错叠加的岩浆弧以及蛇绿岩，与周缘边缘海在年龄上各自对应，它们之间可能具有亲缘或演化关系，是中、新生代多次汇聚、碰撞、拼接而成，是火山弧、蛇绿岩碎块和大陆碎块组成的集合体。主要构造事件包括：早—中中新世巴拉望微陆块与菲律宾岛弧的弧-陆碰撞和中新世开始并于上新世停止的卡加延海脊与巴拉望微陆块的弧-陆碰撞，以及晚中新世桑义赫弧与哈马黑拉弧的弧-弧碰撞（Aurelio et al.，2014），约6.5 Ma开始且持续进行的吕宋岛弧与欧亚大陆的弧-陆碰撞（Huang et al.，2000）。菲律宾群岛中间分布着巨大的左旋走滑菲律宾断层。以该断层为界，菲律宾群岛东、西部属于不同的大地构造单元，东部为岛弧区主体，而西部属特提斯域的范畴，其地层发育特征更类似南海地区。这些岛弧主体为新生代，白垩纪地层仅限于东菲律宾，主要为火山岛弧成因，含蛇绿岩基底（Hall，2002）。菲律宾群岛演化历史极其复杂，既有走滑运动又有俯冲作用，其历史至少到白垩纪。

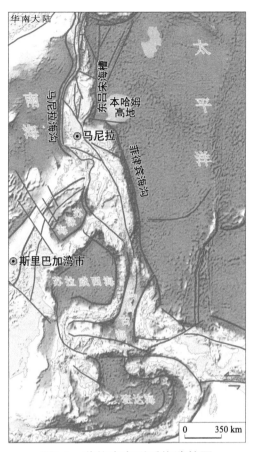

图2.5　菲律宾岛弧系构造简图

（四）北加里曼丹岛–巴拉望增生造山带

南海南缘地质构造复杂，包括南沙海域、南沙海槽以及加里曼丹岛、巴拉望岛等岛屿（图2.6）。南海南缘构造以北加里曼丹岛–巴拉望增生造山带最具特色，其构造特征对认识南海的成因至关重要，但对于加里曼丹岛北部造山带的认识依然存在很大的争议（Hall，2013）。

1.北加里曼丹岛增生造山带

加里曼丹岛中北部，从沙捞越至沙巴，由中新生代造山带组成，从南往北分为三带，分别是古晋带、锡布带和米里带，时代变新。

古晋（Kuching）带：南为加里曼丹岛古生代陆核，北以卢帕尔线与锡布带为界（Hutchison，2005），由石炭纪灰岩、二叠纪—三叠纪花岗岩、三叠纪海相页岩、侏罗纪含菊石沉积岩和白垩纪混杂岩组成。在沙捞越，三叠纪植物区系为亲华夏型，与中南半岛可对比。古晋带可能标志从东亚往南的俯冲边缘，中生代蛇绿岩、岛弧及微陆壳碎块碰撞变形（Hall et al.，2008）。中白垩世西加里曼丹岛成为巽他大陆的一部分，并连接到泰–马来半岛（Liew and Page，1985；Hall，et al.，2008）。

锡布带（Sibu zone）：增生造山带，又称拉姜–克拉克（Rajang-Crocker）增生带，位于卢帕尔线以北，武吉米辛线以南，其走向从沙捞越及其邻近的近东西向至沙巴与东加里曼丹的南北向，形成长条弧形山脉带，宽约200 km。由Rajang-Crocker增生体组成，由Rajang群、Trusmadi组和Crocker组（van Hattum et al.，2006）等组成。Rajang群由晚白垩世—始新世深海浊积岩及相关沉积构成呈东西—北东向条带横贯加里曼丹岛中北部，并向东北延伸到巴拉望岛南部，向西北进入海区，延伸到纳土纳群岛（Hutchison，1992；Hall，2013）。总体上，这套地层的年代由南向北变得年轻。

米里带：位于武吉米辛线以北，武吉米辛线既是锡布带与米里带的分界，也是中沙捞越与北沙捞越的分界，米里带地层与下伏Rajang群呈不整合接触。

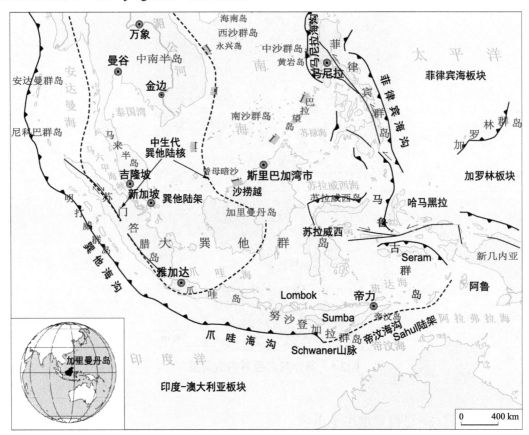

图2.6　加里曼丹岛与巽他大陆的构造背景图（据Hall et al.，2008）

2. 巴拉望构造

巴拉望岛呈北东展布，长约600 km、宽约50 km，东端紧邻菲律宾群岛的西缘。巴拉望岛通常被认为由两个地质构造单元组成：北巴拉望和中南巴拉望，但北巴拉望微陆块与中南巴拉望蛇绿岩和混杂岩造山带之间的构造边界还未完全确定，推测可能是乌鲁根断层。

北巴拉望一般被认为是漂移自东亚大陆的微陆块，于中新世期间与菲律宾弧发生碰撞（Taylor and Hayes，1983；Aurelio et al.，2012）。中南巴拉望主要是由蛇绿岩和混杂岩所组成的造山带，源于白垩纪期间开始形成的海盆（Rangin et al.，1990）。

中南巴拉望以蛇绿岩体为主，蛇绿岩的年龄定为40～42 Ma（Raschka et al.，1985），为早白垩世至始新世洋壳（Fuller et al.，1999）。中南巴拉望碰撞造山带是沙巴造山带的东延，其西北部边界是位于巴拉望陆架边缘的逆冲断裂带，东南部边界为卡加延弧与南沙地块之间的弧-陆碰撞缝合线，该缝合线向北东向延伸，逐渐接近卡拉棉微陆块并在菲律宾活动带南侧交会。

二、区域构造演化

南海新生代形成演化过程除了受到印度-欧亚大陆的碰撞、楔入，太平洋-菲律宾海板块向北的运移和向西的俯冲,澳大利亚板块的俯冲、碰撞等区域动力因素的控制之外,古南海的俯冲,曾母地块、南沙地块和加里曼丹地块之间的俯冲、碰撞,南海的扩张、洋脊跃迁和闭合等也是影响盆地发育和构造地层充填响应的更为直接的因素。

(一)晚白垩世末—始新世

在晚白垩世,古太平洋俯冲结束,岩浆作用停止,区域构造背景由北西-南东向挤压转为北西-南东向拉张,华南地区前新生代地层发生不同程度的断裂作用和岩浆侵入,开始形成早期裂谷,南海北部称为神狐运动,南部为礼乐运动(姚伯初等,2004a,2004b)。古新世南海北部的珠江口盆地、北部湾盆地以及南海南部的礼乐盆地、曾母盆地开始发育早期裂谷,随后莺歌海盆地和琼东南盆地于始新世开始形成裂谷。

始新世(55~34 Ma)印度板块与欧亚板块碰撞,该碰撞导致印支地块以及南部地区沿哀牢山-红河断裂带向东南挤出数百千米(Lee and Lawver,1995;Wang and Burchfiel,1997;Replumaz and Tapponnier,2003)。根据热年代证据和同构造沉积物测年,通常认为哀牢山-红河断裂带左旋运动始于始新世—早渐新世(Leloup et al.,2001;Viola and Anckiewicz,2008),或始于晚渐新世—中新世(Fyhn et al.,2009)。哀牢山-红河断裂带的东延进入莺歌海盆地,其盆地边界断裂古近纪存在明显左旋运动与拉张(Fyhn et al.,2009)。该左旋边界断裂往南延伸至中建南盆地,再往南终止于缓和断裂带,其南侧的万安东断裂以右旋为主(Clift et al.,2008)。

新生代早期,巽他东部陆架显示一系列跨时边缘盆地,张开呈扇形(Pubellier et al.,2004),被带状大陆和大陆碎块所分割(Rangin et al.,1999)。这些盆地中最老的是古南海,已完全俯冲消失(Pubellier and Meresse,2013)。古南海存在往南和往北的双向俯冲,古南海板片南北长度达1600 km(Wu et al.,2016)。

(二)中—晚始新世

印度板块与欧亚板块碰撞,导致中南半岛挤出,同时太平洋板块向东亚陆缘俯冲方向由北北西转向北西西,两侧挤压结果使华南地区南北拉张增强。随后古南海往南俯冲消减,古南海板片沿卢帕尔线往南俯冲于北加里曼丹岛之下,其消亡导致始新世曾母地块与北加里曼丹岛碰撞,形成沙捞越造山带(Hutchison,1996;鲁宝亮等,2014)。其在海域也有明显表现,被命名为西卫运动(杨木壮和吴进民,1996)。

(三)渐新世

南海持续拉伸,其扩张中心的发育是巽他克拉通东面的主要事件,扩张时间为32~16 Ma,初始扩张出现在北部(32~25 Ma),随后于25~20.5 Ma往南跃迁(Briais et al.,1993)。由于南海东部已沿马尼拉海沟俯冲于菲律宾之下,南海东部的海底扩张可能更早,约37.8 Ma(Yeh and Chen,2001)。珠江口盆地拉张和沉降主要在中始新世至早渐新世,在30 Ma后拉张活动明显下降,尽管局部断层活动可进入中新世(Wu et al.,2009)。南海南部边缘巴拉望晚始新世至渐新世也发育有裂谷盆地(Franke,2013)。区域不整合(32~30 Ma)出现在南海的南北边缘,对应于东部次海盆的破裂。

南海西南部裂谷持续至渐新世,西至湄公盆地早渐新世仍为河湖相沉积。渐新世是湄公盆地的主裂谷期(Lee et al.,2001;Fyhn et al.,2009),少量拉伸持续至早中新世(Pubellier and Meresse,2013)。

(四)早中新世

南沙地块-北巴拉望地块与卡加延脊的碰撞阻力使南海扩张停止。在早中新世,巽他地块东部、中部和南部发育的盆地发生重大变化,东苏拉威西地块开始碰撞增生,使盆地开始挤压收缩。至早中新世末，只有在巽他地块西北存在残余的裂谷作用。在南沙地区裂谷作用持续至早中新世，在早—中中新世停止，以中中新世不整合（或南海不整合）为界。在沙捞越陆架，塔陶和巴林坚地区显示两个裂谷阶段，32～30 Ma的破裂不整合将晚渐新世—早中新世拉张与始新世—早渐新世裂谷（Cullen，2010；Madon et al.，2013）分开（Pubellier and Meresse，2013）。

第四节　中新生代地层特征

南海海域沉积盆地地层系统主要由中新生代沉积地层所构成，其沉积基底则从元古宙到中生代（前新生代）的不同类型变质岩系及火成岩系等均有分布。

一、前新生代基底特征

南海地处欧亚板块与太平洋板块的交汇处，不同区域构造动力学环境复杂，构造地质演化特征异常巨大，在其北缘、西缘、南缘均形成了众多不同类型的新生代含油气盆地。其中，北部及西北部大陆边缘主要有北部湾盆地、莺歌海盆地、琼东南盆地、珠江口盆地、台西南盆地；西部大陆边缘有中建南盆地、湄公盆地、万安盆地及南薇西盆地等；南部及东南部大陆边缘有曾母盆地、北康盆地、文莱-沙巴盆地等；东部及东北部大陆边缘则主要有礼乐盆地和西北巴拉望盆地等。上述这些含油气沉积盆地地层系统均以新生代沉积为主，但部分区域及盆地在新生代沉积之下亦发育中生代地层。不同大陆边缘区域地质背景及构造动力学条件的差异，导致不同盆地前新生代基底特征及性质亦差异明细，因此，研究不同区域大陆边缘盆地基底特征及性质的差异性及其构造演化对上覆中新生代沉积乃至油气矿产资源形成分布的控制影响作用等，对于深刻认识和揭示南海构造演化及盆地沉积充填特征与油气等矿产资源分布规律等均具有重要意义。

（一）南海北部前新生代基底特征

南海北部陆缘基底属华南地块南缘向海的延伸部分，处在相同或相似的构造动力学环境，经历了复杂的构造演化作用，其在地质构造及演化上具有东、西分段的基本特征（张莉等，2019）。

1. 南海东北部基底特征

南海东北部前新生代基底埋深变化较大，深度为1～11 km，处在盆地区外大部分都小于3 km。基底总体走向以北东向为主，与构造走向一致。

南海东北部基底特征以珠江口盆地为例，其前新生代基底特征，主要继承了华南地块加里东、海西、燕山构造旋回的褶皱变质地层和火山岩体分布特点（金庆焕，1989；姚伯初，1999）。该区主要包括加里东期褶皱-海西褶皱基底，基底时代及岩性特征主要为震旦纪—志留纪的一套变质程度不同的千枚岩、片岩、片麻岩和混合岩（姚伯初，1999），以及泥盆纪—石炭纪的一套浅变质的复理石建造，同时还有燕山期华南大陆边缘的基性、超基性岩增生体。

南海北部中生代地层广泛分布在珠江口盆地东部陆架和陆坡区，其中珠江口盆地潮汕拗陷是中生界的集中分布区，盆地东部相邻的台西南盆地以及盆地东北部东沙隆起和西北部神狐隆起也有中生代残留凹陷沉积（李家彪，2005）。

2. 南海西北部基底特征

南海西北部基底的早期演化主要与古特提斯洋的演化相关，晚期则与太平洋板块的俯冲密切相关（李家彪，2005），因此其基底由印支地块和华南地块之间晚古生代造山作用形成的褶皱带组成，基底岩性主要为中生代岩浆岩，以及经多期变质作用形成的前寒武系—古生界变质岩。该区与东部珠江口盆地的主要差别在于缺少中生代海相沉积（李家彪，2005）。从莺歌海盆地、北部湾盆地以及琼东南盆地的钻孔资料来看，基底岩性主要为古生界变质岩和碳酸盐岩，包括寒武纪—志留纪复理石陆源沉积、下泥盆统红色磨拉石及泥盆系—下三叠统的碳酸盐岩沉积（厚度为2000～2500 m）。这些寒武纪—三叠纪地层具有明显的华南型地壳特征（任纪舜和王作勋，1997）。在西沙隆起区，钻井揭示了新元古代—前寒武纪变质结晶基底（西沙隆起的西永1井揭露出1460～627 Ma的变质岩系）（王崇友等，1979）。中建南盆地西北部隆起区（Da Nang陆架区）121-CM-1X井揭示了中生界花岗岩基底，综合邻区钻井资料认为中建南盆地基底为前新生代变质岩、花岗岩、花岗闪长岩等。

（二）南海南部前新生代基底特征

南海南部构造上以南沙地块为主，以北加里曼丹岛-巴拉望增生造山带最具特色，因此南海南部基底与加里曼丹-纳土纳岛的西印支块褶带和古晋燕山断褶带密切相关。出露最老的地层位于古晋-纳土纳造山带的泥盆纪—早石炭世老板岩系，强烈褶皱并变质为绿片岩相的云母片岩；在北巴拉望、西民都洛和卡拉棉群岛出露有石炭系—二叠系特尔巴特组，由灰岩、硅质岩和页岩组成；巴拉望岛北部发现二叠系—三叠系的典型复理石建造和各种熔岩及凝灰岩组成的火山岩系（颜佳新和周蒂，2002；吴世敏等，2004；颜佳新，2005；周蒂等，2011），礼乐滩-北巴拉望地块可能保留了古生代基底（李家彪，2005）；在南沙西南部万安盆地基底钻遇了中生代花岗岩。

南海南部大量的钻井、拖网资料均获得了海相中生界沉积岩、变质岩以及花岗岩，结合区域地质和地震资料分析，认为南海南部海区广泛发育中生界。北巴拉望盆地Cadlao-1井钻遇晚侏罗世浅海相灰岩；卡拉棉西部陆架Malajion-1井钻遇晚侏罗世—早白垩世变质岩；礼乐滩南部Sampaguita-1井等揭露了早白垩世浅海相碎屑岩（Taylor and Hayes，1980）；湄公河流域残留巨厚的中生代含火山岩系的浅海相沉积等。从这些资料可看出，南海南部可能存在中生代海相沉积层、中生代岩浆岩等基底。

二、中生代地层分布特征

（一）南海北部中生代地层分布特征

南海北部陆缘围区广泛分布中生界，主要发育晚三叠世、侏罗纪和白垩纪地层。南海北部海域钻遇中生代沉积地层的钻井较少，中国海油在珠江口盆地东部潮汕拗陷北坡实施钻探的LF35-1-1井，钻遇了白垩纪陆相地层和中—晚侏罗世海相沉积地层，证实了南海北部海域中生界的存在。中生代沉积地层在南海东北部台西南盆地分布较普遍，盆地不同区带均证实存在侏罗纪—早白垩世地层。根据LF35-1-1井岩性及古生物资料与地震资料分析（邵磊等，2007；郝沪军等，2009），其中生界主要由白垩系、下白垩统—上侏罗统、侏罗系三个地层单元所构成（图2.7）。

根据地震地质解释，结合LF35-1-1井钻探成果分析，南海北部海域中生界区域上主要分布于笔架盆地-潮汕拗陷-韩江凹陷等地区，最大残留厚度超过8 km，面积约6万km²（张莉等，2019）。根据张莉等（2019）最新研究，南海北部陆缘中生代属于拗陷型盆地性质，其沉积充填特征主要体现在中生代盆地充填厚度相对薄，无明显边界断层控制，大部分地层遭受后期抬升剥蚀，发育大范围的滨浅海相、浅–半深海相、湖泊–三角洲相沉积。

南海北部陆坡中生代构造沉积演化，主要受控于印支运动和燕山运动，其是华南地块、印支地块、太平洋地块和特提斯洋相互拼贴、闭合过程的综合响应。晚三叠世以来，受印支运动影响，南海北部陆坡经历了陆缘海盆地阶段（T_3—J_1）–陆内断陷盆地和陆架盆地阶段（J_2）–陆坡和深水盆地阶段（J_3—K_1）并伴随大规模的岩浆活动–陆缘海盆地阶段（K_2）的演化过程（张莉等，2019）。

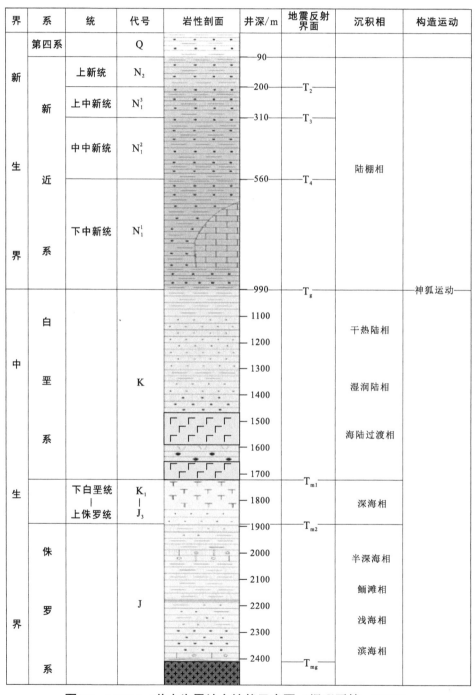

界	系	统	代号	岩性剖面	井深/m	地震反射界面	沉积相	构造运动
新生界	第四系		Q		90			
	新近系	上新统	N_2		200	T_2		
		上中新统	N_1^3		310	T_3		
		中中新统	N_1^2		560	T_4	陆棚相	
		下中新统	N_1^1		990	T_g		神狐运动
中生界	白垩系	白垩	K		1100 1200 1300 1400 1500 1600 1700		干热陆相 湿润陆相 海陆过渡相	
		下白垩统—上侏罗统	K_1—J_3		1800	T_{m1}	深海相	
	侏罗系	侏罗	J		1900 2000 2100 2200 2300 2400	T_{m2} T_{mg}	半深海相 鲕滩相 浅海相 滨海相	

图2.7　LF35-1-1井中生界综合柱状示意图（据邵磊等，2007）

（二）南海南部中生代地层分布特征

近年来的地质地球物理综合调查发现南海南部海域广泛发育中生界。目前，在曾母暗沙–万安滩西陆架区、礼乐滩–巴拉望及沙捞越近岸海区的油气钻井和拖网样品均证实了南沙海域存在中生界沉积。由钻井和拖网样品的年代分析结果可知，南海南部中生界除早三叠世和中侏罗世外，中生代不同层位层段地层均有发现。礼乐盆地Sampaguita-1井揭示新生界之下为早白垩世浅海相粉砂岩、泥岩、砂岩和砾岩夹煤线地层，砾岩成分为石英、长石、中性熔岩、石英闪长岩、凝灰岩等（图2.8）（刘海龄等，2017）。"Sonne号"调查船在礼乐滩–北巴拉望海区礼乐盆地西南部的仙娥礁、仁爱礁等处采获的拖网样品分别有中三叠世的灰黑色纹层状硅质页岩、晚三叠世—早侏罗世的纹层状硅质页岩与滨浅海相三角洲相砂泥岩。礼乐滩西南拖网采集到副片麻岩和石英千枚岩的K-Ar同位素年龄分别为123~114 Ma和113 Ma；礼乐滩北侧采得石榴子石–云母片岩和角闪岩的K-Ar同位素年龄值分别为146 Ma和113 Ma（Kudrass and Werdicke，1986），因此推测上述变质岩为晚侏罗世—早白垩世区域变质作用所致（刘以宣和詹文欢，1994；刘昭蜀等，2002）。美济礁以东拖网亦获得含丰富的羊齿植物碎片的晚三叠世—早侏罗世浅棕色浅变质粉砂岩和砂岩样品（Kudrass and Werdicke，1986）。礼乐盆地东北部的Guntao-1井钻遇晚侏罗世浅海相灰岩含放射虫、几丁虫等化石，邻近的Cadlao-1井钻遇的晚侏罗世—早白垩世地层，中下部为灰岩与页岩互层，夹火山岩、粉砂岩和砂岩，上部为含凝灰质页岩，其沉积环境为内浅海–外浅海。西巴拉望Penascosa-1井钻遇早白垩世晚期半深海黑灰色页岩。加里曼丹–纳土纳岛前燕山期地层所组成的基底之上不整合地覆盖着侏罗纪—白垩纪弧前盆地沉积层，沉积物由粗到细，即由晚侏罗统Kedawan组碎屑岩建造到早白垩世Bau灰岩的碳酸盐岩建造及晚白垩世Pedawan组硅质岩–基性火山岩建造（丁清峰等，2004；颜佳新，2005）。在南海南部万安盆地、纳土纳盆地也有中生代的闪长岩、花岗岩等中酸性侵入岩（DH-2X、DH-3X、AT-1X等钻孔）发现，在南沙群岛多处区域拖网调查也发现有中生代的闪长岩、花岗岩等中酸性侵入岩存在。

通过对礼乐滩的地震剖面分析解释，结合Sampaguita-1井获得的下白垩统砂泥岩剖面特征，认为中生界厚度可能超过5 km，不仅存在陆源海相下白垩统，还存在海相侏罗系（Taylor and Hayes，1980）。地震剖面上，南海南部中生界地震反射特征主要表现为在新生代地层之下的一套具有褶皱变形层状结构的地震层序，具有平行层状反射结构，视频率较高、连续性较差、层次密集，顶底均为角度不整合接触的特点（图2.9）（刘海龄等，2017）。

刘海龄等（2017）通过地震剖面资料精细处理、联井对比解释和系统的闭合分析，认为在南沙西南部的曾母盆地中生界厚度等值线大体呈北西至近东西走向，厚度一般为1~2 km，埋深较大；在南薇滩–安渡滩–礼乐滩一带的南部，中生界等厚线则明显呈现出近北东向的展布，厚度一般为1~1.5 km，往北部有减薄的趋势，总体上南沙地块中生界具有从北部的郑和–礼乐隆起南缘向南增厚的趋势；在沉积岩相方面，该区东部三叠纪为深海相，侏罗纪为浅海与三角洲相，白垩纪时为浅海–内浅海相，往西南部中生代的海水深度有变深的趋势；在构造变形上，南沙群岛西部的曾母盆地，中生界为复式的、非协调性的褶皱，南沙群岛中部多为舒缓褶皱，东部仅在近巴拉望海槽地带出现小幅度的褶皱。结合围区中生界及特提斯构造域的发育特征，南沙地块上的海相中生界在大地构造上属于残留在中特提斯洋北部减薄陆缘地壳上的中特提斯期海相沉积地层，具有较好的油气勘探前景。

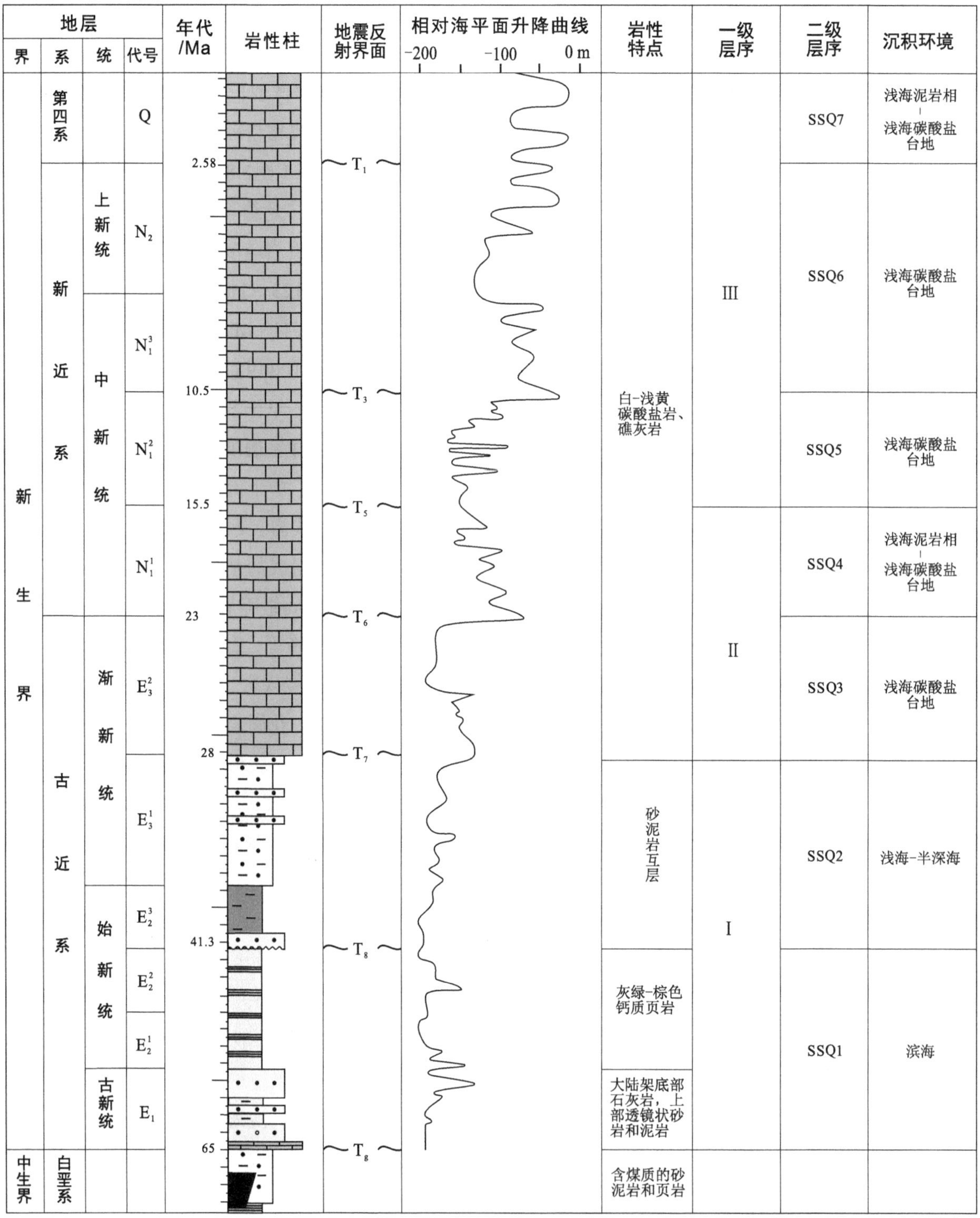

地层				年代/Ma	岩性柱	地震反射界面	相对海平面升降曲线 -200 -100 0 m	岩性特点	一级层序	二级层序	沉积环境
界	系	统	代号								
新生界	第四系		Q			~T₁		白-浅黄碳酸盐岩、礁灰岩	III	SSQ7	浅海泥岩相-浅海碳酸盐台地
	新近系	上新统	N₂	2.58						SSQ6	浅海碳酸盐台地
		中新统	N₁³			~T₃					
			N₁²	10.5						SSQ5	浅海碳酸盐台地
			N₁¹	15.5		~T₅				SSQ4	浅海泥岩相-浅海碳酸盐台地
				23		~T₆			II	SSQ3	浅海碳酸盐台地
	古近系	渐新统	E₃²					砂泥岩互层		SSQ2	浅海-半深海
			E₃¹	28		~T₇			I		
		始新统	E₂³	41.3		~T₈		灰绿-棕色钙质页岩		SSQ1	滨海
			E₂²								
			E₂¹								
		古新统	E₁	65		~T₈		大陆架底部石灰岩,上部透镜状砂岩和泥岩			
中生界	白垩系							含煤质的砂泥岩和页岩			

图2.8　Sampaguita-1井地层综合柱状图（据Taylor and Hayes，1980，修改）

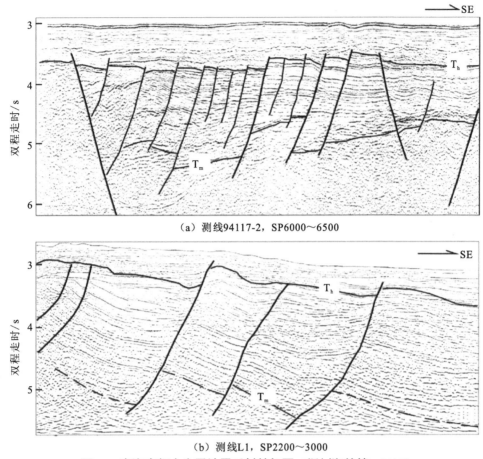

（a）测线94117-2，SP6000～6500

（b）测线L1，SP2200～3000

图2.9　南海南部中生界地震反射特征图（据刘海龄等，2017）

Tₕ、Tₘ分别为中生界顶、底界面；SP为炮号，下同

三、新生代地层系统及构成特征

新生界在南海不同大陆边缘沉积盆地分布广泛，新生代地层沉积充填厚度较大，一般为2000～18000 m，时代主要为始新世—第四纪，古新世地层在北部湾盆地、珠江口盆地、礼乐盆地、万安盆地等地区均有所揭示。在盆地外缘和岛礁以及海盆（洋盆）等区域，新生界厚度小，一般小于2000 m；形成时代新，主要以晚渐新世以来的地层为主（姚伯初，1998a；金庆焕和李唐根，2000）。

（一）南海北部新生代地层系统特征

南海北部陆缘一直处于拉张应力为主的构造背景下，发育了一系列阶梯状正断层及其所围陷的基底地堑和地垒，基底地堑控制影响了南海北部新生代断拗盆地雏形。南海北部大陆边缘新生代沉积盆地发育，主要有北部湾盆地、莺歌海盆地、琼东南盆地、珠江口盆地、台西南盆地、台西盆地、西沙海槽盆地、笔架盆地、笔架南盆地等。以上盆地新生代地层系统构成及其分布特征，整体上具有一致性和完整性，但由于南海北部大陆边缘东西部构造动力学环境及构造沉积充填特征的差异性，造成了不同盆地新生代地层系统构成及分布特征也存在着一定的差异。

根据钻井及地震资料揭示，南海北部大陆边缘主要盆地钻遇新生界自下而上可划分为（表2.1）（何家雄等，2008c）：前新生界基底；古近系古新统长流组（北部湾盆地）、古新统神狐组（珠江口盆地）；古近系始新统流沙港组（北部湾盆地）、始新统岭头组（莺歌海盆地）、始新统文昌组（珠江口盆地）；古近系渐新统涠洲组（北部湾盆地）、下渐新统崖城组（莺-琼盆地）、下渐新统恩平组（珠江口盆地）、上渐新统陵水组（莺歌海盆地-琼东南盆地，简称莺-琼盆地）、上渐新统珠海组（珠江口盆地）；新近系下中新统下洋组（北部湾盆地）、下中新统三亚组（莺-琼盆地）、下中新统珠江组（珠江口盆地）；新近系中中新统角尾组（北部湾盆地）、中中新统梅山组（莺-琼盆地）、中中新统韩江组（珠江口盆地）；新近系上中新统灯楼角组（北部湾盆地）、上中新统黄流组（莺-琼盆地）、上中新统粤海组（珠江口盆地）；新近系上新统望楼港组（北部湾盆地）、上新统莺歌海组（莺-琼盆地）、上新统万山组（珠江口盆地）；第四系更新统—全新统乐东组（莺-琼盆地）、琼海组（珠江口盆地）。

表2.1　南海北部主要沉积盆地新生界划分对比表（据何家雄等，2008c，修改）

地层系统		北部湾盆地			莺歌海盆地			琼东南盆地			珠江口盆地		
系	统	组	段	年龄/Ma	组	段	年龄/Ma	组	段	年龄/Ma	组	段	年龄/Ma
第四系	全新统—更新统				乐东组	一		乐东组	一		琼海组		1.9
						二	1.6		二	1.6			
						三	1.9		三	1.9			
新近系	上新统	望楼港组			莺歌海组		2.4	莺歌海组		2.4	万山组		5.5
							5.5			5.5			
						二	8.2		二	8.2			
	中新统	灯楼角组	上	10.5	黄流组	一/二	10.5	黄流组	一/二	10.5	粤海组		10.5
		角尾组	中	15.5	梅山组		13.8	梅山组		13.8	韩江组		15.5
						二	15.5		二	15.5			
		下洋组	下 一	17.5	三亚组		17.5	三亚组		17.5	珠江组	一	17.5
			二	21.0			21.0			21.0		二	21
						一	23.0			23.0			25.5
古近系	渐新统	涠洲组	上 二	30.0	陵水组	二	25.5	陵水组		25.5	珠海组	二	30.0
			三	33.0		三	30.0		三	30.0			33.0
			下 四	35.0	崖城组		35.0	崖城组	二	35.0	恩平组		35
									三	36.0			
	始新统	流沙港组	上 一	39.5	岭头组			始新统			文昌组		39.5
			中 二	42.5								二	42.5
			下 三	54.5								三	49.5
	古新统	长流组		67.0	古新统			古新统			神狐组		67.0
前新生界					前新生界			前新生界			前新生界		

南海北部古新统—下渐新统分布相对局限，主要分布于盆地断陷中，凸起上缺失，未连片发育，上渐新统广泛分布。据钻井及地震解释和沉积相分析，沉积环境以陆相湖泊沉积环境为主。断陷底部发育盆底扇，边部发育斜坡扇，沉积特征及其体系域组合总体反映了水动力条件由动荡趋于稳定，水体不断加深，由浅湖相逐渐过渡到半深湖相，形成一个明显的水进旋回。南海北部新近系普遍发育，厚度较大，最厚处位于莺歌海盆地和台西南盆地，厚度分别超过10000 m和5000 m，沉积环境主要为滨浅海或半深海。以下重点对不同层位层段地层岩性特征及分布特点分述如下所示。

　　古新统：目前在南海北部仅在北部湾盆地和珠江口盆地钻遇古新统。北部湾盆地钻遇的古新统长流组为一套河流相杂色及红色粗碎屑岩，表明该地层曾长期遭受过风化剥蚀。珠江口盆地钻到的古新统神狐组亦为一套河流相红色及杂色粗碎屑岩。古新统长流组及神狐组地层年龄为49.5～67 Ma（何家雄等，2008c）。根据地震资料揭示，南海北部古新统分布范围较局限，仅在盆地深断陷底部以及陆坡与海盆过渡地带的局部残留小断陷中有所分布，厚度一般不超过2000 m。主要为滨浅湖相砂泥岩，夹带洪积-冲积相粗碎屑充填沉积，地震剖面上反射连续性差，内部呈杂乱反射。岩性特征以陆相碎屑岩类为主，粒度较粗，含火山碎屑物质，其与前新生代基底呈不整合接触。

始新统：始新统在北部湾盆地称为流沙港组，在琼东南盆地和莺歌海盆地称为岭头组，在珠江口盆地称文昌组。地震剖面上始新统主要显示为中频、中-强振幅，夹杂弱振幅、中连续、平行-亚平行结构、席状披盖外形，局部呈中-高频，夹杂楔状、丘状和前积型地震相。表明其沉积环境较稳定，推测为中深湖相沉积。

北部湾盆地始新统流沙港组和珠江口盆地始新统文昌组为陆相断陷裂谷盆地早期断陷湖盆鼎盛时期形成的规模较大的一套中深湖相厚层泥页岩沉积，地层年龄为36～55 Ma，为盆地的主要烃源岩。另外，莺歌海盆地亦存在与北部湾盆地和珠江口盆地始新统相当的地层，在该盆地东北边缘莺东斜坡LT9-1-1井钻遇到一套红色地层，地质年龄为36 Ma，专家命名为"岭头组"，但该套沉积由于处在盆地边缘，不具有油气成藏地质条件（何家雄等，2008c）。

渐新统：南海西北部北部湾盆地渐新统主要为涠洲组紫红色及杂色碎屑岩与暗色泥页岩及煤系沉积物（该区未对渐新统进一步细分）；南海北部琼东南盆地渐新统由崖城组（下渐新统）与陵水组（上渐新统）组成，主要为一套扇三角洲碎屑岩与海陆过渡相煤系及浅海相泥页岩沉积；与琼东南盆地东部相邻的珠江口盆地渐新统，主要由恩平组（下渐新统）和珠海组（上渐新统）组成，其中恩平组主要为一套海陆过渡相煤系，而珠海组则主要为一套浅海相碎屑岩沉积，是该区主要的油气储集层；南海东北部台西南盆地渐新统存在部分缺失，其上渐新统主要为一套浅海相碎屑岩沉积。渐新统在地震剖面上，主要表现为一套中频、中-强振幅、中-高连续、亚平行结构、席状披盖外形，内部从下向上连续性变好，频率增高，振幅相对变弱，顶界削截，与底界呈整合或上超接触的反射层组。反映渐新世时期水体开阔，构造活动减弱，由于海水逐渐大面积侵入，从底部到上部地震反射特征有明显的变化，出现了由陆相到海陆过渡相沉积的转变。

北部湾盆地渐新统涠洲组为一套河湖及沼泽相、浅湖相沉积。在盆地东部为一套较粗的碎屑岩沉积，是该区主要储集层（储）-盖层（盖）组合及重要的油气储集层；琼东南盆地下渐新统崖城组和珠江口盆地下渐新统恩平组为一套滨海沼泽相煤系和河流-湖泊-沼泽相煤系沉积，以煤层、煤线及碳质泥岩和暗色泥岩所组成的含煤岩系，是该区主要的气源岩及煤型凝析油的重要烃源岩；琼东南盆地上渐新统陵水组和珠江口盆地上渐新统珠海组则主要为一套滨浅海相及三角洲相碎屑岩沉积，以滨浅海相砂岩及扇三角洲砂岩为主夹泥岩组成了良好的储-盖组合，为琼东南盆地和珠江口盆地的主要油气储集层。同时，部分区域上渐新统陵水组半封闭浅海相泥岩亦是该区局部盖层和重要烃源岩（何家雄等，2008c）。

下中新统：下中新统在北部湾盆地称为下洋组，在琼东南盆地称为三亚组，珠江口盆地称为珠江组，在台西南盆地称为木山层（组）。地震剖面上分布于凹陷区地层，多显示为一套席状披盖外形，为平行结构，局部呈亚平行结构，中频、中-强振幅、高连续，局部可见高频，以及弱振幅和中-强振幅交替出现的反射层组，推测为浅海相沉积。在陆坡区则为一套席状披盖外形、平行结构，为中频、强振幅、高连续反射，推测为浅海-半深海相沉积。

北部湾盆地下中新统下洋组为一套滨浅海相砂砾岩，局部夹泥岩不等厚互层。莺-琼盆地下中新统三亚组为一套滨浅海相沉积，珠江口盆地下中新统珠江组亦为一套滨浅海相及碳酸盐岩台地相沉积，岩性以滨浅海相碎屑岩为主，其上部以灰色泥岩、粉砂质泥岩与砂岩互层为主，下部为浅灰色砂岩、粉砂岩夹泥岩，部分区域发育碳酸盐岩台地。下中新统在南海北部大部分盆地中均是重要的油气储集层或盖层。

中中新统：中中新统在北部湾盆地称为角尾组，在琼东南盆地称为梅山组，在珠江口盆地称为韩江组，在台西南盆地称为长技坑组。地震剖面上，中中新统底部为南海停止扩张的界面，中中新统在陆架区显示为一套席状外形，平行-亚平行结构、中-低频、中-弱振幅、中连续地震相，推测为浅海-半深海相沉积。从西往东，从浅海相沉积过渡到半深海相沉积，普遍发育水道充填相、盆底扇相和斜坡扇相及三角洲相沉积。

北部湾盆地中中新统角尾组为一套浅海相砂泥岩沉积，且以泥岩为主，属该区良好的区域盖层。莺-琼盆地中中新统梅山组为一套滨浅海相及台地相沉积。珠江口盆地中中新统韩江组为浅海相沉积，岩性以浅海相泥岩为主夹砂岩，局部发育生物礁滩灰岩，韩江组是该区重要的区域盖层（何家雄等，2008c）。

上中新统：上中新统在北部湾盆地称为灯楼角组，在莺歌海盆地和琼东南盆地称为黄流组，在珠江口盆地称为粤海组，在台西南盆地称为三民组。地震剖面上，陆架区该套地层显示为一套席状外形-席状披盖、平行-亚平行结构，高频、中-强振幅、高连续，局部呈与弱振幅互层的反射层组，推测为滨浅海相沉积；陆坡区主要为平行-亚平行结构、中频率、中-弱振幅、中-低连续地震相，推测为浅海-半深海相；下陆坡靠近海盆附近，发育丘状叠瓦形地震相、透镜状杂乱-波状地震相和楔状发散形地震相，具有浊积扇相特征；下陆坡区和中沙群岛区，大片发育杂乱状结构、变振幅、中-低频、低连续的反射层组，为火山碎屑岩相特征。

北部湾盆地上中新统灯楼角组和珠江口盆地上中新统粤海组均为一套浅海相及滨浅海相砂泥岩互层沉积；莺-琼盆地上中新统黄流组则为一套以滨浅海相砂泥岩互层为主的沉积。该套地层是重要的区域盖层或局部的储集层（何家雄等，2008c）。

上新统：上新统在北部湾盆地称为望楼港组，在琼东南盆地称为莺歌海组，在珠江口盆地称为万山组。在地震剖面上显示为一套高频、中-强振幅、高连续、平行结构、席状外形的反射层组，属于浅海相沉积，多分布在中北部陆架区；在南部区域，主要为一套强振幅席状地震相，属于半深海相沉积；在陆架坡折带发育的高连续前积型地震相，主要为陆架三角洲沉积；陆架坡折带附近发育的弱振幅填充地震相，推测主要为水道-堤岸复合体沉积。

北部湾盆地上新统望楼港组为一套滨浅海相砂砾岩沉积；珠江口盆地上新统万山组为一套浅海相细碎屑岩沉积，以灰色泥岩为主夹粉砂岩，亦为区域盖层；莺歌海盆地上新统莺歌海组为一套以巨厚泥岩为主的浅海-半深海相沉积，是该区重要的区域盖层，沉积巨厚的局部区域尚有生烃潜力，其与下伏上中新统黄流组呈整合接触，局部假整合-不整合接触（何家雄等，2008c）。

第四系：第四系在南海北部普遍发育，厚度差异大。莺歌海盆地东南部最厚可达2400 m；琼东南盆地西部最厚可达2000 m；东沙隆起处第四系几乎尖灭。在地震剖面上显示为一套为席状外形，以平行反射结构为主，呈中-强振幅，局部可见弱振幅夹层，多为高频，局部显示为中频，呈高连续，推测为水体开阔的浅海相沉积，局部可见充填状外形、前积或双向上超结构的水道充填相。

北部湾盆地第四系、莺歌海盆地更新统—全新统乐东组及珠江口盆地第四系更新统—全新统琼海组，均为一套灰色未固结的海相黏土夹粉砂层及砂层沉积物，且含生物碎屑的沉积。莺歌海盆地第四系乐东组未成岩，以浅灰色、灰色黏土为主，夹薄层粉砂层、细砂层，偶见含砾砂层，富含生物碎屑，与其下伏上新统莺歌海组呈假整合接触（何家雄等，2008c）。

北部湾盆地、莺歌海盆地、琼东南盆地、珠江口盆地是南海北部及西北部最主要的含油气盆地，新生代地层厚度多在9000～18000 m。盆地的展布从西到东略有差异，西北角的莺歌海盆地位于西北陆架上，呈北西走向，狭长菱形分布，新生代地层厚度最厚超过18000 m，在盆地东南部新近系—第四系沉积厚度超过10000 m；琼东南盆地和珠江口盆地展布跨越了陆架和陆坡区，呈北东—北东东走向分布，由多个拗陷组成，由于陆架区断拗结构和陆坡区断拗结构的差异，从西到东，从北到南各拗陷地层沉积建造及充填规模有较大变化，不同地质时代地层随构造沉积环境的变化，岩性各异。东部的台西南盆地和台西盆地及台湾海峡盆地，主体为北东走向展布。其中台西南盆地为陆坡沉积盆地，沉积环境既受到南海发育演化的限制，又受到台湾隆升、马尼拉俯冲的影响，地层沉积充填从中生界到新生界，多以海相为主，岩性与周边盆地差别较大。台湾海峡盆地为陆架盆地，其衔接了东海陆架盆地和南海北部盆地，沉积组构与东海陆架盆地较为类似。

南海中部海盆区域（南海海盆），远离大陆边缘物源供给系统，沉积充填物质匮乏，新生代沉积充填厚度一般在500～3000 m，仅在西南部洋盆（西南次海盆）以及马尼拉海沟北部区域的笔架南盆地较厚，该区地层厚度较大，最厚可达4000～6000 m，地质时代为渐新世—第四纪。

（二）南海南部新生代地层系统特征

南海南部海域构造和沉积环境变化大，不同类型基底之上发育着一系列的新生代盆地，在盆地内广泛地沉积了一套新生代地层。经过井震对比分析，南海南部万安、曾母、北康、礼乐、巴拉望等主要沉积盆地新生代地震层序划分方案已趋统一，南薇西盆地等小型盆地地层划分，主要依靠区域构造背景分析和地震界面对比与综合研究确定（表2.2）。

表2.2　南海南部主要盆地新生代地层划分对比表

年代地层			地震层序划分		主要盆地地层划分							主要沉积相	构造演化阶段	
界	系	统	地震界面	厚度/m	万安盆地	曾母盆地	北康盆地	南薇西盆地	文莱沙巴盆地	礼乐盆地	巴拉望盆地		南海海盆	南海陆缘盆地
新生界	第四系		T₁	500～5000	广雅组	北康群	北康群	康泰群	利昂群	礼乐群	CAR CAR组	半深海-深海相	南海扩张后期	扩张后快速沉降阶段
	新近系	上新统	T₂	1000～5000	昆仑组	南康组	南康组	永署组	诗里亚组		马丁洛克组	三角洲相碳酸盐台地相生物礁相滨浅海-半深海相		扩张后缓慢沉降期
		中新统 晚	T₃						米里组		帕加萨组			
		中		700～2000	李准组	海宁组	海宁组	南华组	兰比尔组		尼多组	碳酸盐台地相三角洲相滨浅海相	扩张结束同扩张期扩张	同扩张陷期
		早	T₅	520～5600	万安组	立地组	日积组		塞塔普组	仙宾组	前尼多石灰层	河流相三角洲相滨浅海相		
	古近系	渐新统 晚	T₆	200～3200	西卫群	曾母组	南通组	伊庆组	坦布伦组	忠孝组				
		早	T₆¹ T₇										南海扩张前期	扩张前初始裂陷期
		始新统 晚	T₈	0～4000	人骏群	南薇群(?)	南薇群(?)	南薇群(?)	未命名	阳明组	前渐新世裂谷系列	河流相三角洲相滨浅海相湖湘扇三角洲相		
		中												
		早	T₉	0～4000						东坡组		河流相冲积扇相湖相		
		古新统 晚	T₈											
		早												
中生界	白垩系	晚白垩统		0～520					钻遇(未划分)	钻遇(未划分)	钻遇(未划分)	浅海相半深海相		
		早白垩统												
	侏罗系	晚侏罗统												

南海矿产资源

古新统：南海南部古新统属于盆地初始发育阶段的沉积层，一般分布较局限，在隆起上大多缺失。由于埋藏深，地震反射特征往往不明显，总体为中-低频、变振幅、中连续-断续反射，呈平行-亚平行、发散或乱岗状-杂乱结构，席状、楔状外形，局部振幅较强，连续性较好；在拗陷底部以低频、中-弱振幅、低连续、亚平行结构为特征，显示了盆地早期充填沉积特点。该地层层序隆拗分隔格局明显，受后期构造运动强烈作用，断层十分发育。各盆地地层变形程度不同，礼乐盆地表现为一套平缓褶皱的倾斜地层；中建南盆地从中部往南，褶皱变形表现越来越强烈；相对其他盆地，北康和南薇西盆地地层褶皱变形剧烈，因断层作用而变得较为破碎。

礼乐盆地Sampaguita-1井揭示该盆地发育上古新统，缺失中、下古新统；上古新统下部为陆架灰岩，上部为滨海-三角洲相碎屑岩，由含砾砂岩、粉砂岩和泥岩组成。另外，德国"太阳号"船在仙娥礁西侧拖网采集到古新统浅海-半深海相灰色粉砂岩和砂岩，含有软体动物壳及大量浮游有孔虫和颗石藻。

始新统：下始新统分布局限，隆起上大多缺失，由于埋藏深，地震剖面上反射特征往往不明显。中始新统在南海南部全区分布，地震上以中低频、中-强振幅、低-高连续、亚平行结构为特征。中始新世时期，南海南部自西向东由陆相向海相变化，西部发育深湖-半深湖、冲积平原相、扇三角洲相等，东部的礼乐盆地与巴拉望盆地则主要发育深海-半深海相、海陆过渡的三角洲相。

万安盆地早中始新世属于盆地的裂谷拉张阶段，盆地早期处于过补偿状态，以粗屑沉积为主。始新世在曾母盆地的西部斜坡、巴林坚地区发育了扇三角洲沉积，盆地东北部为深湖-半深湖沉积。北康盆地中始新世开始沉积物大量充填，盆地进入早期发育阶段，海侵范围不断扩大，在盆地中部和南部发育滨浅海沉积。早—中始新世礼乐盆地沉积水体明显加深，主要为滨海-浅海沉积，局部半深海沉积，为烃源岩发育最有利的时期。

渐新统：该套地层发育于古南海被动陆缘的晚期。由于西南次海盆的产生，南海南部地块与西北加里曼丹岛地块发生碰撞，构造格局发生改变，水体变浅，沉积速率降低，渐新统厚度减小。但在南海南部海域各盆地仍有分布，由东部的海相地层，向西、北逐渐转变为海陆过渡相至陆相。渐新统海相地层的厚度变化较小，全区较为稳定。渐新统陆相地层厚度变化大，分割性强，相变频繁。该套地层在各个盆地的地震反射特征变化较大。在万安盆地西部及南部，上渐新统—上始新统总体为中-低频、中-强振幅的中连续-断续及杂乱反射层组；曾母盆地以低频、变振幅、中-低连续、亚平行-杂乱结构，为断陷充填外形或楔状外形为特征；北康盆地和礼乐盆地表现为中-低频、中-强振幅、低连续-高连续反射层组，平行-微发散结构，席状或楔状外形。

渐新世万安盆地处于走滑拉张后期的河湖发育阶段，主要发育冲积扇-河流沉积体系，对盆地起填平补齐作用；曾母盆地巴林坚地区渐新世早期处于局限浅海环境，渐新世晚期前陆式地壳下陷沉积了4000 m厚的磨拉石建造，而南康台地在渐新世主要充填三角洲硅质碎屑沉积；北康盆地该时期为浅海砂岩沉积；渐新世礼乐盆地处于拗陷阶段，则为滨海砂岩夹泥岩、浅海-半深海砂泥岩和泥岩沉积。

中新统：该套地层在南海南部广泛发育，且沉积较厚。中新世时期南海南部已全部被海水淹没，各盆地内沉积了一套海进体系域的浅-半深海相的碳酸盐岩和砂泥岩，总体呈现碳酸盐台地和拗陷相间分布的格局。在地震剖面上，万安盆地、北康盆地和曾母盆地南部、东部以及西部，中新统主要为一套中-高频（局部低频）、中-弱振幅、中-高连续（局部低连续）、具微发散-平行结构的反射层组，在台地上振幅变弱、连续性变差。在曾母盆地东北部，由于深度大，变形强烈，反射特征不很清楚，多呈弱振幅、断续-杂乱反射。

42

中新世是南海南部陆缘碳酸盐岩最为发育时期，曾母盆地碳酸盐岩主要发育于南康台地及西部斜坡区，形成逆冲顶部台地、前隆台地以及孤立海隆台地，礼乐盆地碳酸盐岩台地和生物礁主要发育于中部隆起，发育时间早，晚渐新世开始发育，且持续到中中新世。南海南部的中新世碳酸盐岩建造是重要的富含油气圈闭类型。

上新统：该套地层分布稳定，未变形或轻微变形，该地层层序下部局部断层发育。地震反射特征自下而上有所差异，下部呈中-弱振幅、中连续-断续、局部空白反射，反映了一套低能环境下的海进细粒沉积体系；中、上部呈中-高频、中-强振幅或强弱振幅相间、连续反射，其在南沙海域西部、西南部和南部常见为大型前积结构。

在南海海盆扩张停止后，在上新世热沉降拗陷过程中往往形成的一套相对稳定的沉积地层，覆盖南海南部海域全区，由陆架区的滨浅海相至陆坡区浅海-半深海相以及海盆深海相等沉积环境变化，地层岩性表现为由陆及海，沉积物由粗变细，以泥质沉积物为主的特征。在隆起部位和拗陷内的高部位或海山上，则多属珊瑚礁等成因的碳酸盐类沉积。

第四系：第四系在全区均有分布，在地震剖面上为一套中-弱振幅或强弱振幅相间、连续-断续、平行-亚平行、席状披盖外形的反射层组。该地层层序基本未变形，少见断层，厚度为200～2000 m，陆架区横向变化小，一般为几百米，但在曾母盆地康西拗陷变化大可达2000 m。

万安盆地第四系主要由滨-浅海砂泥岩组成，表现为几次突发性陆架向东进积与间歇性暴露事件。东部发育水下扇，西部为过路沉积或被侵蚀；第四纪时期，曾母盆地三角洲进一步向康西拗陷推进，形成大规模且厚度很大的三角洲进积楔状体，此外曾母盆地西南部水道发育，存在河控三角洲沉积；北康盆地第四纪沉积稳定，海侵范围逐步扩大，在盆内大部分地区沉积了厚层泥页岩，主要为滨浅海-半深海-深海沉积，局部发育三角洲前缘沉积；礼乐盆地第四系东北部和西南部为浅海偏砂相，浅海-半深海偏泥相，中部为台地碳酸盐岩相，局部有生物礁生长，其他地区为浅海砂泥岩互层沉积。

第 / 三 / 章

油 气 资 源

第一节 南海沉积盆地基本特征

一、盆地区域构造地质背景

南海位于欧亚板块、太平洋板块和印度-澳大利亚板块三大板块的交汇处,属于太平洋构造域与特提斯构造域的混合叠置区,故其构造动力学环境复杂,经历了古南海形成及消亡与新南海形成的构造演化旋回过程(张功成等,2018)。南海新生代构造演化的特点,往往具有大规模的水平运动伴随着大规模的垂直运动,强烈的陆缘扩张伴随着强烈的陆缘挤压;陆壳在北缘离散解体,又在南缘拼贴增生;洋壳在南海海盆新生,又在其东侧的马尼拉海沟消减;陆缘地堑系在陆缘扩张过程中形成,岛弧-海沟断褶系在挤压过程中发育(刘昭蜀,2000)。因此,在南海这种复杂的构造动力学背景下,往往导致在不同大陆边缘形成了不同性质及类型的新生代沉积盆地。

根据长期的海洋地质调查与油气勘探成果,先后在南海周缘的陆架、陆坡区圈定了20多个面积大小不等的新生代沉积盆地(图3.1)。按地理位置分布,这些盆地分别是北部湾盆地、莺歌海盆地、琼东南盆地、珠江口盆地、台西盆地、台西南盆地、笔架南盆地、中建南盆地、北吕宋盆地、西吕宋盆地、湄公盆地、万安盆地、南薇西盆地、南薇东盆地、永暑盆地、曾母盆地、北康盆地、西纳土纳盆地、南沙海槽盆地、文莱-沙巴盆地、礼乐盆地、礼乐北盆地、安渡北盆地和巴拉望盆地。按构造位置分布,这些新生代盆地则主要分布在南海北部、西部和南部具有不同区域地质背景及构造动力学性质的大陆边缘。大量研究表明,南海周边大陆边缘构造动力学环境及地球动力学特征复杂,往往具有以下特点,即北部伸展张裂,西部走滑伸展而东部挤压碰撞,中部裂解漂移和南部伸展挤压复合(早期为古南海被动陆缘,后期随古南海消亡新南海形成、碰撞造山而转变为挤压边缘)(张功成等,2010;梁建设等,2013)。在上述不同大陆边缘的复杂构造动力学环境下,形成了不同类型及性质和展布规模的新生代沉积盆地,且沉积充填了巨厚的新生代沉积,进而为南海油气资源形成及其分布富集等奠定了雄厚的物质基础。尚需强调指出,南海北部、西部和南部大陆边缘沉积盆地展布规模相对较大,而南海东部陆缘沉积盆地展布规模相对较小。

二、盆地成因类型及分布特征

南海新生界沉积分布广泛,区域上大体呈南北厚中间薄、西厚东薄的沉积特点。北部大陆边缘大部分地区新生界厚度为5000~9000 m,最厚位于莺歌海盆地中部拗陷东南部,超过17000 m;南部新生界最厚位于曾母盆地中心,达13000 m以上。新生界地层系统在古近系与新近系之间具典型的"下陆上海""下断上拗"的二层结构,两者之间为区域破裂不整合界面。古近系始新统主要沉积充填在早期裂谷作用形成的、彼此分割的断陷盆地中,沉积厚度变化大,为湖相、河流-三角洲相沉积。在断陷晚期即渐新世,南海北部大陆边缘及西部和南部大陆边缘主要盆地,尤其是南海北部琼东南盆地、西部万安盆地及南部曾母盆地等,常常存在分布广泛的渐新统海陆过渡相沉积,这是一套重要的区域性的烃源岩(卢骏等,2011;张功成等,2015;李友川等,2016)。新近系南海地区大多发育浅海及半深海-深海沉积,主要为砂页岩、砂泥岩、火山碎屑岩和碳酸盐岩等沉积建造,且分布广泛而稳定。尤其是上中新统及上覆第四系覆盖了整个南海，沉积充填厚度一般为200~3800 m，是一套相对稳定的区域盖层。其中第四系多为松散砂泥质沉积，属于未成岩松软沉积物。在陆架区一般为滨-浅海相沉积，陆坡区多为陆坡-半深海相，而中央海盆区为深海相沉积；由陆及海第四系沉积物由粗变细，地层岩性特征总体上以碎屑岩沉积为主，并发育碳酸盐岩类和珊瑚礁沉积。第四系覆盖全海区，其分布厚度以莺歌海盆地东南部和琼东南盆地西南部沉积最厚。

南海中生代盆地分布比较局限，属于残留盆地性质及类型，主要分布于南海北部珠江口盆地东部潮汕凹陷、台西南盆地和南海东南部礼乐盆地、巴拉望盆地西南以及南海中部南薇西盆地等区域，中生代残余厚度最大可超过8000 m，其中，侏罗纪和早白垩世多为海相或海陆过渡相，晚白垩世则多为陆相沉积。南海中生界油气勘探迄今尚未获得重大突破和进展，但仍然是具有油气资源潜力与油气勘探前景的重要勘探层系和领域。

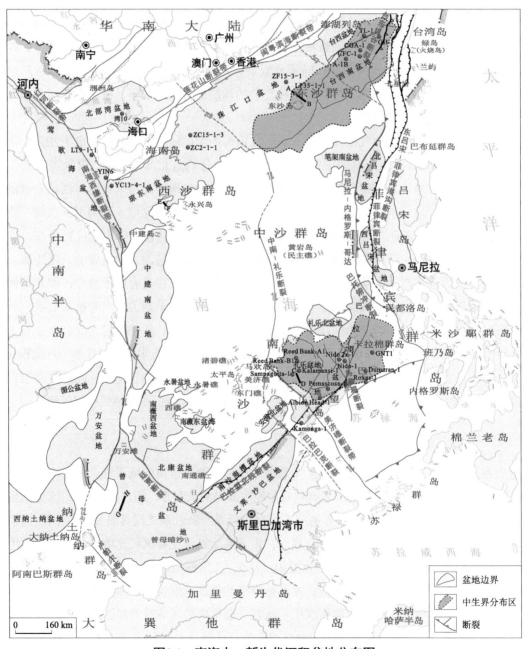

图3.1 南海中、新生代沉积盆地分布图

　　沉积盆地是油气资源赖以生成的地质基础，亦是地壳中油气资源分布富集最基本的地质构造单元。盆地性质及成因类型与沉积充填特征，与油气等流体矿藏形成及分布富集规律的控制影响以及油气资源潜力与勘探前景等密切相关。不同成因类型及性质的沉积盆地，其油气资源潜力及富集程度差异甚大。因此，沉积盆地成因类型及其划分，对于评价预测盆地油气资源潜力及勘探前景、分析研究盆地油气富集程度、引领和指导油气勘探部署及决策等，均具有非常重要的意义。20世纪40年代以来，沉积盆地成因类型及分类划分等研究迅速发展，国内外学者先后提出了几十种沉积盆地成因类型的分类划分方案，但大多数学者均主要以板块构造动力学及地壳特征为地质基础，对沉积盆地进行成因类型判识与划分。

　　综上所述，南海大陆边缘地质属性及构造动力学环境差异明显，具有"北张南压、东挤西滑及中部裂解漂移"之特征。南海北部为拉张伸展型准被动大陆边缘，晚白垩世晚期—始新世，在南海北西向拉张机制控制下，形成了众多北东—北北东向分布的中新生代断陷盆地；晚渐新世南海发生南北向扩张伸展，将原来的拗陷和隆起错断、切割，形成多个凹陷和凸起。南海南部为聚敛型挤压伸展复合的大陆边缘，构造动力学环境复杂。尤其是晚渐新世—早中新世南海扩张裂解，促使南沙微板块向南漂移与加里曼丹岛（婆罗洲）微板块发生碰撞汇聚，最终形成这种挤压伸展复合型盆地。南海西部属于走滑伸展型大陆边缘，红河断裂和南海西缘断裂均属大型走滑型断裂，其构成南海西部大型的剪切大陆边缘，在这种走滑伸展地球动力学背景下形成了典型的走滑拉分盆地。南海东部为构造活动极为强烈的俯冲碰撞型大陆边缘，剧烈的俯冲碰撞活动形成了典型的弧沟盆体系。总之，不同大陆边缘盆地成因类型的划分首先应根据盆地形成的地球动力学系统及构造环境，大致划分出三大类原型盆地（与拉张有关的盆地、与走滑有关的盆地和与挤压有关的盆地），在此基础上再进一步详细划分。然而，盆地的形成演化是一个长期的地质历史过程，是在不同构造演化阶段、受不同地球动力学系统控制的不同类型盆地多方位叠加复合形成的。因此，对于南海地区盆地成因类型划分与详细分类，一般可依据其所处板块构造环境、大地构造位置、地壳类型以及构造演化阶段和特征等（表3.1），划分为三大类及七种主要类型。而且，在确定盆地类型或盆地命名时，一般以初始成盆期的下构造层为主，适当考虑后期叠加盆地的中构造层与上构造层的影响。以下根据原型盆地形成的构造动力学条件，简要分述南海不同类型盆地的构造地质特征。

表3.1　南海海域新生代沉积盆地形成特征表

盆地名称	板块构造位置	二级构造单元	盆地形成应力状态
台西盆地 台西南盆地 珠江口盆地 北部湾盆地 琼东南盆地 中建南盆地	板块离散边缘	华夏地块	伸展拉张环境
莺歌海盆地	板块走滑边缘	印支-巽他地块	走滑拉分环境
万安盆地 湄公盆地 西纳土纳盆地			
南薇西盆地 北康盆地 礼乐盆地 巴拉望盆地	板块离散边缘	南沙地块	伸展拉张环境
曾母盆地 南沙海槽盆地 文莱-沙巴盆地 西、北吕宋盆地	板块汇聚边缘	曾母地块 残留古南海海盆 婆罗洲-苏禄俯冲增生系 马尼拉增生带	挤压伸展复合环境

1. 与张裂伸展有关的盆地

这类盆地主要是在晚白垩世末期古南海大陆边缘裂解-离散和内陆拆离过程中形成的一系列盆地，有四种盆地类型。

（1）陆缘张裂盆地，在南海被动陆缘上形成的张裂盆地，如珠江口盆地、琼东南盆地、台西南盆地、北康盆地和南薇西盆地。

（2）陆内张裂盆地，是在区域张应力场作用下，陆内基底张裂或拆离掀斜形成的盆地，如北部湾盆地、永暑盆地等。

（3）裂离陆块盆地，新生代早期位于南海北部被动大陆边缘上的张裂盆地，后随着南海扩张而裂离南海北部陆缘，漂移至南海南部海域，如礼乐盆地、西北巴拉望盆地。

（4）叠合盆地，盆地发育巨厚的中生代沉积，在中生代末的不整合面上叠置了新生代的沉积盆地，如潮汕拗陷、礼乐盆地、北巴拉望盆地和南沙海槽盆地。

2. 与走滑伸展有关的盆地类型

在白垩纪末的夷平面上，由于地幔隆升，陆壳发生基底拆离，形成箕状或垒堑相间张裂、裂陷，进一步发生断拗而奠定盆地基础。渐新世晚期之后，受红河断裂带和南海西缘断裂带走滑活动的影响，发育了巨厚的沉积充填。这种类型称之为走滑拉张盆地，分布在南海的西部和西北部，如万安盆地、中建南盆地和莺歌海盆地。

3. 与挤压伸展复合有关的盆地类型

这类盆地与板块的俯冲、碰撞有关，主要分布在南沙块体南部，有三种不同的类型。

（1）周缘前陆盆地，主要为曾母盆地。

（2）残留洋盆地和深海堆积盆地，盆地基底为洋壳或部分在洋壳之上，有笔架南盆地、南沙海槽盆地。

（3）弧前盆地，分布在南沙海槽和加里曼丹岛的沟弧间隙上，如文莱-沙巴盆地。

第二节　典型盆地油气地质特征

不同类型的盆地在成盆演化及沉积充填过程中形成了油气成藏的基本地质条件，构成了油气藏形成的地质基础。同时，不同类型盆地成烃成藏条件及油气运聚成藏特征与分布富集规律乃至油气资源潜力等均差异明显。南海不同大陆边缘盆地在区域构造背景、盆地性质和地壳类型的差异导致不同类型盆地在新生代地层系统及层序格架、沉积充填历史、烃源岩生烃演化史、油气成藏组合、油气运聚规律及成藏主控因素等均存在明显的差异，其油气地质特征及成藏地质条件亦颇具特色。以下重点对南海南、北陆缘10个主要含油气盆地的油气地质特征及成藏地质条件等进行系统分述。

一、珠江口盆地

（一）盆地地质概况

珠江口盆地是南海北部陆缘最大的沉积盆地，其东西分别介于台湾岛与海南岛之间。盆地总体呈北东向展布于111°～118°E、19°～23°N，面积约26万km²。海底地形变化较大，水深从北向南由60 m加深至

2000 m左右。水深40～200 m处的面积约10万km²，水深大于200 m的面积约16万km²。

　　珠江口盆地是在古生代和中生代变质岩和中生代岩浆岩组成的基底之上发育起来的新生代准被动大陆边缘裂谷断陷盆地。它是在晚白垩世陆缘隆起，地壳伸展减薄、断裂作用强烈的地球动力学背景下所形成的，由一些地堑、半地堑构成的复杂断陷盆地。盆地新生代沉积厚度最大达8～12 km，且分为上、下两大构造沉积层。下构造层组以陆相断陷沉积充填为主，主要为古新世—始新世及早渐新世的陆相断陷沉积，局部区域底部可能存在白垩纪晚期沉积。断陷早期始新世文昌组主要为一套中深湖相沉积及浅湖相沉积，而断陷晚期早渐新世恩平组则主要为海陆过渡相煤系沉积。上构造沉积层组即上渐新统—第四系，广布全区，主要为滨–浅海相或半海相及深海相沉积。盆地东部潮汕拗陷及东北部韩江凹陷新生代沉积之下尚存在中生界沉积且分布较普遍。油气勘探及地震探测与地质分析解释表明，迄今为止揭示的新生界地层系统，从老到新主要为古近系古新统神狐组、始新统文昌组、下渐新统恩平组、上渐新统珠海组、新近系下中新统珠江组、中中新统韩江组、上中新统粤海组以及上新统万山组和第四系琼海组（何家雄等，2008c）。盆地内发育众多的张性断层，不仅控制了盆地的形成发展，而且对局部构造（圈闭）起重要控制作用（陈长民，2000）。

　　根据珠江口盆地构造地质特征及地球动力学特点，一般可将其构造单元划分为四个北东东向的一级构造带（亦有划分为五个一级构造单元的），即北部断阶带、北部拗陷带、中央隆起带和南部拗陷带。其中，北部断阶带包括海南隆起和北部断阶两个构造单元；北部拗陷带包括珠一拗陷和珠三拗陷两个构造单元；中央隆起带包括神狐暗沙隆起、番禺低隆起和东沙隆起三个构造单元；南部拗陷带包括珠二拗陷和潮汕拗陷两个构造单元。盆地北部浅水区珠一拗陷可进一步划分为惠州凹陷、流花凹陷、恩平凹陷、陆丰凹陷、西江凹陷和韩江凹陷等一系列的次一级构造单元，且油气勘探及研究程度高（陈斯忠等，1991）。盆地南部珠二拗陷位于深水区，主要由顺德凹陷及白云凹陷和荔湾凹陷组成，目前白云凹陷油气勘探及研究程度相对较高。盆地西北部浅水区珠三拗陷油气勘探及研究程度亦较高，也可进一步划分为文昌凹陷、琼海凸起及阳江凹陷等次一级构造单元。

（二）油气地质特征

1. 烃源供给条件

　　珠江口盆地新生界主要烃源岩为古近系始新统文昌组中深湖相泥页岩和渐新统恩平组海陆过渡相煤系泥岩，潜在烃源岩为珠海组浅海相泥岩，具有较好的生烃条件（陈长民等，2003；何家雄等，2008c）（表3.2）。此外，中新统下部珠江组海相泥岩及中生界中下侏罗统暗色泥岩亦具生烃潜力，是可能的烃源岩层系。

表3.2　珠江口盆地中新生界烃源岩地质地球化学特征表
（据朱伟林等，2008；何家雄等，2008a，2008b，2008c，2008d，2010a，2010b）

拗陷名称	烃源岩层位	地质时代	沉积相	有机质丰度 TOC/%	氯仿沥青"A"/%	总烃HC/10⁻⁶	干酪根类型	源物质
珠三拗陷	恩平组	早渐新世	湖泊沼泽相和三角洲平原沼泽相	43	23	968	II$_2$-III	陆生植物
	文昌组	晚始新世	滨浅湖相	1.19	0.200	1056	II$_2$-III	水生生物和藻类生物
		中始新世	中-深湖相	2.85	0.224	1361	I-II$_1$	淡水浮游藻类
珠二拗陷	恩平组	早渐新世	海相	1.81	—	200	II$_2$-III	陆生高等植物
	珠海组	晚渐新世	海相三角洲前缘	1.2～1.5	—	189	II$_2$-III	陆生高等植物
	珠江组	早中新世	浅海相	0.67	0.05	263	II$_2$-III	—
珠一拗陷	文昌组	始新世	深湖相	3.61	—	425	I-II$_1$	水生藻类
潮汕拗陷	中—下侏罗统下部	早—中侏罗世	海相	1.32	—	—	II$_2$-III	—

1）文昌组湖相烃源岩

在盆地西北部浅水区珠三拗陷，始新统文昌组烃源岩主要为中深湖相和滨浅湖相沉积，在地震剖面上多具低频、连续、平行、强反射特征。其烃源岩有机质生源构成以低等水生生物输入为主，陆源高等植物输入较少，已进入高熟或过熟阶段。文昌组中深湖相烃源岩有机碳含量平均为2.85%，氯仿沥青"A"含量平均为0.224%，总烃平均约1361 ppm，有机质类型以II_1型为主；滨浅湖相烃源岩有机碳含量平均为1.19%，氯仿沥青"A"含量平均为0.2001%，总烃平均约1056 ppm，有机质类型以II_2–III型为主。文昌组烃源岩在琼海凹陷埋藏浅，只在东边局部地区进入生烃门限；文昌组烃源岩在文昌A凹陷埋藏深，绝大多数已达高–过成熟，仅在凹陷的边缘地带处于正常成熟阶段；在文昌B凹陷烃源岩埋藏适中，处于正常成熟范围（朱伟林等，1997）。

在盆地北部浅水区珠一拗陷，始新统文昌组深湖相烃源岩有机质丰度高，有机碳平均含量为3.61%，热解生烃潜量平均值为16.77 mg/g，热解氢指数平均值为425 mg/g，母质类型好，属于好–很好的优质烃源岩；文昌组烃源岩有机质主要来源于水生藻类，虽然混有陆源高等植物的输入，但有机质类型仍以I型和II_1型为主，故以生油为主，目前南海北部大中型油田之烃源供给主要来自文昌组烃源岩。珠一拗陷不同凹陷中，文昌组烃源岩发育展布规模及生烃潜力存在明显差异。典型实例，如韩江凹陷始新世主要形成了扇三角洲相、滨浅湖相和三角洲相等沉积，中深湖相烃源岩非常局限；海丰凸起区主要发育扇三角洲相和滨浅湖相，其湖相烃源岩也不发育；只有陆丰凹陷、惠州凹陷、西江凹陷及恩平凹陷文昌组中深湖相发育展布规模大，生烃潜力大，油气勘探实践证实其中深湖相和滨浅湖相泥页岩是该区主要烃源岩（胡小强等，2015；施和生，2015）。

2）恩平组煤系烃源岩

在盆地西北部浅水区珠三拗陷，下渐新统恩平组烃源岩主要为湖泊沼泽相或河流沼泽相及三角洲平原沼泽相沉积，在地震剖面上反映为中低频、连续平行、中强反射特征。其有机质以陆源母质输入为主。暗色泥岩TOC含量平均为2.43%，氯仿沥青"A"含量平均为0.23%，总烃水平约968 ppm，煤及煤系（煤层煤线及碳质泥岩）有机质丰度高，大大高于相邻泥岩。恩平组煤系烃源岩有机质类型以II_2–III型为主，有机质成熟度为低–高成熟，局部为过成熟。其烃类产物以生气为主，伴生少量凝析油及轻质油，是南海北部主要的气源岩。珠三拗陷文昌A、B凹陷是该区主要富生气凹陷。

在南海北部深水区珠二拗陷白云凹陷及周缘，下渐新统恩平组为一套海陆过渡相煤系烃源岩及陆源海相烃源岩，具有有机质丰度高、富含陆源高等植物、生源母质类型属偏腐殖型、氢指数较低等特点，有机质主要来源于陆生高等植物的输入。例如，白云凹陷西北部边缘斜坡PY33-1-1井，恩平组煤系烃源岩有机显微组分生源主要由陆源高等植物输入的镜质组、壳质组和惰性组组成（李友川等，2014），三者含量之和普遍大于80%，烃源对比表明，白云凹陷深水油气主要来自这种煤系烃源岩。总之，下渐新统恩平组煤系烃源岩及海相陆源烃源岩，生源母质类型主要为偏腐殖的II_2型和III型，且以生气为主，伴生少量轻质油及凝析油产出（庞雄等，2009）。

3）珠海组浅海相潜在烃源岩

上渐新统珠海组浅海相泥岩在南海北部浅水区珠三拗陷、珠一拗陷及周缘区，其沉积充填厚度较薄且埋藏较浅，一般均达到成熟生烃门槛，但在深水区珠二拗陷白云凹陷及周缘区，上渐新统珠海组浅海相和三角洲前缘泥岩沉积，分布较厚埋藏较深，且所在区域热流场较高，故可达到成熟生烃门槛，属于该区潜在或次要烃源岩。这种浅海相潜在烃源岩成因类型亦属于海相陆源烃源岩，某些层段中泥岩占80%，其

TOC含量为1.2%～1.5%，R_o为0.43%～0.53%，氢指数较低，生源母质主要来源于陆生高等植物，有机质类型主要偏腐殖型的 II_2 型和 III 型，以生成天然气为主（李友川等，2012）。

4）珠江组海相潜在烃源岩

在南海北部深水区珠江口盆地南部珠二拗陷高地温梯度背景下，下中新统珠江组海相泥岩，在凹陷深部沉积充填厚埋藏深的某些局部区域，即可成为成熟的海相陆源烃源岩。这种局部区域的海相陆源烃源岩，其TOC含量为0.67%，氯仿沥青"A"含量为0.05%，总烃水平约263 ppm，有机质类型为腐殖型及偏腐殖混合型，其有机质成熟度一般均处在低成熟–成熟阶段，局部甚至可接近高成熟（何家雄等，2008b）。

5）中生界海相烃源岩

南海东北部中生界海洋地质调查与油气勘探及地质研究程度甚低，钻遇中生界探井甚少，目前仅在珠江口盆地东部潮汕拗陷北坡LF35-1构造上钻探了LF35-1-1井，该井虽然未见油气显示，但钻遇了富含放射虫的海相侏罗系—白垩系和有机质丰度较高的侏罗系良好烃源岩，不仅充分证实了中生代海相残留盆地的存在，亦表明该区基本具备油气成藏的烃源条件（郝沪军等，2009）。侏罗系海相暗色泥岩可作为潮汕拗陷的主要烃源岩，其母质类型以 III 型干酪根为主，成熟度偏高，处在高–过成熟阶段，且分布范围较广，具有一定的生烃潜力，属中等–好的过熟烃源岩。通过中生代海陆地层对比表明，潮汕拗陷中生界生烃条件可能比陆上邻区粤东、粤中好，虽然受火山活动影响较大，其有机质保存受到一定的影响，但具有一定的生烃潜力（姚永坚等，2009）。

2. 油气储集层特征

珠江口盆地新生界含油气储集层类型主要为海相碎屑岩和碳酸盐岩两大类，且以不同类型的海相砂岩为主。地质时代及具体的层位分布上，则主要集中在上渐新统珠海组（砂岩）、中新统珠江组（砂岩和礁灰岩）以及韩江组的底部（砂岩）。此外，盆地前古近系基底广泛分布的花岗岩风化壳也可形成良好的储集层。

下中新统珠江组滨海相砂岩储集层，是珠江口盆地大中型油气田主要油气产层。这种类型含油气储集层的岩石学特征及矿物组成，主要以石英为主，长石等其他矿物成分较少。但孔渗储集及流动参数极佳，孔隙度为21.7%～29.5%，渗透率达1102×10^{-3}～1709×10^{-3} μm^2，含油气储集物性非常好。珠江组可进一步分为珠江组下段和珠江组上段，珠江组下段的碎屑岩储集体主要有河道砂岩、砾岩、分流河道决口扇、沿岸沙坝砂体、分流河道砂体、席状砂体、三角洲前缘砂及浊积体等；而珠江组上段碎屑岩储集体则主要为海陆交互相–浅海相带的席状砂岩体、分流河道砂岩体、近岸沙坝及三角洲前缘砂岩体和半深海浊积体。此外，珠江口盆地西北部珠三拗陷文昌A凹陷的珠江组二段碳质（含煤）泥岩裂缝储集层亦分布较广，泥岩累积厚度大，裂缝发育，具有良好的储集物性，平均孔隙度大于20%，孔隙类型以粒间、粒内溶孔为主，是今后勘探值得重视的目的层段（朱伟林等，1997）。另外，珠江组除了海相碎屑岩储集层分布普遍外，局部区域还存在碳酸盐岩储集层，如生物礁储集层，珠江口盆地东沙隆起上著名的流花11-1等大中型油田的储集层即是其典型实例。

上渐新统珠海组海相碎屑岩储集层，亦是珠江口盆地大中型油气田的重要储集层。碎屑岩储集层类型主要有三角洲前缘砂岩、河道砂岩、砾岩、沿岸分流河道砂岩及决口扇等，且分布广泛。岩石学特征及矿物组成，亦以石英为主，其他矿物成分较少。这种储集层储集物性非均质性较强，有些区域储集层发育储集物性较好，部分区域储集层分布较局限，且储集物性偏差。如某些珠海组砂岩储集层孔隙度仅为10%左右，渗透率多数小于1×10^{-3} μm²，属于典型的低孔渗储集层，尚未达到石油储集层的经济门槛，故只能作为天然气储集层。

除了上述新生界含油气储集层外，在珠江口盆地东部潮汕拗陷还发育中生界侏罗系—白垩系储层。其中，中—上侏罗统储集层主要为砂岩，总厚达120 m，但砂岩孔隙度较差。地震剖面上，中—上侏罗统储集层是一套低频、高连续、强振幅的地震反射波组，反映了这些海相砂体的展布在相当范围内是连续的和稳定的；上覆的白垩系储集层主要为砂岩、粉砂岩和泥质粉砂岩，约100 m厚。岩石孔隙度在中–差之间。地震剖面上，这套地层多为断续–不连续反射、变振幅的地震反射特征，反映这种砂体的横向变化和岩性变化都不稳定。

另外，始新统文昌组、下渐新统恩平组，在局部地区亦有水下扇、冲积扇等具备一定储集条件的砂体，但其埋藏偏深、储集物性较差，是盆地潜在储集层，在某些局部区域亦可成为有效储集层。

3. 油气封盖条件

油气勘探实践及研究表明，下中新统珠江组二段—中中新统韩江组下部泥岩段是珠江口盆地主要的区域盖层，对油气藏保存至关重要。例如，韩江组海相泥岩盖层为一套广海相沉积，泥岩占比70%以上，且分布稳定，泥岩厚度大致在100～300 m，是珠江口盆地重要的区域性油气盖层。另外，珠江组二段顶部泥岩盖层亦是一套重要的区域性油气盖层，主要分布在珠江口盆地西北部珠三拗陷文昌A凹陷，分布厚度为30～50 m，虽然较薄但质纯封盖性能好，该区文昌19-1、文昌9-2油气藏即是在该封盖层之下所形成的。总之，珠江组二段顶部泥岩盖层是文昌A、B凹陷的重要油气盖层，且在珠一拗陷南坡、珠三拗陷、东沙隆起及神狐隆起等区域均广泛发育。尚须强调指出，珠江组下伏的上渐新统珠海组一段下部泥岩夹致密砂岩亦为一套重要的局部油气盖层，其在文昌A凹陷厚达150 m，可将珠海组二段油气层与珠海组一段上部至珠江组下部油气层分隔成两套不同含油气系统，故该局部盖层起到了很好的封盖和分隔作用。

除上述区域盖层外，上渐新统珠海组中下部和始新统文昌组、下渐新统恩平组中上部的泥岩集中段亦是重要的局部性油气盖层。这种局部性油气盖层，对于深部古近系自生自储原生油气藏形成至关重要，如盆地西北部珠三拗陷文昌A凹陷气藏的形成，即主要与该组中上部泥岩盖层密切相关。目前，文昌A凹陷发现的天然气藏主要聚集在古近系珠海组、恩平组储集层，特别是珠海组二段、三段是天然气富集的主要储集层位，而上覆珠海组一段地层厚度超过500 m，其中泥岩含量达60%以上，构成了一套稳定的局部性油气盖层。

另外，珠江口盆地中生界亦存在较好的油气盖层。根据少量探井揭示，潮汕拗陷中—上侏罗统滨浅海-深海沉积中，其泥岩、含粉砂泥岩及粉砂质泥岩厚度一般多在230 m以上，单层最大厚度达30 m。而且，这种海相泥岩盖层纵向、横向分布稳定且质地较纯，具有良好的封盖能力；中—上侏罗统上覆白垩系上部河流-湖泊沉积中泥岩、粉砂质泥岩及泥灰岩总厚度约为150 m，占地层总厚度的50%以上，泥岩单层最大厚度达30 m以上，亦是该区重要的油气盖层。根据镜质组反射率和包裹体推算，目前白垩系顶部最大埋深在地史时期可达2500 m左右，因此白垩系应该经历了充分的压实作用，可以形成比较好的局部盖层。

4. 含油气圈闭特征

珠江口盆地已查明各种类型的圈闭200多个，既有构造圈闭也有非构造圈闭。构造圈闭以基底披覆构造圈闭和断层遮挡形成的圈闭最为常见且最重要；非构造圈闭则以岩性圈闭、生物礁灰岩被非渗透性岩层包围和覆盖形成的圈闭最重要。

基岩潜山、新近系披复背斜及周缘古近系地层超覆等圈闭，主要分布于珠三拗陷大部分凸起区高部位；而凹陷中（构造低部位）主要发育以古近系为主的断背斜、断块等圈闭；在边缘主大断裂下降盘则发育滚动背斜及晚期形成的挤压背斜等圈闭。另外，在盆地东部潮汕拗陷中北部以及东沙隆起南坡则发育北东向的大型逆冲-褶皱构造，表明潮汕拗陷形成后经历了区域性的挤压作用，由此所形成的变形褶皱和断层即可形成不同类型的构造圈闭（姜华等，2009a）。如在潮汕拗陷东北部，圈闭类型以断块和断鼻为主，其他地区则以逆掩背斜、背斜和半背斜为主。在深水区白云凹陷，由于西北部三角洲物源供给体系提供了大量的不同类型的沉积物，故形成了珠江深水扇系统及其岩性地层圈闭。深水扇一般具有多层序、富含砂质沉积物、形成多供源水道-扇朵叶体的复杂深水沉积特点，且单个扇体规模达数百平方千米，能够形成大型岩性圈闭。

此外，其他圈闭类型还包括断超地层岩性-构造圈闭、古潜山圈闭、地层不整合-岩性圈闭、砂岩透镜体圈闭、披覆背斜圈闭、地层上倾尖灭圈闭及岩性-构造圈闭等。另外，对于砂泥岩互层发育的断背斜和断块型圈闭而言，合适的砂泥岩比有利于油气藏的侧封和顶封。据统计，油气藏目的层段砂岩含量绝大多数在30%～60%，只有WC19-1-2井珠海组下段砂岩百分含量大于60%，其上覆珠海组上段的砂岩百分含量小于40%，因而泥岩盖层有效地起了顶封作用。同时，构造反转对该区圈闭形成、油气运移和聚集等均产生了重要的影响（姜华等，2008）。

5. 生-储-盖组合特征

珠江口盆地新生代经历了早期断陷和晚期拗陷两个构造演化阶段，形成了陆相、半封闭浅海、开阔海三种不同的沉积背景和填充样式。巨厚的烃源岩（文昌组湖相烃源岩、恩平组煤系烃源岩）、优质的储集层（珠海组和珠江组海相碎屑岩储集层）和有效的盖层（珠江组及韩江组普遍分布的厚层浅海相泥岩）构成了良好的烃源岩（生）-储集层（储）-盖层（盖）组合条件（姜华等，2008；何敏等，2017）（图3.2）。

珠江口盆地古近系—新近系储-盖组合类型，主要以上渐新统珠海组浅海三角洲砂岩与其本身相邻的海相泥岩互层，及上覆下中新统珠江组海侵泥岩构成的储-盖组合，和下中新统珠江组不同类型的深水扇砂岩与上覆巨厚韩江组海侵泥岩所组成的储-盖组合为主（姜华等，2009b），形成了"陆生海储、下生上储"的成藏组合类型及其储-盖组合特征。早—中中新世，珠江组及韩江组沉积时期形成了六个层序的深水扇叠置沉积，这些盆底扇、斜坡扇、低位楔等低位富砂深水扇具有优质的储集性能，且具有埋深适中，其扇体多层叠置、砂体分隔性强、单个扇体厚度大（80～400 m）、面积大（50～1000 km²），且分布于下伏烃源岩的正上方区域，构成了极佳的生-储-盖组合类型。另外，晚渐新世珠海组属边缘浅海陆架环境，巨大的古珠江三角洲物源供给系统导致其砂泥岩沉积体系非常发育，可形成一些斜坡浊积扇沉积。因此，珠海组存在三角洲砂岩与浊积扇两类储集层为主的储-盖组合，即三角洲砂泥岩储-盖组合和浊积扇砂泥岩储-盖组合。尚须强调指出，珠海组中上段发生过一次大规模的海侵，形成了一套广泛分布的海侵泥岩沉积，其构成了边缘浅水三角洲砂岩和斜坡浊积扇较好的局部盖层，进而形成了珠海组非常好的成藏组合类型。

珠江口盆地中生界储-盖组合类型及特征，由于地震及油气勘探资料有限，研究程度甚低。根据盆地唯一的中生界探井LF35-1-1井的钻探结果表明，在盆地东部潮汕拗陷不仅存在下白垩统砂泥岩互层形成的储-盖组合类型，而且还存在上三叠统—下侏罗统砂泥岩互层形成的储-盖组合。尤其是上三叠统—下侏罗统储-盖组合类型，在远离火山活动影响区的砂泥岩互层较发育，是该区油气勘探主要目的层（张莉等，2014，2019）。

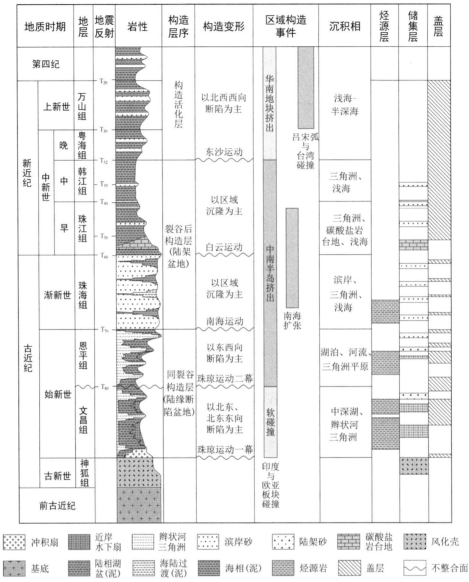

地质时期			地层	地震反射	岩性	构造层序	构造变形	区域构造事件	沉积相	烃源层	储集层	盖层
第四纪				T20		构造活化层	以北西西向断陷为主	华南地块挤出	浅海—半深海			
新近纪	上新世		万山组	T30			东沙运动	吕宋弧与台湾碰撞	三角洲、浅海			
	中新世	晚	粤海组	T32		裂谷后构造层（陆架盆地）	以区域沉隆为主	中南半岛挤出	三角洲、碳酸盐岩台地、浅海			
		中	韩江组	T35								
		早	珠江组	T40 T50			白云运动					
				T60			以区域沉隆为主		滨岸、三角洲、浅海			
古近纪	渐新世		珠海组	T70			南海运动	南海扩张				
	始新世		恩平组			同裂谷构造层（陆缘断陷盆地）	以东西向断陷为主 珠琼运动二幕		湖泊、河流、三角洲平原			
			文昌组	T80			以北东、北东东向断陷为主 珠琼运动一幕	软碰撞	中深湖、辫状河三角洲			
	古新世		神狐组					印度与欧亚板块碰撞				
前古近纪												

图3.2　南海北部大陆边缘东北部珠江口盆地沉积充填特征及生-储-盖组合类型示意图（据何敏等，2017）

图例：冲积扇　近岸水下扇　辫状河三角洲　滨岸砂　陆架砂　碳酸盐岩台地　风化壳　基底　陆相湖盆(泥)　海陆过渡(泥)　海相(泥)　烃源岩　盖层　不整合面

二、北部湾盆地

（一）盆地地质概况

北部湾盆地是在加里东褶皱基底之上发育起来的中、新生代沉积盆地，主要构造线呈北东—北东东向。习惯上称雷州半岛以西海域约3.5万km²面积的区域为北部湾盆地，盆地水深小于55 m，新生代沉积层最厚可达9000 m，其中古近系沉积最厚大于5000 m，新近系沉积较薄，厚度为1500～2000 m。盆地前古近系基底主要由古生代碳酸盐岩和中生代花岗岩组成。其中，且古生界石炭系和二叠系碳酸盐岩基底分布较普遍。北部湾盆地属地堑式的断陷盆地，晚白垩世—古新世主要沉积充填了一套火山碎屑岩、凝灰岩和河流山麓相碎屑岩红层。始新世至渐新世盆地强烈热沉降断陷，沉积了一套厚达4000 m以上以湖相为主的砂泥互层，形成盆地最主要的生-储-盖成藏体系。渐新世末盆地抬升，遭受强烈剥蚀，造成古近系与新近系之间的区域性破裂不整合。新近纪至第四纪盆地区域性大规模拗陷沉降，沉积充填了厚达2000 m以上的滨海-浅海相披覆式砂泥互层。

北部湾盆地断裂构造发育，主要断裂多数为北东向和北东东向，少数为北西向（李春荣等，2012）。根据区域构造活动特点及断裂展布特征，盆地大致可分为三个受断裂控制的次级隆拗构造单元，即北部拗陷、企西隆起和南部拗陷。北部拗陷从西向东可分为海中凹陷、涠西南凹陷和雷东凹陷及纪家凹陷，前两个凹陷之间夹涠西南低凸起。南部拗陷可划分为海头北凹陷、乌石凹陷和迈陈凹陷，流沙凸起将三个凹陷分隔开。盆地的西南部为福山凹陷，且延伸至海南岛北缘。

（二）油气地质特征

1.烃源供给条件

南海北部大陆边缘盆地新生代主要发育有三套烃源岩：断陷期早期始新统中深湖相烃源岩；断陷晚期下渐新统河流沼泽相、滨海沼泽相煤系烃源岩及半封闭浅海相烃源岩；裂后拗陷期中新统及上新统底部浅海及半深海相烃源岩（何家雄等，2008c）。这些不同类型烃源岩发育展布，主要取决于盆地构造沉积演化条件与沉积充填特征。

北部湾盆地位于雷州半岛西侧海域，古近纪沉积与盆地周缘陆上存在一定的联系。勘探实践证明，北部湾盆地涠西南凹陷、福山凹陷与茂名盆地和雷州半岛上小凹陷中的烃源岩，均主要是始新统流沙港组湖相泥页岩及下渐新统涠洲组煤系，说明这一时期古气候环境在北部湾盆地及其周缘区极为相似，具有相同或相似的油气地质条件。

北部湾盆地新生代主要烃源岩为陆相断陷裂谷期形成的始新统流沙港组中深湖相烃源岩，且主要沉积充填在陆相断陷早期不同的凹陷-洼陷之中，不同区域亦有所差异。油气勘探实践表明，始新世富生油凹陷主要为涠西南凹陷和乌石凹陷，这些凹陷的始新统中深湖相烃源岩展布规模最大，烃源岩有机质丰度高，且属于偏腐泥混合型生源母质类型，生油潜力大。其他凹陷，如海中凹陷和迈陈凹陷始新统湖相烃源岩生油潜力及资源丰度均略差。另外，陆相断陷晚期渐新世形成的涠洲组中下部煤系烃源岩，亦是该区重要的气源岩。如在涠西南凹陷西南部、海中及乌石凹陷均钻遇一套河流沼泽相含煤岩系，且有机质丰度高，以腐殖型为主，属于非常好的一套气源岩。20世纪90年代早期在海中凹陷涠14-2构造钻获的来自该煤系烃源岩的商业性天然气藏即是其典型实例（何家雄等，1993）。

始新统流沙港组中深湖相烃源岩属于一套优质烃源岩。烃源岩有机质丰度高，有机碳含量为1.38%～2.3%，氯仿沥青"A"为0.10%～0.28%，总烃含量大多在700 ppm以上，最高达1798 ppm。这种中深湖相烃源岩干酪根组成主要以无定形为主，其次为角质体及镜质体，而惰质体较少，其H/C一般为1.1～1.3，O/C为0.1～0.16，因此，干酪根类型属以偏腐泥混合型（II_1）为主的生源母质，次为偏腐殖混合型（II_2），亦有少量腐泥型（I）及腐殖型（III）。流沙港组中深湖相烃源岩成熟门槛为2400 m（不同凹陷有所差异），其有机质成熟度多处在成熟-高成熟正常生烃成油演化阶段，迄今该区勘探发现了大量陆相石蜡型原油、凝析油及油型伴生气（湿气）等油气产物。盆地不同凹陷及区带流沙港组烃源岩成熟生烃门槛均有所差异，其中涠西南凹陷成熟生烃门槛为2400 m，乌石凹陷成熟生烃门槛为2600 m，而海中凹陷、海头北凹陷成熟生烃门槛较深，均大于2700 m以下（寇才修，1984）。2022年7月，涠西南凹陷涠页1井在流沙港组湖相泥页岩中获得商业油流，日产油20 m³、天然气1589 m³，标志着北部湾盆地海上页岩油勘探取得重大突破。对该套深湖相泥页岩含油气性的深入认识，将有助于对北部湾盆地湖相页岩油气资源的评价，实现海上页岩油勘探开发的更大突破。

渐新统涠洲组煤系烃源岩，主要为一套河流沼泽及滨海沼泽相含煤岩系沉积，分布在海中凹陷和乌石凹陷西部等局部区域，有机质丰度高，生源母质类型属于偏腐殖型或腐殖型煤系，处在高熟成烃演化阶段（R_o=1.1%），生烃潜力大且以产大量煤型气伴生少量凝析油为其重要特征（何家雄等，1993）。

2.含油气储集层特征

北部湾盆地含油气储集层主要为湖相及河湖相碎屑岩与古潜山基底碳酸盐岩缝洞形储集层。碎屑岩储集层，主要为始新统流沙港组三段和一段滨浅湖相砂岩、部分地区流沙港组二段浊积砂岩及渐新统涠洲组河湖相砂岩和中新统下洋组和角尾组滨浅海相砂岩；古潜山基底碳酸盐岩缝洞型储集层，则主要为石炭系及二叠系基底潜山灰岩缝洞型储集层。目前这两种类型的储集层均已钻获商业性油气流，该区大部分油田的大量油气均产自这些储集层之中。渐新统涠洲组河湖相砂岩储集层及流沙港组滨浅湖相或扇三角洲储集层和中新统下洋组和角尾组滨浅海相砂岩储集层，是北部湾盆地大量中型油气田的主要油气产层，这些油气田的油气均产自该套储集层；前古近系古潜山基底灰岩储集层，分布相对局限，属于盆地的次要油气储集层。

3. 油气封盖条件

渐新世晚期，北部湾盆地整体上升，遭受不同程度剥蚀，其后新近纪初期盆地即开始大幅度的热沉降，海水侵入，进入裂后大规模拗陷发育阶段，沉积充填了一套中新世及上新世的滨浅海相砂泥岩地层，构成了盆地重要的区域性油气盖层或局部盖层。

除了上述区域盖层外，始新统流沙港组一段和流沙港组二段巨厚湖相泥页岩则属于北部湾盆地下含油气系统的区域盖层或局部盖层；渐新统涠洲组二段上部大套灰色泥岩亦可作为盆地东部的区域性盖层；而沉积于冲积相的古新统长流组泥岩与砂岩、砂砾岩互层则可作为盆地的局部盖层。

4. 含油气圈闭类型

北部湾盆地中含油气圈闭类型众多，归纳起来主要为构造型和非构造型两大类，具体有古近纪背斜构造、断鼻构造、新近纪披覆构造和岩性尖灭圈闭及古潜山圈闭等。

5. 生-储-盖组合特征

北部湾盆地大部分油田的原油均属高蜡、高凝固点、低硫的石蜡型原油，这些原油主要来自始新统流沙港组烃源岩，具有"一源多流"的烃源供给特征及其储-盖成藏组合类型与运聚成藏特点。根据盆地油气勘探实践及研究表明，目前揭示和证实的主要有三种油气成藏组合类型，即流沙港组自生自储成藏组合；流沙港组生油、上覆涠洲组砂泥岩储存的下生上储成藏组合；流沙港组生油、下伏石炭系碳酸盐岩储存的新生古储成藏组合，其中以自生自储及下生上储成藏组合类型的油气产能最高（何家雄等，2008c）。

1）自生自储成藏组合类型

始新统流沙港组二段深灰色、褐灰色泥岩及页岩生油，直接运移到下伏流沙港组三段砂岩中储集成藏，而流沙港组二段泥页岩既是生油岩也是良好的盖层。若流沙港组二段中亦有较好砂岩，也可形成油藏。这种生-储-盖组合类型，在涠西南凹陷西部及乌石凹陷最典型，这些地区许多井中均可见到这种类型的油气藏，如湾1井、湾2井和湾4井，涠10-3构造各井，以及乌16-1构造上的乌16-1-1井、乌16-1-3井等。涠页1井的成功也证实了流沙港页岩在页岩油产出上的潜力。

2）下生上储成藏组合类型

盆地深部始新统流沙港组中深湖相烃源岩生成的油气，通过深大断裂向上运移到上覆渐新统涠洲组砂岩中储集成藏，其相邻的涠洲组泥岩作为盖层。典型实例见于涠西南凹陷东部涠12-1油田诸探井。另外，在涠11-4构造上，流沙港组生成的油气，亦可沿大的不整合面侧向运移到中中新统角尾组砂岩中，并由相邻的角尾组泥岩作为盖层形成油气聚集而富集成藏。

3）新生古储成藏组合类型

由于北部湾盆地具有"一源多流"的烃源供给特点，始新统流沙港组中深湖相烃源岩生成的油气除了向上运聚在渐新统涠洲组及中新统砂岩储集层中聚集外，其也可以向下沿着断层或不整合面运移到石炭系古潜山灰岩储集层中聚集成藏，其不整合面以上的古新统长流组泥岩及部分流沙港组泥页岩均可作为盖层。典型实例以涠11-1油藏的湾4井油气成藏的储-盖组合类型为代表。

总之，北部湾盆地以上三种油气储–盖的成藏组合类型，自下而上可构成下列五套生–储–盖组合形式（图3.3），即始新统流沙港组烃源岩生油，石炭系灰岩储集层储油，古新统长流组为盖层；始新统流沙港组二段、三段烃源岩生油，流沙港组三段砂岩储集层储油，流沙港组二段为盖层；始新统流沙港组二段和流沙港组一段烃源岩生油，流沙港组一段砂岩储集层储油、流沙港组一段泥岩作为盖层（如湾11井），或渐新统涠洲组泥岩作为盖层（如乌16-1-1井）；始新统流沙港组烃源岩生油，渐新统涠洲组砂岩储集层储油，涠洲组泥岩作为盖层，见于涠12-3-1井；始新统流沙港组烃源岩生油，中中新统角尾组海相砂岩储集层储油，角尾组海相泥岩作为盖层，见于涠11-4构造的湾5井。

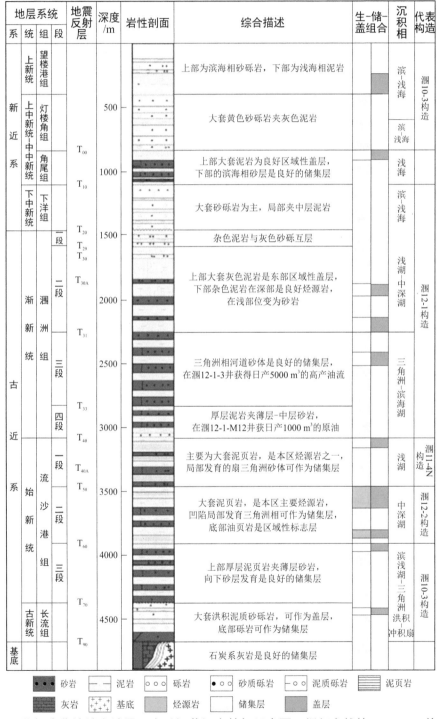

图3.3 北部湾盆地综合地层及生–储–盖组合特征示意图（据何家雄等，2008a，修改）

三、琼东南盆地

（一）盆地地质概况

琼东南盆地位于南海北部海南岛南部陆缘与西沙群岛之间的海域。盆地呈北东走向，其西以1号断层与莺歌海盆地为界，北东以神狐隆起与珠三拗陷、珠二拗陷为邻，盆地展布面积为82993 km²。盆地西北部陆架区水深为0~200 m，盆地南部陆坡及洋陆过渡带区水深为300~2000 m，西沙北海槽一带，海水深度超过2000 m。区域构造地质背景及与邻区接触关系具体表现为盆地北部与海南隆起区以大断层相接；南部以斜坡超覆带向西沙隆起区过渡；西部以中建低凸起东侧大断层与莺歌海盆地相连；东北部则以大断层与珠江口盆地神狐隆起相隔。

琼东南盆地的形成与印度板块和欧亚大陆板块强烈碰撞，造成南海一带的强烈扩张，亦属于准被动大陆边缘的离散型盆地。近年来的研究表明，该盆地具有比一般被动大陆边缘盆地更多的来自地幔的岩浆活动及热事件，特别是晚中新世后发生在5.5 Ma和3.0 Ma的强烈构造运动产生了大量北西西向的断层。很显然，这种强烈的断裂构造活动及幔源火山活动特点，明显不同于典型的被动大陆边缘盆地。

琼东南盆地与珠江口盆地一样，新生代经历早期古近纪陆相断陷和晚期新近纪热沉降拗陷成盆演化阶段，具有下断上拗的双层结构，断拗之间为区域性的破裂不整合，破裂不整合之下为一系列不同类型不同规模大小的断陷（凹陷）及洼陷，其上则为巨厚的海相拗陷沉积。盆地新生代沉积充填及分布特征总体上具北断南超的特点。根据盆地不同区域构造地质特征及断裂分布特点，可将其构造单元划分为北部拗陷、中部隆起、中央拗陷及南部隆起四个一级单元，以及10个凹陷、9个凸起-低凸起共19个次一级构造单元，即崖北凹陷、松西凹陷、松东凹陷、崖南凹陷、乐东-陵水凹陷、松南-宝岛凹陷、北礁凹陷、长昌凹陷、永乐凹陷、华光凹陷，以及崖城凸起、陵水低凸起、松涛凸起、宝岛凸起、长昌凸起、崖南低凸起、陵南低凸起、松南低凸起和北礁凸起。

（二）油气地质特征

1. 烃源供给条件

琼东南盆地烃源供给条件与珠江口盆地一样，亦存在多套生烃层系，但主要烃源岩为始新统湖相烃源岩和渐新统崖城组及陵水组海陆过渡相煤系烃源岩和半封闭浅海相烃源岩，中新统三亚组及梅山组海相泥岩为潜在烃源岩（何家雄等，2010a；朱伟林等，2012）。

始新统湖相烃源岩主要分布于盆地深部裂陷早期的半地堑-地堑洼陷中，除西北部崖南凹陷外，琼东南盆地大部分凹陷中都有始新统湖相烃源岩分布，且以西南部及南部深水区华光凹陷、乐东凹陷、陵水凹陷及松南-宝岛凹陷中深湖相烃源岩的沉积展布规模最大，其平均厚度为500~1000 m，最大厚度超过2000 m（刘军等，2006）。基于珠江口盆地始新统湖相烃源岩特征，可以综合判识琼东南盆地始新统湖相烃源岩亦具有以下地球化学特征，即烃源岩有机质丰度高，生源母质类型以偏腐泥混合型干酪根为主，生烃潜力大。由于始新统烃源岩埋藏较深，推测烃源岩成熟度偏高，R_o可达1.3%~2.0%，尽管其富含偏油母质，但已进入高-过成熟阶段，其油气产物可能以裂解天然气为主（何家雄等，2000）。

渐新世沉积早期，琼东南盆地沉积环境以滨浅海和滨海沼泽相等海陆过渡相为主，形成了崖城组煤系烃源岩；渐新世沉积晚期以大套半封闭海湾相及浅海相泥岩为主，形成一套陵水组滨浅海相泥岩烃源岩。崖城组—陵水组含煤岩系及浅海相烃源岩，有机质丰度高，以广泛发育的富集型和分散型有机质为主，生源母质类型属于煤系和以陆源高等植物为主的偏腐殖型（表3.3）。成熟度为高成熟至过成熟，属于一套非常好的煤系烃源岩，以产大量煤型气伴生少量煤型凝析油及轻质油为其突出特点。

表3.3　琼东南盆地新生代烃源岩地球化学特征表（据翟光明等，1992，修改）

时代	地层	岩性	TOC/%	氯仿沥青 "A" /%	干酪根类型	R_o/%
中新世	梅山组—三亚组	灰色泥岩、泥灰岩	0.2～1.06	0.0115～0.0849	—	—
晚渐新世—早中新世	陵水组	深灰黑色页岩	0.46～0.52	0.0256～0.0402	II₂	—
早渐新世	崖城组	煤系暗色泥岩（沼泽相）	0.47～1.6	0..327～0.265	II₂	0.9～1.2
始新世	岭头组	深色泥岩（中-深湖相）	—	—	III	1.3～3.0

中新世盆地主要沉积充填了一套滨海、浅海及半深海相碎屑岩为主的地层，局部地区由于上覆上新统及第四系较厚，埋藏较深且泥岩有机质丰度较高，具有一定的生烃潜力可成为烃源岩。本区中中新统梅山组和下中新统三亚组应该是较好的潜在烃源岩。下中新统及中中新统潜在烃源岩，主要分布在中央拗陷及南部隆起区，在某些局部区域埋藏深处可成为有效烃源岩。

2. 含油气储集层特征

油气勘探实践及研究表明，琼东南盆地新生代主要有碎屑岩与碳酸盐岩两种类型的储集层。碎屑岩储集层主要分布于渐新统与中新统及上新统，碳酸盐岩储集层主要分布在中新统。

上渐新统陵水组—下中新统三亚组扇三角洲-滨浅海相砂岩和下中新统台地碳酸盐岩储集层，主要分布在琼东南盆地西北部崖南凹陷和中央拗陷带。其中，下中新统三角洲前缘砂体和分支河道砂体具有岩性均一、厚度大的特点，有效孔隙度一般为13%～20%，渗透率为1×10^{-3}～300×10^{-3} μm²（何家雄等，2010c）。这套储集层可与区域上广泛分布的滨浅海相泥岩，如陵水组二段和三亚组滨浅海相泥岩组成良好的储-盖组合。陵水组三段扇三角洲或滨海相砂岩物性好，孔隙度为14%～20%，渗透率为810×10^{-3} μm²（崖城13-1气田主要产层），其与陵水组二段及其以上的海侵泥岩构成的储-盖组合，则是琼东南盆地油气勘探的"黄金组合"之一。而且，该含油气储-盖组合在盆地北部拗陷带和北部隆起区及周缘均普遍存在，且储集层储集物性较好（卢骏等，2011）。下中新统三亚组台地碳酸盐岩储集层主要分布于崖南凹陷西南部崖城13-1气田区，在陵水组三段扇三角洲砂岩主力产气层之上，属于该区的次要产气层，该碳酸盐岩储集层储集物性较好，缝洞发育，分布稳定。

除了上述储集层外，中新统半深海相浊积砂岩储集层在琼东南盆地亦较发育，从盆地南部外陆架到陆坡深水区均可形成各种类型的低水位砂体储集层，其储集层类型主要包括斜坡扇、盆底扇、海底峡谷浊积水道和进积楔砂体等，属于盆地南部深水区最主要的储集体系与储集层类型。尚须强调指出，古近纪晚期，琼东南盆地在外陆架陆坡区还发育有前积楔，在前积楔上倾方向往往形成了一些深切谷，且在其中充填了低水位沉积期的辫状河或海侵期河口湾砂体。这些三角洲砂体、前积楔滨岸砂体和深切谷充填砂体都是良好的储集层（刘军等，2006）。其中，下中新统三亚组—中中新统梅山组砂岩储集层占比50%以上，孔隙度为32%，平均渗透率为2.773×10^{-3} μm²，储集物性较好，亦是盆地重要的含油气储集层（张莉等，2019）。

另外，在琼东南盆地南部深水区中部拗陷带中央峡谷水道区域，晚中新世及上新世还分布有与盆地长轴北东方向平行展布的规模巨大的中央峡谷水道砂体储集层，且储集物性非常好，其孔渗参数达到了极好储集层的标准，属于高孔高渗优质储集层，该区陵水17-2、陵水18-1及陵水25-1等深水大中型气田的主要储集层即是其典型实例。

3. 油气盖层条件

琼东南盆地油气盖层，主要有上渐新统陵水组浅海相泥岩，下中新统三亚组、中中新统梅山组海相泥岩和上新统莺歌海组浅海相–深海相泥岩。这些层位层段中泥岩含量为41%～50.9%，其中某些厚度较大的泥岩集中段，可以构成区域性盖层。琼东南盆地区域性盖层主要发育于盆地大规模的拗陷沉降期，由于该构造沉积演化阶段，盆地断裂活动较弱，盆地沉积充填因物源区输送供给动力及能量大幅度减弱而形成了大面积的细粒沉积体系，且能够覆盖于盆地大部分的凸起和构造带之上，伴随盆地继续沉降，埋藏到一定深度时即可形成非常好的区域盖层。

琼东南盆地某些局部区域，除了存在物性封闭较好的泥岩盖层外，同时还具有异常高压盖层，这种双压混合（物性与压力）盖层对天然气运聚成藏起到了非常好的封盖作用。崖南凹陷崖城13-1大气田上覆的中新统梅山组—黄流组钙质–粉砂质泥岩盖层即是其典型实例。在这里，压力封闭对天然气富集成藏起到了非常重要的作用（何家雄等，1992）。

4. 主要含油气圈闭类型

琼东南盆地新生代含油气圈闭较多，目前油气勘探发现及证实的圈闭约323个，圈闭主要有8种，且以古潜山、断块及断鼻圈闭为主，约267个，其占圈闭总数的82.7%（张莉等，2019）。构造类圈闭主要分布在浅水区北部拗陷带和北部隆起带和深水区北礁凸起和南部断阶带上，主要形成于渐新统和下—中中新统地层沉积系统中。在盆地南部深水区陆坡附近与中央拗陷东北部新近系则主要发育大型盆底扇、堤成谷复合砂体、坡脚浊积砂体等低位域圈闭类型，以及中央峡谷水道砂体圈闭等地层岩性圈闭类型，这些地层岩性圈闭类型，一般展布规模、分布面积均较大，且相对埋藏较浅，其形成的地层-岩性圈闭或低位岩性圈闭体，可与其下伏古近纪构造圈闭叠置，构成多层复合型圈闭类型，是油气勘探重要靶区和新领域。

5. 生–储–盖组合特征

琼东南盆地生–储–盖成藏组合类型较多（图3.4），如前古近系基底的新生古储型，始新统（未钻遇）自生自储型，渐新统自生自储型、下生上储型以及上新统、中新统的下生上储型、自生自储型等，但以渐新统崖城组、陵水组自生自储型，中新统—上新统黄流组、莺歌海组下生上储型、自生自储型和新生古储型为主。

其中，新生古储型主要以前古近系花岗岩基底古潜山裂缝及其风化壳为储集层，以古潜山侧面始新统湖相泥岩及下渐新统崖城组煤系为烃源岩，以崖城组上部及上渐新统陵水组和下中新统三亚组浅海或滨海相泥岩为盖层，形成新生古储型生–储–盖成藏组合。渐新统自生自储型的烃源供给均主要来自崖南凹陷深部下渐新统煤系烃源岩以及半封闭浅海相偏腐殖型烃源岩，其生成的油气主要通过不整合面及断裂向上大规模运移，且在上覆上渐新统陵水组扇三角洲砂岩储集层或下中新统三亚组砂岩储集层中聚集成藏。油气盖层主要为中新统梅山组—黄流组高压钙质–粉砂质泥岩。构成这种渐新统自生自储成藏组合类型的主控因素是其能否具有沟通崖城组煤系烃源的不整合面和有效的断裂运聚通道，以及陵水组或三亚组含油气砂岩储集层与上覆梅山组—黄流组高压泥岩盖层的有效配置。崖南凹陷崖13-1大气田即是典型的渐新统自生自储天然气运聚成藏类型，其下伏的崖城组煤系烃源岩与其上的陵水组扇三角洲砂岩储集层或三亚组楔状砂体以及上覆的梅山组高压泥岩盖层构成了非常有效的生–储–盖成藏组合，形成了崖13-1煤系成因大气田（何家雄等，2000，2006a）。

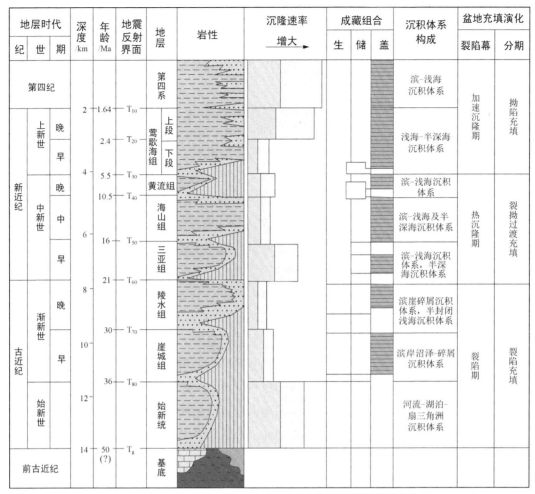

地层时代			深度/km	年龄/Ma	地震反射界面	地层		岩性	沉隆速率 增大→	成藏组合			沉积体系构成	盆地充填演化	
纪	世	期								生	储	盖		裂陷幕	分期
第四纪			2	1.64	T₁₀	第四系							滨-浅海沉积体系	加速沉隆期	拗陷充填
新近纪	上新世	晚		2.4	T₂₀	莺歌海组	上段						浅海-半深海沉积体系		
		早	4				下段							热沉隆期	裂拗过渡充填
	中新世	晚		5.5	T₃₀	黄流组							滨-浅海沉积体系		
		中		10.5	T₄₀	海山组							滨-浅海及半深海沉积体系		
		早	6	16	T₅₀	三亚组							滨-浅海沉积体系, 半深海沉积体系		
古近纪	渐新世	晚	8	21	T₆₀	陵水组							滨崖碎屑沉积体系, 半封闭浅海沉积体系	裂陷期	裂陷充填
		早	10	30	T₇₀	崖城组							滨岸沼泽-碎屑沉积体系		
	始新世		12	36	T₈₀	始新统							河流-湖泊-扇三角洲沉积体系		
前古近纪			14	50(?)	Tg	基底									

图3.4 琼东南盆地综合地层及生-储-盖组合特征示意图（据朱伟林，2010）

中新统自生自储成藏组合类型，其烃源岩主要为埋藏相对较深的中新统低成熟-成熟烃源岩，其生成的油气在中新统砂岩中运聚，在具备较好圈闭条件下富集成藏。这类储-盖成藏组合仅在盆地西南部乐东凹陷和东部松南凹陷及松涛东凸起周缘发现。典型实例如乐东凹陷北部上中新统黄流组自生自储型成藏组合类型，其烃源供给主要来自深部及附近的中新统低熟烃源岩生成的油气，且在上中新统黄流组储集层与其上覆中新统—上新统浅海-半深海相泥岩盖层所构成的自生自储成藏组合类型中富集成藏。中新统及上新统下生上储成藏组合类型，其烃源供给主要来自深部渐新统煤系烃源岩，并通过纵向断裂及疑似泥底辟、气烟囱通道输送到上中新统黄流组及上新统莺歌海组中央峡谷水道砂岩中储集，且与上覆上新统及第四系深海相泥岩盖层构成非常好的储-盖组合。横穿深水区乐东-陵水凹陷南缘陵南低凸起和松南凹陷南缘松南低凸起的中央峡谷水道黄流组—莺歌海组浊积砂岩大气田（陵水17-2、陵水18-1及陵水25-1等大中型气田），即是其典型实例。

四、台西南盆地

（一）盆地地质概况

台西南盆地属裂谷型中新生代叠合型盆地，位于台湾岛西南海域，总体上呈北东-南西向展布。其北以澎湖-北港隆起为界，南与南海海盆相接，东为台湾岛台南-高雄浅海陆缘区，西南与珠江口盆地潮汕拗陷相邻，面积超过60000 km²。盆地从北至南可划分为北部拗陷、中央隆起带及南部拗陷三个一级构造单元（何家雄等，2006a）。根据中央隆起带中部及邻区探井的钻探成果，台西南盆地钻遇盆地结晶基底以上地层系统，主要为中生界侏罗系—下白垩统，新生界上渐新统、中新统、上新统和全新统，上白垩统、古新统、始新统及下渐新统部分缺失，属于地壳运动及构造演化活动比较频繁的地区。

（二）油气地质特征

1. 烃源供给条件

台西南盆地中新生界具备了良好的烃源条件，油气源较充足。根据中央隆起带中部诸探井及邻区和华南陆缘粤东地区有关岩石样品有机地球化学分析结果，台西南盆地及台西盆地和华南陆缘地区中新生界烃源岩，主要为古新统—中新统海相泥页岩，其次为中生界侏罗系—白垩系近海陆相泥页岩，且烃源岩有机质丰度较高，生源母质类型无论是中生界还是新生界，均为腐殖型母质（Ⅲ型）。该区烃源岩多处于成熟-高成熟阶段，少部分已达过成熟，尤其是白垩系烃源岩基本上已达到过成熟，具有较大的生烃潜力，能够提供较充足的烃源供给。在区域上分布上，新生代盆地的生烃凹陷不仅有南北两个大规模的深凹陷，而且中央隆起带上本身的深洼区亦可能具有生烃潜力（杜德莉，1994）。

古新统烃源岩主要分布在乌丘屿凹陷，有机质丰度较高，TOC含量平均为1%～1.6%，生源母质类型为Ⅲ型干酪根。始新统则是厦澎凹陷、乌丘屿凹陷的主要烃源岩，岩性为湖相泥页岩，有机质丰度高，TOC含量平均为1.03%～2.64%，生源母质类型以Ⅱ型干酪根为主。渐新统烃源岩主要分布在台西南盆地和台西盆地新竹凹陷，岩性为泥岩夹煤层，TOC含量为0.5%～1%，属于成熟-高成熟烃源岩，生源母质类型仍以Ⅲ型干酪根为主（表3.4）。中新统是新竹凹陷和台西南盆地的主要生烃层，以煤系地层为主，有机质较丰富，木山组、石底组煤系TOC含量为0.5%～2%，南港组海相页岩TOC含量为0.5%～1%，母质类型以Ⅲ型干酪根为主。中新统已证实为台湾岛上油气田的主要烃源岩（何家雄等，2008c）。

表3.4　台西南盆中新生界地烃源岩地球化学特征表（据何家雄等，2006b，2008c）

地层	岩性	沉积相	TOC/%	R_o/%	有机质类型
中新统	页岩和煤层	海陆过渡相	0.5～2.0	0.48～0.7	Ⅲ
渐新统	泥岩夹煤层	海陆过渡相	0.5～1.0	0.6～0.8	Ⅲ
始新统	泥页岩	湖相	1.03～2.64	—	Ⅱ
古新统	页岩	湖相	1.0～1.6	—	Ⅲ
侏罗系—白垩系	页岩、泥页岩	湖相（海相）	1.56	0.8～1.2	Ⅲ

中生界侏罗系烃源岩（缺失上侏罗统）多分布在台西南盆地中央隆起带中部及周缘区，主要为黑色页岩，其有机质类型属腐殖型（Ⅲ型），有机质丰富，烃源岩成熟度已达到成熟-高成熟（R_o达到0.8%～1.2%），部分达到过成熟，进入产气高峰。侏罗系黑色页岩既是良好的生油岩，亦可作为较好的油气盖层。油岩对比表明，台西南盆地白垩系的油气有相当一部分可能来自侏罗系烃源岩。尚须强调指出，白垩系湖相泥页岩是台西南盆地中生界的主要烃源岩。该套烃源岩有机质类型为腐殖型（Ⅲ型），有机质丰度较高，处在成熟-高成熟演化阶段，具有较大生烃潜力。目前台西南盆地勘探发现的中生界油气大部分可能主要来自白垩系烃源岩的贡献。

2. 储-盖条件及含油气储-盖组合特征

台西南盆地中新生界油气储集层主要为碎屑岩。根据已有探井钻探证实，晚侏罗世—早白垩世、古新世、始新世、晚渐新世早期、早中新世早期及中中新世晚期的砂岩是该区主要储集层，其中以渐新统—中新统孔隙型海相砂岩最佳，其储集层孔渗物性良好，孔隙度一般为5%～19%，渗透率为$0.2 \times 10^{-3} \sim 100.3 \times 10^{-3}\ \mu m^2$，且在中央隆起带中部的致昌（CFC）、致胜（CFS）及建丰（CGF）等构造区块的砂岩储集层中均获得了高产天然气流。古新统和始新统储集层据地震资料推测亦存在扇三角洲砂体，其储集物性可能较好；另外，侏罗系和白垩系近海陆相致密砂岩裂缝型储集层以及上中新统海侵孔隙型砂岩储集层亦是该区重要的含油气储集层。白垩系裂缝型储集层孔渗物性虽然较差，孔隙度一般小于10%，渗透率小于$1 \times 10^{-3}\ \mu m^2$（何家雄等，2006b），但由于白垩纪地层受南海地壳张裂与海盆扩张运动影响，形成了一系列高角度的构造性致密砂岩裂缝，这些砂岩裂缝展布极有利于油气运移和聚集。

台西南盆地油气盖层主要有中生界侏罗系—白垩系湖相泥页岩、上渐新统—中新统及上新统海相泥页岩。其中上新统锦水组和中新统南港组页岩厚度大，分布稳定，是重要的区域性盖层，有利于油气保存（张莉等，2014）。

台西南盆地含油气储-盖组合主要有四套（图3.5）：即上侏罗统—下白垩统砂岩与上覆的渐新统泥页岩储-盖组合；渐新统砂岩与上覆中新统泥页岩储-盖组合；下中新统砂岩与上覆上中新统泥页岩储-盖组合；中中新统砂岩与上覆上新统海相泥页岩储-盖组合。

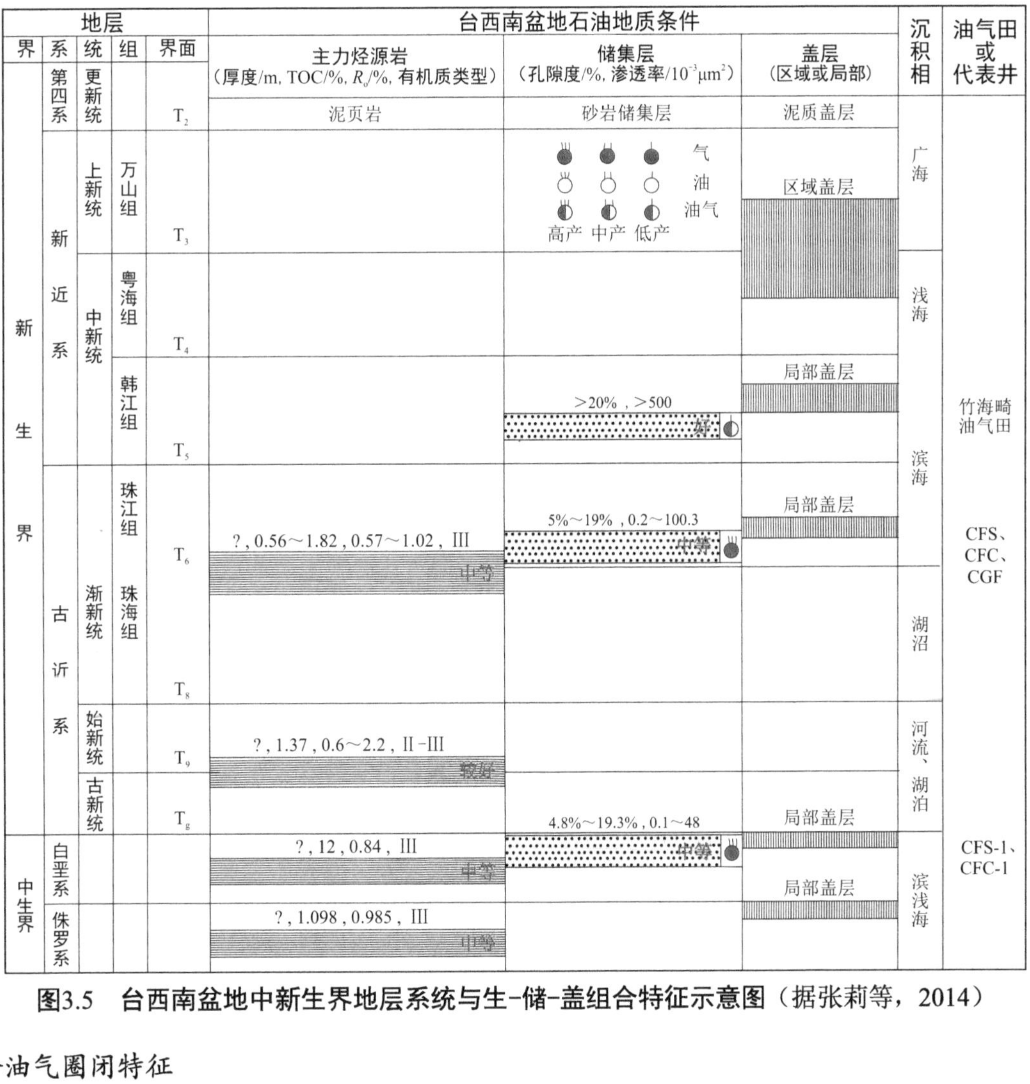

图3.5　台西南盆地中新生界地层系统与生-储-盖组合特征示意图（据张莉等，2014）

3. 含油气圈闭特征

白垩纪以来的构造运动，尤其是新近纪以来一系列构造断裂活动，导致台西南盆地断裂褶皱发育，形成一系列高角度构造裂缝，为油气运移和聚集提供了良好的运聚通道。同时，不同构造区带形成了断块构造、挤压背斜构造和断背斜构造等不同类型的圈闭，主要展布于北部凹陷与南部凹陷之间的中央隆起带上，且多为东西或近东西走向，由此构成了总体呈北东-南西或近东西走向的圈闭构造带，如致昌（CFC）构造、建丰（CGF）构造区、大埔（DP）构造带等。这些不同类型、不同规模的圈闭，形态完整，保存条件较好，邻近南、北两个生烃凹陷及本身中央隆起带上较深的生烃洼陷，因此具备了良好的油气运聚成藏条件（何家雄等，2006b）。

五、莺歌海盆地

（一）盆地地质概况

莺歌海盆地位于海南岛以西海域，其东南部与琼东南盆地以Ⅰ号断层为界，是发育在印支板块和华南板块缝合带上一个新生代大型走滑伸展盆地，盆地整体似菱形且沿北西向展布，分布面积达9万km²左右。新生代以来，尤其是新近纪及第四纪沉降沉积速率非常大，盆地快速沉积充填了巨厚的新生代沉积，根据油气勘探及地球物理探测结果，最大厚度超过17 km，其中古近系沉积较薄（估计在5000 m左右），但新近系及第四系沉积巨厚，分布厚度超过万米以上，其中第四系沉积厚度最大亦可达2.4～3.2 km，是南海西北部及北部大陆边缘盆地中最厚的地区。该区快速沉积充填的巨厚新近系欠压实细粒沉积，构成了泥底辟形成的雄厚物质基础，加之区域走滑伸展的构造动力学机制作用，导致泥底辟及气烟囱与油气苗异常发育、热流体活动强烈，天然气运聚成藏与分布规律颇具特色。

（二）油气地质特征

1. 烃源供给条件

莺歌海盆地新生代沉积巨厚，其与南海北部其他盆地不同的是，除了具有古近系烃源岩外，由于古近纪海相拗陷沉积巨厚且埋藏深，中新统甚至上新统底部厚层海相泥岩亦为重要烃源岩。根据油气勘探实践及研究表明，盆地存在两套主要烃源岩，即渐新统崖城组—陵水组半封闭浅海-滨海沼泽相煤系地层和中新统三亚组—黄流组半封闭浅海-半深海相泥岩。除此以外，始新统由于在盆地中沉积范围和厚度都不清楚，目前虽然不能完全确定其是否具有生烃潜力，但依据盆地周缘邻区地层对比分析，亦是一套具有生烃潜力的烃源岩，值得进一步分析研究与证实。如在越南境内Song Ho露头和河内拗陷中，已钻遇始新统湖相烃源岩，且其有机质丰度高，TOC含量为6.42%，S_2含量为30～49 mg/g，生烃潜力大。但其在中央拗陷带莺歌海凹陷的分布特征和生烃潜力尚不清楚。不过，从相邻盆地的地球化学资料推测，其母质类型好，可能属偏油型母质（Ⅰ～Ⅱ₁型），具有良好的生烃能力。

渐新统崖城组—陵水组在莺歌海盆地虽然钻探较少或未涉及，但其在盆地东南部邻区琼东南盆地分布广泛，尤其是下渐新统崖城组二段和上渐新统陵水组二段浅海相泥岩发育，且崖城组普遍含煤。因此，崖城组有机质丰度高，但由于其间夹煤层及碳质泥岩，有机质丰度变化较大。其中，煤的有机碳含量为19.9%～95.9%，平均为55.4%；碳质泥岩有机碳平均值为8.22%；泥岩有机碳平均值则为0.54%（崖北凹陷）～0.98%（崖南凹陷）。崖城组泥岩干酪根类型以Ⅲ型为主，个别为Ⅱ型。在盆地中央拗陷带，崖城组—陵水组为一套半封闭浅海及半深海砂泥岩地层，其最大厚度可达4000 m，烃源岩有机质热演化已达高成熟-过成熟阶段（何家雄等，2008d；杨胜雄等，2015）。

中新统海相陆源烃源岩主要为浅海及半深海沉积，其中，三亚组和梅山组泥岩厚度较大，主要分布于盆地中央拗陷区，为一套半封闭浅海及半深海砂泥岩沉积，最大厚度可达6000 m，是莺歌海盆地最主要的气源岩。地球化学分析与研究表明，该气源岩有机质类型以Ⅲ型干酪根为主，个别为Ⅱ型干酪根，属于腐殖型或偏腐殖型混合型母质。不过，气源岩有机质丰度不高，TOC含量为0.42%～1.24%。钻井资料显示，纵向上中中新统梅山组的有机质丰度比三亚组、黄流组要高，但从平面上看，有机质丰度明显受沉积环境控制，浅海–半深海沉积的有机质含量要比滨浅海沉积及三角洲沉积高得多。目前琼东南盆地已有多口井揭露了这套烃源岩，且其埋深正处于成熟–高成熟阶段，具有较大生烃潜力，对盆地油气勘探具有重要意义。尚须强调指出，莺歌海盆地中央底辟带勘探发现的浅层及中深层天然气，均属高成熟腐殖型气，其主气源岩主要为中新统的梅山组、三亚组海相陆源烃源岩。

2. 含油气储集层特征

莺歌海盆地含油气储集层类型较多，但以碎屑岩和碳酸盐岩储集层类型为主，目前获得商业性油气发现的含油气储集层主要为碎屑岩储集层，其他类型储集层尚未获得商业性油气发现。

1）碎屑岩储集层

莺歌海盆地碎屑岩储集层分布普遍，且以新近系不同类型的碎屑岩储集层为主，古近系碎屑岩储集层分布较局限，受勘探程度及探测手段的制约和影响，目前该区揭示古近系碎屑岩储集层甚少。

上渐新统陵水组扇三角洲、滨浅海相砂岩储集层，目前仅在盆地西北部临高凸起和东北部莺东斜坡带某些局部区域钻遇，均为中–细粒砂岩，储集物性较好，平均孔隙度可达14%（翟光明等，1992）。在盆地东南部相邻的琼东南盆地崖南凹陷陵水组扇三角洲砂岩储集层储集物性甚佳，属于非常好的含油气储集层，是崖13-1大气田的主力产气层。

中新统三亚组、梅山组、黄流组和上新统莺歌海组滨海相、三角洲相和浊积砂岩海相储集层，是莺歌海盆地主要的碎屑岩储集层，尤其是上中新统黄流组及上新统莺歌海组浅海相及半深海相中–细粒碎屑岩储集层，是目前中央泥底辟带浅层常温常压大气田及中深层高温超压大气田的主力产气层。另外，三角洲砂岩储集层也分布广泛。盆地东北部莺东斜坡带LT（岭头）34-1-1井黄流组钻遇到扇三角洲砂岩，其在地震剖面上表现为杂乱反射或不清楚的前积反射特征；临高低隆起LG（临高）20-1-1井3432～3803 m钻遇的下中新统细砂岩储集层亦属于远源三角洲相，储集物性较好，钻探中连续见到良好油气显示；盆地中新统浊积岩亦较发育，且多由陆架上堆积的三角洲沉积物，经风暴、地震或其他外界因素触发后，通过陆坡向盆底发生再搬运所致。研究表明，浊流一经触发，即使到了斜坡底坡度很小处，仍可长距离搬运，浊积水道可向前延伸几百千米，甚至跨越深海平原。莺歌海盆地浊积砂可分为浊积扇和侵蚀性水道浊积岩两类。LT13-1-1井上新统莺歌海组以上钻遇低水位盆地扇，在地震剖面上可见到几个前积朵叶体，上下叠置，逐层向前推进，实际上亦属于一种浊积扇。

上新统莺歌海组滨岸、浅海砂岩储集层。滨岸砂岩砂体一般分布于水深小于30 m的滨海地区，多平行海岸线呈带状分布，主要类型有海滩砂、沿岸沙坝、障壁沙坝等。由于受滨海波浪作用的改造，砂岩分选好，粒度适中，泥质含量少，砂岩成分和结构成熟度高，且分布厚度稳定，是一类比较好的储集层。莺东斜坡带LT1-1-1井和HK30-3-1A井，分别在上新统莺歌海组钻遇该类型的前滨–临滨砂岩储集层；浅海砂岩储集层可分为陆架浅海风暴砂和海流砂（潮流砂）。陆架风暴砂主要发育在临滨–浅海陆架区，储集物性变化较大，有些物性甚佳，如东东（LD）15-1-1井取心段见5 m风暴砂（细砂岩），其孔隙度达30%，渗透率最高可达800×10⁻³ μm²，为该井的主力气层。陆架风暴砂储集层在莺歌海组以上地层较发育。海流砂–潮流砂体主要发育在浅海–滨海向海一侧之下，地震剖面上呈透镜状的强反射，如莺歌海盆地莺东斜坡带LT33-1砂体等。

2）碳酸盐岩储集层

莺歌海盆地碳酸盐岩储集层主要为下中新统三亚组、中中新统梅山组浅水台地生物礁滩灰岩。盆地西南部120-CS-1X井钻到下中新统白云岩、下–中中新统灰岩属于台地生物礁类型。在盆地东北部莺东斜坡带莺浅2井、莺6井，岭头（LT）34-1-1井、岭头（LT）35-1-1井和东南部崖县（YX）32-1-1井等，钻遇到的不同类型灰岩则为生物礁灰岩储集层。另外，在盆地中部一些地震剖面上，可见到三亚组之上具有强而光滑的地震反射，推测为低水位的灰岩沉积特征，展布面积达592 km²。亦是重要的含油气储集层目标，且由于存在四级海平面的变化，造成较强的风化淋滤，其储集层的储集物性较好。

3）火山岩储集层

盆地东北部莺东斜坡带古近纪以来火山活动较多，部分区域火成岩分布较普遍，且由于长期的风化剥蚀作用，可形成重要的储集层。莺东斜坡带东南部YX32-1-1井在422.5～540.0 m（莺歌海组）即钻遇了117.5 m的玄武岩，且岩石中储集空间发育，其中部分属于渗透性多孔玄武岩，其渗透率在取心井段最大为$3186 \times 10^{-3} \mu m^2$，测井解释孔隙度多大于30%，属于好的火成岩储集层（曾鼎乾，1996）。

4）古潜山风化壳储集层

除了以上不同类型储集层外，盆地还存在前古近系基岩古潜山风化壳储集层。由于该区构造活动导致基底隆起长时间出露地表，基岩古潜山长期遭受风化剥蚀和淋滤，形成缝洞发育的古潜山风化壳，可成为非常好的储集层。HK30-1-1A井在基底灰岩中漏失钻井液，即可能与风化壳有关。而且，邻区琼东南盆地松南低凸起上的探井已钻探证实了这种花岗岩古潜山储集层的存在，确证这种花岗岩古潜山裂缝及风化壳储集层是该区大气田的主要储集层。鉴此，根据地震解释及地质综合分析研究，推测莺歌海盆地海口–昌江潜山带和岭头潜山带亦发育这套古潜山储集层。据王槐基（1997）研究，该区在莺东断层与一号断层之间和LT1-1-1井以南至莺1井以北地区，以及一号断层上升盘的昌江区均发育一系列的古潜山群，潜山区总面积大于1400 km²，应该是将来关注的重要储集层发育区。

3. 油气封盖条件

莺歌海盆地新生代沉积总体上主要以细粒沉积物为主，而且盆地中部中央泥底辟带地层系统普遍具有高温超压环境，异常压力分布较普遍。因此，油气盖层不仅具有细粒沉积物构成的物性盖层，而且还有异常高压封闭盖层。根据新近纪沉积演化特征及地震地质综合分析研究表明，盆地从下至上发育有多套区域性盖层和局部性盖层，简要分述如下。

下中新统三亚组中上部和中中新统梅山组泥岩盖层，其是以浅海–半深海相泥岩沉积为主所构成，属于一套局部盖层。梅山组泥质岩在盆地中部厚450～2000 m，且一般均具有欠压实异常高压的特点，其对下伏的一些块状细砂岩、浊积砂岩体等不同类型油气藏具有非常好的封盖作用。邻区琼东南盆地崖13-1大气田已得到充分证实，这种异常高压与物性混合型盖层对大气田形成起到了非常好的封闭作用。

上新统莺歌海组—第四系乐东组海相泥岩属于莺歌海盆地的区域盖层。主要为一套浅海–半深海沉积，环境相对稳定，泥岩等细粒沉积物发育。其中，泥岩及粉砂质泥岩占地层厚度的70%～80%，且其单层厚度一般亦在20～200 m。区域上，莺歌海组二段—乐东组浅海相–半深海相泥岩盖层，分布稳定、展布范围广且封盖能力极强。典型实例如乐东22-1气田3井钻到的生物气层其上覆第四系（395～410 m）泥岩盖层厚度约为100 m，且泥岩渗透率极低，突破压力大，封盖能力强；再如乐东15-1气田，其上覆泥岩盖层厚度为100～150 m，泥岩渗透率为0.00221×10^{-3}～$0.00637 \times 10^{-3} \mu m^2$，突破压力极大，封闭性非常好（杨计海等，2005）。

4. 含油气圈闭类型及特征

莺歌海盆地含油气圈闭类型较多,主要为构造圈闭与非构造圈闭。其中构造圈闭主要为背斜、断块圈闭等;而非构造圈闭主要为岩性地层圈闭和古潜山圈闭等。在盆地中部中央泥底辟构造带浅层上新统莺歌海组及第四系乐东组,多以泥底辟伴生背斜圈闭或岩性–构造圈闭为主,而中深层中中新统梅山组及上中新统黄流组则多为背斜圈闭和断块圈闭类型。在盆地边缘的莺东斜坡带其圈闭类型则以地层岩性圈闭和断块圈闭为主。中央泥底辟带中深层油气地质条件明显优于浅层(何家雄等,2008d;朱建成等,2015),其与浅层相比,中深层具有构造圈闭类型简单(多以背斜、断块和断背斜为主)、圈闭面积大、幅度高、构造规模大等有利的构造圈闭条件。根据地震资料解释结果,中深层伴生背斜或断背斜构造圈闭规模较大,圈闭面积一般均在数百平方千米,圈闭幅度亦达几十到百米左右。另外,盆地边缘的莺东斜坡带上存在不同类型圈闭,但圈闭的盖层质量及遮挡条件较差,难以构成有效的含油气圈闭。总之,截至2011年,莺歌海盆地已钻井86口,发现了DF(东方)1-1、DF6-1北及LD15-1及LD22-1四个浅层气田和DF29-1、DF1-1S/N(岩性)、LD8-1、LD20-1、LD21-1、LD28-1及LT1-1(地层)七个含气构造圈闭,在中央泥底辟带中深层勘探发现了DF13-1、DF13-2高温超压大气田,在盆地东南部乐东斜坡过渡带勘探发现了LD10-1中型气田。这些气田及含气构造的圈闭类型,主要属于泥底辟伴生构造圈闭类型和构造–岩性圈闭,以及断块构造圈闭等,且主要展布于中央泥底辟带浅层及中深层和盆地东南部斜坡过渡带东南部等区域(何将启和王彦,2001)。

5. 生–储–盖组合类型及分布特征

在古近纪—新近纪构造沉积演化过程中,莺歌海盆地经历了基底构造运动及几次相对海平面升降过程,导致不同沉积相带在纵向上相互叠置,自下而上形成了多套不同类型的生–储–盖组合类型及时空耦合配置关系(何家雄等,2008c)(图3.6),以下将重点进行分述。

(1)以古近系基底潜山风化壳为储集层,下渐新统崖城组—上渐新统陵水组浅海–滨海相泥岩为盖层,高部位也可以下中新统三亚组甚至中中新统梅山组泥岩或致密含钙粉砂岩为盖层,构成新生–古–储上盖的生–储–盖组合类型。这种类型的储–盖组合本区虽然尚未钻遇,但邻区琼东南盆地松南低凸起勘探发现的花岗岩古潜山油气藏已确证了该生–储–盖成藏组合的存在。因此,推测盆地东南部乐东11-1构造及北部岭头潜山区亦有该生–储–盖成藏组合存在。

(2)下渐新统崖城组—上渐新统陵水组及其相邻层段的三角洲、滨海砂岩为储集层,其间的滨海–浅海相泥岩为盖层,剥蚀较多时也可以下中新统三亚组甚至中中新统梅山组泥岩或致密含钙砂岩为盖层,构成的下储上盖的储–盖成藏类型。这种储–盖成藏组合,以邻区琼东南盆地崖城13-1气田陵水组气藏储–盖组合为典型代表,推测本区岭头33-4、乐东11-1等构造亦存在此成藏组合类型。

(3)下中新统三亚组及其相邻层段的滨海、扇三角洲砂岩为储集层,三亚组中上部及中中新统梅山组的浅海–半深海相泥岩为区域性盖层所组成的储–盖组合类型(何家雄等,2005,2010c),属下生–上储–上盖类型。该储–盖成藏组合在盆地西北部临高20-1构造钻遇,并见到很好的气测显示,推测在盆地东北部一号断层下降盘也有此储–盖成藏组合存在。

(4)以中中新统黄流组及其相邻层段的滨海、三角洲、浊积砂为储集层,上新统莺歌海组二段的浅海–半深海相泥岩为盖层构成的储–盖组合类型(万志峰等,2010)。属下生上储成藏组合类型,该组合在盆地分布较广,在盆地东北部莺东斜坡带,以岭头1-1上倾尖灭岩性气藏为其典型代表。在盆地中部中央泥底辟带,该含油气储–盖组合与大型底辟构造(如东方1-1、乐东8-1)相互耦合配置,构成了形成大中型气田基本的含油气储–盖组合类型及其重要的地质条件,且是目前莺歌海盆地中深层油气勘探目标的重要储–盖成藏组合类型。

（5）上新统莺歌海组及第四系的低位扇、侵蚀谷、水道浊积砂、海侵及高位风暴砂、浅海席状砂等为储集层，其上覆的高位浅海、半深海相的泥岩为盖层构成的储–盖成藏组合，属下生上储或自生自储类型。该组合在盆地中分布最广，在莺东斜坡上以昌江31-2、岭头13-1、岭头8-1等为代表；在中央泥底辟带，以东方1-1、乐东22-1、乐东15-1等浅层气田为代表。

总之，在莺歌海盆地的五套含油气储–盖组合中，以第三和第四含油气储–盖组合类型最佳，其埋藏深度为2000～4500 m，储–盖层的配置以砂泥岩互层为主。第三含油气储–盖组合类型在盆地西北部临高背斜带比较发育，由于该背斜带规模较大、形成较早，且古近纪处于盆地的生烃凹陷中，油源供应充足，对形成油气藏极为有利；第一和第二含油气储–盖组合次之，这两个组合主要分布在莺东斜坡的古隆起上，如果埋深较大且油气运移通畅，也是比较有利的勘探目标；第五组合有其特殊性，在中央泥底辟带的浅层气田，总体来说其储–盖条件相对较差：储集层岩性偏细，盖层条件也不好，但是由于其在生气凹陷之中，烃源供应充足，也可形成工业性气藏。

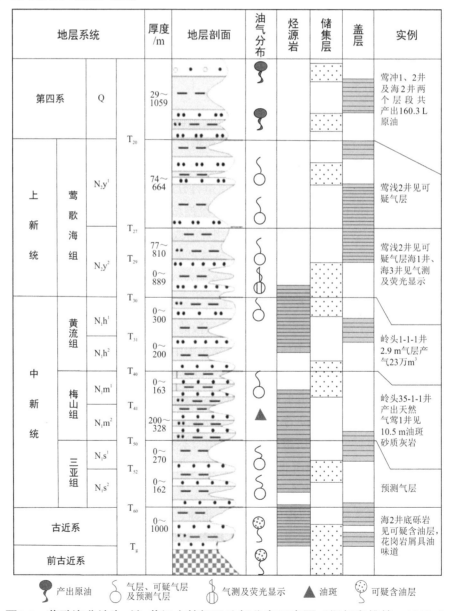

图3.6 莺歌海盆地生–储–盖组合特征及油气分布示意图（据何家雄等，2008a）

六、中建南盆地

（一）盆地地质概况

中建南盆地位于南海西部大陆边缘，呈南北向长带状展布，长约1800 km、宽约650 km，面积约为11.13万km²，约有2/3的面积（约86814 km²）位于我国传统海疆线内。盆地东南部以大型断裂和火成岩体与西雅隆起区分开，东部与中-西沙隆起区相接，北部与琼东南盆地相连。盆地水深为200～4000 m，主体水深大于1000 m，属于早期伸展后期受走滑断层影响的走滑伸展盆地。构造动力学背景及大地构造位置上，中建南盆地主体位于印支地块上，其基底主要为海西期—印支期褶皱变质岩，但后期受到燕山期岩浆岩的影响。盆地新生代沉积充填厚度一般在7000～9000 m，盆地中部拗陷沉积中心，最大沉积厚度超过9000 m。盆地一级构造单元可划分为北部拗陷、北部隆起、西北部隆起、中部拗陷、南部隆起及南部拗陷。以上六个二级构造单元正负相间排列，其中隆起区的厚度一般小于3000 m，拗陷区的沉积厚度一般为3000～8000 m，区域构造展布均呈北东—北北东向（刘金萍等，2020）。

（二）油气地质特征

1. 烃源供给条件

中建南盆地新生代烃源岩主要有裂陷时期沉积的古新统—中始新统及上始新统—渐新统陆相烃源岩及海陆过渡相烃源岩，以及裂后时期沉积的下中新统、上中新统海相烃源岩。同裂谷阶段以湖泊有机质为主的陆相烃源岩和裂后阶段河湖相-三角洲相过渡相的烃源岩是主要烃源岩，而裂后期拗陷沉积的中新统海相及三角洲相和海湾相泥岩、碳质页岩及煤岩等为潜在烃源岩（表3.5）。

表3.5　中建南盆地新生代烃源岩地质地球化学特征表

烃源岩层位	沉积相	岩性	TOC/%	干酪根类型	S_2/(mg/g)	HI/(mg HC/g TOC)
古新统—中始新统	湖泊、沼泽、浅湖-半深湖相	砂质泥岩	0.85～1.75	—	—	295～668
上始新统—渐新统	湖相、湖相-三角洲相	泥岩、碳质页岩、煤岩	0.49～1.56	II、III、局部I	2.0～29.1	142～828
下中新统	河湖相-三角洲过渡相、海湾相	碳质页岩、煤岩	0.5～1.99	III、II	—	300
上中新统	浅海-半深海相	泥岩或砂质泥岩	1.05	II	—	350

古新统-中始新统烃源岩为湖泊、沼泽、浅湖-半深湖相沉积，以砂质泥岩沉积为主，泥质含量大于50%，主要分布于盆地中部拗陷区。据南海北部珠江口盆地始新统文昌组烃源岩地球化学指标类比，其有机碳含量为0.85%～1.75%，氯仿沥青"A"为0.0556%～0.1562%，总烃含量为295～668 ppm，属有机质丰度高，中等-好的烃源岩。

上始新统-渐新统烃源岩主要发育在同裂谷断陷阶段的地堑、半地堑中，在盆地拗陷中心，渐新世沉积平均厚度为3000～4000 m，最厚达5000 m以上，其生油层厚度大，主要为浅湖-半深湖相泥岩、湖相-三角洲相碳质页岩和煤岩，属于一套煤系烃源岩。中建南盆地西部124区块的两口勘探井（124-CMT-1X、124-HT-1X）没有钻遇渐新统，而莺歌海盆地南部118区块勘探井及01-02区块，均钻遇了渐新统烃源岩。该套烃源岩含有较丰富的有机物质，其程度达到中等甚至很好，有机碳含量（TOC）为0.5%～5.9%。在盆地西部114区块钻遇的煤岩，其TOC为15.75%～41.86%，大部分样品的S_2大于2 mg/g，为2～29.1 mg/g，干酪根类型主要是II型和III型，局部深凹为I型，氢指数（HI）为60～625mg HC/g TOC（表3.5），属于较好的煤系烃源岩，具有较大的生烃潜力。

根据区域地质背景、地震和钻井资料分析，盆地裂后期下中新统烃源岩主要为浅海相-湖（河）三角洲相及海湾相碳质页岩和煤，富含陆源有机质，其有机质丰度较高，TOC为0.5%～1.99%，部分煤和碳质页岩样品的TOC达到40%，局部煤层可达60%，其生源母质类型主要为Ⅲ型干酪根，局部为Ⅱ型干酪根，大部分岩石样品热解HI小于300mg HC/g TOC，主要以生成天然气为主，具有较好的生烃潜力（Nguyen et al.，2012）。

上中新统烃源岩主要为浅海-半深海相沉积，岩性以泥岩或砂质泥岩为主，其中泥岩占比可达60%～75%。根据莺-琼盆地上中新统泥岩有机碳含量较低（0.3%～0.4%），预测其可能属有机质丰度偏低、成熟度偏低的中-较差的潜在烃源岩。

另外，据越南油气勘探资料相关信息，中建南盆地始新统—下渐新统和下中新统浅海相、河湖相-三角洲相页岩及煤层等含煤岩系是盆地主要的烃源岩，而且中新统海相泥灰岩亦具有生油气能力，属于盆地次要烃源岩（高红芳等，2007）。

2. 储集层类型及特征

根据盆地地震相及沉积相分析以及与邻区相关盆地油气勘探成果及钻井资料的分析对比，中建南盆地可能存在三种类型的储集层，即古隆起潜山风化基岩储集层、碎屑岩储集层和碳酸盐岩储集层（表3.6）。

表3.6　中建南盆地储集层参数表

地层	储集层岩石类型	沉积相	平均厚度/m
PreCz	古潜山花岗岩	花岗岩风化壳与裂缝性花岗岩古潜山基岩	—
$E_1—N_1$	不同类型砂岩	河流、盆地扇、三角洲、滨-浅海相砂体	500
N_1^{1-3}	台地灰岩及礁灰岩	碳酸盐岩台地、生物礁	100

古潜山风化及裂缝型基岩油气储集层，主要为隆起区花岗岩古潜山风化壳和古潜山内幕裂缝构成的火成岩储集层。据国外相关研究（Lee et al.，1998）和地震资料综合解释分析，古潜山风化基岩储集层分布在中部隆起、中部坳陷以及盆地坳陷带的局部低隆起内。油气勘探及钻井资料揭示，在邻区湄公盆地和万安盆地，基岩古隆起风化层的孔隙度可达15%～20%，孔隙的平均直径为0.1 mm的达60%以上。古隆起上的前古近系裂缝性风化基岩中均获得工业性油气流，尤其在湄公盆地中，其油气储量和产量都较高。在白虎油气田、龙油田、朗东油气田、红玉油气田和黑狮子油气田中，其花岗岩（花岗闪长岩）储集层中油气储量占总油气储量的80%。

砂岩储集层类型是中建南盆地最重要的含油气储集层。据邻区油气勘探及地质资料揭示，砂岩储集层广泛分布于古新统—上新统的三角洲相海进砂体、河道砂体及滨浅海台地砂体等沉积体系中，其砂岩百分含量由盆地中部向四周逐渐增加，变化范围大致在25%～75%。由此可知，中建南盆地存在良好的砂岩储集层，而且厚度大，储集性能良好。另外，河流冲积扇砂岩也可能是很好的储集层。中新世时期，三角洲向西北退积，沉积环境变为海洋环境，其砂岩则是普遍存在盆地西部的一类重要含油气储集层，且多分布在海底扇体系中。上新世早期，在帕里组区域发展形成浊积岩，进而成为非构造圈闭之重要的碎屑岩含油气储集层。万安盆地渐新统和下中新统砂岩储集层孔隙度达17%～23%，且在大熊油田渐新统和中新统均发现了多套砂岩油气储集层，亦充分证实了不同类型的碎屑岩储集层是南海西部大部分盆地的主要含油气储集层（高红芳等，2007）。

碳酸盐岩储集层类型通过中建南盆地西部124-CMT-1X井钻探而得到证实。区域地质资料揭示，碳酸盐岩形成于早—中中新世，主要分布于南海西部陆架和西缘断裂带、广乐隆起区、中建南盆地西北斜坡带及中部隆起和拗陷凸起，以台地相碳酸盐岩沉积为主。这种台地相碳酸盐岩储集层，在成岩过程中受到成岩后期的白云岩化、淡水淋滤和CO_2溶解等作用，导致其原生孔隙加大，并产生大量次生裂隙，孔渗性增强，储集物性较好。初步的钻探结果表明，呈砂糖状的碳酸盐岩储集物性最好，其孔隙度可达20%～40%，渗透率为$50 \times 10^{-3} \sim 250 \times 10^{-3}$ μm^2；其次为印膜灰岩，其储集物性参数孔隙度为15%～30%，渗透率为$10 \times 10^{-3} \sim 500 \times 10^{-3}$ μm^2，亦属于好储集层。总之，中建南盆地中新统台地碳酸盐岩储集层类型是该区非常好的含油气储集岩系。

3. 油气封盖条件

中建南盆地油气盖层主要为泥岩物性封闭盖层，其中，区域盖层主要为上新统及第四系浅海–半深海相泥岩沉积。这种区域盖层的泥岩厚度一般为300～1500 m，且分布稳定而广泛。由东往西，从隆起及边缘斜坡往盆地中心泥岩分布厚度逐渐增大，构成了非常好的区域性盖层，而且，这种区域盖层中砂含量极低，一般小于25%（高红芳等，2007），表明其细粒沉积物占绝对优势，突破压力大，物性封盖能力强。直接覆盖在圈闭之上的局部盖层，主要分布于中新统及渐新统且与下伏砂岩储集层构成了非常好的储–盖组合类型，这种局部盖层对于含油气圈闭构成及油气藏形成起到了至关重要的作用。另外，渐新世至早中新世不同层段局部区域形成的巨厚泥岩沉积，既可作为盆地的烃源岩，亦是盆地中不同类型圈闭较好的盖层及遮挡层。

4. 含油气圈闭类型及分布特征

中建南盆地含油气圈闭类型主要有构造圈闭、地层圈闭和复合圈闭三类。盆地中最主要的构造圈闭类型为张性构造圈闭，且主要分布在盆地局部隆起部位，多为断鼻和断块圈闭。压性构造圈闭在隆起和拗陷中均有分布，主要为背斜构造、断背斜等。地层圈闭及复合圈闭主要分布在盆地边缘斜坡区，距盆地拗陷沉积中心较远，一般需要具备较好的长距离侧向运聚通道系统，方可捕获汇聚油气而成藏。如该区潜山披覆构造圈闭（属于复合圈闭）一般距离油源较远，油气必须通过断层或不整合面长距离向圈闭运移汇聚。其生–储–盖组合型式主要为侧变式或断裂式，这对圈闭中油气运移聚集比较有利（高红芳等，2007）。

盆地的地层圈闭主要包括地层不整合圈闭和岩性圈闭两种。地层不整合圈闭主要是地层削截不整合圈闭，由于古近纪末期、早–中中新世末期的构造运动，地层发生掀斜变形，后经过风化剥蚀而形成，其在盆地隆起部位相当发育。不整合面具有较强的输导能力，对油气聚集起着重要输送作用。中建南盆地岩性圈闭也较发育，主要分布在低位体系域的盆底扇、斜坡扇和冲积扇中。此外，盆地高位体系域中的河道砂、三角洲前缘砂、浊积砂以及碳酸盐岩生物礁滩等都可形成岩性圈闭。这种圈闭一般可形成封闭式生–储–盖组合类型。另外，盆地中复合型圈闭主要为构造–岩性圈闭，由于受不同时期的构造活动和沉积环境的影响，一般可构成复合的生–储–盖组合型式，能够形成断裂式和侧变式生–储–盖组合型式，有利于油气运移和聚集成藏。

5. 生–储–盖组合类型及特点

中建南盆地在新生代地质历史演化过程中，早期陆相断陷和晚期海相断拗沉积具有明显的"海侵旋回式"韵律特点，即生–储–盖交替出现，形成多套良好生–储–盖组合类型（图3.7）。根据地震地质分析解释及部分钻探成果剖析，中建南盆地新生代生–储–盖组合主要有新生古储型和下生上储上盖型等。其中，新生古储成藏组合类型主要由中部拗陷和北部拗陷上始新统—渐新统和下中新统浅海相、河湖相–三角洲相两套主力烃源岩生成油气，通过断层或不整合面输送到邻近隆起裂隙或风化的基底古潜山高地上聚集成藏而成；下生上储上盖成藏组合类型主要由盆地深凹部位早期或者同期生成的烃类沿不整合面或层序内部输导层垂向或侧向运移进入拗陷中构造圈闭、中部隆起等继承性隆起内，或者沿台地边缘的断裂输运到其上礁隆构造中聚集成藏而成，该类组合是中建南盆地重要成藏组合类型。另外，中新世发育的盆底扇被浅海相泥岩包裹，亦可构成良好的自生-自储型成藏组合。

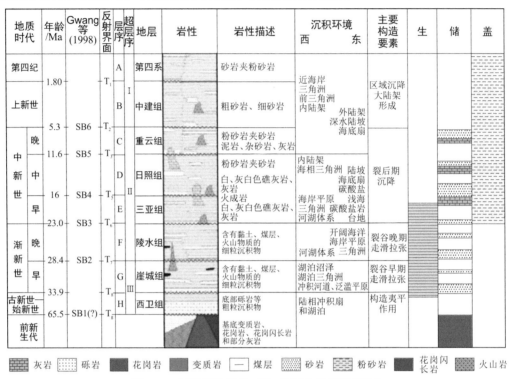

图3.7 中建南盆地生-储-盖组合特征示意图

总之，中建南盆地以上几种生-储-盖成藏组合类型可总结如下。

前古近系花岗岩成藏组合：主要分布在陆架、南部剪切带。该组合中储集层是白垩纪花岗岩，烃源岩可能是渐新统富含有机物湖相泥岩，并超覆在基底隆起上（古潜山），亦可起到盖层作用，构成了新生古储成藏组合类型。

渐新统碎屑岩成藏组合：由渐新统早期到渐新世晚期孔隙度良好的河流相砂岩储集层与上始新统—渐新统富含有机质泥岩及煤系烃源岩和渐新统及下中新统泥岩和粉砂岩等细粒沉积物构成的自生自储成藏组合类型。

中新统碎屑岩成藏组合：由中新世沉积的河流三角洲砂岩和浅海砂岩储集层与下伏上始新统—渐新统富含有机质的泥岩及煤、下中新统煤及碳质页岩等煤系烃源岩，以及中新世海侵泥岩构成的下生上储成藏组合类型。

中新统碳酸盐岩成藏组合：主要分布于陆架和隆起部位。储集层是早中新世晚期到中中新世碳酸盐岩；烃源岩是上始新统—渐新统富含有机质的泥岩和煤、中新统三角洲泥灰岩；盖层为中新统—上新统泥灰岩和软泥岩。由以上三者构成的下生上储成藏组合类型。

近基底玄武岩成藏组合：烃源岩是富含有机质的渐新统湖相泥岩；储集层是火山岩，不仅原生孔隙度好，而且次生孔隙亦发育，但分布面积不大。火山岩附近烃源岩同时也对这类圈闭起到封盖作用，亦构成了新生古储成藏组合类型。

七、万安盆地

（一）盆地地质概况

万安盆地位于南海西南部，总体上呈南北向长条带展布，盆地南北长约560 km、东西宽约265 km，总面积达7.9万km²。新生代地层系统构成基本完整，新生代自下而上属于一套由河湖沼泽相逐渐过渡为滨浅海-半深海相的沉积，沉积充填厚度大致为5000～8000 m，其中拗陷内最大沉积厚度达11500 m。根据盆地区域构造地质特征及沉积充填特点，结合地震地质解释及勘探成果，可将其划分为六个一级构造单元，即北部拗陷、北部隆起、西北斜坡、中部拗陷、南部隆起、东南拗陷和西南斜坡。

（二）油气地质特征

1.烃源供给条件

万安盆地古近系、新近系烃源岩主要为渐新统、下中新统和中中新统泥岩及含煤岩系。其中，渐新统和下中新统浅海相泥岩及含煤岩系是最主要的两套烃源岩（图3.8）。

渐新统烃源岩有机质丰度较高，有机碳含量为0.5%～2.26%，为较好-最好的生油岩。有机质类型既有偏腐泥型的Ⅰ、Ⅱ型干酪根，亦有偏腐殖型的Ⅲ型干酪根，其中Ⅰ-Ⅱ型干酪根主要分布于北部拗陷和中部拗陷区，Ⅲ型干酪根则分布于西部拗陷和南部拗陷等区域，且从南往北有机质类型有变好的趋势（张厚和等，2017）。

渐新统烃源岩属于近岸湖沼、潟湖-海湾、三角洲和浅海相沉积，岩性以泥岩、页岩和煤层为主，为一套含煤岩系及浅海相沉积。这种沉积物构成中泥质含量普遍较高，尤其是在中部拗陷和北部拗陷，其泥质含量占比分别达75%和50%～75%；南部拗陷和北部隆起相对较低，为25%～50%。渐新统烃源岩分布厚度变化较大，中部拗陷和北部拗陷分布最厚，一般为800～1700 m，而南部隆起和北部隆起相对较薄，其厚度分别为200～1100 m和0～800 m。总之，中部拗陷和北部拗陷渐新统烃源岩沉积厚度大，有机质丰度高、生源母质类型属偏腐泥型，是该区重要的倾油型烃源岩。

下中新统烃源岩为一套浅海相泥岩沉积，其有机质丰度较低，有机碳含量为0.69%～0.93%，属较好烃源岩。该浅海相烃源岩干酪根为Ⅱ-Ⅲ型，在盆地中部拗陷以Ⅱ型干酪根为主，在盆地南部的东南拗陷以Ⅲ型干酪根为主，且处于弱氧化-还原环境，有利于油气生成和保存。下中新统烃源岩仍继承渐新世前三角洲及浅海沉积环境，因此具有陆源物质丰富，具有海相陆源烃源岩特征，生油气潜力较大。下中新统浅海相烃源岩在北部拗陷和中部拗陷分布厚度最大，一般为700～1300 m，局部达1500 m，约占下中新统地层厚度的50%。东南拗陷下中新统浅海相烃源岩厚200～700 m，占比为50%～70%。北部隆起和南部隆起下中新统浅海相烃源岩分布厚度为200～500 m。总之，万安盆地下中新统浅海相泥岩是一套较好的烃源岩，且以中部拗陷和北部拗陷沉积厚度大，有机质丰度较高，属于相对富含有机质的较好烃源岩，具有较大生油潜力（王嘹亮等，1996）。

盆地中中新统烃源岩发育于浅海-外浅海沉积环境，其中，中部拗陷和北部拗陷以泥岩为主，厚度为600～800 m，最大达1000 m，亦是较好的烃源岩。但北部隆起和南部隆起中中新统分布厚度较薄，一般为150～400 m，且主要为碳酸盐岩台地，不具生烃潜力。总之，中中新统浅海相泥岩烃源岩的生烃能力相对较差，仅中部拗陷和北部拗陷存在较好烃源岩。

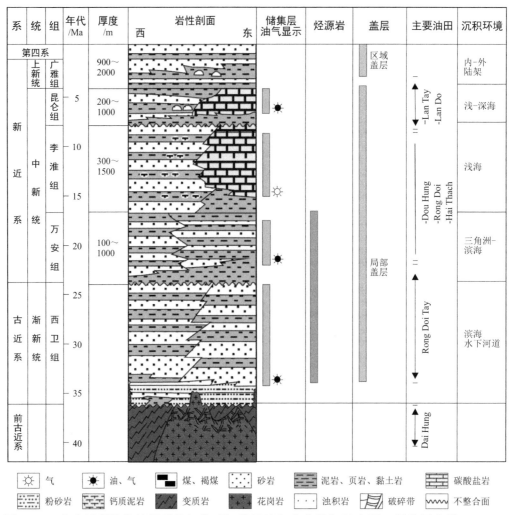

系	统	组	年代/Ma	厚度/m	岩性剖面 西 东	储集层油气显示	烃源岩	盖层	主要油田	沉积环境
		第四系						区域盖层		内-外陆架
新近系	上新统	广雅组		900~2000					Lan Tay -Lan Do	浅-深海
		昆仑组	5	200~1000					Dou Hung -Rong Doi -Hai Thach	浅海
	中新统	李准组	10 15	300~1500				局部盖层		三角洲-滨海
		万安组	20	100~1000					Rong Doi Tay	滨海水下河道
古近系	渐新统	西卫组	25 30 35							
	前古近系		40						Dai Hung	

图例: ☼ 气　　● 油、气　　■ 煤、褐煤　　砂岩　　泥岩、页岩、黏土岩　　碳酸盐岩　　粉砂岩　　钙质泥岩　　变质岩　　花岗岩　　浊积岩　　破碎带　　不整合面

图3.8　万安盆地新生代地层系统与生-储-盖及油气分布特征示意图（据张厚和等，2017）

2. 储集层类型及分布特征

万安盆地古近系、新近系储集层类型，主要为渐新统—中新统砂岩、中—上中新统台地相灰岩或礁灰岩以及前新生代裂缝性风化基岩古潜山三类。

渐新统—中新统砂岩储集层主要形成于三角洲前缘、分流河道、盆底扇和滨浅海环境，具有良好的储集性能（杨楚鹏等，2011）。钻井资料表明，渐新统砂岩储集层孔隙度为17%~23%，中新统砂岩储集层孔隙度为18%~27%，具有较好的储集物性。迄今已在大熊油田渐新统和中新统中发现多层砂岩油气储集层（产层），并获得高产工业油流，充分证实了该砂岩储集层具有较好的储集物性。该套砂岩储集层广泛分布于盆地北部拗陷北部、北部隆起西部及中部拗陷地区，而且具有北部及西部比南部和东部砂岩储集层储集性能更好的特点。

中—上中新统灰岩储集层，主要为台地相灰岩、礁灰岩和台地边缘相塌积碎屑灰岩。勘探证实该类储集层原生孔隙和次生孔隙发育，是盆地非常重要的储集层之一。台地灰岩分布一般较为局限，主要分布在南部隆起以南的碳酸盐岩台地上，其灰岩储集层孔隙度约为10%，具有较好的储集性能（刘伯土和陈长胜，2002）。礁灰岩储集层主要分布于南部隆起上，在万安滩7构造上钻遇礁灰岩储集层的LD-1井中获得了日产天然气226万~286万m³，即确证了这种类型储集层具有较好的储集物性，是一套好的储集层。这种碳酸盐岩储集层，主要是在成岩过程中受到白云岩化、淡水淋滤和CO_2溶解等作用，导致其原生孔隙度增大，孔渗性增强。

万安盆地基岩古潜山储集层主要分布于北部隆起、南部隆起和西南斜坡，剖面上主要形成于前新生代基底古潜山顶部，储集层储集空间主要由花岗岩、闪长岩和变质岩的风化壳和缝洞所组成。由于经历了多次构造运动，遭受了长期的风化剥蚀而形成了多孔隙古风化壳和大量溶蚀的缝洞。加之新生代以来，强烈的岩浆活动，其破碎和热液作用也导致了结晶基底的变质、糜棱岩化，形成了大量的孔隙及裂缝，从而极大地改善了基岩古潜山储集层的储集物性，其孔隙度可达15%~20%，孔隙大小为0.01~0.02 mm，成为较好的含油气储集层。如万安盆地大熊油田主要产油层即是前新生代断块基底古潜山高部位上的花岗和花岗闪长岩破碎风化壳储集层。可见，这种类型的风化基岩储集层亦是该区重要的含油储集层之一。

3. 油气封盖条件

万安盆地上新世—第四纪期间处于区域海相拗陷沉降阶段，沉积了一套富含泥质的浅海-半深海相砂质泥岩、含砂质泥岩及泥岩，且在区域上分布广泛且稳定，受断层破坏极小，整体具有由西往东岩性逐渐变细的特点，根据地震地质解释及勘探评价预测，其平均分布厚度超过500 m，最高可达1000~1500 m，特别是在海进沉积阶段，形成了一套高密集层段的泥岩，因此，这种分布稳定且广泛的厚层泥岩类细粒沉积物，是非常好的区域性油气盖层。根据盆地钻井钻遇的厚度巨大的广雅组—第四系证实，上新统—第四系单层泥岩厚度均超过100 m，累积厚度可超过1400 m，且封盖性能非常好、油气封盖能力强。另外，在一些局部构造上，晚中新世地层多以泥岩为主，则构成了局部盖层。尚须强调指出，万安盆地北部地区的区域盖层的封盖性能良好，中、东南部地区的区域盖层的封盖能力相对较差，属于中等-较差的封盖层。

渐新统顶部—下中新统也存在良好的区域盖层，且多与油气聚集和超高压带密切相关。据层序地层学研究，在渐新世晚期盆地开始遭受海侵，接受了浅海细碎屑物沉积。早中新世早期形成了分布广泛的海侵体系域和高水位体系域泥岩，特别在盆地中、北部地区，沉积物较细，粗粒沉积物砂岩百分含量极低，故该层位总体上具有较强的封盖性能，能够有效封盖其下伏具有超高压性质的渐新统油气藏，而在盆地南部渐新统—下中新统由于沉积物较粗，封盖性能较差，对于油气的封盖能力有限。

4. 含油气圈闭类型及分布特征

迄今为止，万安盆地古近系、新近系已勘探发现100多个局部构造及其不同类型圈闭（200多个圈闭）。这些局部构造及圈闭类型可以分为构造圈闭、地层圈闭和构造-地层复合型圈闭三大类。其中，以构造圈闭最为发育，主要发育于渐新统及中新统；地层岩性圈闭主要有潜山基岩、台地边缘相的深水粒屑灰岩、生物礁隆及台地灰岩等，它们主要分布在东部地区。在一些低隆起上，主要以披覆背斜、半背斜及断块圈闭为主，而在拗陷区，则以挤压背斜、断块、断鼻圈闭为主。这些局部构造圈闭面积最大可达数百平方千米。

由下倾断块、褶皱、背斜、滚动背斜等构成的构造圈闭类型，主要受控于基底构造特征，且由北东-南西向和南北向的断裂系统控制，到目前为止在万安盆地勘探发现的大熊油气田，即是主要在基底高地的构造圈闭中油气聚集成藏的典型实例。

由背斜、断层构成的构造圈闭类型主要是由四向到三向倾斜和断层闭合所构成，如位于万安盆地西兰花油气田即为典型的断背斜圈闭油气藏。

由断块构成的基底构造圈闭类型为最常见的圈闭，储集层主要为海相砂岩，部分为碳酸盐岩，部分为前古近纪花岗岩和花岗闪长岩风化壳储集层，油气藏原油主要以轻质油为主，如大熊油田中—上中新统断块油气藏以及前古近纪古潜山断块油气藏和兰龙油田下中新统断块油气藏，即是其典型实例。

万安盆地地层圈闭，主要为分布在构造高地之上的南昆山组沉没型生物礁圈闭（如Lan Tay油田）。在盆地两翼、岩相逐渐过渡为封闭性泥岩和致密碳酸盐岩作为盖层的碳酸盐岩台地亦可构成地层圈闭。

八、曾母盆地

（一）盆地地质概况

曾母盆地位于南海南部及西南部、万安盆地东南部及南部海域。其早期为周缘前陆盆地，后期受走滑伸展影响形成剪切，与周缘前陆叠置形成复合型盆地。新生代盆地形成演化大致经历了古新世—中始新世陆壳裂解、断陷，晚始新世—中中新世断拗及拗陷、挤压改造，晚中新世—第四纪的区域沉降三个阶段。

曾母盆地油气勘探始于1938年，20世纪50年代进入大规模油气勘探阶段。1954年，壳牌石油公司首次在沙捞越近岸进行地震勘探，1957年开始钻探Siwa-1井，1962年在盆地南部发现帕特里西亚（Partricia）和特马拉（Temana）油田。20世纪60年代初至70年代，印度尼西亚和马来西亚先后于近海巴林基安、中卢科尼亚，东纳土纳地区进行油气勘探研究及钻探工作，并获得了一系列油气发现和进展。近20年来，马来西亚进一步加强对曾母盆地油气勘探开发活动，并获得了重大油气发现，且逐步向曾母盆地北部深水区推进，深水区勘探成为热点。

（二）油气地质特征

1. 烃源供给条件

油气勘探实践及研究表明，南海南部及邻近的沉积盆地中，古近系、新近系烃源岩主要有古近系（始新统和渐新统）湖相泥岩和新近系（中新统）海陆过渡相泥岩、煤和碳质泥岩，以及海相泥岩烃源岩（表3.7）（Todd et al., 1997；Ali and Abolins, 1999）。湖相烃源岩主要发育于中始新世和渐新世成盆演化早期的大陆边缘裂谷阶段，裂陷型湖盆沉积了富含有机质的沉积物，以富含淡水藻类为特征的泥岩烃源岩厚度达数十米（金庆焕等，2004）；海陆过渡相烃源岩形成于裂后断拗转换阶段，生源母质构成主要来源于高等陆生植物输入的藻类物质，岩性主要为页岩、含煤（碳质）泥岩和煤层等含煤岩系，其中，以富含煤的三角洲相泥岩烃源岩最佳（杨楚鹏等，2010）。

表3.7 曾母盆地古近系、新近系烃源岩地质地球化学特征表

地层系统	地质时代	沉积相带	岩性特征	干酪根类型	有机碳含量/%
曾母组	渐新世	河流相、冲积平原相	碳质页岩、煤层和泥岩	II - III	0.12～2.00
立地组	早中新世	海陆过渡相	含煤页岩	II - III	0.50～2.00
海宁组	中中新世	三角洲、浅海和台地相	泥岩、泥灰岩、碳酸盐岩	II - III	0.63～0.93

处在南海南部及西南部的曾母盆地，古近系、新近系烃源岩主要为渐新统、下中新统和中中新统河流相、冲积平原相碳质页岩及煤层，海陆过渡相含煤页岩及三角洲、浅海和台地相泥岩、泥灰岩及碳酸盐

岩，烃源岩生源母质类型均为Ⅱ-Ⅲ型干酪根（郑之逊，1993）。

渐新统湖相及河流相和冲积平原相泥岩烃源岩有机质丰度为0.12%～2.00%，生源母质干酪根类型为Ⅱ-Ⅲ型，由于曾母盆地地温场高、热流值大，在渐新世末期大部分烃源岩都已达到成熟阶段，进入早中新世，则部分烃源岩已达到高成熟和过成熟阶段，盆地开始大量生成油气。在盆地西部斜坡部分地区（热流值低）烃源岩在渐新世末期尚未成熟。中中新世末期，盆地演化进入大规模拗陷阶段，此时渐新统烃源岩达到高-过成熟阶段，即已进入生油衰竭期，以生成干气为主，目前只有地温场偏低的西部斜坡等局部地区方可生油。尚须强调指出，渐新统煤层属于富集型生源母质类型，有机质丰度高，其总有机碳为40%～80%，P_2值为40～194 kg/t，HI值为388～406，具有好的生烃潜力。而渐新统冲积平原页岩烃源岩有机质丰度低、生烃潜力小，P_2值一般小于5 kg/t；渐新统分流河道间海湾页岩烃源岩的总有机碳为1%～21%，P_2值为3～90 kg/t，HI值为164～435，表明亦具有中等-好的生烃潜力（Todd et al.，1997）。

曾母盆地下中新统烃源岩有机质丰度亦较高，有机碳含量为0.5%～2.0%，生源母质类型属于Ⅱ-Ⅲ型干酪根，为中等-好的烃源岩。在中中新世早期，由于曾母盆地地温场高热流值大，中中新统浅海相烃源岩大部分均已进入生油、生气阶段。在晚中新世时期盆地大部分地区几乎已全部进入过成熟阶段，且以生气为主，只有盆地西北斜坡带地温场相对较低，在这些局部地区可以生油。据油气勘探及相关研究表明，在康西拗陷、塔陶垒堑和索康拗陷等盆地的西部区域，地温场相对较低，中新统过渡相含煤岩系烃源岩虽然在边缘相带，其有机质丰度较低，有机碳为0.69%～0.93%，有机质类型以Ⅱ-Ⅲ型干酪根为主，但往拗陷中心区域，有机质丰度增高，生源母质类型变好，具有中-好的生油能力（郑之逊，1993）。尚须强调指出，盆地不同区域地温场及热流值差异控制影响了烃源岩成熟演化及油气生成特点。早中新世末，西部斜坡和拉奈隆起由于其地温场及热流值甚低，下中新统烃源岩基本上处于未成熟阶段；而在盆地其他区域地温场高热流值大，下中新统烃源岩均已达成熟-高成熟甚至过成熟阶段。如康西拗陷中北部下中新统烃源岩处于成熟生烃高峰阶段，康西拗陷南部下中新统烃源岩则处于高成熟阶段，局部处于过成熟阶段。中中新世末，西部斜坡和拉奈隆起上仍然属于低热流地区，其烃源岩均处于未成熟阶段；而高地温场及热流值的地区，如康西拗陷边缘的烃源岩则处于成熟-高成熟阶段，在拗陷主体的中心部位烃源岩则已经达到过成熟阶段。

中中新世曾母盆地处于三角洲、浅海和台地沉积环境。其中，康西拗陷主要发育浅海砂泥相和泥灰岩相，P_s值（砂岩百分比）为25%～50%，沉积物较细，泥岩厚度一般为1500～2500 m，有利于浅海相烃源岩沉积和保存（姚伯初和刘振湖，2006）；而南康台地发育浅海泥灰岩相和碳酸盐岩台地相，其中碳酸盐岩发育阻滞期的沉积物较细，对烃源岩形成较有利。根据中中新统烃源岩样品地球化学分析结果，其有机质类型为Ⅱ-Ⅲ型干酪根，大部分烃源岩成熟度R_o为0.6%～0.8%，处于成熟阶段早期，但不同区域亦有所差异。其中，西部斜坡、拉奈隆起及塔陶垒堑区的中中新统烃源岩R_o值小于0.5%，处于未成熟阶段；而康西拗陷由于其地温场及热流值高，推测其拗陷边缘中中新统烃源岩已达到成熟阶段早期，而拗陷中心的烃源岩可能已处于生油高峰，局部可达到高成熟阶段。

2. 储集层类型及分布特征

曾母盆地含油气储集层类型主要为渐新统—中新统砂岩、中—上中新统碳酸盐岩-礁灰岩（表3.8）。砂岩储集层类型主要为河流相、三角洲相和浊积相砂岩等，孔隙度较高，具有良好的储集物性；灰岩储集层类型主要有台地相灰岩、生物礁灰岩和礁缘塌积相碎屑灰岩等，储集物性良好，以产气为主，盆地中一些大气田主要产层即是这种类型的。

表3.8 曾母盆地古近系、新近系含油气储集层类型及储集物性特征表

地层	时代	沉积相带	岩性	孔隙度/%
海宁组、南康组	中—晚中新世	台地、生物礁	灰岩、礁灰岩	10～40
曾母组	渐新世	河流、三角洲	砂岩	5～26

碎屑岩类砂岩储集层分布于盆地南部和中部地区，主要为渐新统和中新统滨海砂相、浅海砂泥相和斜坡扇等砂岩类型。这种类型砂岩储集层岩性变化大，不同相带的储集物性差异较大。Almond等（1990）研究表明，该区河道和分流河道砂体砂岩孔隙度为12%～29%，渗透率为0.06～7 μm^2；决口扇砂体砂岩孔隙度为11%～31%，渗透率为0.001～4 μm^2；分流河口坝砂体砂岩孔隙度为12%～29%，渗透率为0.001～4 μm^2；浅海相砂岩孔隙度14%～28%，渗透率为0.002～1.95 μm^2。

碳酸盐岩储集层类型形成于中—晚中新世，主要分布在盆地西部和东北部，主要为台地相灰岩和生物礁相灰岩（杨楚鹏等，2014）。盆地西部主要为黏结灰岩、粒泥灰岩、泥粒灰岩和粒屑灰岩，以黏结灰岩的孔隙度最大，其孔隙度为5%～26%，平均为17%，并且孔隙度大小随深度增加而变小。盆地西部的L构造大气田，已钻遇1600 m厚的含气碳酸盐岩，天然气储量达5.95万亿m^3，属于特大天然气田。虽然气田含有大量的CO_2和N_2，但烃类气可采储量亦可达1.27万亿m^3（杨胜雄等，2015），属于南海南部为数不多的特大气田。

3. 油气封盖条件

曾母盆地油气盖层可分为区域盖层和局部盖层两类。其中，在上新世—第四纪，曾母盆地处于浅海-半深海沉积环境，其中上新统沉积厚度可达400～3400 m，且由南向北逐渐增厚，岩性偏细，平均P_s值小于50%（细粒沉积物泥岩分布厚度最厚处可达1150～2500 m），其中，西部斜坡、拉奈隆起和塔陶垒堑的P_s值为25%～40%，康西拗陷的P_s值小于25%。总之，上新统浅海-深海相巨厚泥岩地层构成了曾母盆地区域盖层。

在渐新统—中新统油气勘探目的层中，频繁出现的泥岩夹层以及致密的泥灰岩则是圈闭的局部盖层，亦即曾母盆地的局部性油气盖层。盆地西部地区断层较为发育，但断层对油气的运聚作用存在明显差异，这是由于不同时期边界走滑断裂性质发生变化造成的。在渐新世—早中新世，断裂主要呈张扭性，能够促进油气运移；但在中—晚中新世，断裂呈压扭性，对油气主要起封堵作用，而到了上新世，西部断裂活动弱，且被厚层泥岩覆盖，此时断裂对盖层破坏作用小，其油气保存条件亦较好（姚永坚等，2008）。

4. 含油气圈闭类型及分布特征

曾母盆地发育数量多、类型各异的圈闭。根据圈闭成因类型，可分为构造型、地层型和复合型三大类。构造型及地层型圈闭主要分布于康西拗陷，其次为西部斜坡。康西拗陷圈闭数约占总圈闭数的77.5%，西部斜坡占总圈闭数的15%。盆地西北部还发育有碳酸盐岩和生物礁隆等地层圈闭，多发育于拗（四）中隆和隆起与拗陷结合部的边缘地带。这些地层型局部圈闭大多分布于生油拗陷内，是油气运移指向的有利地区。

曾母盆地中始新世末—晚渐新世以发育张性断裂为主，断裂与成盆期同时形成，活动相对较弱；中中新世，断裂活动强烈，圈闭受北西—北北西向断层的控制。中中新世末期，由于受廷贾断裂走滑活动的影响，地层普遍抬升剥蚀变形并产生强烈的断裂活动，形成不整合地层圈闭和断层圈闭，盆地北部则出现局部挤压应力场，导致塑性地层侵入形成泥底辟型圈闭；晚中新世，盆地东南和北部发育碳酸盐岩和生物礁，由于北部生长断裂发育，伴生有众多的掀斜断块，常常出现背斜、断背斜、半背斜、断鼻、底辟等不

同类型圈闭、不同样式构造与地层组合,构成众多的不同成因的复合圈闭。

另外,曾母盆地构造圈闭一般与主断层和二、三级构造单元展布方向基本一致,且圈闭以北西向成带分布为主,个别北东向圈闭则与北西向或北北西向断层相伴生。

九、礼乐盆地

(一)盆地地质概况

礼乐盆地位于南海东南部南沙群岛东北边缘的礼乐滩附近,大地构造位置上礼乐盆地位于礼乐地块,属于陆缘张裂漂移型的中新生代叠合盆地,呈近南北向展布,盆地面积为8.3万km²。礼乐盆地基本构造单元可划分为南部坳陷、中部隆起和北部坳陷三个一级构造单元。其中,北部坳陷可进一步划分为三个次一级构造单元,即北1凹陷、北2凹陷和北部凸起。北1凹陷沉降最深、沉积充填厚度最大,古近纪和新近纪地层发育齐全。礼乐盆地油气勘探程度较低,钻井资料少,目前仅有七口井的钻井资料,根据钻井揭示及地震资料分析解释,该区中生代—新生代地层系统自下而上主要由白垩系、古新统、始新统、渐新统、中新统、上新统以及第四系所构成,且总体上新生代地层发育较完整,最大沉积充填厚度约9000 m。

(二)油气地质特征

根据礼乐盆地所处区域地质背景、盆地形成演化、地层沉积发育特征及石油公司油气勘探表明,礼乐盆地具有较好的油气地质条件。虽然盆地新生代沉积较薄,但仍然发育多套烃源岩,并具有中等强度地热场特征;新生界存在砂岩和碳酸盐岩两类主要的储集岩类,且局部盖层发育封盖能力强,构成了多套、多种样式的生-储-盖组合类型。总之,盆地新生代历经了多期构造运动改造,断裂活动强烈,多种类型圈闭广泛发育,含油气储-盖组合及封盖条件较好,为油气运聚成藏提供了有利地质条件。

1. 烃源供给条件

根据油气勘探及研究证实,礼乐盆地主要存在中生界、古新统至下—中始新统、上始新统—下渐新统三套烃源岩(表3.9)。其中,古新统至下—中始新统为新生代盆地主力烃源岩,而南部坳陷为盆地的主要生烃坳陷。

表3.9　礼乐盆地中新生界烃源岩地质地球化学特征表

层位	TOC/%	R_o/%	干酪根类型	生烃潜力
中生界	0.2～1.0	1.0～2.5	Ⅱ-Ⅲ	中等–好
古新统	＜0.5,最大1.0	0.6～1.2,局部＞1.2	Ⅲ	中等
下—中始新统	1.5～2.0		Ⅱ-Ⅲ	中等–好
上始新统—下渐新统	—	＜0.6,局部＞0.6	Ⅱ	差

1)中生界烃源岩

礼乐盆地中生代地层中暗色泥岩烃源岩分布较广泛,厚度较大,生源母质类型干酪根主要为Ⅱ-Ⅲ型,具有中等–好的生气潜力,是盆地重要的烃源岩(杨胜雄等,2015)。根据礼乐盆地中生界油气勘探及钻探揭示,该区上侏罗统—下白垩统滨-浅海相含煤碎屑岩或半深海相页岩、上三叠统—下侏罗统三角洲-浅海相砂泥岩和中三叠统深海硅质页岩等三套暗色细粒沉积物,具有较大生烃潜力,是重要的中生界烃源岩(姚伯初和刘振湖,2006)。典型实例如Sampaguita-1井的钻探结果(图3.9),即证实在大约3400 m处钻遇了下白垩统含煤岩系烃源岩,其上部由带一些褐煤层的砂质页岩和粉砂岩组成,其有机碳含量在0.4%~1.0%,具有中–好的生气能力(郑之逊,1993)。另外,在该井南侧的拖网中还获得了晚三叠世——早侏罗世时期富含蕨类的陆相粉砂岩以及海相页岩,亦具有一定的生烃潜力(阎贫和王彦林,2013)。

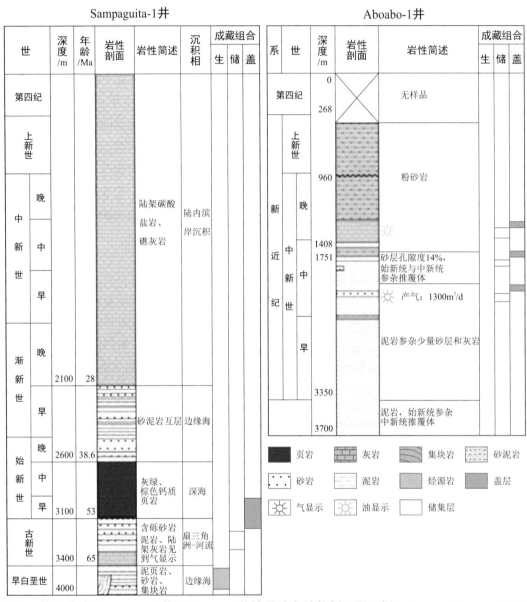

图3.9　礼乐盆地Sampaguita-1井和Aboabo-1井地层综合柱状剖面图(据Taylor and Hayes,1980)

2)古新统至下—中始新统烃源岩

礼乐盆地在古新世至早—中始新世时期处于裂陷期。沉积环境以滨海–半深海为主,物源较为丰富,沉积物厚度为2500 m左右,且泥岩发育有机碳含量较高,沉积沉降中心稳定,属于一套较好烃源岩(姚伯初和刘振湖,2006)。

古新世时,礼乐盆地位于华南大陆的陆缘沉降带内,广泛沉积了滨海–浅海相碎屑岩、灰岩地层,该套地层中泥岩有机碳含量相对较低,一般小于0.5%,最大可达1.0%,干酪根以Ⅲ型为主(郑之逊,1993),是盆地的重要烃源岩。

早—中始新世，南海北部北东向断陷中充填沉积了大套富含有机质的湖相泥岩，而东南部广泛海侵，礼乐盆地处于浅海–半深海环境，沉积物以含放射虫的页岩和粉砂岩为主，粒度细，含砂量增加，有机质较为丰富，形成了盆地最重要的主力烃源岩。据钻井资料，下—中始新统主要为半深海环境形成的灰绿色、褐色含钙页岩，含微量海绿石和黄铁矿，偶见粉砂岩、砂岩，钻遇厚度约为520 m。其中，页岩有机碳含量高达1.5%～2.0%，干酪根类型以Ⅱ–Ⅲ型为主，具有中等–好的生烃潜力，是盆地内最具资源潜力的一套主力烃源岩（姚伯初和刘振湖，2006）（图3.10）。

3）上始新统–下渐新统烃源岩

晚始新世—早渐新世时期，礼乐盆地位于华南陆块的东南缘，主要为滨浅海相砂页岩沉积，沉积厚度一般为0～2000 m，沉积中心位于礼乐盆地南部拗陷。根据上始新统—下渐新统泥岩等厚图分析，其泥岩分布厚度一般小于500 m，而且，地球化学分析表明，泥岩烃源岩有机质丰度低，仅局部含有一定数量的有机质，生源母质类型以Ⅱ型干酪根为主，总体上，这套烃源岩有机碳含量较低、生烃潜力差（张莉等，2004）。

2. 储集层类型及分布特征

礼乐盆地中生代晚期及新生代早期的沉积主要为较厚的以碎屑岩为主的地层，主要包括侏罗纪—白垩纪的浅海–半深海相地层和古近纪滨浅海–半深海相地层；早渐新世末，南海海底扩张，礼乐盆地从南海北部大陆边缘的华南陆块裂离出来，并开始向南漂移，进而在隆起区沉积了大面积、厚度巨大的台地碳酸盐岩、礁灰岩、生物礁体，而在拗陷区沉积仍以碎屑岩为主。总之，根据沉积充填特征、速度分析及钻井结果，礼乐盆地中新生代含油气储集层可以分为三种类型（图3.10），即古新世—中新世海相砂岩储集层、晚渐新世—早中新世碳酸盐岩储集层（礁–浊积碳酸盐岩）和晚中生代风化壳储集层，其中砂岩储集层和碳酸盐岩储集层是该区的主要储集层。

古新统及上始新统的滨浅海相沉积，岩性以砂岩为主，分选好、埋深适中，储集物性较好，孔隙度为15%～28%，渗透率为1×10^{-3}～72×10^{-3} μm^2，是礼乐盆地的主要含油气储集层段即油气勘探的重要目的层。该地层层系主要为分选较好的滨浅海相砂岩。Sampaguita-1井钻探结果证实，礼乐盆地天然气主要产自古新统砂岩段和上始新统三角洲相砂岩层。在Sampaguita-1井古新统的Sampaguita砂岩产层中，自下而上共射开三个层段，获得了日产天然气10.47万m³和一定产量的凝析油，这三个井段储集层的孔隙度分别为15%～17%、17%～28%和18%～21%，表明其储集物性较好。而其他层段砂岩储集物性较差，如下白垩统砂岩，大多胶结致密，且含较多的长石和自生矿物，孔隙度和渗透率均较低（张莉等，2007）。

晚渐新世以来，盆地主要储集层则为隆起区的大套碳酸盐岩和生物礁体，在地震剖面中表现为局部凸起，外缘连续强地震反射，内部杂乱。碳酸盐岩和生物礁体储集层储集物性良好，据Sampaguita-1井钻探结果，钻遇碳酸盐岩储集层厚度约为2164 m，自上而下为灰岩、白云岩化灰岩、白云岩，且下部普遍白云岩化，呈砂糖状，孔、缝发育，储集物性良好（张莉等，2004）。

除了上述砂岩储集层外，晚中生代时期，风化层中礁体和风化壳亦是盆地重要的储集层。中生代晚期—古新世张裂作用导致中生代地层翘倾旋转，断块顶部出露地表，并遭受长期的风化剥蚀，形成了大量高孔隙度风化底砾岩及其风化壳，且与顶部新生代早期泥岩沉积构成了较好的储–盖组合。

3. 油气封盖条件

晚中新世开始，礼乐盆地发生区域性沉降，形成一套浅海–半深海相沉积。凹陷区以砂泥交互相和偏泥相碎屑岩沉积为主，局部发育碳酸盐岩；而隆起区则以大套碳酸盐岩沉积和生物礁为主，缺少覆盖全盆的区域性盖层，因此其封盖条件较差，油气聚集和保存欠佳（张莉等，2004）。

晚渐新世之前，盆地主要形成了大套滨浅海-半深海相碎屑岩沉积，其中厚层海相泥岩发育，其既可作为盖层，同时也可以作为烃源岩。而晚渐新世开始，构造活动较弱，海平面上升，盆地隆起区主要发育大套台地碳酸盐岩和生物礁建造储集层。这一时期即晚渐新世—中中新世，凹陷部位广泛沉积的浅海相泥质地层，沉积厚度一般为400～1400 m，局部可达2400 m，其中，泥岩厚度一般为600 m左右，而凹陷中心最大可达1500 m，构成了较好的油气盖层，但晚中新世泥岩厚度相对较小，一般小于500 m，局部可达600 m，故构成了盆地较好的局部性盖层（张莉等，2004；孙龙涛等，2010）。

4. 含油气圈闭类型及特征

礼乐盆地新生代存在两种类型的含油气圈闭，即构造圈闭和地层岩性圈闭。礼乐盆地中新生代断裂活动发育，形成了大量的断块、断鼻构造圈闭，而早期的断块构造也在后期的沉积中形成披覆断背斜，同时，盆地中也形成了一系列的背斜、断背斜和滚动背斜构造，进而构成了盆地主要的构造圈闭类型；地层岩性圈闭分为两类，一类为早中新世浊积砂岩与上覆泥岩形成岩性圈闭，另一类为晚渐新世—早中新世形成的礁体圈闭，随着早渐新世末南海海底扩张的开始，礼乐滩及其微陆块漂离华南大陆，盆地隆起部位广泛发育碳酸盐岩及生物礁建造，而凹陷部位则以浅海碎屑岩为主，进而形成了大量的较大规模的生物礁圈闭类型。

5. 生-储-盖组合

礼乐盆地在中新生代形成与演化过程中，经历了早期断陷沉积、中期断拗沉积和晚期区域沉降阶段，沉积充填特征普遍具有旋回韵律性特点，形成了中生界、古新统至下—中始新统、上始新统—下渐新统三套成熟烃源岩，且有机质丰度较高，生源母质干酪根类型以Ⅱ-Ⅲ型为主。储集层主要为古新统和上始新统三角洲砂岩、上渐新统沉积以来的碳酸盐岩和礁灰岩。盆地油气封盖层主要为浅海相及深海相泥岩，但分布具有局限性，亦即缺少区域性盖层。总之，礼乐盆地生-储-盖组合剖面上交替出现，主要存在三种组合类型（图3.10）。

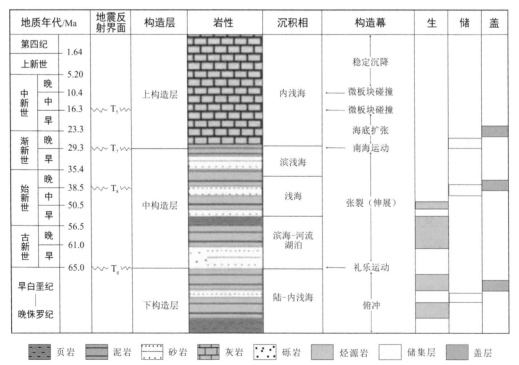

图3.10 礼乐盆地中新生代地层系统构成及生-储-盖组合特征示意图（据Sales et al.，1997，修改）

第一种为自生自储型，烃源岩为古新统、下—中始新统近岸湖沼相泥岩；储集层为始新统、渐新统三角洲相砂岩；盖层为三角洲间湾相和海湾、湖沼相泥岩，分布稳定，封堵能力较强。

第二种为下生上储型，烃源岩为中生界海相页岩和泥岩；储集层为古新统—渐新统浅海相砂岩、砂质页岩与三角洲砂岩；盖层为始新统泥岩。

第三种为下生上储型，烃源岩为古新统、下—中始新统近岸湖沼相泥岩；储集层为渐新统—中新统碳酸盐岩和生物礁。该组合盖层分布不稳定，多数地区由于缺少上新统和第四系泥岩的封盖，油气成藏的风险较大，但局部盖层发育的地区也可形成油气富集及油气藏。

十、北巴拉望盆地

（一）盆地地质概况

北巴拉望盆地位于南海东南部，菲律宾巴拉望岛西北侧，水深为50～2000 m，但大部分区域水深均超过1000 m。北巴拉望盆地总体呈北东向长条形延伸，面积为39880 km²，其中在我国传统海疆线内的盆地面积为17547 km²，线外面积为22333 km²。区域构造上，盆地位于乌鲁根断裂以东的巴拉望岛和卡拉绵岛西北大陆架及大陆坡上（刘振湖，2005），其与礼乐盆地相同，均是从华南大陆分离出来的裂离型陆块盆地，亦属被动陆缘盆地。由于盆地主体分布于深水区，其亦是南海东南部深水油气勘探开发的主战场。

（二）油气地质特征

油气勘探实践及油气地质研究表明，北巴拉望盆地具有良好的石油和天然气地质条件，新生界发育多套烃源岩，油气成藏的物质基础雄厚。另外，新生代多期构造断裂活动及其伴生的张、压、扭应力作用，导致了多种类型圈闭的形成，亦为油气聚集成藏等提供了有利条件（Sales et al.，1997）。目前北巴拉望盆地已勘探发现了多个深水油气田和含油气构造。

1. 烃源供给条件

北巴拉望盆地勘探开发成果及研究表明，该区油气田的石油比重为27°～54° API，具有低的CPI指数以及低的姥鲛烷/植烷，表明其烃源岩沉积处于还原环境，同时原油中的硫含量亦随生物标志化合物组成差异而变化，且说明有大量的陆源物质注入。总之，根据近年来获得的油气地球化学特征及油气地质研究成果揭示，北巴拉望盆地主要存在三套烃源岩，即古新统—始新统页岩、上渐新统—中新统碳酸盐岩及页岩和下—中中新统Pagasa组泥岩。

根据目前油气勘探及地质研究程度，结合地震地质解释及钻探成果，北巴拉望盆地大多数油气田的主要烃源岩应是古新统—始新统泥页岩。在卡德劳1（Cadlao-1）井，始新统页岩及煤有机质丰度非常高，其有机碳含量为3.14%～63.88%（煤），生源母质类型主要为Ⅲ型干酪根，属于一套非常好的气源岩。最近在民都洛地区的岩石地球化学研究亦表明，沉积充填在裂谷断陷时期的中—上始新统页岩沉积，是很好油源岩和潜在混合气源岩。

上渐新统—中新统海相碳酸盐岩和页岩，亦是重要的烃源岩。根据北巴拉望盆地北部海区帕桑1号井和卡拉绵1号井中新统灰色石灰质页岩样品地球化学分析结果，该区域的烃源岩含有一定的碳氢化合物，具有一定的生烃潜力。

另外，下—中中新统Pagasa组黏土岩，亦是一套重要的烃源岩。根据下—中中新统Pagasa组泥岩地球化学分析表明，其有机质类型为Ⅱ－Ⅲ型干酪根，有机质丰度较高，TOC为0.5%～2.48%，倾向于产气；而早中新世尼多组灰岩含有藻类，属于倾向于产油的烃源岩。依据卡拉绵1井和帕桑1井地球化学分析结果，其有机碳含量为0.33%～2.48%，烃含量为2.5×10⁻³～9.74×10⁻³，镜质组反射率为0.33%～0.76%（加藤正和，1978），亦证实了该烃源岩的存在。

总之，北巴拉望盆地主要油气源岩是古新统（始新统）—渐新统页岩。尤其是始新世—渐新世同裂谷期沉积的Linapacan组页岩和泥灰岩，生烃潜力大。该区具有高含硫、含海藻及陆生植物生物标志物的原油，均主要来源于这套形成于海相沉积环境古近纪原岩。另外，巴拉望盆地东北部及北部上渐新统Linapacan组页岩有机质丰度高，总有机碳含量达7.5%，亦是该区重要的烃源岩，同时，在尼多油区，下渐新统早期裂谷后沉积–礁建造间形成的深水区富含有机质页岩，亦是该区的主要烃源岩，其与古新统—始新统同裂谷期沉积页岩共同构成了该地区烃类物质的重要来源。

北巴拉望盆地已发现的油气来源问题尚未定论。尽管部分源岩属于后裂谷时期半深海相，但现在的证据主要支持以古近系同裂谷沉积作为源岩的事实。

2. 储集层类型及分布特征

油气勘探表明北巴拉望盆地存在四套含油气储集层，分别是上渐新统—中新统尼多灰岩储集层、下中新统Galoc浊积砂岩储层、下—中中新统砂岩储集层和始新统砂岩储集层。

上渐新统—中中新统储集层为尼多灰岩组成的生物礁、台地和浊积碳酸盐岩（图3.11），生物礁碳酸盐岩是北巴拉望地区主要的油气勘探目标储集层，主要由粒状灰岩、泥粒灰岩和少量黏结灰岩组成。尼多、卡德劳、马丁洛克、潘丹、利勃罗和圣马丁油田的油气即产自这套生物礁相碳酸盐岩储集层。生物礁碳酸盐岩储集物性较好，其孔隙度高达34%，平均为18%（圣马丁A-1X井），渗透率有时非常高（圣马丁A-1X井为2～7 μm²）。台地碳酸盐岩通常由沉积在潟湖或陆架环境的钙质泥岩和粒泥灰岩组成，有些情况下与生物礁相有很强亲缘性，如卡马哥–马拉帕亚油田中发现的台地碳酸盐岩储集层。台地相碳酸盐岩储集层的孔隙度为13%～29%，平均为17%，通常有很好的空穴和晶间孔隙因破裂而增强。浊积碳酸盐岩储集层仅发现于地堑深部，通常为向上变细的生物微晶和生物钙质砂屑系列，仅在林纳帕肯和加罗克油气区观察到。典型的浊积碳酸盐岩相孔隙度不超过10%，而白云岩化和破裂可增强这类储集岩的孔隙度（赵强等，2009）。

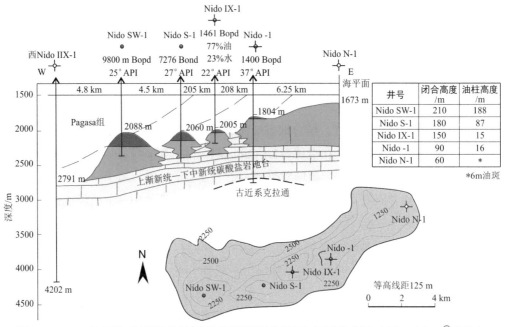

图3.11　Nido油田生物礁及台地碳酸盐岩顶面构造及成藏模式图（据Beddoes[①]修改）

① Beddoes J M.1980.The contribution of AECL commercial products to nuclear medicine and radiation processing.

下中新统Galoc砂岩是西北巴拉望盆地发现的第二大储集层。在Galoc和Octon油田的浊积砂岩内产出了油和气。砂岩孔隙度为12%～18%，在Galoc地区测得的渗透率为0.035～0.09 μm²，而Octon区块平均渗透率为0.042～0.252 μm²。

下—中中新统砂岩储集层位于Pagasa组的Batas单元，虽然没有明显的油气发现，但该套砂岩的孔隙度达10%～20%，表明具备了储集能力。Bantac-1井证实，在Batas单元之上的生物礁亦有烃类发现。

另外，始新统砂岩储集层是北巴拉望盆地的潜在储集层，在圣马丁A-1X井，始新统砂岩孔隙度为3%～11%，岸上晚始新世完全出露的民都洛地区，始新统砂岩孔隙度为7%～20%，渗透率达0.225 μm²。

3. 油气封盖条件

北巴拉望盆地具有一套分布广泛的区域盖层和一套局部盖层。其中，下—中中新统Pagasa组厚层泥页岩分布广泛，分布厚度大于610 m，是该区的区域性的油气盖层。Malampaya-1气藏盖层能够封盖气柱高度达400 m，其下还有106 m高油柱，即充分表明Pagasa组泥页岩盖层的封闭性及封盖能力非常好。另外，盆地东北部大部分构造圈闭也同样依赖于Pagasa组深水泥页岩的封盖遮挡作用。除了上述区域盖层外，始新统黏土岩为该区的局部盖层，在一些局部区域和某些局部构造上，这种局部盖层能够起到较好的封盖作用。

4. 含油气圈闭类型及分布特征

北巴拉望盆地含油气圈闭类型主要为与基底升降有关的断块构造圈闭，以及与同生断层有关的背斜、礁隆及不整合圈闭等。目前，在盆地中已发现了四种含油气圈闭类型，即盆地南部生物礁体圈闭（尼多油田）、盆地北部的浊积扇砂体圈闭（加洛克油田）、深水碳酸盐岩台地圈闭及断块圈闭。该区大多数圈闭均为生物礁地层圈闭，且圈闭形成时间为早中新世，后期亦没有大断裂对其产生破坏作用。另外，盆地已发现的具有工业价值的油气藏，均位于距西北巴拉望海岸约40 km。延伸达200 km的南北向含油气聚集带上，且其附近尚有许多有远景的圈闭存在，亦具有较大的资源潜力。

5. 生-储-盖组合类型及特征

北巴拉望盆地主要烃源岩是古近纪裂谷期的页岩和晚渐新世—早中新世后裂谷期的碳酸盐岩。主要含油气储集层为早中新世尼多组和Linapacan组的碳酸盐岩，以及早—中中新世Pagasa组的碳酸盐岩。除此之外，还可能存在Pagasa组碎屑岩、始新统砂岩、深水碳酸盐岩和上新统卡卡组礁灰岩等储集层。盖层则为早—中中新世Pagasa组的泥岩、页岩。因此，根据北巴拉望盆地古近系、新近系主要的生-储-盖层纵向分布特征，可以将其划分为自生自储型、下生上储型和上生下储型三种生-储-盖组合类型（表3.10，图3.12），这三种含油气储盖组合类型在勘探发现的油气田中已得到证实。

表3.10　北巴拉望盆地生-储-盖层岩性特征及分布特点表

地层性质	层位或发育时期	岩性	时代
盖层	Pagasa 组	黏土和泥质岩	早—中中新世
储集层	尼多组	灰岩	早中新世
	Linapacan 组	灰岩	早中新世
	Pagasa 组	灰岩	早—中中新世
烃源岩	裂谷期（主要）	页岩	古近纪
	后裂谷期（次要）	灰岩	晚渐新世—早中新世

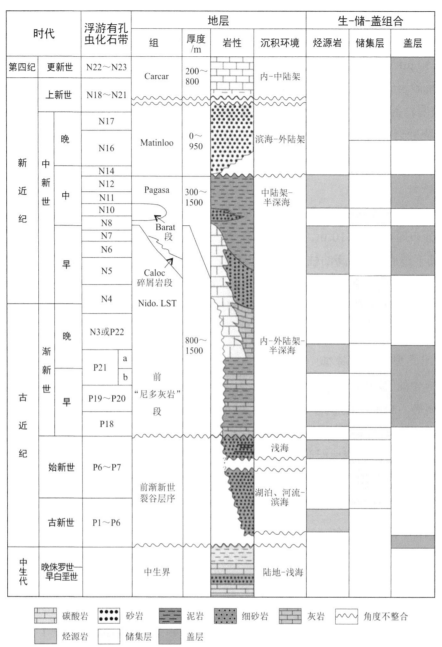

图3.12　北巴拉望盆地地层系统及生-储-盖组合分布特征示意图（据Sales et al.，1997；Harold，1997，修改）

第三节　南海油气地质条件对比

南海南、北大陆边缘盆地构造演化和油气成藏条件差异性对比研究表明（解习农等，2011），不同区域盆地构造演化的差异性，使得盆地沉积充填存在较大差异，从而导致了盆地油气成藏条件和油气资源潜力的巨大差异。南海北部离散型（或伸展张裂型）准被动大陆边缘不同断陷盆地断裂发育，凹陷（洼陷）与凸起相间分布，其生烃凹陷及其伴生断裂发育展布等控制了油气运聚成藏与分布富集，而南海南部属于伸展–挠曲（挤压）–伸展复合型大陆边缘盆地，拗陷面积大，烃源岩展布规模大，加之中新世发育大面积碳酸盐岩及礁灰岩储集层，构成了有利的生–储–盖组合及大型含油气圈闭，能够形成成群成带的大中型油气田分布格局及大型油气富集区。南海西部走滑伸展型大陆边缘盆地，一般具有沉降沉积速率快和沉积充填规模大的特点，地温场及热流值高，古近系烃源岩热演化程度高并以产天然气为主，天然气运聚成藏受控于泥底辟及热流体上侵活动，天然气资源十分丰富。总之，在综合分析总结前人油气勘探及研究成果的基础上，重点对南海南、北陆缘盆地的烃源岩、储集条件、盖层条件、圈闭类型、生–储–盖组合特征及油气运聚成藏特点与富集规律等，进行系统地综合分析对比，进一步阐明南海油气运聚成藏特征与资源分布规律及控制因素，评价预测油气资源潜力及勘探前景，以期对今后的油气地质研究及矿产资源评价预测等有所裨益。

一、烃源条件

（一）中生界烃源岩

根据南海地震地质综合解释与油气勘探成果，以及海陆对比结果分析，南海中生界发育三大类主力烃源岩（朱伟林等，2008）：第一类是稳定的浅海–半深海相泥岩烃源岩沉积，以早—中侏罗世烃源岩为代表；第二类是滨浅海–海陆过渡相（滨岸沼泽）煤系烃源岩，以晚三叠世和晚侏罗世烃源岩为代表；第三类是陆相–滨海相泥岩烃源岩，以白垩系为代表。三套烃源岩的分布具有明显的分带性。根据鲁宝亮等（2014）收集整理的南海中生界陆区与海区的烃源岩特征对比（表3.11）可知，中生界烃源岩的热演化程度相对较高，这可能是因为烃源岩的热演化与西太平洋构造域岩石圈减薄以及岩浆活动有关。潮汕拗陷白垩系和侏罗系的烃源岩R_o都大于2%，烃源岩达到了高–过成熟阶段，这表明侏罗系—白垩系页岩处于成熟至高成熟阶段，以生气为主。另外，台西南盆地中生界烃源岩有机质的热演化程度东部明显高于西部，亦可能与东部沉积厚度大埋藏深有关。而南海南部南沙海域礼乐盆地S-1井和K-1井钻遇的中生代烃源岩热演化程度则整体较低，3400 m以下的中生代烃源岩仍处于低成熟–成熟阶段（图3.13）。这可能有两方面的原因，一方面，礼乐盆地位于南沙克拉通地块之上，可能处于相对较冷的地壳岩石圈上；另一方面，在礼乐台地之上发育的碳酸盐岩容易产生裂缝，海水进入裂缝会使得当时的地温场温度偏低，使得烃源岩热演化较低（刘宝明和刘海龄，2011）。

表3.11　南海及邻域中生代烃源岩地质地球化学特征表（据何家雄等，2008c；刘宝明和刘海龄，2011；鲁宝亮等，2014）

层位	地区	沉积相	TOC/%	R_o/%	干酪根类型
	广东陆区	陆相	0.7～1.0	0.92	III型为主，少量II₂型
	香港坪洲岛	陆相–滨海相	0.88～4.26	1.11	
白垩系	台西南盆地	滨海相	0.60～0.95，最大2.5	0.6～1.0	III型
	潮汕拗陷	河流–湖泊相	0.05～0.54	>2.0	III型为主，少量II₂型
	礼乐盆地	浅海相	1.5～2.0	1.0～2.5	III型
	广东陆区	滨浅海相	0.5～2.0	2.69～3.75	III型
侏罗系	潮汕拗陷	滨浅海相	0.50～1.48	>2.0	III型为主，少量II₂型
	台西南盆地	滨浅海相	0.6～1.8	1.00～1.38	III型
	广东陆区	滨浅海相	0.35～6.75	1.11～1.59	III型
三叠系	民都洛岛	浅海–半深海相		0.54～0.88	III型
	礼乐盆地	滨浅海相		1.0～2.5	III型

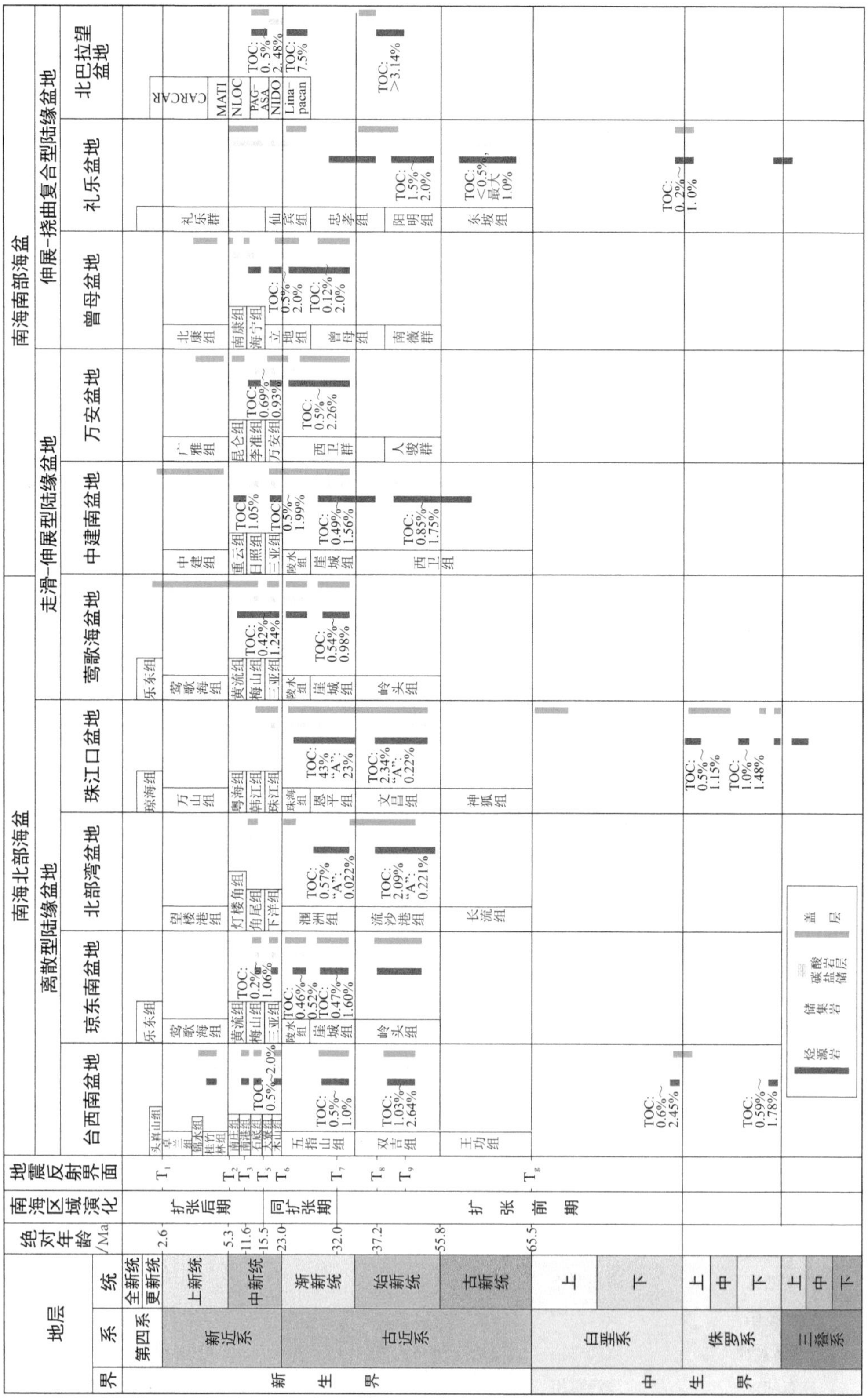

图3.13 南海主要盆地生-储-盖特征对比图

晚三叠世—白垩纪，南海北部遭受了两次海侵并沉积了相应的地层。在珠江口盆地东部潮汕拗陷西北斜坡钻探的LF35-1-1井，揭示了703 m厚的侏罗系和720 m厚的白垩系，并钻遇了有机质丰度较高、成熟度高的侏罗系烃源岩，证实了海相侏罗系—白垩系及其烃源岩的存在，亦表明该区具备油气成藏的烃源供给条件。此外，在台西南盆地亦有近30口探井钻遇了下白垩统近海陆相地层、浅海相地层和部分海陆过渡相和海相的侏罗系碎屑岩及含煤岩系，而且勘探发现了致昌（CFC）、致胜（CFS）、建丰（CGF）等含油气构造及中小型油气田。

台西南盆地中央隆起带中部探井钻遇的下白垩统近海陆相泥页岩，其有机质类型为腐殖型（Ⅲ型）（何家雄等，2006a），TOC为0.6%～2.45%，R_o为0.7%～1.0%。其中CFC-3井有机碳含量达到0.57%～1.56%，其R_o为0.625%～1.69%，处于成熟–高成熟阶段，亦充分说明该区早白垩世发育较好的烃源岩（表3.11，图3.13）。台西南盆地中央隆起带中部钻遇的侏罗系近海陆相黑色页岩，其有机质类型亦为Ⅲ型，TOC一般为0.9%～1.8%，R_o为1.0%～1.38%。亦表明其烃源条件良好，但有机质成熟度较高，亦以生成天然气为主。总之，在台西南盆地勘探发现了一批含油气构造及中小型油气田，通过油气地质及地球化学分析判识，其油气源可能来自中生界烃源岩供给。鉴此，根据LF35-1-1井钻探结果，结合台西南盆地油气勘探及研究成果，可以推测珠江口盆地东部中生界也具有良好的烃源供给条件。

另外，南海南部南沙海域礼乐盆地S-1井在3400 m深处亦钻遇早白垩世滨浅海相含煤碎屑岩系沉积，其上段由含褐煤层砂质页岩和粉砂岩组成，下段由集块岩、砾岩和分选性差的粉砂岩组成。其有机碳含量为0.2%～1.73%（表3.12，图3.13），可见有机碳含量较低，相同层段的潮汕拗陷则更低，有机碳仅为0.05%～0.54%。而在同一地史时期，与之相邻的台西南盆地白垩系为一套海陆交互相河流及三角洲前缘含煤层系到陆架浅海泥岩和泥页岩沉积，有机质丰度明显偏高，有机碳含量为0.57%～1.56%。如北港隆起WX-1井白垩系深灰、黑色海相泥页岩厚度可达500 m，有机质含量为0.57%～0.82%，HI为15.84～105.41，属中等油气源岩。台西南盆地CCT-1井在2231 m处TOC含量达1.56%，亦是一套较好的中生代烃源岩，很显然，不同区域不同盆地构造沉积演化条件及沉积充填特征的差异，控制影响了烃源岩质量及发育展布特征与生烃潜力。上述三个盆地的白垩纪烃源岩虽然均以Ⅱ–Ⅲ型干酪根为主，但生烃潜力差异较大。

表3.12　南海北部及东北部与东南部中生代烃源岩沉积环境及地球化学特征表

	南海东北部台西南盆地	南海北部珠江口盆地东部潮汕拗陷	南海东南部礼乐盆地
钻遇中生界厚度	含煤系地层厚度大于700 m	侏罗系703 m；白垩系720 m	上白垩统可能缺失；下白垩统厚度大于700 m
TOC	晚白垩世：0.57%～1.56%；早白垩世：0.57%～0.82%	0.05%～0.54%	0.2%～1.73%，平均较低
R_o	0.62%～1.69%	>2.0%	低成熟–成熟（<1.0%）
干酪根类型	Ⅱ₂、Ⅲ型为主	Ⅲ型为主，少量Ⅱ₂型	Ⅱ–Ⅲ型
沉积环境（岩性）	晚白垩世：含煤陆缘海沉积，泥（页）岩；早白垩世：内陆湖泊沉积和含煤陆缘海沉积	河流、湖相暗色泥岩	滨、浅海相含煤碎屑岩系

（二）新生界烃源岩

整体而言，南海陆缘盆地新生代构造沉积演化经历了两大阶段，即断陷早期陆相湖盆–浅海相演化和断陷期晚期至拗陷期的浅海相沉积向深海相的演化（解习农等，2011），与之相对应的烃源岩形成也颇具规律性。南海北部陆缘盆地陆相湖盆–浅海相演化发生在早渐新世末，浅海相沉积向深海相演化在中新世中晚期；南海南部陆缘盆地沉积演化早于北部，陆相–浅海相演化发生在晚始新世—早渐新世，浅海相沉积向深海相演化发生在中新世早中期。总体来看，南海海域古近系、新近系构造沉积演化总体上具有"东早西晚、南早北晚"的特点（解习农等，2011）。因此，相应的烃源岩有机质类型和有机质丰度也发生明显的变化。南海北部陆缘盆地形成了早期的始新统中深湖相烃源岩、中期的渐新统河流沼泽相和滨浅海相煤系烃源岩、晚期中新统—上新统浅海及半深海相烃源岩。南海南部陆缘盆地的烃源岩类型虽然亦与北部基本相当，但由于沉积演化阶段的时间差异，即烃源岩发育时序早于北部，烃源岩特征及其生烃潜力与烃类产物亦有所不同。多年的油气勘探实践表明，南海陆缘各盆地的主力烃源岩类型并不相同，北部离散型陆缘盆地以湖相、海陆过渡相烃源岩为主，西部走滑-伸展型陆缘盆地自北向南从以海相陆源烃源岩为主逐渐过渡为海陆过渡相与海相陆源烃源岩并重（解习农等，2011），南部伸展-挠曲复合型陆缘盆地以海陆过渡相与海相陆源烃源岩为主（张功成等，2013a，2013b）（表3.13）。

表3.13　南海主要沉积盆地新生代烃源岩特征表（据张功成等，2013a，修改）

位置	盆地	主力烃源岩层位	主要烃源岩时代	沉积相	主要岩性	干酪根类型	TOC/%	主要烃类产物
南海北部陆缘	台西南盆地	始新统、渐新统、中新统	始新世—中新世	海陆过渡相、湖相	煤层、碳质泥岩、暗色泥岩	II－III	0.5～2.64	气
	琼东南盆地	崖城组、陵水组、岭头组	始新世—渐新世	海陆过渡相、湖相	煤层、碳质泥岩、暗色泥岩	II－III	0.46～1.6	气、油
	珠江口盆地	文昌组、恩平组、珠海组	始新世—渐新世	海陆过渡相、海相、湖相	煤层、碳质泥岩、暗色泥岩	II－III	平均2.35	气、油
	北部湾盆地	流沙港组、涠洲组	始新世—渐新世	湖相、海陆过渡相	煤层、碳质泥岩、暗色泥岩	I－III	0.57～2.09	气、油
南海西部陆缘	莺歌海盆地	崖城组、陵水组、三亚组-黄流组	渐新世—中新世	海相、海陆过渡	煤层、碳质泥岩、暗色泥岩	II－III	0.42～1.24	气、油
	中建南盆地	崖城组、三亚组、重云组	始新世—中新世	海陆过渡相、海相、湖相	泥岩、碳质页岩、煤、砂质泥岩	II－III	0.5～1.99	油、气
南海南部及东部陆缘	万安盆地	西卫群、万安组、李准组	渐新世—中新世	海陆过渡相、海相	泥岩、页岩和煤层	I－III	0.5～2.26	气、油
	曾母盆地	曾母组、立地组、海宁组	渐新世—中新世	海陆过渡相、浅海台地相	碳质页岩、煤层和泥岩、碳酸盐岩	II－III	0.12～2.0	气、油
	文莱－沙巴盆地	Setap组	渐新世—中新世	海陆过渡相、浅海台地相	煤层和泥岩、碳酸盐岩	II－III		油、气
	礼乐盆地	东坡组、阳明组、忠孝组	古新世—渐新世	海相、海陆过渡相	煤层、碳质泥岩、暗色泥岩、页岩	II－III	1.0～2.0	气、油
	北巴拉望盆地	Linapacan组、Pagasa组	渐新世—中新世	海相	泥岩、页岩、泥灰岩	II－III	0.5～2.48	气、油

从烃源岩类型看，南海海域以海陆过渡相煤系烃源岩分布最广，海相次之，湖相烃源岩比较局限。渐新统海陆过渡相烃源岩广泛发育的原因是地质历史时期南海周边大型河流输入，从始新世—上新世形成了多个大型陆架边缘三角洲并供给了大量的陆源有机质。如PY33井揭示的南海北部白云凹陷北坡的早渐新世番禺三角洲，陆源有机质丰富，形成了富含煤系的烃源岩；南海南部的曾母盆地康西三角洲、文莱-沙巴盆地的大型三角洲，均形成了海陆过渡相烃源岩。渐新统及中新统海相烃源岩形成于浅海-深海相沉积环境，但有机质类型多属于陆源海相类型，形成了"海相环境陆源母质"的生源构成特点。始新统中深湖相烃源岩主要分布在南海北部大陆边缘主要盆地之中，包括珠江口盆地、琼东南盆地、北部湾盆地及中建南盆地，在这些盆地中分布规模有限，往往局限于那些宽深大凹陷之中（张功成等，2013a）。

海陆过渡相和湖相烃源岩以煤层、碳质泥岩、深灰色泥岩为主，而海相烃源岩主要为暗色泥岩、页岩和碳酸盐岩等（表3.13）。烃源岩有机质类型往往随着构造沉积环境变化而发生变化。南海扩张前的初始裂陷阶段，除南部的礼乐盆地和北康盆地，南海各盆地普遍处于陆相沉积环境，因此主要为湖相烃源岩，生源母质类型中Ⅰ型、Ⅱ型、Ⅲ型干酪根均有发育，但是Ⅱ型干酪根主要发育于北部陆缘盆地，如北部湾盆地和珠江口盆地；进入同扩张裂陷阶段，除北部湾盆地外，南海普遍演变为海陆过渡相及浅海相沉积环境，该阶段形成的烃源岩主要为Ⅱ型、Ⅲ型干酪根，且以偏腐殖型母质为主；南海扩张终结后，进入区域性热沉降阶段，水深逐渐增大，形成浅海–深海沉积环境，有机碳丰度普遍较低，一般小于0.5%，且以Ⅱ型、Ⅲ型干酪根的生源母质为主（解习农等，2011）。

从主要烃源岩形成时代看，南海沉积盆地的烃源岩从晚白垩世至中新世都有分布，岩性包括湖相泥岩、海陆过渡相煤系和浅海相泥岩，且以始新世湖相泥页岩和渐新世—早中新世海陆过渡相煤系烃源岩为主力烃源岩（图3.13，表3.13）。南海北部陆缘盆地烃源岩主要形成于始新世—渐新世和中新世，其中，始新世中深湖相烃源岩以珠江口盆地及北部湾盆地最为典型，这种烃源岩有机质丰度高，生源母质属偏腐泥混合型，是南海北部大中型油田群的主要烃源岩。早渐新世煤系烃源岩则以珠江口盆地恩平组和琼东南盆地崖城组最具代表性，其有机质丰度高，生源母质属偏腐殖型煤系，是南海北部大中型气田群及深水油气的主要烃源岩。中新世海相陆源烃源岩以莺歌海盆地及台西南盆地最为典型，虽然这种中新统烃源岩有机质丰度不太高，生源母质类型亦属偏腐殖型，但其生烃产气能力强，亦是南海西北部和东南部主要烃源岩，该区大中型气田群烃源供给主要来自该海相陆源烃源岩。南海西部陆缘的主力烃源岩形成于渐新世—中新世，仅中建南盆地中部拗陷为古新世—中始新世形成的烃源岩，其他区域，如万安盆地主要烃源岩多形成于渐新世—中新世。南海南部及东南部陆缘曾母盆地和北巴拉望盆地烃源岩则主要形成于渐新世—中新世，烃源岩有机质丰度高，生源母质类型以偏腐殖型为主，其是该区大中型油气田群的主要烃源岩。尚须强调指出，南海东南部礼乐盆地和南海北部陆缘的北部湾盆地类似，主要烃源岩分布于古新世—始新世及渐新世，而且礼乐盆地还有中生代烃源岩分布。

综上所述，南海南、北大陆边缘新生代盆地具有较好的烃源供给条件，但不同区域主要烃源岩生源母质类型及生烃潜力与烃类产出特点等均存在较大差异。南海北部大陆边缘新生代盆地始新世—渐新世形成的中深湖相烃源岩和煤系烃源岩及浅海相陆源烃源岩为该区大中型油田群和大中型气田群的主要烃源岩。中新世形成的海相陆源烃源岩则是该区西北部（莺歌海盆地）大中型气田群的主要烃源岩。尚须强调指出，南海北部大陆边缘盆地主要烃源岩展布规模相对南部大陆边缘较小，但生烃潜力大产烃率高，其构成了该区大中型油气田及深水油气藏的烃源物质基础；而南海西部和南部及东南部大多数盆地，主要烃源岩为始新世—中新世形成的海陆过渡相煤系烃源岩和海相陆源烃源岩，这些烃源岩展布规模大以富氢偏腐殖型生源母质类型为主，且生烃潜力及产烃率大，其为该区形成特大型油气田及大中型油气田提供了充足的烃源供给。

二、储集层类型及分布特征

南海新生代沉积盆地主要含油气储集层类型可分为碎屑岩储集层和碳酸盐岩及生物礁储集层两大类。按照沉积相特征亦可进一步划分为河流相及滨浅湖相砂岩储集层、浅海三角洲砂岩储集层、深水峡谷水道沉积体系砂岩储集层、碳酸盐岩台地礁滩储集层（何家雄等，2008c；解习农等，2011）（表3.14）。但南海北部大陆边缘与南海南部（含西部）大陆边缘盆地储集层类型及分布特点等均有所差异。

（一）碎屑岩储集层

南海北部陆缘新生代盆地碎屑岩储集层极为发育，不仅沉积充填了巨厚的陆相冲积扇、河流或湖泊三角洲粗碎屑沉积，而且还有浅海和深海砂岩沉积。其中，始新统砂岩储集层埋藏较深、物性较差、分布较局限，主要分布于凹陷边缘及深大断裂一侧；渐新统砂岩储集层是南海北部各个盆地的主要产油气层位即生产层，分布较普遍，属滨浅湖相或浅海相环境下形成的；下中新统、中中新统及上新统储集层为半深海相浊流沉积和深水峡谷水道沉积，包括斜坡扇、盆底扇、海底峡谷浊积水道等，是海相环境下形成的重要砂岩储集层，也是目前大多数油气田及深水油气重点勘探的目的层（解习农等，2011）。

南海南部及西部大陆边缘盆地新生代碎屑岩储集层主要为河流相、三角洲相、浊积相砂岩等，具有良好的储集性能，同时还存在前古近系基岩风化储集层。其中，南海西部中建南盆地主要发育河流、冲积扇、三角洲和滨海砂岩储集层，在中部隆起还有古隆起风化基岩储集层（Lee et al.，1998）；而与其南部相邻的万安盆地渐新统—中新统碎屑岩储集层则主要为三角洲前缘、分流河道、盆底扇和滨浅海相砂岩，在其北部隆起、南部隆起和西南斜坡区亦存在基岩风化储集层；南海南部曾母盆地渐新统—中新统碎屑岩储集层主要为河流相、三角洲相和浊积相砂岩，其储集物性好、孔隙度较高；南海中南部北康盆地碎屑岩储集层则主要为古近系砂岩，且以中始新统近海河湖、三角洲及滨浅海砂岩最为发育；南海东南部礼乐盆地碎屑岩储集层主要为古新统—上始新统三角洲、滨-浅海相砂岩，在古隆起部位亦有晚中生代风化壳储集层；与礼乐盆地东部相邻的北巴拉望盆地的碎屑岩储集层则主要为下中新统Galoc浊积砂岩、下—中中新统砂岩和始新统砂岩。

表3.14　南海主要沉积盆地储集层（碎屑岩、碳酸盐岩）类型及分布特征对比表

位置	碎屑岩				碳酸盐岩			
	地层	组	沉积相	盆地（位置）	地层	组	沉积相	盆地（位置）
南海北部陆缘	中中新统—上新统		斜坡扇、盆地扇	外陆架到陆坡深水区	下—中中新统	梅山组	礁滩相	琼东南盆地南部隆起区
	下中新统	三亚组	滨浅海相	琼东南盆地北部隆起带、中央裂陷带		三亚组	滨浅海相	琼东南盆地崖城凸起、松涛凸起
		珠江组	三角洲深水扇	珠江口盆地陆坡深水区		珠江组	台地相、生物礁相	珠江口盆地东沙隆起、琼海凸起、神狐隆起
		下中新统	海相	台西南盆地中央隆起带中部				
	渐新统	陵水组	扇三角洲	琼东南盆地				
		涠洲组	河流相	北部湾盆地				
		珠海组	浅海相、三角洲相	珠江口盆地				
		下渐新统	海相	台西南盆地中央隆起带中部				
	始新统	流沙港组	河流相、滨浅湖相	北部湾盆地				
		文昌组		珠江口盆地白云凹陷、北部斜坡和东部低凸起				
南海西部陆缘	上新统	中建组	浅海台地相	中建南盆地	中新统	万安组—李准组	台地相、滨浅海相	万安盆地南部隆起
		莺歌海组	浅海相	莺歌海盆地				
	中新统	万安组—李准组	陆相、河湖相、滨浅海相	万安盆地		三亚组—日照组	台地相、丘滩相	中建南盆地西北斜坡带、中部隆起和南部褶皱带
		三亚组—日照组	三角洲相	中建南盆地		三亚组—梅山组	浅水台地相、礁滩相	莺歌海盆地莺东斜坡带
		三亚组—黄流组	滨海、扇三角洲	莺歌海盆地				
	上渐新统	陵水组	河流、冲积扇相	中建南盆地				
			扇三角洲、滨海相	莺歌海盆地临高凸起、莺东斜坡带				
南海南部及其东部岛坡	下中新统	Galoc	浊积扇	北巴拉望盆地	上渐新统—中中新统上渐新统—第四系中—上中新统	Nido仙宾组、礼乐群海宁组—南康组	台地相、生物礁相台地相、生物礁相台地相、生物礁相	北巴拉望盆地北部礼乐盆地隆起区曾母盆地西部、东北部
		立地组	海岸平原、滨浅海相	曾母盆地				
	渐新统	曾母组	河流、三角洲相	曾母盆地				
	古新统—上始新统	东坡组、忠孝组	三角洲、滨-浅海相	礼乐盆地				

（二）碳酸盐岩及生物礁储集层

古近纪尤其是中新世以来，南海普遍发育碳酸盐岩及生物礁，且主要分布在较稳定的古隆起带上，沉积环境为开阔浅海相，尤其在海平面稳定缓慢上升期较为发育，由于此时陆源碎屑沉积物供给缺乏，有利于造礁生物生长。尚须强调指出，南海南部碳酸盐岩及生物礁储集层比南海北部发育且分布更普遍，南部及东南部的礼乐盆地、北康盆地和曾母盆地等区域分布广泛，一些特大型及大中型油气田储集层（产层）均属于此类。

南海北部陆缘盆地碳酸盐岩储集层主要分布于各盆地隆起构造带之上，如珠江口盆地东沙隆起及神狐隆起、琼东南盆地北部松涛隆起及崖北凸起（解习农等，2011）。其中，琼东南盆地下中新统三亚组滨浅海相碳酸盐岩台地和南部隆起区梅山组礁滩相是该区重要的产气层；珠江口盆地东沙隆起、神狐隆起和琼东南盆地琼海凸起广泛发育下中新统碳酸盐岩台地或生物礁滩是该区陆架浅水区重要含油气储集层即主要产层（朱伟林等，2008）；南海西部中建南盆地中—晚中新世碳酸盐岩储集层，主要分布于中部拗陷和南部隆褶带，主要为碳酸盐岩台地相和丘滩相，亦是重要的储集层即勘探目的层。

南海南部陆缘盆地碳酸盐岩储集层分布较广泛。主要以中—上中新统碳酸盐岩、礁灰岩和礁缘塌积相碎屑灰岩为主，且中中新统最为发育，储集性能较好（解习农等，2011）。其中，南海南部曾母盆地碳酸盐岩储集层主要为中—上中新统台地灰岩及礁灰岩，其是该区特大型及大中型油气田的主要储集层；南海西南部万安盆地碳酸盐岩储集层亦主要为中—上中新统台地灰岩及礁灰岩，其是该区大中型油气田的主要储集层；南海中南部北康盆地碳酸盐岩储集层则主要为中中新统浅海台地灰岩和礁灰岩，储集物性均较好；南海东南部礼乐盆地隆起区在上渐新统—第四系亦有大套台地碳酸盐岩、生物礁灰岩储集层分布，其亦是该区重要的含油气储集层。

总之，南海南部盆地碳酸盐岩储集层发育，分布规模亦较大，很多特大型及大中型油气田储集层均属于这种类型；而北部盆地碳酸盐岩储集层分布比较局限，目前勘探发现的这种储层类型的油气田尤其是大中型油气田非常有限。

三、油气封盖条件

南海大陆边缘盆地新生代沉积总体上岩性偏细，尤其是陆坡深水区及洋盆区远离物源供给区陆源粗碎屑物远距离输送，导致其供给非常有限，岩性普遍偏细。因此，在南海大陆边缘不同盆地及区域均形成了不同时代及层段、不同沉积特点的区域盖层和局部盖层。

南海北部大陆边缘盆地中新世裂后海相拗陷期以来，形成的大规模海侵沉积之泥岩为南海北部的区域性油气盖层，其展布规模大、分布广泛，在南海北部新生代盆地中普遍存在；而南海北部古近纪断陷期形成的湖相沉积分布相对局限，该时期形成的湖侵泥岩则是局部盖层。很显然，这些区域盖层和局部盖层的形成分布，对于该区古近系原生油气藏（自生自储）和新近系下生上储油气藏至关重要。例如，珠江口盆地早中新世珠江组上部—中中新世韩江组下部海侵泥岩段，是该区重要的区域盖层，该区油气运聚成藏乃至分布富集与大中型油气田分布等均受控于这种区域性油气盖层。而晚渐新世珠海组中下部、始新世文昌组和早渐新世恩平组中上部不同湖侵时期形成的泥岩集中段及浅海相泥岩，则构成了该区的局部盖层，能够有效地封盖遮挡古近系自生自储原生油气藏以及新生古储油气藏（古潜山油气藏）；再如，北部湾盆地中新世及上新世的滨浅海相泥岩和渐新统河湖相厚层泥岩，亦是该区重要的区域性盖层与局部盖层，其与该区油气藏及油气田分布密切相关；琼东南盆地下中新统三亚组、中中新统梅山组泥岩，尤其是上新统莺歌海组泥岩分布广泛，且泥岩集中段分布稳定，亦是重要的区域盖层。而上渐新统陵水组浅海相泥岩分布区域有限，属于局部性盖层，但对于该区油气藏形成及分布富集亦起到了重要的控制作用；南海东北部台西南盆地中中新世以来沉积的分布广泛的海侵泥岩为该区区域性盖层，而侏罗系和白垩系近海陆相泥岩与上渐新统—中新统部分海相泥岩即为局部盖层，其对于该区油气运聚成藏及其分布亦起到了重要的控制影响作用。另外，南海西北部莺歌海盆地广泛分布的上新世莺歌海组巨厚海侵泥岩是该区主要的区域盖层，而早中新世三亚组中上部和中中新世梅山组浅海-半深海相泥岩亦为重要的区域盖层，在某些区域有可能为局部盖层。但这些区域盖层和局部盖层，对于莺歌海盆地这种泥底辟及气烟囱异常发育、热流体上侵活动频繁的特殊地质条件下，天然气运聚成藏乃至大中型气田形成与分布等均至关重要。

南海南部大陆边缘盆地区域盖层，主要为上新世—全新世大规模海相拗陷时期沉积的分布广泛、厚度大的富含泥质的浅海-深海相碎屑岩。这种富含泥质碎屑岩（泥岩为主），最大厚度可超过2400 m，构成了南海南部大多数盆地的区域盖层。而局部盖层则主要为渐新世至中新世形成的巨厚泥岩沉积，其既是盆地重要的烃源岩，又构成了该区古近系油气藏及大中型油气田的局部性盖层。诚然，在渐新统—中新统油气藏储集层段之间频繁出现的泥岩夹层，亦构成了该区油气藏非常好的局部盖层，且有效地封盖了不同类型的砂岩油气藏。

四、含油气圈闭类型及分布特征

南海不同大陆边缘盆地和区域所处地球动力学背景及构造应力场的不同，导致不同大陆边缘盆地及区域主要的含油气圈闭类型存在明显差异。南海北部和西部大陆边缘盆地属于伸展张裂型和走滑伸展型，以伸展张裂和走滑伸展应力场为主，含油气圈闭类型以构造断鼻、披覆背斜及泥底辟伴生背斜为主。如珠江口盆地、北部湾盆地、莺歌海盆地及中建南盆地；而南海南部及西南部大陆边缘盆地，由于边缘板块碰撞，以挤压-伸展复合应力场为主，故挤压背斜圈闭发育，如万安盆地、曾母盆地及文莱-沙巴盆地。背斜圈闭为盆地陆上部分和滨海区的主要圈闭类型。另外，生物礁岩性圈闭为该区台地区的主要圈闭类型（曾母盆地），而深水沉积岩性圈闭和岩性-构造复合圈闭则为该区陆坡深水区主要圈闭类型，如北巴拉望盆地（张强等，2018a）。总之，南海大陆边缘盆地新生代盆地含油气圈闭类型主要为构造圈闭与地层岩性圈闭及两者构成的复合圈闭，总体上，南海北部构造圈闭较多，地层岩性圈闭（碳酸盐岩台地及生物礁）相对较少，而南海南部则构造圈闭与碳酸盐岩台地及生物礁等地层岩性圈闭均较多，尤其是地层岩性圈闭比南海北部要多得多。南海大陆边缘盆地中的构造圈闭，主要包括断鼻、断背斜、背斜、滚动背斜和断块等圈闭类型。其中与断裂活动有关的各类断背斜、断块构造圈闭主要形成于始新世及渐新世裂陷期形成的断陷（凹陷）及周缘区，一般多分布在大断层下降盘一侧；披覆背斜圈闭类型，则主要分布在古近系隆起周缘，且与基底隆起有关；底辟伴生构造发育层位与火山活动或底辟刺穿源岩层有关，主要形成于始新世—中中新世与上新世及第四纪（张功成等，2013b）。

南海大陆边缘盆地中的地层岩性圈闭类型，主要是由储集层岩性横向变化或地层连续性中断被上覆地层覆盖遮挡所形成的圈闭。地层岩性圈闭根据形成机理差异，可进一步分为岩性圈闭、不整合圈闭和礁体型圈闭。南海古近系主要存在两种成因类型的岩性圈闭类型。其中与三角洲有关的浊积扇岩性圈闭主要受三角洲体系控制，且与较大规模的湖泛作用有关，多发育在中期基准面上升半旋回；而与近岸水下扇-浊积扇相关的岩性圈闭，则主要受古地貌、断裂性质、断裂活动强度与断裂组合样式等控制，且多与沟谷地貌、断阶及断裂的持续活动密切相关。南海北部新近系主要存在四种成因类型的岩性圈闭类型，即斜坡扇和浊积扇、三角洲前缘扇、礁体型圈闭和西沙海槽水道，南海南部岩性圈闭类型亦与其类似且更加丰富。

南海大陆边缘盆地构造–地层岩性复合圈闭类型，主要包括新地层超覆在老地层上形成的地层超覆圈闭、被构造复杂化的古潜山、构造背景下岩性–构造复合圈闭、地层剥蚀不整合圈闭及构造–地层复合圈闭等。总之，这种圈闭类型均受构造与地层岩性双因素或多因素控制，而且主要分布于构造地质条件比较复杂的区域。构造–地层岩性复合圈闭在南海北部和南部大多数盆地中均存在，不同盆地及区域不同时代均有分布。

五、生–储–盖组合类型及分布特征

由于南海北部与南部及西部主要烃源岩及储–盖组合类型与油气运聚成藏系统及控制因素等均存在较大的差异，故南海北部大陆边缘盆地与南部及西部大陆边缘盆地生–储–盖组合类型及其分布特征等，既具有一定的共性亦具有明显的差异和不同。

（一）南海北部陆缘盆地生–储–盖组合类型及特征

油气勘探实践与油气地质研究表明，南海北部大陆边缘新生代盆地生–储–盖成藏组合类型主要存在四种类型（何家雄等，2008c）。

（1）始新统生–储–盖成藏组合类型。主要是由盆地断陷期形成的始新统中深湖相烃源岩，始新统河流相、滨浅湖相及扇三角洲相等砂岩储集层，以及上覆的河流沼泽相、湖相泥岩盖层所构成的自生自储自（上）盖的原生型生–储–盖成藏组合类型。但由于始新统砂岩储集层埋藏偏深、物性较差且分布范围有限，故始新统自生自储型成藏组合类型并非是南海北部主要的油气勘探目的层。但可以肯定的是，目前这种自生自储型成藏组合类型，在珠江口盆地珠一拗陷和深水区白云凹陷西北部斜坡带以及北部湾盆地涠西南凹陷西南部等区域的油气勘探，均已证实了该生–储–盖成藏组合类型的存在。

（2）渐新统—中新统生–储–盖成藏组合类型。主要是由断陷晚期形成的下渐新统河流沼泽相及滨海沼泽相煤系烃源岩，渐新统河流相砂岩、上渐新统三角洲砂岩储集层或扇三角洲砂岩储集层或部分下中新统海相砂岩储集层，以及上覆中新统海相泥岩区域盖层所构成的自生自储上盖或下生上储上盖的成藏组合类型。渐新统自生自储成藏组合类型是北部湾盆地、珠江口盆地及琼东南盆地油气勘探的主要目的层之一，如珠江口盆地北部浅水区一部分大中型油气田即是这种类型的生–储–盖成藏组合；再如琼东南盆地崖13-1大气田主要产层之上渐新统陵水组生–储–盖成藏组合亦是这种类型的典型代表。

（3）下中新统—上新统生–储–盖成藏组合类型。主要是由断陷晚期渐新统沼泽相、滨海沼泽相煤系烃源岩，裂后拗陷期中新统及上新统底部浅海及半深海相潜在烃源岩，下中新统滨浅海砂岩、碳酸盐岩台地、生物礁，下中新统不同类型深水扇，以及上覆中中新统及上新统巨厚浅海及半深海泥岩盖层所构成的下生上储上盖或自生自储上盖的生–储–盖成藏组合类型。此类生–储–盖组合类型是南海北部重要的油气勘探目的层，亦是该区主要的生–储–盖成藏组合类型。

（4）中中新统—上新统及第四系深水生–储–盖成藏组合类型。主要是由断陷期渐新统河湖沼泽相、滨海沼泽相煤系烃源岩和裂后拗陷期中新统及上新统底部浅海及半深海相烃源岩，中中新统及上新统深水沉积体系中不同类型的斜坡扇、盆地扇、浊积水道和进积砂体储集层，以及上覆上新统及第四系深海相泥岩盖层所构成，属于下生上储上盖成藏组合类型。这种生–储–盖成藏组合是目前南海北部深水油气勘探的主要目标，亦是该区主要的生–储–盖成藏组合类型，具有巨大的油气资源潜力及勘探前景。

诚然，从南海北部构造沉积演化史考虑，南海北部经历了早期陆相–海陆过渡相–晚期海相的海陆变迁和演变过程，具有从陆到海直至深海的逐渐演变过程及典型的海陆相沉积充填特征。但物源、海平面变化和构造沉降在不同区域及构造单元的差异,导致南海北部不同盆地的生–储–盖组合类型也各具特色。朱伟林等(2008)根据生–储–盖组合形成的沉积环境及构造沉积演化特征,将南海北部生–储–盖组合类型划分为以下三种主要生–储–盖成藏组合类型。

(1)陆生陆储陆盖型生–储–盖组合。主要由陆相断陷时期始新统地层系统中的中深湖相泥岩烃源岩,河流相、滨浅湖相砂岩储集层,以及上覆河流沼泽相、湖相泥岩互层盖层所构成的生–储–盖成藏组合,属于一种自生自储原生型成藏组合。

(2)陆生海储海盖型生–储–盖组合。这是南海北部主要产油气的生–储–盖组合类型。油气源供给主要来自始新统(文昌组—流沙港组)湖相烃源岩或(和)渐新统恩平组煤系烃源岩,上覆储集层和盖层主要是渐新统上部、中新统海相砂岩(或碳酸盐岩储集层)和上渐新统、中新统海相泥岩,并由此构成了下生上储上盖、陆生海储海盖的成藏组合类型。

(3)海生海储海盖型生–储–盖组合。主要分布于南海北部某些陆架浅水区和大部分陆坡深水区,其主要由海相沉积体系中本身的生–储–盖层所构成,莺歌海盆地中央泥底辟带浅层气藏及中深层高温超压气藏。该区主要是由下中新统三亚组—中中新统梅山组海相陆源烃源岩,上覆上中新统黄流组及上新统莺歌海组不同类型的海相砂岩储集层和巨厚海相泥岩盖层所构成的海生海储海盖型成藏组合类型。琼东南盆地西北部崖城13-1气田亦属于海生海储海盖型生–储–盖组合类型,其主要是由下渐新统崖城组滨海沼泽煤系及浅海相泥岩烃源岩,上覆上渐新统陵水组三段扇三角洲或滨岸砂岩储集层,以及陵水组二段海侵泥岩盖层构成的生–储–盖成藏组合类型。

另外,依据生–储–盖组合的空间结构关系及构造沉积演化特征,南海北部主要的油气成藏组合类型,总体上亦可划分为"下生、中储、上盖"的油气成藏组合体系(张功成等,2015)。即烃源岩形成于新南海扩张前,主要为始新世湖相烃源岩、早渐新世海陆过渡相煤系烃源岩(珠一拗陷为陆相湖沼相、珠二拗陷和琼东南盆地为海陆过渡相烃源岩、晚渐新世为海相烃源岩),此即"下生";裂后扩张期渐新世—中新世形成主要的储集层(渐新统上部及中新统砂岩、生物礁),此即为"中储";扩张后萎缩期区域盖层则主要是晚渐新世—第四纪泥岩,此即"上盖"。当然,渐新统内部也存在"下生上储"或"自生自储"生–储–盖成藏组合类型。

(二)南海南部及西部陆缘盆地生–储–盖组合类型及特征

南海南部及西部大陆边缘盆地新生代生–储–盖组合类型及分布特征,主要受古南海萎缩半旋回运动与构造沉积演化过程的控制。该区主要烃源岩为渐新统—下中新统海陆过渡相烃源岩和中—上中新统海相陆源烃源岩;储集层为下—中中新统海相砂岩与碳酸盐岩台地及生物礁和部分古潜山储集层;区域盖层则主要为上中新统—上新统海侵泥岩盖层,并由此构成了新生古储、下生上储、自生自储的成藏组合类型。该区主要油气勘探目的层即是中新统—上新统这种"下生上储""自生自储"的成藏组合类型,以下仅简要分述几种主要生–储–盖组合类型。

始新统自生自储自盖型成藏组合在南海南部及西部存在陆相和海相两种类型。其中,陆相生–储–盖组合主要分布在南海西部大陆边缘的中建南盆地深水区,多分布在一些主洼槽部位,由于该组合埋藏太深,物性可能较差,但在一些埋藏较浅的凹陷,可能是比较好的油气勘探层系;海相生–储–盖组合则主要分布在南海中南部南沙地块盆地群,而且其是这些盆地的主要的生–储–盖组合类型。例如,礼乐盆地主要油气勘探目的层,是由白垩系及始新统海相泥岩烃源岩、上覆始新统海相砂岩储集层以及渐新统—中新统海相泥岩区域性盖层所构成的海相生–储–盖组合类型,迄今在该区油气勘探亦获得油气发现。

渐新统生–储–盖组合类型在南海西部及南部以自生自储型为主，这种生–储–盖成藏组合类型在南海西部及南部分布较普遍。例如，万安盆地西部拗陷、西北断阶带等区域渐新统砂岩储集层中，勘探发现了大量来自渐新统本身烃源岩供给烃源的自生自储型油气藏。另外，南海南部曾母盆地亦勘探发现了由渐新统烃源岩提供烃源供给的自生自储型砂岩油气藏。

中新统生–储–盖组合类型较多，根据其构造沉积演化特征及生–储–盖成藏组合特点，可分为自生自储型、下生上储型和复合型。自生自储型主要分布在南海南部曾母盆地深水区和文莱–沙巴盆地深水区等，这些盆地深水区中新统海相泥岩是主力烃源岩之一，而且下中新统及中新统中上部储–盖组合发育，中新统海相砂岩及碳酸盐岩为主要储集层，主要储集层类型有生物礁、深水扇砂体、浊积砂体等；南海西部万安盆地中部拗陷和中部隆起等区域，则主要为下生上储型，烃源岩主要来自下中新统，储集层主要为中中新统和上中新统的碎屑岩和碳酸盐岩，由此构成下生上储型成藏组合；复合型烃源供给较复杂，既有自生的油气，又有来源于下伏烃源岩供给的油气，即构成了自生自储和下生上储的复合型成藏组合。南海南部曾母盆地深水区和文莱–沙巴盆地深水区等区域的一些中新统油气藏，即属于这种复合型生–储–盖成藏组合类型。

另外，根据生–储–盖组合形成的沉积环境及沉积充填特征，南海南部及西部新生代主要盆地生–储–盖组合亦可划分为三种主要类型：一是中新统滨浅海相碳酸盐岩生–储–盖组合，即渐新统及中新统浅海相泥页岩烃源岩–台地相（生物礁相）碳酸盐岩储集层–海相泥灰岩及泥岩盖层所构成的生–储–盖成藏组合；二是渐新统及中新统海陆过渡相碎屑岩生–储–盖组合，即渐新统—中新统湖相、海岸湖沼相泥页岩及煤等烃源岩–三角洲相砂岩储集层–前三角洲相、滨浅海相泥岩盖层所构成的生–储–盖成藏组合；三是中新统及上新统海相碎屑岩生–储–盖组合，即中新统—上新统浅海相泥岩、煤系泥岩烃源岩–滨浅海相砂岩储集层–浅海、半深海相泥岩盖层所构成的生–储–盖成藏组合。此外，也存在上生下储成藏组合类型，即近岸渐新统—中新统湖沼相、海湾相泥岩烃源岩–前古近系基岩古潜山储集层–三角洲前缘相和湖沼相、海湾相泥岩盖层所构成的生–储–盖成藏组合类型。

第四节　油气分布富集规律

一、新生界油气分布富集规律

渐新世晚期南海扩张事件对南海大陆边缘盆地形成与演化起到了重要的控制作用（李家彪，2005）。前文已述，南海不同大陆边缘盆地由于所处构造位置及边界动力学条件的差异，往往具有"北张南压、东挤西滑"的构造动力学背景，发育不同类型的陆缘盆地，包括北部离散型（伸展张裂型）陆缘盆地、西部走滑–伸展型陆缘盆地和南部挤压–伸展–挠曲复合型陆缘盆地。这些不同大陆边缘盆地的构造沉积演化特征及油气地质特点差异较大，油气分布富集规律及控制因素亦明显不同。其中，南海北部陆缘盆地多属伸展张裂型的裂谷盆地，其断陷早期始新统湖相烃源岩发育、断陷晚期海陆过渡相煤系烃源岩发育；裂后拗陷期（潜在）中新统海相陆源烃源岩分布亦较广泛，故构成了大中型油气田形成的雄厚烃源物质基础，且油气分布总体上具有"北部陆架浅水区富油、西部陆架浅水区富气和南部陆坡深水区富油气及水合物"的运聚富集规律。南海南部及东南部陆缘盆地属于挤压–伸展–挠曲复合盆地，虽然构造动力学背景明显不同于南海北部，但盆地结构总体上仍然具有早期断陷晚期拗陷的构造演化特征与沉积充填特点，形成了渐新统及中新统海相陆源烃源岩和海陆过渡相煤系烃源岩，构成了该区特大型或大中型油气田形成的雄厚物质基础；油气分布富集规律一般均具有"南油北气、西气东油"的特点。南海西部陆缘盆地属于典型的走滑伸展盆地，剖面上亦具明显的断拗双层结构，往往能够形成大套的渐新统海陆过渡相煤系烃源岩和海相陆源烃源岩，以及部分中新统海相陆源烃源岩，进而构成了该区雄厚的烃源物质基础；油气分布富集规律则具有"东气西油、南气北油"的特点。鉴此，基于以上油气分布富集规律，以下将重点阐述不同大陆边缘主要盆地油气分布特征与运聚富集规律及控制影响因素。

（一）南海北部新生界油气分布规律

南海北部及西北部大陆边缘北部湾盆地、莺歌海盆地、琼东南盆地、珠江盆地及台西南盆地（中国台湾管辖），是我国在南海北部海域的主要油气勘探开发区域，通过半个多世纪的油气勘探，已发现60多个油气田。与此同时在该区已完成了大量的二维、三维地震及钻井工作量，取得了大量地质地球物理及地球化学资料、数据及研究成果，这些成果及丰富的地质资料均为深入开展该区油气地质规律研究，剖析其油气分布富集规律等奠定了扎实的研究基础。根据以上南海主要含油气盆地石油地质条件对比分析，结合油气勘探开发实践与油气地质研究成果，以下将重点对南海北部油气分布富集规律及主控因素等进行总结与分析阐述。

1. 油气分布总体上具有"北油南气"的富集规律

南海北部大陆边缘盆地处于准被动大陆边缘的地球动力学背景，根据盆地构造沉积演化特征及沉积充填特点与展布规律，邓运华（2009）、张功成等（2010）将其划分为沿华南陆缘近东西向延展的两个主要盆地带，其中，北部盆地（拗陷）带由西北部的北部湾盆地-珠江口盆地北部拗陷带-台西盆地南部拗陷所组成；南部盆地（拗陷）带则包括西北部莺歌海盆地-北部琼东南盆地-双峰盆地-珠江口盆地南部拗陷区-东北部台西南盆地等。根据两个盆地带油气勘探成果与油气分布特征，尤其是大中型油气田分布规律，可以明显地看出，均具有明显的"北部近陆缘区富油，南部远陆缘区富气"的运聚规律（何家雄等，2008d；张功成等，2010）。很显然，这种"北油南气"的油气分布规律，主要取决于或受控于不同盆地所处构造位置的地壳性质及盆地结构类型与沉积充填特征的差异、富生烃凹陷-半地堑洼陷展布规模、烃源岩质量及其热演化的差异性，以及有利烃源供给输导系统和不同类型圈闭聚集区带等多种因素的时空耦合配置与有机结合。

典型实例如珠江口盆地，其横跨南海北部大陆边缘南、北两个盆地（拗陷）带，油气区域分布具有明显的"北侧近陆缘区（浅水区珠一拗陷及珠三拗陷）富油，南侧远陆缘区（深水区珠二拗陷）富气"的特点。珠江口盆地北部近陆缘珠一拗陷浅水区，盆地深部地壳属陆壳-减薄型陆壳，沉积充填规模总体上相对较小，地温场及热流值低，湖相烃源岩成熟度处于油窗范围，受源热双因素控制影响，其烃类产物主要以产大量石油为主伴生少量油型气。故该区油气分布主要以油藏及大中型油气田群为主，如惠州油田群（惠州21-1、惠州26-1、惠州27-1、惠州32-2、惠州32-3、惠州32-5、惠州33-1、惠州33-2等油气田或含油气构造）、西江油田群、恩平油田群和文昌油气田群等，均分布于北部近陆缘区的珠一拗陷及珠三拗陷及周缘。尚须强调指出，惠州凹陷靠近北部陆缘，古珠江水系为其提供了丰富的物源供给，且始新统文昌组巨厚优质成熟的中深湖相烃源岩，能够提供充足的烃源；其上覆广泛发育的上渐新统珠海组和下中新统珠江组海相砂岩储集层以及珠江组礁滩灰岩，储集物性好、厚度大并与上覆海侵泥岩组成了良好的含油气储-盖组合；而深大断裂及古构造脊砂体则为该区油气运聚成藏提供了有效的运聚输导系统，进而促进了油气运聚而富集成藏。

处在远离陆缘的荔湾3-1深水大气田，位于珠江口盆地白云凹陷东南缘深水区，远离陆缘，其形成与有效烃源岩、储集层、断裂的时空耦合密切相关（高岗等，2014）。白云凹陷始新世文昌组及早渐新世恩平组埋深大，加之该区地壳薄属洋陆过渡型，故其地温梯度、热流值高，烃源岩有机质成熟度高，达到了高-过成熟生气门槛，故是盆地主要的烃源层，而且以大量高-过成熟天然气为主伴生少量煤型气，能够为大中型天然气田提供充足的烃源供给。加之，该区上覆下渐新统恩平组大型辫状河三角洲砂体、下中新统珠江组海相三角洲砂体、重力流砂体等储集性能好，能与上覆海相泥岩盖层构成良好的储-盖组合类型。而且，断裂长期活动亦为断背斜圈闭油气藏等，提供了有效的运聚疏导通道。在粤海组以前，该区通天断裂活动强烈，油气难以聚集成藏，但粤海组沉积以后，其上覆海相沉积泥岩厚度逐渐增加，封盖条件逐渐变好，新近纪晚期—第四纪深水区荔湾3-1气田形成即是其典型实例（施和生等，2008）。

2. 地温场特征控制富生烃凹陷成烃成藏

南海北部新生代盆地深部结构类型及构造演化特点与沉积充填特征等均存在明显差异，进而控制了不同盆地富烃凹陷类型及发育演化特征与油气运聚富集规律。尤其是盆地所处地壳性质及热流场分布特点和成盆过程中的热演化历史等，均导致了盆地生烃灶分带发育与生烃凹陷生烃潜力差异。因此，张功成等（2010）提出了"源热共控"南海北部大陆边缘油气田"外油内气"有序分布模式。

对分别来自于广州海洋地质调查局的实测数据、相关合作单位的实测数据、IODP和ODP航次的钻井数据以及收集国际地热流委员会的全球热流库和东南亚地热流数据库中的相关数据等1541个南海地热流数据进行了分析。认为近陆缘区的北盆地带（浅水区），即北部湾盆地-珠江口盆地北部拗陷带-台西盆地南部拗陷等陆架浅水区均沿华南大陆边缘分布，其地壳性质基本继承了华南陆缘的地壳性质，为陆壳-减薄型陆壳，地壳厚度较大，其热流场及地温梯度较低，地温梯度为30～40℃/km，平均热流值66±9.8 mW/m²（徐行等，2005，2012；张功成等，2010），属于中-低地温场（图3.14）。该区在盆地断陷裂谷期沉积充填了具有一定展布规模的始新统中深湖相偏腐泥型烃源岩（Ⅰ型和Ⅱ₁型干酪根）和渐新统海陆过渡相煤系烃源岩（Ⅱ₂-Ⅲ型干酪根），且埋藏深度普遍处在生油窗内，如北部湾盆地成熟门槛为2400 m，始新统成熟湖相烃源岩厚度为1000～2000 m；珠江口盆地成熟门槛为3100 m左右，始新统及渐新统成熟湖相-海陆过渡相煤系烃源岩厚度一般为1500～3000 m，具有较大的生油潜力，其烃类产物主要以石油为主伴生少量油型气。迄今为止，上述地区勘探发现的一系列大中型油气田群的烃源供给均主要来自这种始新统湖相烃源岩。

远陆缘区的南盆地带（深水区）除莺歌海盆地处在浅水区外，其他盆地，如琼东南盆地南部、双峰盆地、珠江口盆地南部拗陷区、台西南盆地等均处于陆坡-洋陆过渡带深水区，这些盆地远离华南陆缘，不仅地壳厚度较薄，而且地壳类型属减薄型陆壳-洋陆过渡型地壳，故大地热流值和地温场普遍较高，其地温梯度为60～160℃/km，平均热流值达77.5±14.8 mW/m²（张功成等，2010；徐行等，2018a）（图3.14），属于高热流区域。由于南盆地带深水区属于持续沉降沉积的拗陷区，且处于大型拆离断层控制形成的宽深大凹陷（断陷）发育区，故其自下而上沉积充填了展布规模大的始新统湖相烃源岩、下渐新统海陆过渡相煤系及浅海相陆源烃源岩，以及中新统海相陆源烃源岩。加之其上覆新近系及第四系沉积厚度大，故该区烃源岩具有埋藏深、地温场高、热流值大的热动力学背景，促使和导致这些烃源岩大多已达到高熟乃至过成熟生气阶段，加之生源母质不仅具有偏腐泥干酪根，而且还具有大量的Ⅱ₂-Ⅲ型偏腐殖型干酪根，因此，受源热双因素机制控制其烃类产物以大量高熟天然气为主伴生少量凝析油产出。典型实例如琼东南盆地南部深水区下渐新统崖城组煤系及浅海相陆源烃源岩（均属偏腐殖型生源母质）和珠江口盆地南部珠二拗陷下渐新统恩平组煤系烃源岩（偏腐殖型生源母质），由于处在深水区洋陆过渡型薄地壳高热流高地温场背景下，故均以生气为主并伴生少量凝析油及轻质油。莺歌海盆地中部由于泥底辟及热流体上侵活动强烈，亦导致该区深部中新统地层普遍具有高温超压特点，且对其中新统烃源岩成熟生烃及其烃类产物组成与分布富集等，均密切相关。目前该区天然气勘探发现的浅层常压大中型气田群及中深层高温超压大中型天然气田等，均分布于中央泥底辟隆起构造带，且受控于泥底辟热流体上侵活动影响和控制，其烃类生成及其运聚成藏乃至分布富集规律等，均与新近纪巨厚海相拗陷沉积形成的中新统偏腐殖型烃源岩以及泥底辟高温超压系统的控制影响作用密切相关（图3.15）（何家雄等，2008c，2010d；解习农等，2011）。

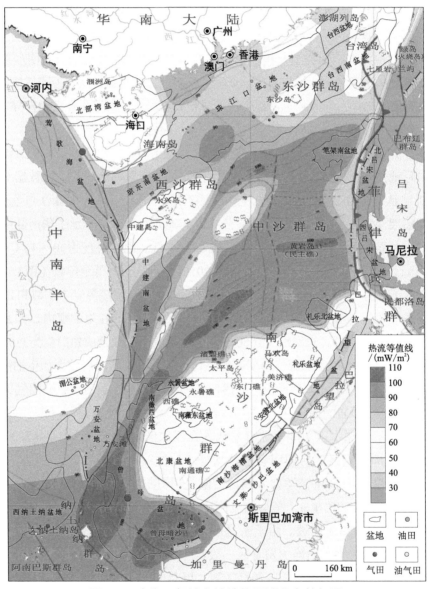

图3.14　南海及邻域大地地热区域分布特征图

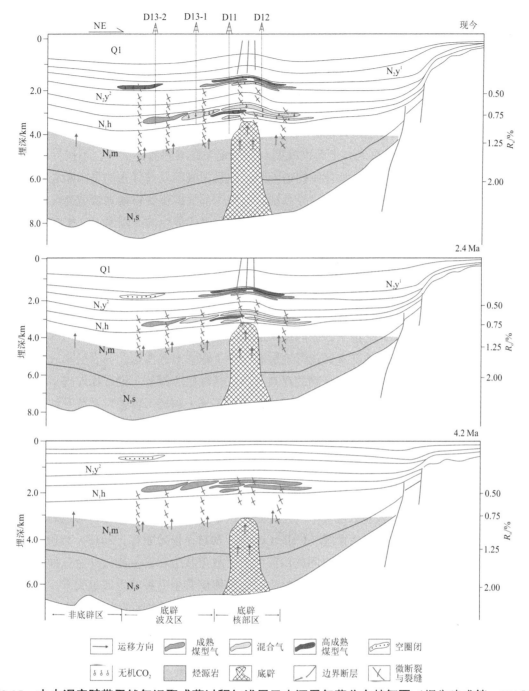

图3.15 中央泥底辟带天然气运聚成藏过程与浅层及中深层气藏分布特征图（据朱建成等，2015）

3. 晚期构造活动控制油气与水合物共生叠置富集

新近纪以来南海北部陆缘盆地进入裂后热沉降坳陷阶段，伴随裂后构造及断裂再活动以及沉积中心向深水洋盆区的迁移，晚中新世及第四纪新构造运动亦相当活跃。南海北部及西北部珠江口、莺歌海及琼东南等盆地普遍发生的新构造运动，是各个盆地最终构造格局定型和油气运聚富集、调整、再平衡的重要驱动机制（龚再升，2005；何家雄等，2008c）。中新世晚期及第四纪新构造运动（泥底辟及热流体上侵活动、构造及断裂活动等），极大地控制影响了盆地油气运聚动态平衡成藏特征及其分布富集规律，进而决定了盆地有利油气勘探区带的最终展布格局及分布特点。以下简要分析阐述几个典型实例。

莺歌海盆地上新世及第四纪新构造运动活跃，尤其是泥底辟及热流体活动异常频繁，且控制影响了该区浅层常温常压气藏和中深层高温超压气藏形成与分布富集规律。由图3.15所示，可以明显看出莺歌海盆地中央泥底辟隆起构造带浅层及中深层天然气运聚成藏的演化过程，以及晚期新构造运动（泥底辟活动）对天然气运聚成藏的调整与再平衡（动平衡）作用（朱建成等，2015）。新近纪以来，莺歌海盆地大规模走滑伸展活动产生了大幅度的热沉降拗陷作用，沉积了巨厚的新近纪及第四纪海相沉积地层；中新世晚期，尤其是上新世以来的快速沉降及沉积充填作用，导致盆地中部莺歌海拗陷新近系及第四系地层系统产生了强烈的欠压实作用及异常高温超压，形成了大规模分布的泥底辟及气烟囱，且泥底辟热流体上侵活动异常强烈（何家雄等，2008c）。总之，上新世晚期及第四纪泥底辟热流体活动，不仅导致在不同层位和深度形成了底辟伴生背斜圈闭和其他类型伴生构造圈闭，而且泥底辟及其伴生的垂向断裂系统亦构成了该区深部高温超压流体（天然气）运移的快速输导系统，促使深部气源供给以幕式快速充注、多期运聚方式（郝芳等，2003；何家雄等，2008c），在中深层及浅层不同类型的伴生构造圈闭中富集成藏（图3.15）。

上新世及第四纪以来的新构造运动常常在浅层（主要为浅表层）中产生大量断层裂隙，且对已有浅层含气圈闭产生了一定的破坏作用。如在泥底辟伴生油气藏圈闭上方，常常伴有一系列浅部断层裂隙系统，故一般在二维地震剖面上，均可见一些明显的气烟囱及断层裂隙的显示，而且在海底还可见到流体渗漏形成的麻坑和羽状流的地震反射特征及标志，表明该区浅层地层系统剖面中存在断层裂隙或气烟囱等导致天然气运聚与渗漏的地质现象，亦证实在纵向运聚通道系统畅通的某些局部区域，深部气源系统能够提供烃源供给。同时，在南海北部陆坡深水区浅部地层系统中（深水海底浅层及浅表层未成岩沉积物），通过地震解释及勘查亦发现了大量天然气水合物的存在，而在其深层（深部）则勘探发现了深水油气藏。尤其是在某些纵向运聚通道系统发育且畅通的局部区域，这种深部（深层）含油气系统及油气分布，往往能够与浅层（浅表层）未成岩沉积物中天然气水合物赋存，在纵向上构成叠置共生复式聚集的运聚成藏模式及分布格局。通常在世界范围内，在海洋陆架陆坡发育的被动陆缘沉积盆地群中某些纵向运聚通道系统非常畅通的区域，多具有这种天然气水合物与深部常规油气藏分布的时空叠置共存与复式聚集的有利条件（Makogon et al.，2007；Matsumoto et al.，2011；张功成等，2011）。如在北冰洋陆架-陆坡浅层的天然气水合物形成和分解逸散，在绝大多数情况下均主要是下伏含油气系统之油气源，通过纵向运聚通道在浅部聚集系统中形成水合物矿藏及其衍生系统（Collett et al.，2011；杨楚鹏等，2015，2019）。国内学者雷新华等（2013）提出了水合物与传统油气之间的渗漏共生、封盖共生和遮盖侧储共生三种共生成藏模式；刘金龙等（2015）进一步梳理了气源共生、封盖共生和遮盖侧储共生三种共生成藏关系，并对南海北部水合物与深水油气的共生机理进行了初步探讨。如位于南海北部陆坡深水区的白云凹陷，油气勘探实践已证实该区存在中深部含油气系统及其油气藏，且由下至上存在文昌组—恩平组湖相泥岩及煤系等成熟烃源岩、未成熟的珠海组浅海相泥岩、珠江组—韩江组半深海相泥岩等生物气、亚生物气烃源岩（何家雄等，2013），具有文昌组—恩平组以及珠海组、珠江组—韩江组等多套垂向叠置的有利储-盖组合（吴伟中等，2013）。另外，在珠江口盆地东部白云凹陷北斜坡PY34-1构造和PY30-1构造的浅层已发现大量生物气气藏或热解气藏，而在白云凹陷南侧陆架坡折带的神狐海域也取得了天然气水合物勘探的重大突破。2020年3月31日，还取得了天然气水合物第二轮试采的圆满成功。目前研究表明，这些水合物藏的气源构成及供给与下伏热成因气尤其是浅部的微生物作用气具有成因联系（傅宁等，2011），可能属于以生物气为主的混合气源（何家雄等，2015）。总之，南海北部陆坡深水区深部油气与浅表层天然气水合物的共生叠置成藏关系，在纵向运聚通道畅通的局部区域具有普遍性，但晚期新构造运动导致中深层油气藏改造调整及动态平衡运聚过程所形成的深部烃源供给，以及浅层微生物作用生气之贡献等，均是这种深部油气藏与浅表层水合物纵向上叠置共生复式聚集的关键控制影响因素。对于此类共生关系机制的研究，不但对能源资源的勘探具有重要而直接的价值，而且对海域工程施工中海底稳定性评价（Locat and Lee，2002），以及全球气候变化和碳循环研究等（Dickens，2003；Hornbach et al.，2004），具有重要的理论和实际意义。

（二）南海南部新生界油气分布规律

据不完全统计，在南海南部新生界盆地中，湄公盆地已累计发现十多个油气田（张功成等，2010），探明储量为8.48亿t油当量（张强等，2018b）；万安盆地累计发现油气田26个，探明储量为2.83亿t油当量；曾母盆地和文莱–沙巴盆地均发现上百个油气田，探明储量相近，约为24.75亿t油当量，曾母盆地以产气为主，文莱–沙巴盆地以产油为主；南薇西盆地尚无钻井；北康盆地目前已发现1个气田；礼乐盆地有7口钻井，除1口有气显示，其余尚无发现。总体上，南海南部油气分布具有"近岸油、远岸气"有序分布特点（张功成等，2010）和"西油东气、南油北气"的分布规律。

1. "北张、南压"构造背景控制盆地分布及含油气性

前已论及，南海南部大陆边缘北侧为伸展拉张构造形态为主的被动边缘的构造应力背景，其与南海北部边缘相似，亦与现今南海的扩张有关；而南海南部大陆边缘南侧则为碰撞挤压型边缘之构造动力学环境，其与古南海俯冲消亡有关，因此形成了一系列自南向北逆掩的叠瓦状构造（姚永坚等，2002；姚伯初等，2004；吴世敏等，2004；刘振湖，2005；姚伯初和刘振湖，2006）。

晚中生代以来，南海海域经历了三期边缘海构造演化阶段及旋回。即古南海形成与发展阶段（晚白垩世末期—早渐新世）；古南海消减和新南海发展阶段（晚渐新世—中中新世）；新南海快速沉降与萎缩阶段（晚中新世—第四纪）（张功成等，2019）。不同阶段南海构造格局不同，导致其盆地类型及展布特征亦差异明显。

基于古南海俯冲拖拽作用，可将南海南部盆地演化划分为裂陷阶段、周缘前陆阶段和被动大陆边缘阶段。从区域大地构造背景及构造地理位置，南海南部盆地展布于婆罗洲地块和南沙地块之上。曾母地块和南沙地块之间的分界标志为廷贾断裂，西巴兰姆线自始新世到早中新世为右旋走滑性质的区域性断裂，并与婆罗洲地块上的西巴兰姆线相连。曾母盆地在古新世—中始新世为裂陷阶段，在晚始新世—早中新世末为周缘前陆阶段，在中中新世以后，盆地进入被动大陆边缘发育阶段；北康盆地和礼乐盆地一直断陷到早中新世末期才随南海海盆的关闭，而停止盆地断裂活动，盆地属性则在中中新世—上新世为周缘前陆盆地阶段，上新世至今，盆地形成了一套未受构造影响的被动大陆边缘沉积（雷超等，2015）。

张功成等（2017）按照南海南部南北两侧不同的构造演化特征，将南海南部盆地群分为两个盆地带，且具有不同的盆地成因、结构、沉积等特征，从而导致了不同的油气成藏地质特征和油气资源分布富集的差异（表3.15）。

表3.15　南海南部大陆边缘两个盆地带油气地质要素对比表（据张功成等，2017）

盆地带	盆地位置	主要盆地	盆地成因	盆地结构	新生界厚度	充填地层	成烃条件	成藏组合与圈闭类型	油气发现
南盆地带	以陆架为主	曾母、文莱–沙巴、巴拉望	受板块碰撞挤压影响，以前陆盆地为主	大型隆拗结构，发育多个大型拗陷	厚度大，一般为5～10 km，最大可达15 km	以渐新统—中新统为主	具有两套烃源岩，分别为渐新统和中新统海陆过渡相煤系和海相泥岩，热演化程度不均，近岸生油、远岸生气	普遍发育3～4套自生自储或下生上储的优质成藏组合，主要圈闭类型有潜山圈闭、断块圈闭、逆冲推覆构造圈闭和生物礁地层圈闭等，油气勘探潜力巨大	规模大，已发现约100亿t当量油气
北盆地带	以陆坡为主	南薇西、北康、南沙海槽、礼乐	形成于南沙地块内部，受新南海扩张作用影响，由北部陆缘裂离到现今位置	凹凸结构，拗陷规模为中等–小微型	厚度薄，一般3～6 km	以始新统—渐新统为主	始新统和渐新统海相泥岩为主力烃源岩，烃源岩分布受断坳结构控制，热演化程度较高，生气为主	发育2～3套有利成藏组合，主要圈闭类型为断块圈闭和生物礁地层圈闭，天然气勘探潜力大	规模小，尚没有商业性油气发现

2. 古水系控制南部大型碎屑岩储集体及油气藏分布

南海南部被中南半岛、加里曼丹岛、菲律宾岛弧等多个大陆和岛屿围绕，古近纪以来接受了大量陆源碎屑物质供给，形成了多个大型陆架-陆坡三角洲物源供给体系，进而为形成碎屑岩油气藏之大中型砂岩储集体奠定了雄厚的物质基础（朱伟林等，2008）。油气勘探实践及油气地质研究表明，南海南部大型三角洲物源供给体系及大型碎屑岩储集体类型，均主要受两大古水系系统的控制影响。

1）古湄公河和湄南河水系控制万安盆地三角洲砂岩储集体分布

南海南部西区万安盆地远离印支地块，北部昆嵩隆起将其与湄公盆地分隔。受昆嵩隆起阻挡，中中新世之前，湄公河对万安盆地影响很小，盆地接受了来自于局部隆起的近源碎屑物，形成扇三角洲和冲积平原等陆相沉积。早中新世以后，古湄公河水系途经昆嵩隆起中因断裂所形成的凹地而进入万安盆地，在其西和西北部控制了三角洲沉积体系的发育，晚中新世以来，湄公河水系携带大量陆源碎屑越过昆嵩隆起，持续进积推进，沉积充填于万安盆地，形成一套进积反旋回地层，其可能与青藏高原新生代隆升事件密切相关（吴冬等，2014）。

万安盆地新生代期间经历了复杂的陆海变迁以及多次大规模的海水进退，沉积了逾万米新生代地层，形成了多类型的岩性地层圈闭（杨楚鹏等，2011）。万安盆地三角洲砂体主要分布于渐新统上部和下中新统，在盆地西部比较普遍，其中尤以西北断阶-北部隆起西部-西南斜坡一带最为发育。三角洲沉积在地震反射剖面上，表现为变振幅，中连续地震相和强振幅，具亚平行结构，楔状外形（图3.16）。三角洲分流河道砂体与烃源岩互层，是有利的自生自储型油气聚集带（刘伯土和陈长胜，2002）。三角洲前缘发育浊积扇，浊积扇包括斜坡扇、滑塌扇、湖底扇，主要位于海盆（或湖盆）深水区，与水下扇主体不相连，具有典型深水浊积岩特征。浊积扇主要发育在三角洲前缘或前三角洲较深水环境。万安盆地东部深水区沉降快，水体较深，来源于盆地中部的三角洲砂体滑塌形成局部小规模的浊积扇。此外，盆地中部的生物礁滑塌可形成碎屑灰岩型扇体。浊积扇主要由块状岩屑细砂岩、岩屑粉砂岩及含砾砂岩或生物碎屑灰岩组成，被灰黑色泥岩、页岩封盖，从而形成良好的透镜状砂岩圈闭（杨楚鹏等，2011）。

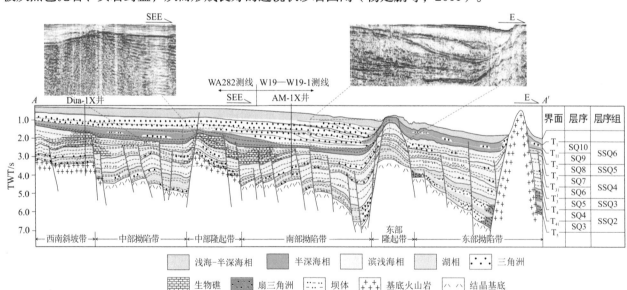

图3.16 万安盆地新生界层序充填格架及岩性地层圈闭分布特征图（据杨楚鹏等，2011）

TWT. 双程走时（two-way travel time）

2）加里曼丹岛古水系控制曾母和文莱-沙巴盆地大型三角洲砂岩储集体分布

加里曼丹岛自西向东发育三条水系，分别为卢帕尔河、拉让河和巴兰河。三条水系往北延伸，其中卢帕尔河和拉让河注入曾母盆地，与北巽他河联合控制曾母盆地康西拗陷的大型陆架-陆坡三角洲的发育（杨楚鹏等，2010），巴兰河注入文莱-沙巴盆地，形成了巴兰三角洲。

南海区域地质构造演化极大地影响了加里曼丹岛古水系的形成与演化。晚始新世—中中新世古南海不断向南俯冲于婆罗洲地块之下，在婆罗洲地块北部形成前陆盆地（曾母盆地和文莱-沙巴盆地），碰撞同时形成了拉羌-克拉克褶皱冲断带（Tongkul，1994），冲断带隆升进而遭受剥蚀，形成三条古水系。往南形成马哈坎河，注入库太盆地，形成中新统三角洲砂岩储集层；往北注入南海南部海域的两条古水系中，拉让河切过巴林坚组富泥的Belaga组层在曾母盆地康西拗陷形成大型陆架-陆坡三角洲（图3.17），埋深较深，泥质含量较高，具有多套叠置发育的优质油气成藏组合。另一条巴兰河，在文莱-沙巴盆地形成多期次大型三角洲，其自下而上发育三期三角洲，分别为古近纪的梅丽干（Meligan）三角洲、中新世的冠军（Champion）三角洲和上新世的巴兰（Baram）三角洲（图3.18）。三期三角洲继承性发育，纵向叠置，摆动迁移，其物源主要来自于"Western Cordillera"山的渐新统—中新统克拉克组砂岩，成藏条件优越（Hutchison，2004）。

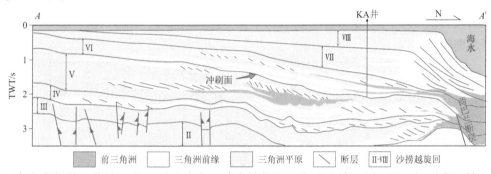

图3.17　南海南部曾母盆地三角洲系统演变及砂岩储集层分布综合地质剖面图（据雷志斌等，2016）

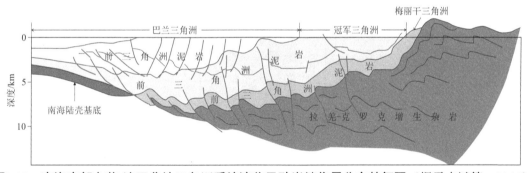

图3.18　南海南部文莱-沙巴盆地三角洲系统演化及砂岩储集层分布特征图（据雷志斌等，2016）

三角洲沉积体中的砂岩储集层是南海南部最重要的储集层类型之一，主要发育在三角洲前缘亚相内，受三角洲多期"再旋回"影响，物性要明显优于陆相扇三角洲，且其分布具有分期、分带的特征。研究区储集层可分为两期：第一期为晚渐新世—早中新世储集层发育期；第二期为中中新世—上新世储集层发育期。第一期储集层主要见于沙捞越旋回的Ⅰ、Ⅱ、Ⅲ这三套地层内，自上而下可分为五个主要含油层系，其中第三层系储集层孔隙度为10%～35%，有效渗透率大于$1000 \times 10^{-3}\ \mu m^2$，储集层条件最好。第二期储集层主要沉积于文莱旋回的Ⅴ、Ⅵ时期和沙巴旋回Ⅳ-C至Ⅳ-D时期，其孔渗条件整体较第一期更好，如Boker油田文莱旋回Ⅴ、Ⅵ期储集层孔隙度为15%～32%，渗透率为50×10^{-3}～$4000 \times 10^{-3}\ \mu m^2$；又如Erb West油田沙巴旋回Ⅳ-D层的储集层孔隙度为15%～26%，渗透率为30×10^{-3}～$3000 \times 10^{-3}\ \mu m^2$。砂岩储集层分带研究发现曾母盆地和文莱-沙巴盆地内主要发育了三个三角洲砂岩储集带（图3.18），即东巴林坚拗陷和南康台地中南部的巴林坚三角洲储集带、沙巴内带-沙巴外带的梅丽干-冠军三角洲储集带以及巴兰三角洲区的巴兰三角洲储集带（雷志斌等，2016）。

3. 区域构造运动及海平面变化控制中新世碳酸盐岩储集层分布

南海南部新生代以来处于东南亚赤道热带环境，气候和温度为碳酸盐沉积提供了良好条件，叠合碳酸盐岩分布和各盆地构造单元发现，碳酸盐岩台地和生物礁几乎全部发育在远离砂砾岩供给的二级正向构造单元之上，其中，万安盆地北部隆起和中部隆起、曾母盆地南康台地和塔陶垒堑以及礼乐盆地北部隆起和中部隆起等区域，都是碳酸盐岩台地大量发育的场所（吴冬等，2014）。

以曾母盆地中新世碳酸盐岩分布特征和成因机制为例，南海南部中中新世—晚中新世（16～5.3 Ma）期间具有三期较大规模的碳酸盐岩沉积旋回（图3.19）。每一次沉积旋回的碳酸盐岩形成都由海进和海退沉积序列组成，并且包含了三个基本的碳酸盐岩发育阶段（杨楚鹏等，2014），即生长期阶段对应于相对海平面上升期或下降期，该阶段是碳酸盐岩台地发育的黄金时期，水深条件极其适宜造礁生物的生长，礁体发育迅速，沉积的碳酸盐岩岩性较纯；阻滞期阶段为最大的海泛时期，该阶段由于水深较深，不利于造礁生物生长，碳酸盐岩沉积非常缓慢甚至停滞，此时的沉积物中泥质含量明显增多，一般为泥质碳酸盐岩沉积；补偿期阶段为相对海平面下降的后期，在海平面下降到最低时，礁体出露，遭到风化剥蚀，碳酸盐岩发育进入暴露期而终止。

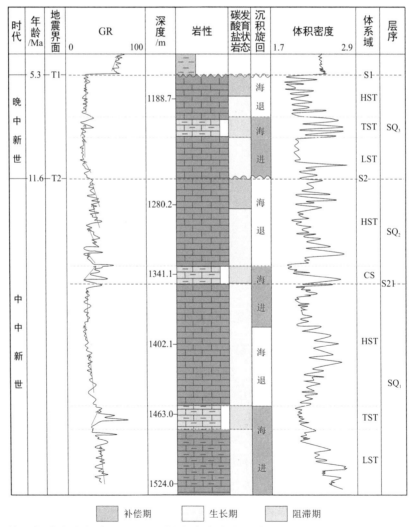

图3.19 **曾母盆地南康台地F23-1井中新统碳酸盐岩层序特征示意图**（据杨楚鹏等，2014）

　　中中新世为碳酸盐岩台地发育期，该时期沉积的碳酸盐岩地层厚度较大，延伸范围较广，在整个南海南部地区分布较为普遍；而晚中新世时期则主要以台地边缘生物礁体发育为主。中中新世发育两期碳酸盐岩台地，之间以淹没不整合接触，钻井上以泥质含量较高的泥灰岩段的出现为其标志性特征，地震剖面上表现为一组连续性较好的强相位，具有较强的反射能量，且常介于上下空白、杂乱反射层之间（图3.20、图3.21），对应海平面上升期；中中新世碳酸盐岩台地之上发育的台缘生物礁沉积，其礁体的发育模式、大小以及分布主要受控于台地地形、所处位置以及季风条件等因素，有塔礁、台礁等形态；季风气候条件使得生物礁在迎风一侧形成陡坡，由于浪击作用而堆积大量碎屑灰岩，而背风一侧则为缓坡，这些不同的翼部形态以及构造特征在地震剖面上呈现很强的反射特征（图3.20、图3.21；杨楚鹏等，2014）。

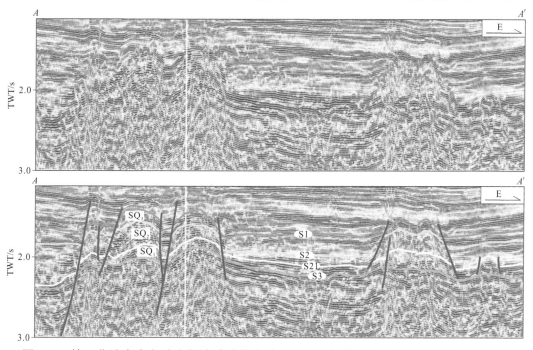

图3.20　曾母盆地南康台地中新统碳酸盐岩地层地震反射特征图（据杨楚鹏等，2014）

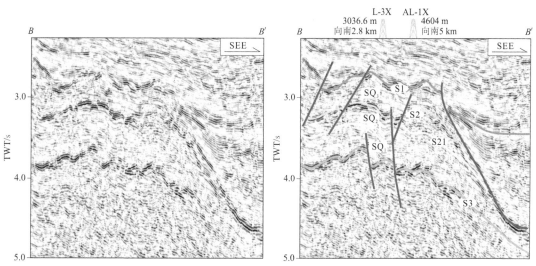

图3.21　曾母盆地L构造中新统碳酸盐岩地层地震反射特征图（据杨楚鹏等，2014）

二、中—古生界有利油气地质条件分析

古南海是中-新特提斯洋的东延伸部分，由于中特提斯洋自西向东逐渐关闭，古南海以残余海存在，直到晚白垩世—古近纪才完全关闭（周蒂等，2003）。根据区域性沉积相研究，古南海海域分别在晚三叠世—早侏罗世和早白垩世发生两次大的海侵，形成了广泛的中生代海相沉积地层。但受后期地壳隆升影响，古南海的沉积地层遭到一定程度的剥蚀，后因南海海盆打开又发生裂离。因此，残留的古南海中生代海相地层对油气勘探具有十分重要的意义（魏喜等，2005）。

南海北部中生界的油气勘探一直以来深受学术界和工业界的关注，但未能取得实质性的突破。在前人对华南陆缘中生界油气地质条件、台西南盆地和潮汕拗陷油气地质条件调查和研究的基础上，以地震资料为基础，结合钻井资料，剖析典型地震剖面中生界岩性及层序地层单元的划分、地震相、沉积相、层序地层格架、构造形成演化，可以对南海北部海域中生界油气地质条件进行初步分析探讨。现有的地质地球物理资料表明，南海东北部海域的晚三叠世—早侏罗世为浅海-半深海相沉积，具有良好的生烃条件；早白垩世演变为滨、浅海相沉积，碎屑岩较发育具有较好的储集条件，而上覆中新世海相泥岩具有较好的封盖能力可作为区域性盖层。迄今为止，台湾中油公司已在南海东北部台湾海峡和台西南盆地白垩系海相地层中勘探发现了油气显示或找到了油气田（如建丰构造、致胜构造）。南海北部珠江口盆地东南-台西南盆地，包括神狐-东沙-澎湖-北港隆起两侧以及潮汕拗陷和珠二拗陷部分地区存在中生代特提斯期海相沉积地层。潮汕拗陷是南海北部中生界最具油气资源远景的区域之一，处于陆架前沿伸向陆坡之部位，东南部与台西南盆地相连，面积大于1.5万km²，中生界残留厚度超过8000 m，通过地震探测及少量探井钻探揭示，具有较好的油气地质条件。

南海南部地区中生界地层主要分布于南沙东西两侧，主要分布于礼乐盆地、九章盆地北部、北巴拉望盆地南部、南巴拉望盆地及其相邻海域。中生界埋深为2～4 km，厚度为2～5 km，最大厚度分布在礼乐盆地南部拗陷区。在中建南-万安-南薇西盆地，中生界则主要分布于中建南盆地南部隆褶带、万安盆地以及南薇西盆地北部隆起、中部拗陷和中部隆起西部等区域。该区中生界埋深为3～5 km，中生界厚度为2～3 km（鲁宝亮等，2014），亦具有一定的油气勘探前景。

以下根据南海中生界有限的油气地质资料及勘探成果，重点对其可能的油气分布特征及有利地质条件进行初步的分析探讨。

（一）南海裂解对古南海改造奠定了中生界油气形成的地质基础

南海中生界为新特提斯海的一部分，经历了晚三叠世—早侏罗世海侵、中晚侏罗世隆升剥蚀、早白垩世的再次海侵和晚白垩世抬升等四个演化阶段。沉积了两套海相地层，分布在南海北部陆架与陆坡和南海南部等区域。南海中生界形成于中、新特提斯海，但在新生代构造作用下裂离而分布在南海南北两侧。

古南海发育于三叠纪以来，在晚三叠世—早侏罗世和早白垩世发生两次大的海浸，沉积了相应的地层。早白垩世末期开始，受全球海平面下降影响地层遭受一定程度的剥蚀。白垩纪末期到古新世初期，南沙地块和北巴拉望地块尚未与华南大陆边缘分离，同处于古南海中生代海盆的北部大陆边缘，自北向南依次为滨海、浅海到半深海环境，沉积了中—晚三叠世半深海相灰黑色硅质页岩和浅海相暗灰色泥岩；侏罗纪浅海-三角洲相棕色粉砂岩；早白垩世深海相黑灰色页岩、近岸浅海相含褐色煤层的砂质页岩、粉砂岩和砾岩，夹火山集块岩、凝灰岩和熔岩（表3.16、表3.17）。后来由于印度板块与欧亚板块碰撞，以及菲律宾和太平洋板块向西北俯冲，澳大利亚板块向北俯冲，南海地区地幔软流层上隆，诱发大陆地壳伸展减薄，南海打开。南沙地块从华南大陆裂离、向南漂移，直至与异他地块碰撞。南海海盆的打开（岩石圈伸展）使古南海沉积地层在厚度、分布范围和连续程度上发生了很大程度的改变，目前主要分布在南海北部

陆架珠江口盆地东部，南沙海区西北巴拉望、礼乐滩和万安–南薇西–北康盆地及其附近，南北两地被古老基底和新生代洋壳隔开。而加里曼丹岛北侧—北巴拉望一线为古南海消亡的缝合带。

表3.16 南海北部陆缘盆地中生代沉积岩钻井岩性及时代特征表（据鲁宝亮等，2014）

盆地	构造单元	钻孔	井深/m	钻遇厚度/m	揭示岩性地层年代
北部湾盆地	流沙凸起	湾10	1586.5	154.5	红色碎屑岩（K）
莺歌海盆地	莺东斜坡	YIN6	1768	732	凝灰质砂岩（K）
	中央拗陷	LT9-1-1	1160	40	陆相红色泥质砂岩与砂质泥岩（K）
琼东南盆地	崖城凸起	YC13-4-1	2971	30	长石石英砂岩、泥质砂砾岩（Mz）
珠江口盆地	神狐隆起	ZC2-1-1	1050	84	砂岩、砾岩、泥岩（Mz）
		ZC15-1-3	1458	22	中上部灰岩，下部花岗岩（Mz）
	东沙隆起	ZF15-3-1	2160	38	块状砂岩（Mz）
	潮汕拗陷	LF35-1-1	977	1446	泥岩、砂岩、放射虫硅质岩夹灰岩（J—K）
台西南盆地	中央隆起带	A-1B	—	—	砂岩、泥岩、页岩（K_1）
		CFC-1	3252	298	砂岩、页岩（J—K_1）
		CFC-2	—	—	海相砂岩、页岩（K_1）
		CFC-3	—	—	砂岩、泥岩、页岩（K_1）
		CFJ-1	—	—	海相砂岩、页岩（K_1）
		CGA-1	—	—	海相砂岩、页岩（K_1）
		CLI-1	4612	800	灰岩（K_1）
		MLN-1	3873	452	页岩、砂岩及粉砂岩、细砂岩（K_1）
		GH-1	—	—	海相砂岩、页岩（K_1）
		HP-1	425	87	沉积岩（K_1）
	北港隆起	PCC-1	—	—	海相砂岩、页岩（K_1）
		PK-2	1590	530	底砾岩、细砂岩、页岩（K_1）
		PK-3	1962	53	凝灰质沉积岩（K_1）
		WH-1	1425	1534	砂岩、页岩及灰岩（K_1）
	澎湖通梁	TL-1	2959	44	海相砂岩、页岩（K_1）

表3.17 南海南部中生代沉积岩拖网样品和钻井岩性及时代特征表（据鲁宝亮等，2014）

盆地	构造单元	钻孔或拖网	取样深度/m	揭示岩性地质时代
万安盆地	南部拗陷	CTA1	—	碎屑岩（K）
礼乐盆地及周边	中部隆起	Kalamansi-1	4365.9	粉砂岩（K）
		Reed Bank-A1	2776.1	浅海相碎屑岩（K_1）
		Reed Bank-B1	3734.4	浅海相碎屑岩（K_1）
		Sampaguita-1	4032.4	砂岩、页岩含薄层灰岩（K_1）
	西北拗陷	A-1	2155	碎屑岩（K_1）
	礼乐滩西南侧	拖网SO23-23	—	砂岩和粉砂岩、页岩（T_3—J_1）
		拖网SO27-24	—	硅质页岩（T_2）

续表

盆地	构造单元	钻孔或拖网	取样深度/m	揭示岩性地质时代
巴拉望盆地及周边		Albion Head-1	3776.5	碎屑岩（K）
		Cadlao-1	3191.2	凝灰质砂岩、砂质页岩、砂岩（J_3—K_1）
		Destacado A-1x	3236.5	粉砂质钙质页岩及砂岩（K_1）
		Dumaran-1	2033	砂岩、页岩和粉砂岩（K_2）
		GNT1		灰岩（J_3）
		Guntao-1	2235.1	灰岩（J_3—K_2）
		Kamonga-1	1635.3	碎屑岩外来混杂体（K）
		Nido 2x-1	4130.6	灰岩（K）
		Nido-1	2773.7	浅海碎屑岩（K_1）
		Penascosa-1	4207.2	页岩（K_1）
		Roxas-1	1912.1	砂岩、页岩和粉砂岩（K_2）

（二）高-过烃源岩是中生界天然气形成的物质保障

根据钻井、地震资料综合解释，以及陆海对比结果分析，南海中生界共发育三大类主力烃源岩：第一类是稳定的浅海-半深海海相泥岩烃源岩沉积，以早—中侏罗世烃源岩为代表；第二类是滨浅海-海陆过渡相（滨岸沼泽）泥质烃源岩，以晚三叠世和晚侏罗世烃源岩为代表；第三类是陆相-滨海相泥岩烃源岩，以白垩系为代表。

综合前人对南海地区中生界石油地质条件的研究，收集整理了台西南盆地、珠江口盆地潮汕拗陷、礼乐盆地、菲律宾民都洛岛及华南陆地等地中生界不同地层的烃源岩地球化学数据（表3.11），并与海域中生界油源进行对比分析，认为南海地区中生界具有中等-良好生气潜力，下白垩统黑色页岩和泥岩是一套较好的主力烃源岩，有机质以Ⅲ型干酪根为主，热演化程度高。上三叠统—下侏罗统烃源岩TOC值较高、成熟度高，但大部分地区处于过成熟阶段。

结合钻井、地震资料的解释分析，南海北部中生界总体处于陆相-滨浅海-浅海-半深海环境。晚三叠世发育海陆过渡相和滨浅海相烃源岩；侏罗系总体处于浅海-半深海-深海陆坡盆地、欠补偿沉积环境，相对于陆地具有更好的成烃和保存环境，大部分层系发育中-好烃源岩；白垩系处于浅海陆棚-岛弧沉积环境，水体较浅、沉积速率快，火山-岩浆活动频繁，不利于烃源岩发育。从潮汕拗陷北坡LF35-1构造上钻探的LF35-1-1井的烃源岩地球化学分析来看，中—上侏罗统上部海相泥岩（1700～2000 m），累计厚度为83 m，TOC含量为0.5%～1.15%，平均含量为0.7%，为中等-差烃源岩；中—下侏罗统下部（2100 m以下），海相泥岩累计厚度为46 m，TOC含量为1.0%～1.48%，平均含量为1.32%，为中等-好烃源岩。烃源岩有机质类型以Ⅲ型为主，部分为$Ⅱ_2$型；有机质成熟度已达1.3%～2.5%，处于高-过成熟（湿气-干气）阶段（郝沪军等，2009）。

南海南部礼乐盆地有机质类型以Ⅲ型为主，烃源岩成熟度高，具有中等-好生烃潜力。多口钻井揭示上侏罗统—下白垩统海相碎屑岩，北部以砂岩、页岩为主，向南出现灰岩；盆地东南缘拖网揭示中三叠统半深海相硅质页岩以及上三叠统—下侏罗统三角洲相砂岩、粉砂岩。受断层控制，礼乐盆地中生界沉积物分布及厚度变化大，南部拗陷是盆地中生界最为发育区，为礼乐盆地油气勘探最为有利的区域。中建南-万安-南薇西盆地由于缺乏钻井资料，有机质类型尚未定论，仅在地震剖面上识别中生界，有利油气勘探区有待以后进一步研究（鲁宝亮等，2014）。

（三）中－新生界具有较好的生－储－盖成藏组合类型

南海地区中生界沉积岩具有较好的储集层条件。南海东北部台西南盆地CFC-2井揭示440 m的下白垩统，其中砂岩占53%，单层厚度为3～22 m，孔隙度为4.8%～19.3%，渗透率为0.1×10^{-3}～48×10^{-3} μm²。南海北部珠江口盆地潮汕－韩江凹陷中生代地层沉积厚度超过4000 m，其中韩江凹陷为3000～4500 m，潮汕拗陷大于5000 m。中生界分布面积在南海北部可达25000 km²以上。南海南部中生代地层广泛分布于西北巴拉望盆地、礼乐盆地、南薇西盆地、北康盆地和曾母盆地等，沉积厚度超过2500 m，分布面积可达100000 km²以上。总之，尽管古南海沉积地层形成后遭受了一定程度的风化剥蚀，南海扩张时这套地层又发生了裂离，但仍有相当规模的地层得以保留，且砂岩储集层占比较高，亦可成为南海地区重要的储集岩类型。

南海北部通过LF35-1-1井钻探和地震资料分析表明，珠江口盆地潮汕拗陷中生界存在两套砂岩储集层：一套是白垩系内部陆相河流－湖泊砂体，另一套是中—上侏罗统滨浅海砂岩、斜坡扇砂岩、盆底扇砂岩以及海进体系域的浊积砂岩。其中，中—上侏罗统砂岩为主力储集层。白垩系砂岩、粉砂岩和泥质粉砂岩，厚约100 m，最小单层厚度为2～3 m，最大单层厚度为15～17 m，平均厚度为6～8 m。岩石孔隙度在中-差之间；中—上侏罗统为砂岩，总厚达120 m，单层最大厚度为40 m，平均厚度在10 m以上，推测砂岩孔隙度为10%～12%（郝沪军等，2009）。同时，该区中生界油气盖层亦较发育。LF35-1-1井钻遇的白垩系河流－湖泊沉积地层中，泥岩、粉砂质泥岩及泥灰岩厚度占钻遇地层总厚度的一半以上，且单层最大厚度达30 m以上；钻遇的中—晚侏罗世滨浅海-半深海沉积地层中，泥岩、含粉砂质泥岩及粉砂质泥岩单层最大厚度大于30 m，平均单层厚度也在10 m以上。总之，根据地震资料与油气地质条件综合分析，潮汕拗陷至少存在白垩系砂泥岩互层和中—上侏罗统砂泥岩互层两套储-盖组合，特别是中—上侏罗统形成的砂泥岩互层储-盖组合类型，最具油气勘探潜力，其是潮汕拗陷中生界油气勘探的主要目的层（图3.22）（郝沪军等，2009；张莉等，2019）。

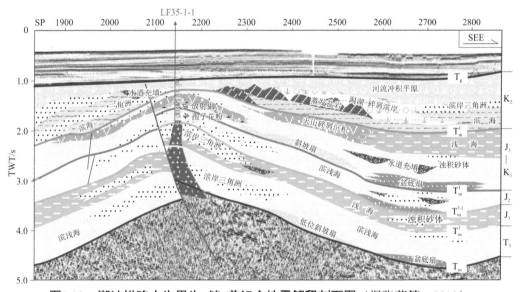

图3.22　潮汕拗陷中生界生-储-盖组合地震解释剖面图（据张莉等，2019）

综上所述，南海北部中生界盆地主要存在两套有利的生-储-盖组合，一为上三叠统—侏罗系海相烃源岩-晚三叠世形成的低位扇、扇三角洲、浊积砂体和海进期的沿岸砂体储集层-侏罗系泥岩盖层构成的自生自储型生-储-盖组合类型；二为侏罗系海相烃源岩-白垩纪强制海退形成的三角洲、深水扇砂岩储集层-上白垩统和新生界海相泥岩盖层构成的下生上储型生-储-盖组合类型。

南海中生界海相沉积岩具有较好的生-储-盖配置关系，已具备基本的成藏地质条件。首先，古南海中生界为海相到海陆过渡相碎屑岩沉积，局部存在碳酸盐岩，且构造沉积演化特征表明，砂泥岩互层发育，构成了较好的自生自储的成藏组合类型，能够形成自生自储型油气藏，如礼乐滩盆地Sampaguita-1井中生界含油气系统和成藏模拟结果即是其典型实例。该区中生代主要构造圈闭形成于中—晚侏罗世的燕山运动时期（190～110 Ma），早于主要烃源岩的生烃高峰期（125～80 Ma和20 Ma至今），油气生成、运移与圈闭形成的匹配关系良好，构成了自生自储型油气运聚成藏系统。另外，古南海中生代海相沉积体系多被新生代地层覆盖，而新生界地层系统及沉积物既可为中生界油气及油气藏提供烃源供给，亦可作为其油气盖层，形成新生古储型油气藏。而且，白垩纪烃源岩生成的天然气，亦可运移到上覆地层的圈闭中，形成下生上储（古生新储）型油气藏。

第 / 四 / 章

天然气水合物资源

第一节　天然气水合物赋存标志与成藏地质条件

一、海底地形地貌标志

南海海域天然气水合物赋存相关的地形地貌特征较明显，其中最为常见的有麻坑、海底滑坡、冷泉及自生碳酸盐岩等。

1. 麻坑

麻坑是一种类似泥火山喷口的微地貌形态，海底麻坑可以作为海底流体溢出留下的地貌证据。麻坑由海底溢出的流体形成，在绝大多数情况下，溢出的流体以气体为主。气体持续从地层溢出可导致沉积物塌陷，进而在海底表面上形成麻坑。一般认为麻坑主要是由深部地层的流体（地下水、油气、天然气水合物分解气等）渗漏至海底浅表层沉积物中形成的不同大小的洼陷-塌陷坑地貌。麻坑通常分布于海底松散的细粒沉积物及裂隙发育区。另外，泥底辟-泥火山是一种特殊的地质流体，其形成演化及强烈的上侵活动，往往伴生大量流体运聚与散失，亦可形成麻坑等流体活动痕迹和残留物。

麻坑在南海大陆边缘盆地分布比较普遍，尤其是在流体活动及油气运聚比较活跃的地区更是如此。目前在南海西北部莺歌海盆地油气苗发育区、中央泥底辟带、南海北部琼东南盆地南部、珠江口盆地南部、南海东北部台西南盆地，以及南海南部和南海西部等区域，均发现了大量的麻坑或麻坑群。限于篇幅，以下仅以南海西部陆缘重云麻坑群为代表，详细阐述其基本特征。南海西部海域陆缘重云麻坑群（图4.1）位于日照峡谷群东部、中建阶地西南部，其南部是中建南盆地，为中建阶地往南向中建南盆地的缓坡过渡带。该群北东长约123 km，北西宽约56.8 km，坡度一般为1°～2°。麻坑呈片状大面积分布，麻坑长轴从500 m到3000 m不等，麻坑深度为50～200 m。麻坑群边缘水深1282 m，最大水深为2736 m。重云麻坑群南部与日照峡谷群相邻处存在两座大型海谷，呈北西-南东向延伸，其是日照峡谷群沉积物的输送通道，其东南端汇入中建南盆地。

2. 海底滑坡

海底滑坡也被认为是天然气水合物存在的重要标志之一。当天然气水合物稳定条件被破坏时，水合物将发生分解，释放甲烷。进而形成孔隙超压，当在构造断裂活动或者沉积物载荷发生变化时，则有可能发生滑塌或海底滑坡。

天然气水合物分解往往会导致沉积物孔隙中含气量增加，从而产生过高的孔隙压力，降低沉积物压实胶结程度。当含天然气水合物沉积层坡度较大时，若地质因素导致其温压条件大幅改变，则天然气水

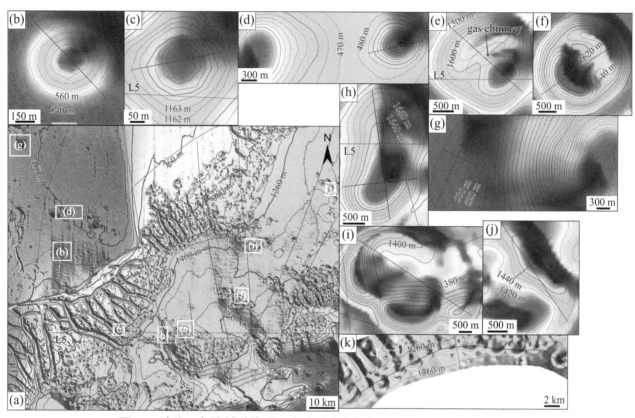

合物分解量将十分显著，往往造成含气沉积层的抗剪强度和承载能力降低，被液化的天然气水合物分解带将形成一个向下的滑动面，此时一旦受地震或者沉积载荷增大等因素影响，甚至仅依靠沉积物自身的重量，即可引起海底滑塌形成大型滑坡。

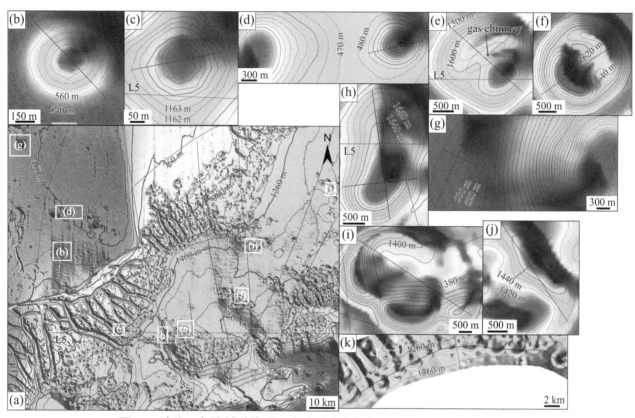

图4.1　南海西部海域陆缘重云麻坑群分布特征图（据Zhu et al.，2020）

　　南海北部调查发现的神狐滑坡带即是其典型实例（图4.2），该滑坡带位于神狐暗沙东南侧陆架坡折带，水深为400～600 m，坡度较为平缓，仅为0.5°～2°，呈北东-南西向展布（长约100 km、宽约25 km）。神狐滑坡带海底地貌上有高差为20～40 m的鼓状海丘。该滑坡带具双层结构，下层滑坡体厚75～85 m，由北西向南东呈楔状减薄，地震反射特征为杂乱反射。上层滑坡体较厚，厚度为150～250 m，地震反射特征具中低频、中弱振幅，中-低连续波状反射特征，层间发育犁式断层。断层上部呈近平行分布，间距约500 m，向下逐渐收敛至下层滑塌体顶面，断层导致上部地层理发生挠曲，并顺断层面滑动。神狐滑坡带双层结构表明，其下层滑坡带形成较早，随后导致上部沉积物结构发生变化，地层呈拉张应力状态并产生犁式断层，且在重力作用下沿断层面发生蠕动滑脱，最终在海底形成鼓状海丘。

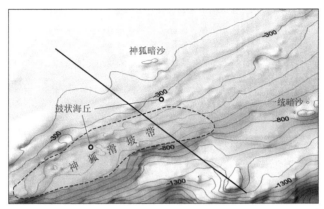

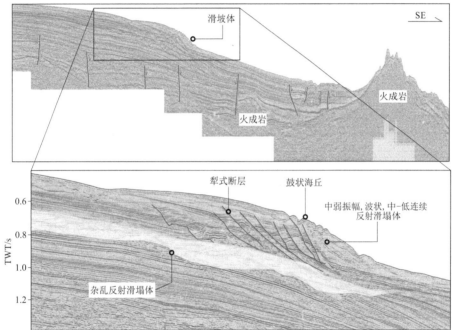

图4.2 神狐滑坡带地貌特点及地震反射特征图（HD16测线）

3. 冷泉及自生碳酸盐岩

冷泉是源自海底沉积界面之下，以水、碳氢化合物、硫化氢、细粒沉积物为主要成分，温度与海水近似的流体，以喷涌或渗漏方式溢出的一种地质现象（赵斌等，2018）。南海冷泉分布广泛，水深范围在200～3000 m都有发现，主要分布在水深大于500 m的海域。其区域地质背景多为大陆边缘的陆架陆坡、增生楔、斜坡带等区域。冷泉在南海北部陆坡深水区较为发育，南海南部大陆边缘深水区研究程度较低，但也发现了活动冷泉（图4.3）。

研究表明，海底甲烷冷泉活动与天然气水合物存在成因联系（陈忠等，2007b），海底冷泉喷出的烃类气体中，相当一部分是来自于其下天然气水合物分解产生的甲烷（Chen et al., 2006；邸鹏飞等，2008；Feng et al., 2009），因此，冷泉及活动冷泉对天然气水合物存在及其分布等均具有一定的指示作用。墨西哥湾北部布什山（Bush Hill）发生的大量冷泉渗漏活动（Tryon and Brown, 2004），同时也证实了天然气水合物的存在，在冷泉活动的局部地区发现直接出露于海底的天然气水合物（Ian et al.,

2005）。另外，地球物理探测结果亦证实天然气水合物渗漏产生的甲烷，往往沿断裂等渗漏通道向上运移，在海底形成冷泉流体喷口（Neurauter and Bryant，1990）。

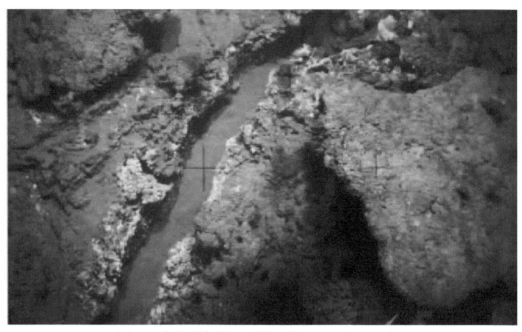

图4.3　九龙甲烷礁活动冷泉（据Han et al.，2008）

冷泉周围多分布大量以溢出天然气为营养、适应厌氧生物化学环境的生物组合（化能自养生物群落），其构成多为细菌、蠕虫类和双壳类生物（杨胜雄等，2019）。典型实例如南海北部陆坡区西部的"海马"冷泉区（水深为1350～1530 m），其总体呈东西向条带分布，冷泉活动区域面积达350 km²，是一个以甲烷为主要气体渗漏形成的活动冷泉区。在冷泉区周围发现了大量自养生物群落（图4.4）。

图4.4　"海马"冷泉附近贻贝群落[1]

① 中国矿业报. 2019. 驰骋在大洋深处的骏马. https://www.51ore.com/qtxw/30132.html[2019-07-18].

自生碳酸盐岩是海底冷泉活动的重要产物之一，在水合物渗漏区附近普遍存在。在卡斯凯迪亚水合物脊、Eel河盆地、鄂霍次克海等处发现的自生碳酸盐岩均与水合物分解产生的冷泉有关。天然气水合物分解渗漏产生的甲烷，在微生物作用下转化为二氧化碳，后经化学和生物化学作用形成自生碳酸盐岩，这种冷泉成因的碳酸盐岩碳同位素特征与母源有机物质相同，具有明显偏负的特点。海洋地质调查及研究表明，冷泉喷口及其自生碳酸盐岩多分布在汇聚性板块边缘和被动大陆边缘陆坡区，水深几百至上千米不等，且多分布于海底沉积物表面或上覆松软沉积物中（杨胜雄等，2019）。

南海北部陆坡西区的"海马"冷泉区发现自生碳酸盐岩（图4.5）分布广泛，展布规模达618 km²。这些自生碳酸盐岩主要分布于高地势区域，产状主要为层状、椭球状、隆起状和孤立岩体，且表面还附着大量海绵、贻贝等生物活体（赵静等，2020），充分反映了该区长期稳定的冷泉流体渗漏的地质背景。

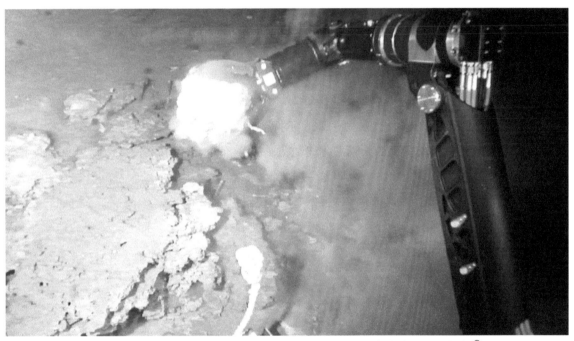

图4.5 海洋地质调查中获得的"海马"冷泉自生碳酸盐岩结壳特征[1]

二、地质构造条件

调查结果表明，在主动大陆边缘和被动大陆边缘均发现有丰富的天然气水合物资源，在活动陆架俯冲带增生楔区，以及非活动陆缘、陆隆台地断褶区，天然气水合物都十分发育。在被动大陆边缘，天然气水合物分布往往与断裂–褶皱构造、底辟构造、海底扇及海底滑塌体等特殊构造地质体密切相关。

1.增生楔

在主动大陆边缘中，增生楔是水合物大规模发育的异常区域，由于板块的俯冲运动，随着俯冲带附近沉积物不断加厚，浅部富含陆源和海相有机碳的沉积物被迅速埋藏，并被输送到能生成热解烃的增生楔内部，为满足形成油气藏及水合物所需油气源供给创造了有利的条件；另外，由于构造挤压作用，在

① 陈惠玲. 2016. 中国地调局广州海洋局"十二五"重点成果回顾（二）"海马"号研制成功并应用于海洋地质调查. http://www.gmgs.cgs.gov.cn/tbzl/ hgsewzwssw/201603/t20160311_395730.html[2016-03-11].

俯冲带往往形成一系列叠瓦状断层，同时增生楔内部压力的释放，导致深部气体不断沿断层向上运移，并在浅部地层中聚集形成天然气水合物。中美洲海槽增生楔之中赋存天然气水合物资源是其典型实例之一。1979年，DSDP组织实施第66次航次深海钻探，所完成的20口钻孔中有9口见水合物，这些水合物赋存于增生楔沉积物之中。目前全球许多地区已在增生楔中直接钻遇水合物或在地震剖面中识别出似海底反射层（BSR）特征。

在南海东北部大陆边缘台湾西南部海域的增生楔亦属主动碰撞边缘。该区似海底反射层（BSR）特征十分明显，主要分布在海底以下300～500 m的地层中，且分布连续，具有强振幅、负极性以及与海底大致平行的特点。BSR斜穿地层，并在其上部的褶皱内形成空白带，天然气水合物BSR特征比较明显，具有较好的水合物勘探前景。

2. 断层-褶皱系

断层-褶皱系也是天然气水合物赋存的有利场所之一。断层为天然气水合物向浅部运移提供了通道，而褶皱构造可能圈闭运移到浅部地层中的气体，或者作为气源汇聚的优势富集区，进而最终形成水合物。一般来说，水合物发育的区域，其下伏地层中的断裂较为发育，导气作用较强；而其上覆地层中断层相对不发育，其对气体有良好的封盖作用，从而达到适宜水合物形成的压力条件。

台西南海域海洋地质调查发现的天然气水合物赋存区，似海底反射层特征清晰可见，且斜交地层（图4.6）。似海底反射层分布连续，特点明显。BSR相关断裂表现为明显的杂乱反射。其主要成因是流体对断层周边沉积物孔隙的充填胶结作用，从而使地层均质性增强，减少了波阻抗差，进而导致了地震剖面上出现杂乱反射。此类断层为天然气水合物的聚集成藏提供了重要通道。而上覆地层的连续性和褶皱形变也为水合物形成提供了一些必要条件。

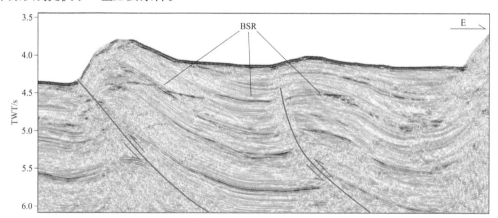

图4.6　台西南海域断层-褶皱带水合物BSR特征图

3. 底辟构造

底辟构造是在地质应力的驱使下，深部或层间的塑性物质垂向流动，致使沉积盖层上拱或刺穿，侧向地层遭受牵引，地层产状发生明显改变的地质体。在地震剖面上底辟体及活动中心呈现出轮廓明显的反射中断，常为空白模糊反射。被动陆缘内巨厚细粒沉积层塑性物质及高压流体、陆缘外侧火山活动及张裂作用，奠定了形成底辟构造或火山的基础，底辟作用导致构造侧翼或顶部的沉积层倾斜，形成有利于流体运聚而形成水合物的构造地质背景，如美国东部大陆边缘南卡罗来纳盐底辟构造、布莱克洋脊泥底辟构造等。1996年"Gelendzhik"号的TTR-6航次对位于Crimea大陆边缘（黑海北部）东南面的Sonokin海槽采样结果显示，在五个含有泥质角砾岩的岩心中均观察到了水合物分解现象。泥底辟构造是泥火山前身，泥火山是泥底辟演化的结果和归宿，亦是其活动能量最强烈的表现形式。海底泥火山结构中地温梯度及热流场变化规律十分明显，泥火山中心为明显的地温梯度及热流高值区，而且，地温梯度及热流值随着距泥火山中心距离的增大而减小，在泥火山外围则为一个常值。很显然，泥火山演化过程及其展布特征对天然气水合物赋存及其运聚成藏等均具有控制作用。

台西南海域地震剖面显示，在泥底辟构造发育带，BSR主要分布于底辟构造两侧，斜交于等时地层，BSR分布深度相对较小（图4.7）。通常情况下，底辟构造所处的构造应力区易形成垂向上的热流输导通道体系，早期可能会影响浅部水合物体系的稳定性，使水合物底界上移。另外，如果是盐底辟构造，则其孔隙水盐度的增加尚可抑制水合物形成，导致水合物稳定底界向具有更低温度的区域（浅部地层）迁移。同时，底辟构造也为天然气的运移提供了通道。

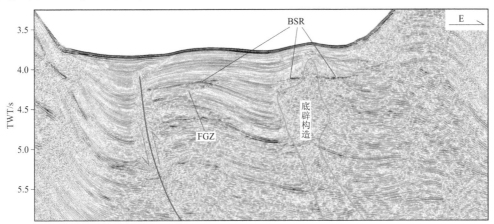

图4.7　台西南海域疑似泥底辟构造展布与水合物分布特征图

三、沉积及原位气源条件

天然气水合物矿藏是一种非常规的天然气藏，其形成与分布除了需要特定的温压条件外，更需要合适的沉积条件，以提供充足的气源和良好的储集条件。首先，要有充足的气源供给，尽管天然气来源有多种，但原位生物成因气（高压低温稳定域附近生物气）和深部热解气是其主要来源。其次，需要有一定的孔隙空间和水介质，以满足形成天然气水合物所需地层水与储集空间，而沉积物储集空间与其沉积环境及沉积相类型密切相关。因此，查明南海陆坡深水区的沉积体系分布、沉积环境、沉积相、沉降-沉积速率、沉积物类型及沉积演化特点等，对深入分析研究水合物形成条件及分布规律等至关重要。但限于目前水合物勘查及研究程度，以下仅对沉积速率、砂泥比、有机碳含量、沉积相类型及特征等进行初步的分析阐述。

1. 沉积速率

Dillon等（1998）通过对美国大西洋边缘天然气水合物的研究，认为沉积速率是控制水合物聚集的最主要因素，一般沉积速率高的地方沉积厚度也较大，为天然气水合物的形成提供了物质基础。含天然气水合物的地层沉积速率一般大于30 m/Ma。东太平洋海域中美海槽赋存天然气水合物的新生代沉积层沉积速率高达1055 m/Ma；东太平洋美国大陆边缘中的四个水合物聚集区，有三个与快速沉积区有关。其中布莱克海岭晚渐新世至全新世沉积物的沉积速率达160～190 m/Ma（Mountain，1985）。究其原因，大多数海洋天然气水合物为生物甲烷气（Kvenvolden and Redden，1980），在快速沉积的半深海沉积区聚集了大量的有机碎屑物，由于迅速埋藏在海底未遭受氧化作用而保存下来，并在沉积物中经细菌作用转变为大量的甲烷，即快速沉积（高沉积速率）有利于生物甲烷气源的形成。并且，高的沉积速率容易形成欠压区，从而构成良好的输导体系（Dillon et al.，1998），有利于水合物的富集成藏。因此，具有较高沉积速率的沉积层有利于天然气水合物形成。

一般沉积速率高的区域沉积厚度较大，但沉积厚度最大区域，即沉积中心处，由于砂泥比太小，不利于水合物形成。因而，水合物一般分布在沉积厚度较大区域，但并不在沉积物最厚的沉积中心。

2. 砂泥比

砂泥比直接影响储集层空间和孔隙水分布特征，从而影响天然气水合物富集程度及产出特征。一般来说，地层砂泥比越小，储集空间越小，孔隙水也越少，不利于天然气水合物的形成；而砂泥比越大，储集空间越大，孔隙水也越多，则有利于天然气水合物形成；须强调指出，如果砂泥比太大，封闭性变差，反而不利于水合物形成。因此，形成天然气水合物，一般要求沉积物砂/泥比较适中。根据对西沙海槽区天然气水合物初步研究结果，该区天然气水合物BSR大多分布在砂泥比为35%～55%的地层中。砂泥比太高或太低均不利于天然气水合物形成。

3. 有机碳含量

天然气水合物形成的关键是要有充足的甲烷气源供给。目前，世界上已发现的海洋天然气水合物，大部分为生物成因甲烷。在海洋环境中，在硫酸盐还原带下，主要是通过二氧化碳还原方式形成甲烷，还原反应所需的CO_2和H主要由细菌分解有机质产生。因此，表征有机质丰富程度的有机碳含量，是生物成因天然气水合物形成的重要控制因素（Dillon et al.，1998）。

世界主要天然气水合物发现海域的海底沉积物有机碳分析结果表明，天然气水合物分布区附近表层沉积物的有机碳含量（TOC）一般较高（高于1%）（Dillon et al.，1998），有机碳含量低于0.5%则难以形成天然气水合物（Waseda，1998）。例如，秘鲁-智利沟弧体系的秘鲁外海地区与智利滨外地区，有机碳含量相差很大，在沉积物有机碳含量高的秘鲁外海，所有钻孔均采集到水合物样品，而在沉积物有机碳含量较低的智利滨外地区，所有钻孔中均未发现水合物，两者对比，说明有机碳含量对水合物形成确实存在重要影响。

南海海域有机碳含量由内陆架至外陆架减少，外陆架至陆坡含量增加。高值区主要分布在海盆中南部以及南部的巽他陆架附近海域（图4.8），由于该区域高温多雨、生态系统活跃、陆源物质供应充足、水团交汇，形成了高含量的有机碳沉积区，海盆区高含量有机碳可能与有机碳易保存有关。陆坡区为有机碳含量的中值区，沉积速率较快，陆架外有机碳低含量区水动力条件较强，沉积物粒度较粗，对有机碳的吸附较低，不利于有机质的保存。目前已勘探发现的天然气水合物分布区多位于有机碳含量较高的区域。尚须强调指出，在某些陆坡-洋陆过渡带乃至洋盆区，虽然目前调查获得的有机碳含量较低，其可能是受多种因素影响所致，并不一定表明其不具生烃潜力，如莺歌海盆地中新统海相陆源烃源岩有机碳含量并不高（TOC ± 0.5%），但勘探确证其是该区浅层及中深层大中型气田的主要烃源岩。只要存在地球物理探测存在BSR异常显示，就应该具有水合物勘探前景。

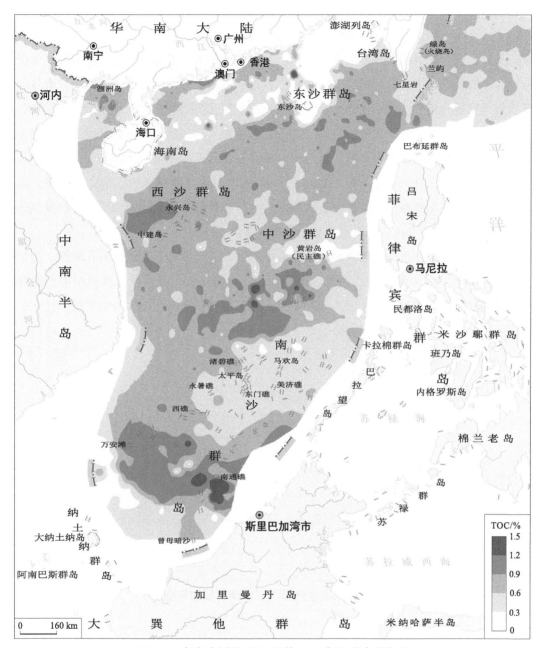

图4.8 南海海域表层沉积物TOC含量分布特征图

4. 沉积相类型及特征

海域天然气水合物主要形成于大陆坡和陆坡–洋陆过渡带深水区及超深水区。具有有利于天然气水合物形成的温压条件。同时，受重力流和其他深水动力学机制的作用，所形成的各种陆坡扇体、深海扇体等为天然气水合物形成提供了良好的储集场所及富集区域。

根据世界上勘查发现的天然气水合物分布特征，那些沉积速率较高、沉积厚度较大、砂泥比适中的三角洲、扇三角洲以及滑塌扇、浊积扇、斜坡扇等，是天然气水合物分布富集较为有利的相带。如加拿大西北部马更些三角洲地区的天然气水合物主要形成于三角洲前缘（Collett and Dallimore，1999）。不同类型扇体是阵发性、快速沉积事件的产物，主要是由浅海陆架边缘沉积物因重力失稳垮塌堆积而成，因此其与浅海沉积具有同样高的有机质丰度。有机质的大量存在，可以消耗掉水体中的氧，使新氧得不到补充，从而呈现还原环境，既有利于有机质堆积，又有利于有机质保存，进而为天然气水合物形成提供充足的生物气源。同时，这些特殊沉积体由于快速堆积，往往处于欠压实状态，存在局部的异常高压，亦有利于水合物聚集成藏。另外，等深流沉积是海洋沉积物沉积后又被活跃的深水流充分改造过的沉积，一般都具有独特的沉积特性和高的沉积速率，其沉积物中的异地泥岩具有丰富的有机质，可作为生物成因气的源岩，也是水合物形成较为有利的相带。布莱克海台水合物即形成于高沉积速率下活跃的等深流沉积物中。

南海新生代沉积演化主要分两大阶段，即以古近纪湖相为主的沉积阶段与以新近纪海相为主的沉积阶段。其中对天然气水合物成藏影响较大的是新近纪以来海相环形远源沉积体系模式，即从早中新世开始，陆架和陆架边缘主要发育三角洲体系，陆坡以水道、碳酸盐台地-生物礁和水下扇体系为主，海盆区以浊积扇体系为主，总体呈环形展布，其可分为三大环带。这三大环带分别为陆架大型三角洲发育区带、陆坡峡谷水道水下扇-碳酸盐岩发育区带、海盆浊积扇发育区带。

南海新近系海底扇及海底滑塌体是沉积物快速堆积而成的，一般都具有较高的孔隙度，为天然气水合物的形成提供所需储集空间（图4.9），另外，沉积物快速沉降沉积，在浅层沉积物中堆积的有机质碎屑物，由于迅速埋藏在海底未遭受氧化作用而保存下来，并经细菌作用转变为大量的甲烷，且在一定的温度和压力条件下，甲烷与水结合转化为水合物。

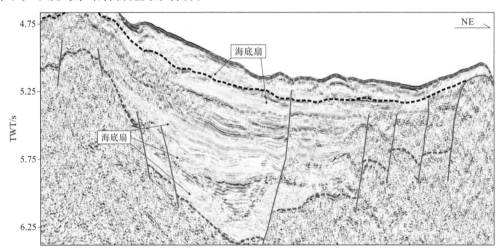

图4.9 南海海盆南部海底扇地震反射特征图

四、热力学条件

天然气水合物是在特定的沉积作用、构造背景、烃类富集、海平面变化和热流条件等因素作用下形成的产物。天然气水合物形成后，能够保持稳定分布，上述因素仍然起到了关键的控制作用。常规油气运聚及富集成藏，其深部成熟烃源岩提供的油气源主要通过运聚通道系统运移至不同类型圈闭中聚集成藏，而且必须在构造地质条件比较稳定、未发生构造格局变动时方可保持稳定存在，即油气运聚成藏必须具备较好的圈闭条件。天然气水合物成藏-成矿，不同于油气藏必须具有圈闭遮挡条件，其运聚成藏的聚集场所是高压低温稳定带，该稳定域形成主要受控于烃源供给与适合于水合物形成的温压条件。即主要依靠温压场约束关系以及与烃源供给及储集层系的时空耦合配置，使得其能够在稳定域范围形成大规模的、具有开采价值的天然气水合物气藏。很显然，天然气水合物的形成除了与常规油气一样必须有充足的烃源供给外，还必须具有高压低温稳定带的密切配合，使之能够保持水合物固体相态的热力学动平衡。因此，温度和压力条件决定天然气水合物能否在海底地层中稳定存在。Milkov和Sassen（2001）对黑海盆地地热流与水合物成藏的关系研究表明，在低热流带（25～30 mW/m²）水合物厚度为350～400 m；当热流值增至40 mW/m²时，水合物厚度则减至200～250 m；当热流增至60 mW/m²时，水合物厚度只有几十米；在异常高热流带（80～100 mW/m²）水合物层基本不存在。因此，热流是判识确定天然气水合物是否存在及有利靶区的一项重要指标。

对南海热流数据的综合分析表明，总体上南海及其邻域均处于高热流背景下。其中，西南次海盆的热流值最高，西北次海盆次之（徐行等，2018a，2018b），东部次海盆相对要低一些。而且，南海海盆周缘的热流值空间分布特征复杂。其中，南海海盆、东南苏禄海盆和南缘西南侧呈高热流状态，南海西缘、北缘、南缘东南侧和苏拉威西海盆次之，南海东缘和菲律宾海最低。南海相对的低热流值分布区主要分布在陆架-陆坡区，如南海北部陆坡的台西南海区和西沙海槽西部海区（李亚敏等，2010）、南海西部陆坡的西沙东南海区、南海南部陆坡的北康北海区（陈爱华等，2017），该区的热流值一般都在70 mW/m²以下。显然，这些地区热流值相对较低，具有天然气水合物形成的有利热力学条件，其天然气水合物稳定带厚度比其他地区明显增厚。

五、地球化学条件

1. 高含量烃类气体异常

天然气水合物分解后，将释放出大量的烃类气体。这些气体在沉积物中的运移和渗透，可在浅表层沉积物中富集，并进入自生碳酸盐矿物中。因此，可通过对沉积物中烃类气体的检测，来发现是否存在高含量气体异常区，进而推断天然气水合物存在的可能性。

据祝有海等（2001）对南海海域473个站位767个浅层沉积物样品酸解烃分析结果，其烃类气体主要是甲烷，其次有乙烷、丙烷、异丁烷和正丁烷等。南海海域存在六大高甲烷含量异常区，即台西南-东沙异常区、中建南-中业北异常区、万安-南薇西异常区和南沙海槽异常区，其中南沙海槽是烃类气体异常最强烈的地区，台西南盆地次之。同位素分析显示，南沙海槽可能形成微生物气型水合物，而南海内部陆坡区则可能形成混合气型水合物或是以生物气为主的混合气型水合物。

在海底沉积物硫酸盐还原带，硫酸盐作为氧化剂与微生物一起分解沉积有机质：

$$SO_4^{2-} + 2CH_2O \longrightarrow H_2S + 2HCO_3$$

在硫酸盐-甲烷交接带（sulfate-methane interface，SMI），硫酸盐和甲烷在硫酸盐还原带以下发生甲烷厌氧氧化反应：

$$CH_4 + HSO_4^- \longrightarrow CO_2 + HS^- + 2H_2O$$

这一反应将孔隙水硫酸盐与甲烷联系起来。而在硫酸盐还原带和SMI之下，是甲烷形成带。甲烷厌氧氧化作用会导致沉积物中出现较浅的硫酸盐-甲烷界面以及急剧的硫酸盐含量降低，因此甲烷通量的大小会直接影响硫酸盐-甲烷界面的深浅以及孔隙水中硫酸盐含量的变化梯度。

大量的分析数据表明，南海浅表层沉积物中的顶空气均为微生物气，但深部沉积物中（如ODP-1146站位、琼东南盆地）为热解气或混合气（王建桥等，2005）。对酸解烃来说，无论是浅表层沉积物还是深部沉积物基本上均是热解气。唯有南沙海槽浅表层沉积物是例外，为微生物气，这可能与该地区丰富的有机质含量有关。总之，根据深水海底浅层沉积物中烃类气异常，亦可作为判识可能存在水合物的标志。

2. 氯离子浓度异常

在水合物的形成过程中，Cl⁻不能进入水合物的晶格（排盐作用），因而会在水合物形成的周围区域产生一个暂时富集现象，导致在大量堆积水合物的层段孔隙流体盐度异常高。例如，水合物脊ODP204航次1249站位浅层20 m水合物含量达80%，而孔隙流体盐度为海水正常浓度的三倍（Tréhu et al.，2004）。另外，缓慢形成水合物的层段，由于孔隙流体的对流扩散运动，Cl⁻与周围的流体达到平衡的状态。当在测试沉积物孔隙水的时候，由于破坏了原来的平衡条件，水合物发生了分解，水合物晶格中的水释放出来后会稀释周围的流体，使得测试的结果出现水合物附近Cl⁻浓度的负异常现象，如布莱克脊ODP164航次995站位、997站位海底200 m和420 m层段（何静等，2013）。

珠江口盆地与台西南盆地之间的GMGS2-09站位钻探中，发现了多个层段的疑似水合物存在，分别为9 m、47 m及100 m三个深度段（图4.10），三个深度段均表现出了氯离子浓度的低异常和氧同位素的正异常（赖亦君等，2019）。

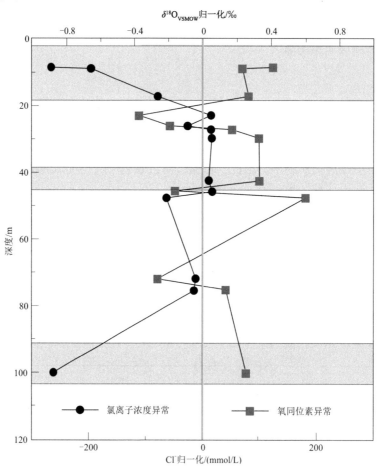

图4.10　GMGS2-09站位孔隙水氯含量以及氧同位素随深度分布特征图（据赖亦君等，2019）

3. 氧同位素异常

在天然气水合物形成过程中，氧同位素（$\delta^{18}O$）异常的形成机理与氯离子浓度异常形成机理相似。主要原因是在天然气水合物形成过程中，^{18}O偏向于进入水合物的晶格中，这就导致了^{18}O在水合物晶格中的富集；当人工测试沉积物孔隙水的时候，水合物发生分解，其晶格中的^{18}O得到释放，使得测试的结果中出现氧同位素的正异常。

前文提及的南海GMGS2-09站位水合物层的氧同位素表现出明显的正异常（赖亦君等，2019），且其出现层段与氯离子浓度负异常表现出明显的耦合关系，表明两者与天然气水合物赋存之间存在成因联系。该站位9～17 m层段的实际取样获得了块状天然气水合物实体，也充分证实了上述结论。

4. 自生碳酸盐

几乎所有的天然气水合物分布区均伴生有自生碳酸盐矿物的存在，说明这些自生碳酸盐矿物的形成与其具有成因联系，且受天然气水合物形成或分解过程所控制。自生碳酸盐岩在海底浅表层呈碳酸盐岩隆、结壳、结核、烟囱或与沉积物和水合物呈互层等形式产出，与之相伴随的往往有贻贝类、蚌类、管状蠕虫类、菌席和甲烷气泡等。过渡带中甲烷（生物成因甲烷气为主）厌氧氧化产生的CO_2具有特别低的$\delta^{13}C$，从而导致此带中自生的碳酸盐岩相对于正常的海相碳酸盐岩具有特别低的$\delta^{13}C$，即这种自生碳酸盐岩具有与生物有机质相同的偏负碳同位素特征，以此可以区别于其他碳酸盐岩。在水合物稳定带中，水合物形成时对孔隙水的分馏作用以及水合物的分解作用，最终导致孔隙水的$\delta^{18}O$值的升高，因此，相对于海水中沉淀的正常海相碳酸盐岩来说，在此环境中形成的碳酸盐岩具有高的$\delta^{18}O$值。

南海北部神狐海域碳酸盐岩烟囱获取样品的矿物鉴定和地球化学分析结果显示，其主要碳酸盐矿物为铁白云石、文石、方解石等。方解石为高镁方解石，其n（$MgCO_3$）的含量主要为10.1%～14.4%。碳同位素$\delta^{13}C$值为−40.18‰～−38.69‰、氧同位素$\delta^{18}O$值为3.75‰～4.31‰，样品具有极小的碳同位素比值和较大的氧同位素比值（赖亦君等，2019），应属于与水合物伴生的自生碳酸盐岩。另外，南海北部西区琼东南盆地"海马"冷泉自生碳酸盐岩的主要矿物成分为文石和高镁方解石，其$\delta^{13}C$值范围为−43.0‰～−27.5‰、$\delta^{18}O$值为2.5‰～5.8‰（Liang et al.，2017），亦与上述自生碳酸盐岩样品一样同属于水合物伴生产物。

第二节　天然气水合物关键识别标志——似海底反射层特征

受水合物温压稳定性影响及其控制作用，海洋环境中水合物稳定带（gas gydrate stability zone，GHSZ）主要位于深水海底以下埋深几百米的浅部沉积物中，水深范围为400～3000 m。在GHSZ下部，水合物不能稳定存在，往往以游离气和水的形式分布于水合物层下部，一般被称为游离气区（带）（free gas zone，FGZ）。GHSZ与FGZ之间的界面称为水合物底界（base of the gas hydrate stability zone，BHSZ），BHSZ是分隔水合物相与游离气相的界面，在地震资料上通常表现为与海底平行、斜切等时地层、具有高振幅特征的似海底反射层（BSR）。

水合物的形成和分布主要受温度、压力、气体组分、饱和度、孔隙水组成（如盐度）和沉积物的物理特性等因素控制。温度压力等条件的微小变化可能导致水合物稳定带向上或者向下移动，而温压条件的变化可能受沉积作用或剥蚀作用所驱动。当水合物稳定带上移时，水合物底界附近的水合物分解，释放出大量游离气和水，并保存在新的水合物底界下部的新FGZ中。一般认为，BSR地震特征主要是由游离气而非水合物造成，因为较低的游离气饱和度（3%～5%）可能导致纵波速度的快速下降。BSR上部可见振幅空白带（blanking zone，BZ）反射异常，可能是水合物对沉积物孔隙的充填胶结作用导致的，一般认为空白带是含水合物地层的地震识别标志之一。BSR下部的异常反射区，通常代表了FGZ的分布。含水合物地层基本上属于非渗透层，因此游离气容易保存在水合物底部，形成FGZ。

一、似海底反射层识别依据

1970年，首次在地震剖面上识别出异常的似海底反射层。DSDP11航次后，这一异常反射层被定名为似海底反射层（BSR），并认为它与海洋天然气水合物的存在有关。BSR大致与海底地震反射波平行，代表天然气水合物稳定域的底界。国外有关研究成果表明，天然气水合物稳定域底界代表的是特定的压力和温度面。由于海底下地层压力变化不大，但地温变化却很大（存在地温梯度），海底的起伏变化将造成地层中等温面的起伏变化，从而形成天然气水合物稳定域的底界。因此，多数情况下，BSR大致与海底地形平行，而与地层层面斜交（当地层层面与海底斜交时）或平行（当地层层面与海底平行时）。BSR是一个非连续的反射界面，位于水合物稳定带的理论底界附近，通常为空白带的底界。

Kvenvolden等（1993）认为，BSR的形成演化有两种模式。第一种模式：在水合物稳定域内有机质经微生物作用生成甲烷，水合物形成与沉积作用同时发生，当水合物带变厚、变深时，其底界最终沉入造成水合物不稳定的温度区间，在此区间内可生成游离气，如果有合适的运移通道，这些气体将会运移回到上覆水合物稳定区。这一模式的结果是水合物将在整个水合物稳定域内生成，而在BSR下方可有或可无游离气存在。第二种模式：下伏孔隙流体中微生物生成的甲烷等烃类气体向上运移进入水合物稳定域而形成水合物。这一模式的结果是水合物聚集在BSR附近的稳定区域底部，BSR之下不存在游离气。

根据上述理论基础，借鉴国外成功经验，结合南海深水陆坡区地质特征和实际资料情况，本书识别、解释BSR的主要依据有以下几方面：

（1）BSR表现为大致与海底平行的强地震反射波，横向上可在一定范围内追踪，但振幅强度及连续性变化较大；

（2）在BSR之上，一般可见到明显的成片或分散的反射振幅空白或弱反射；

（3）反射地震剖面上，BSR一般位于深水海底以下，100～700 ms处，大多数位于上中新统底界面之上；

（4）在地层产状与海底地形不平行时，可见到BSR明显与地层斜交的现象（图4.11）；

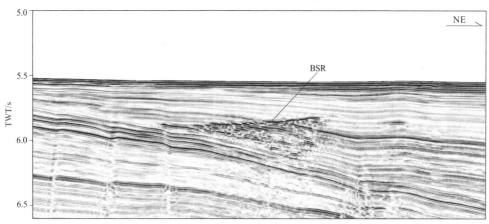

图4.11 吕宋岛西北部海域似海底反射层特征图

（5）在波形显示中，可见BSR反射波形极性与海底相反，即若海底反射波向左，则BSR表现为较强的向右波形（双峰或单峰）；

（6）在BSR附近层位有时可见明显的速度倒转现象，即在BSR之下出现低速层（图4.12）；

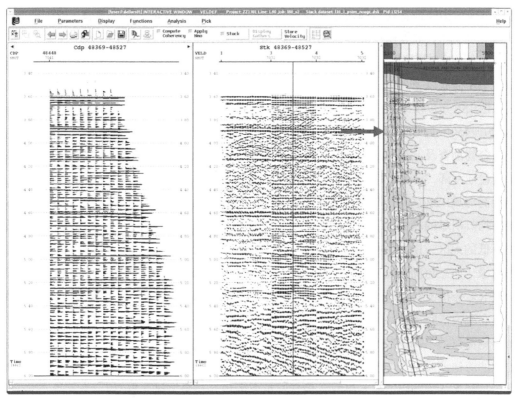

图4.12　中建南海域典型地震剖面的速度倒转现象示意图

（7）在特殊处理显示（如AVO、三瞬）中出现与水合物相关的振幅、相位、流体特性等异常现象（图4.13）。

通常情况下，具备上述（1）～（4）条件者，可基本解释为BSR；若再具备（5）～（7）中的任一条件，一般即可确定为BSR。

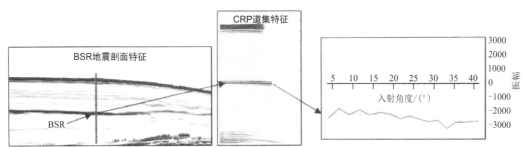

图4.13　天然气水合物AVO响应特征图（据杨志力等，2013）

二、似海底反射层分布特征

在通过南海海域区域地质调查的大量地震剖面的分析解释，在海域多处均识别出了BSR反射层分布。其中新采集的剖面地震分辨率较高，其BSR显示及分布特征都较清晰。以往旧地震剖面的BSR显示大多不清晰，特征亦不太明显，尤其是20世纪90年代以前完成的模拟地震剖面，质量差，地震反射很不清晰，故BSR判识具有一定的推测性，有待进一步调查加以证实。

在区域地理位置上，南海海域BSR主要呈环带状围绕中央深海盆周围分布。南海BSR分布的水深范围，大多处于500～2000 m，少数出现在300～500 m及3000 m以深的海区（如台西南海区、东沙南海区及中建南海区）。另外，在中建南海区2000～3000 m水深范围内也有较多的BSR分布。

根据BSR区域分布特征，在台西南、东沙群岛南部、神狐暗沙东部、西沙海槽北坡、西沙群岛北部和南部、中建南、万安北、北康暗沙北部、南沙中部和礼乐滩东部等海区，均是BSR分布较集中的区域。

在地震反射剖面上南海海域BSR分布较浅，一般多分布在深水海底之下，上中新统底界面之上。BSR分布深度多集中于海底以下100~700 ms处，一般为300~450 ms，最浅接近海底或出露海底。其中，南海南部陆坡深水区BSR分布较深，一般为300~700 ms；南海西部陆坡深水区BSR分布深度比南部深水区浅一些，一般为300~450 ms，平均为385 ms；南海北部陆坡深水区BSR分布深度最浅，一般为100~650 ms，根据近年来水合物勘查及钻探结果，水合物及其BSR分布最浅深度为30 m，有些水合物甚至出露海底（南海北部琼东南盆地南部"海马"冷泉及出露的水合物）。

总之，南海海域BSR空间分布与其区域地质背景、沉积环境及沉积相特征、沉降沉积速率及沉积充填特点等因素，均具明显的相关性。一般沉积厚度大、沉积速率高的区域，BSR分布深度较大；而沉积厚度小、沉积速率低的地区，BSR分布较浅。另外，BSR分布与沉积相展布亦有一定关系，BSR主要集中于各种沉积相的前缘，如三角洲或扇三角洲前缘及浊积扇。同时，BSR分布与海底地貌及地质构造亦具有一定的相关性。BSR多分布于斜坡地区，如南海西部、北部陆坡区域；其次分布于隆起地区，如台西南盆地东部区域等；而在海槽槽底（裂谷）及陡坡区域，BSR则较少出现。

须指出，南海海域不同的BSR分布异常区，由于所处的地质构造环境不同，其分布规律也必然各具特色。通过前期的海洋地质调查与油气地质研究，对BSR分布规律及展布特征，已有较明确清晰的认识，这对于指导进一步的水合物勘探工作与研究，均具有重要的指导与参考借鉴意义。

三、似海底反射层地球物理特征

自20世纪70年代似海底反射层（BSR）被发现以来，BSR一直被看作海洋天然气水合物存在的最重要地球物理标志。由于BSR分布与地层产状无关，当地层产状与海底不一致时，BSR往往与地层斜交。迄今为止，勘查发现的海底天气水合物绝大多数是通过地震剖面上BSR的识别而确定的。在南海海域很多高分辨率多道地震剖面上，均可发现特征清晰的BSR特征，深入开展BSR特征和分布范围的研究，是分析预测天然气水合物资源潜力与勘查远景评价的重要依据。

BSR是含天然气水合物地层在地震反射剖面上，形成的一强振幅的连续地震反射波，且大致与海底地震反射波平行，其大致代表水合物稳定域底界。该地震反射面形成，是由于含水合物沉积层与下伏地层（通常为含游离气层）之间的波阻抗差异所致。特别是当水合物成矿（成藏）带下面含有丰富的游离气时，在水合物成矿带的底面与游离气顶面之间即形成了一个波阻抗差较大的物理界面，并产生强反射。由于海底地层压力变化不大，但地温变化却很大（存在地温梯度），海底的起伏变化将造成地层中等温面的起伏变化，从而形成水合物稳定域的底界。在气体供给及储集层充分的条件下，水合物稳定带分布仅与地层温度及压力有关，BSR代表水合物成矿带的底面，它是一个近似于平行海底的等温面，与地层产状无关，当地层产状与海底不一致时，BSR往往与地层斜交，这是BSR的主要特征。因此，BSR是最早也是目前使用最多、最可靠、最直观的判识天然气水合物赋存的地球物理标志。

二维多道地震资料显示，南海多个地区存在典型而连续的BSR分布，且BSR附近地震反射特征明显、清晰，有利于对天然气水合物体系进行精细分析预测。而且，通过二维地震资料亦可综合分析水合物和下伏游离气分布特征，并根据BSR附近的流体运移通道特征，结合地震振幅等地震属性特征，对控制水合物和游离气分布的相关因素进行分析研究，进而为水合物进一步勘探开发等提供依据和参考。

似海底反射层（BSR）主要分布在深水海底以下300～500 m的地层中，且分布连续或断续，具有强振幅、负极性以及与海底大致平行的基本特点（图4.14）。在BSR上部，一般可见振幅空白带（BZ）异常反射特征，其双程走时一般不超过0.2 s，对应厚度约为170 m（图4.14）。空白带是由于水合物对沉积物孔隙的充填胶结作用，从而使地层均质性增强，减少了波阻抗差，进而导致地震剖面上呈现振幅空白带异常。同时，在BSR下部，可见具有异常的地震反射，属于被水合物覆盖或封堵之下的游离气区（带）（FGZ）（图4.11）。

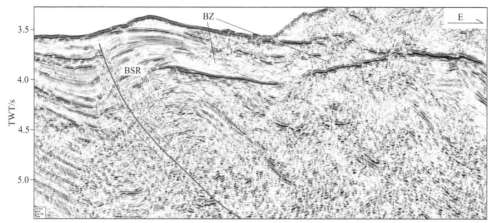

图4.14　台西南海域水合物BSR及BZ分布特征图

另外，与水合物相关的断层，在地震剖面上常表现为明显的杂乱反射（图4.14），其可能为流体对断层周边沉积物孔隙的充填胶结作用，从而使地层均质性增强，减少了波阻抗差，进而导致地震剖面上呈现杂乱反射。研究表明，此类小尺度断层在水合物底界上移过程中发挥过重要作用。其具体过程可总结为水合物分布在断层所在地层中，当水合物稳定条件发生变化，水合物稳定底界上移时，下部水合物分解，释放出大量水和游离气并可能产生高压，在高压驱动下，断层重新活动，断层下部的流体沿该断层上移至新的水合物底界。一般认为，游离气在该过程之后存在两种可能：一是保存在新的FGZ中；二是进入到水合物层与水作用而形成水合物。南海北部浅层存在许多此类断层，当水合物底界位于其附近且温压条件发生变化时，这些断层可能会发挥类似的作用。即这种断层作为沟通浅部水合物与地层较深部气源的通道，能够为水合物的形成提供气源供给。

四、天然气水合物稳定带厚度地震反射显示

在地震解释及分析判识BSR之上的反射层中可以看到，存在很多明显或较明显的弱振幅或振幅空白现象，可能说明这些层段水合物含量较高，这种弱振幅或振幅空白带大致代表了天然气水合物稳定带分布厚度。

南海海域天然气水合物BSR之上地震反射层，多存在弱振幅或振幅空白带现象，其分布范围及厚度即代表了天然气水合物高压低温稳定带的规模。因此，根据BSR分布及其振幅空白带或弱振幅分布特征及其规模，可在剖面上大致估计含水合物层的分布厚度与展布范围（图4.14）。以该图为例，根据地震反射空白带对应的双程反射时间为0.2～0.4 s，可以预测其天然气水合物稳定带厚度为150～300 m。总之，通过对地震剖面上空白带分析解释与识别，可以对天然气水合物稳定带分布厚度进行评价预测。

第三节 南海天然气水合物异常分布特征

通过对南海海域系统性海洋地质调查，发现了大量的天然气水合物异常特征。本书主要根据似海底反射层、速度异常等地球物理异常特征，并结合麻坑、冷泉等海底地貌地质特征，判识圈定天然气水合物异常分布区。本工作发现的天然气水合物异常区带，主要分布在南海中央洋盆周围海域。为了便于分析统计，将天然气水合物分布位置相邻、地质条件相近的海域，划分为同一水合物异常分布区带，全海域深水区共划分了西部（Ⅰ区）、北部（Ⅱ区）、东部（Ⅲ区）、南部及东南部（Ⅳ区）四个水合物分布区带（图4.15）。

图4.15 南海天然气水合物异常特征分布图

一、南海西部水合物异常分布区带

南海西部水合物异常分布区带（Ⅰ区）位于南海西部陆架陆坡深水区西沙海域，中建岛、永兴岛都在本区带范围内。主要涵盖了中建南盆地、琼东南盆地南部、西沙海槽盆地和中沙海槽盆地。该区带主要水深范围为1000～3000 m，最大水深为4000 m。目前已判识确定似海底反射层分布区17个。该区1999～2001年开展了高分辨率多道地震调查以及海底地质、地球化学调查，发现了天然气水合物存在的地球物理标志及少量地球化学异常。多条地震剖面上均有明显的BSR特征显示。利用地震地层解释及层序地层学分析，在该调查区识别出冲积扇、浊积扇、陆架型三角洲、斜坡扇、下切河谷、海底峡谷和扇三角洲等典型沉积相及沉积体系，天然气水合物主要分布于上中新统以上至深水海底浅地层沉积物中，且主要分布在三角洲前缘与浅海过渡带，在浅海与半深海转换带也有少量分布，其赋存地层中的砂泥岩百分含量为25%～50%，说明该区天然气水合物一般存在于地形转折处下端、岩性中等偏细的沉积层中。这些区域多处发育大型麻坑群和泥底辟构造，海底麻坑代表了海底流体溢出留下的地质地貌证据。该水合物分布区带浅表层沉积速率为3～10 cm/ka，浅表层有机碳含量一般为0.5%～1.0%。该区两个大型重力活塞样（S6和S14）揭示了13万年以来的沉积特征，即调查区沉积速率大体为3.27～13.33 cm/ka。该区构造地质研究表明，有利于天然气水合物形成分布的特殊断裂带十分发育。同时，根据相关资料，该区亦存在卫星热红外增温异常、烃气高含量异常。在2000～2001年海洋地质–地球化学取样调查和海底摄像中，还发现该区沉积物孔隙水硫酸盐变化梯度较大，推测其硫酸盐–甲烷界面在海底以下20 m左右，反映该站位所在区域存在较大的甲烷渗漏，并指示其下部可能存在天然气水合物。在海底摄像图像上，发现有壳状沉积物，其上可见明显的气孔，推测可能是天然气水合物的重要赋存标志——碳酸盐结壳。

南海西部天然气水合物异常分布区带，天然气水合物在地震剖面上似海底反射层（BSR）分布特征非常清楚（图4.16）。其上存在明显的空白带（BZ）即水合物高压低温稳定带。似海底反射层以下可见明显弱振幅反射，推断为游离气区（带）（FGZ）。而且，水合物稳定带与深部烃源岩之间存在断层裂隙运移通道，可提供深部气源供给。

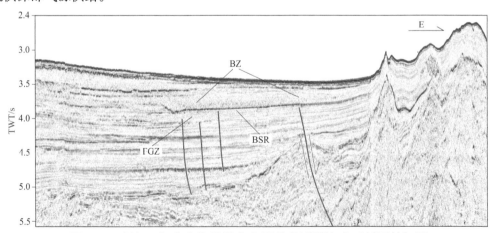

图4.16　南海西部水合物异常分布区带典型似海底反射层特征图

二、南海北部水合物异常分布区带

南海北部水合物异常分布区带（Ⅱ区）位于南海北部陆坡、洋陆过渡区及东沙群岛以南海域，主要范围包括珠江口盆地南部、双峰北盆地和尖峰北盆地。主要水深范围为200～2000 m。已识别圈定似海底反射层分布区三个。该区带水合物纵向（剖面）上主要分布在上新世至深水海底浅表层沉积物中，水合物稳定带下部气体渗漏特征非常明显，地震属性异常突出，且与BSR分布相吻合。BSR分布清晰、可靠，BSR与地层斜交现象明显。水合物成藏（成矿）地质条件分析表明，水合物主要分布于断裂发育的隆起带上，且与底辟构造和滑塌构造存在一定的成因联系。该区以半深海相沉积为主，局部发育等深流沉积，且沉积速率较高，有机碳含量较高。其中，中北部区域的有机碳含量大于1.0%。ODP184航次有两个钻孔（1144、1145）（刘宝林等，2004）分布在该区，钻探资料表明，该区在沉积速率、沉积组分和一些地球化学方面的特征，都显示出利于天然气水合物的形成和保存。而且，水合物成藏温压条件良好，顶空气及孔隙水等样品地球化学指标异常明显。另外，水合物稳定带分布厚度大，普遍大于200 m，最厚超过300 m，展布规模亦大。我国分别于2017年和2020年在南海北部进行的天然气水合物首次试采和第二轮试采均位于该区带内，是我国南海海域天然气水合物勘查及研究程度最高的区域。

    南海北部天然气水合物异常分布区带的天然气水合物在地震剖面上似海底反射层（BSR）特征非常明显（图4.17）。地震反射特征表现为强振幅，且与海底极性反转，但空白带与游离气区地震反射特征不明显。水合物稳定带与深部烃源岩之间有大量中小型正断层作为运移通道输送烃源，提供较好的运聚供给条件。

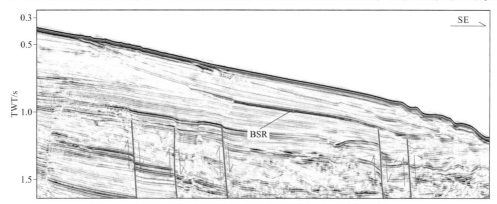

图4.17　南海北部水合物分布区典型似海底反射层特征图

三、南海东部水合物异常分布区带

    南海东部水合物异常分布区带（Ⅲ区）位于东沙群岛东部与台湾岛西南之间海域，向南延伸至马尼拉海沟附近。主要分布区处于台西南盆地范围内，区域构造上属于俯冲碰撞缝合带。该区主要包括台西南盆地、笔架南盆地和西吕宋海槽盆地，主要水深范围为400～3000 m。该区BSR特征表现为清晰、连续，一般位于海底以下300～400 m，且大致与海底平行，明显斜穿地层。BSR附近地震反射特征明显、清晰，有利于对天然气水合物体系进行精细分析。在该区BSR上部，可见振幅空白带异常反射特征；在BSR下部，可见具有高振幅异常的反射区，属于常规天然气显示特征，可以解释为被水合物所覆盖或封堵的游离气区的特点。天然气水合物稳定带分布厚度较大，平均为200 m，在速度谱、波形剖面以及三瞬处理（瞬时振幅、频率和相位）等地球物理资料提供的信息均有明显的显示。根据构造地质条件研究结果，该区存在特殊断裂带和快速堆积体等有利于天然气水合物形成分布的特殊构造体及构造带。遥感及地球化学研究表明，该区存在卫星热红外增温异常区和地热异常区。地质–地球化学取样分析结果则表明，该区多处站位存在气态烃和孔隙水的明显异常，与天然气水合物有关的地球化学指标显示明显。在该区带北部边缘多处地质取样站位获得了海底自生碳酸盐岩，表明存在水合物分解演化的伴生产物。全区以滑塌扇、等深流沉积为主，大部分地区有机碳含量大于0.8%，沉积速率较高，与水合物有关的自生矿物黄铁矿较发育，亦表明存在水合物资源勘探前景。

该区天然气水合物主要分布在南海东部挤压区。地震剖面上广泛发育逆断层。与BSR相关的逆断层常表现为明显的杂乱反射（图4.18），其可能是流体对断层周边沉积物孔隙的充填胶结作用，从而使地层均质性增强，减少了波阻抗差，进而造成了地震剖面上的杂乱反射。该区浅部地层中存在许多断层，当水合物底界位于其附近且温压条件发生变化时，这些断层则为沟通浅部水合物与地层较深部气源的通道，为水合物的形成提供气源供给。

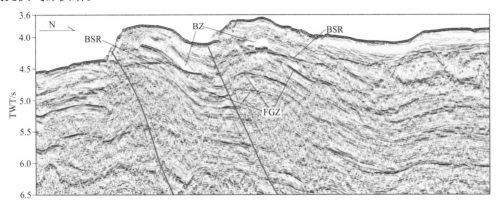

图4.18 南海东部水合物分布区典型似海底反射层特征图

四、南海南部水合物异常分布区带

南海南部水合物异常分布区带（Ⅳ区）位于南海南部及东南部地区，主要分布于南沙群岛东部及南部海域和南方浅滩至南薇斜坡之间的弧形区域。主要范围包括南沙海槽盆地、文莱-沙巴盆地北部和曾母盆地东南部及北部。主要水深范围为1000~2500 m，该区已识别圈定出似海底反射层分布区七个，最突出的特点是BSR分布十分广泛。天然气水合物沉积成藏（成矿）条件优越，广泛发育有冲积扇、浊积扇、陆架型三角洲、斜坡扇、下切河谷、海底峡谷和扇三角洲等有利水合物赋存的沉积相及沉积体系。浅表层沉积速率为3~9 cm/ka，有利于有机质保存。构造地质条件较好，特殊断裂带分布广泛。同时亦存在卫星热红外增温异常和地热异常等指示标志。基于该区水合物成藏地质条件，推测水合物稳定带潜在厚度一般为100~300 m，且自西向东增厚明显。

南海南部水合物分布区带，其水合物在地震剖面上特征较为明显，似海底反射层（BSR）分布普遍且特征清晰（图4.19）。似海底反射层以上存在明显的空白带（BZ）。其下的弱振幅反射游离气区（带）（FGZ）亦较清楚。水合物稳定带之下广泛发育的中小型断裂可以作为水合物稳定带与深部烃源岩之间的运移通道，能够提供深部的烃源供给。

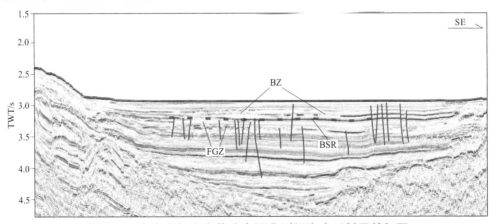

图4.19 南海南部水合物分布区典型似海底反射层特征图

第四节　南海天然气水合物成藏模式与潜力评价

一、天然气水合物成藏系统概念

近年来天然气水合物的相关研究取得了长足的发展。但是以甲烷为主的气源形成、运聚以及在沉积物中富集形成天然气水合物的动力学过程尚不明确。许多学者对天然气水合物中烃类气体的气源、运移过程、相关作用机制和富集成藏过程等都进行过分析描述与研究（Pecher et al.，2001；Milkov and Xu，2005；杨木壮等，2010；于兴河等，2014；何家雄等，2015；Lu et al.，2017；张光学等，2017）。这些研究成果及认识可以归纳为三个方面：①水合物中烃类气体供应问题；②断裂、底辟及气烟囱等通道及烃类运移问题；③构造作用及地层因素影响天然气水合物产状与分布等问题（杨胜雄等，2019）。目前很多研究多集中在某个或某些方面单独开展讨论，但将以上三者作为一个天然气水合物成藏系统的整体，并在时空尺度上对其开展系统性、全面性研究的学者较少。对天然气水合物成藏过程的系统性认识亦较匮乏，尤其缺乏对水合物成藏要素匹配关系的深入研究。

为了深入分析研究南海天然气水合物成藏系统，本节从含油气系统构成的角度出发，尝试对天然气水合物成藏系统进行梳理。重点从烃源气体供给、流体运移体系与水合物形成过程等角度，对天然气水合物运聚成藏过程进行初步分析探讨。

（一）天然气水合物成藏系统理论基础

按照早期理论预测，全球90%的海域都有可能存在天然气水合物，但实际上勘查发现天然气水合物实物样品的海域还比较局限。除我国南海北部勘查发现水合物外，目前发现天然气水合物的海域还有日本南海海槽、加拿大外海卡斯凯迪亚大陆边缘、美国布莱克脊、北加利福尼亚外海、墨西哥湾、中美洲危地马拉外海、西非大陆边缘、挪威近海、俄罗斯巴伦支海、鄂霍次克海、黑海、里海等。相信随着水合物勘探技术和相关理论研究的不断发展，未来将会勘查发现更多的天然气水合物资源及其分布区。

海洋水合物勘探实践表明，天然气水合物最典型的地球物理标志是似海底反射层（BSR），但似海底反射层并非总是与天然气水合物相伴出现。在某些区域，虽然探明证实存在天然气水合物，但并不一定存在BSR（Holbrook，2013），这充分表明了水合物分布及其伴生BSR的复杂性。沉积物孔隙水中氯离子浓度低异常往往被用来指示天然气水合物的存在，但也存在无异常甚至高异常的反例。如"水合物脊"的天然气水合物所在层段的沉积物孔隙水中，其氯离子浓度反而表现出高浓度异常（Tréch et al.，2003），目前尚未发现上述这些标志性地球物理、地球化学特征与天然气水合物之间必然性联系。

目前已经探明或经由间接指标确认的天然气水合物，往往在垂向和平面上表现出不连续且不均匀的特征（Tréch et al.，2003；苏新，2004）。一些学者认为，导致天然气水合物分布不均匀的主要原因是气体来源和沉积物的物理性质（Bünz et al.，2003），也有学者认为，主要受流体流量、地质构造和古海洋环境、微生物活动等因素及应力的控制与影响（苏新，2004），但天然气水合物运聚成藏的主控因素及其时空耦合关系尚不明确。

根据不同研究区域的油气地质条件，国外学者分别从水合物形成机制、气源供给和流体运移动力学角度，建立了相应的水合物成藏地质模式，如基于水合物胶结作用的成岩作用模式、海侵加压模式和低温冷冻模式；基于气体来源的孔隙流体扩散模式和原地细菌生成模式；基于流体驱动方式的常压周期渗流模式和超压周期流动模式。我国学者也提出渗漏型和扩散型两类概念型天然气水合物成藏模式（樊栓狮等，2004；陈多福等，2005）。但这些关于水合物成藏模式的论述，往往仅局限于某一方面的控藏作用，缺乏对地质、物理和化学因素的综合考虑。

充足的气源供给是天然气水合物形成的物质基础和先决条件。只有气体供应充足，即稳定带内气体浓度高于其溶解度时，天然气水合物才可能形成。实验模拟显示，天然气水合物的形成必须要有充足的气源供给（Lu et al.，2008；卢振权等，2008）。另外，天然气水合物的形成是一个复杂的动态平衡过程，还受其他控制因素制约。例如，烃类气体进入天然气水合物稳定带的方式（原地供给或扩散或对流运移）、天然气水合物形成的地质环境和物理条件（包括温压条件、构造因素、沉积环境等）等。因此，研究天然气水合物的气源供应、气体进入天然气水合物稳定带的方式、气体在稳定带形成天然气水合物的物理化学过程，对于天然气水合物评价预测与勘探开发部署等非常重要。

在近年来的石油和天然气勘探中，系统论思想取得了良好的应用效果，含油气系统理论得到了稳步发展和广泛应用，对油气勘探理论产生了重要的推动作用。天然气水合物以烃类气体为气源，其成藏过程在某些方面可能与常规油气存在一定的相似性，如都涉及烃类流体生成、运移富集和成藏条件等要素。因此，运用系统思想对天然气水合物形成过程，开展成藏系统研究已经成为目前主流趋势。天然气水合物成藏系统，主要包括烃源供给、烃类流体运移、水合物富集成藏等基本要素的时空耦合配置及其相互的有机联系。虽然其类似于石油地质学中的"含油气系统"，但由于天然气水合物形成的自身特点，天然气水合物成藏系统与含油气系统仍然存在一些区别。"含油气系统"主要用来解释成熟烃源岩和油气藏形成的一系列相互关系的配合与有效衔接，系指在一定地质时间和空间范围内生成油气并富集成藏的一个完整的含油气地质系统，包括油气生成、运移、聚集、再分配及散失过程，由成熟生烃岩、油气运移通道体系及相关的油气藏（油气圈闭）组成，表述和刻画了从烃源到运聚到圈闭中富集成藏的全过程（Lu et al.，2008；卢振权等，2008）。而天然气水合物藏除了烃源供给及运聚系统条件与常规油气藏相同相似外，其富集场所受控于稳定域温压条件及稳定带地层岩性特点与孔隙裂缝发育特征，充足的烃类气体供给与合适的温压条件是形成天然气水合物藏的主控因素。

（二）天然气水合物成藏系统组成

前已论及，天然气水合物成藏系统至少应包括烃类生成供给体系、流体运移体系（不同类型烃类运聚通道）、富集成藏体系（地质因素和物理因素对天然气水合物富集成藏的影响）。以上不同体系时空耦合配置及有机结合，反映了天然气水合物从形成到富集保存的地质作用过程及地质要素的组合特点，共同构成了天然气水合物成藏系统（表4.1）（杨胜雄等，2019）。

表4.1　天然气水合物成藏系统构成及其基本要素表（据杨胜雄等，2019，修改）

成藏系统组成		基本要素
烃类生成供给体系	生烃条件	烃源岩特征（有机质丰度、类型及成熟度）
		地层温压条件
		有机质含量
		微生物群落
	气体供给	供给量和有效性
流体运移体系	水	可用性和有效性、获得和运移，包括水合物结构内的水
	气体运移	获得和运移、方式和路径，包括水合物结构内的气体
富集成藏体系	稳定条件	温度
		压力
		气体组分
		孔隙水盐度
	水合物成藏	沉积物、饱和度、分布、含水合物层及其开采潜力

1. 烃类流体生成体系

甲烷是天然气水合物（甲烷水合物）的主要有效成分，也是其形成的主要物质基础。只有当甲烷供应量超过其在海水中的溶解度且大于其扩散速率时，才能形成天然气水合物。虽然局部地层水供应不足难以形成天然气水合物（Soloviev and Ginsburg，1997），但烃类气体供给是否充足，仍然是天然气水合物形成的关键。

关于烃类气体来源的问题，有研究认为有两种可能：一是由沉积物中有机质转化而来；二是也可能来源于深部热解气或油气藏的次生气。总之，对天然气水合物中的烃类气体来源一般有两种认识：一是生物成因；二是热解成因。此外，也有学者认为水合物中的甲烷可能来自于火山热液流体（狄永军等，2003），即"深源说"，但这种可能性很小。大多数学者均认为生物成因和热解成因甲烷是水合物气源的主要来源。目前大多数研究者认为，生物成因即原地甲烷供给，与生物化学作用带的生物气产率（产甲烷菌数量）密切相关，而热解成因则属于伴随深部运聚系统运移上来的热成因甲烷等烃类气体。但实际的水合物勘探及研究发现，天然气水合物中的烃类气体多为两种来源共存的混合成因，且以某类成因甲烷为主。如南海北部陆坡中东部水合物藏气源主要属于以生物气为主的混合成因类型，而南海北部陆坡西部水合物藏气源则属于热解气为主的混合成因，前者气源构成中生物气占80%~90%，而后者气源构成中热解气占20%以上，生物气还有相当大的比例。水合物气源中生物气与热解气数量及占比，可根据水合物气组成（生物气和热解气含量）进行计算。

根据有机质生烃的地质地球化学特征，水合物气中烃类成因类型主要分为两大类：①沉积有机质热演化未成熟-低成熟阶段，主要由生物化学作用形成的生物气及亚生物气；②有机质热演化成熟-高成熟-过成熟阶段，热力作用形成的热解气。生物成因气是在低温（小于75℃）条件下，有机质由微生物经生物化学作用所形成的以生物甲烷为主（含量大于98%）的烃类气，干燥系数高，$C_1/\Sigma C_n > 0.98$，甲烷碳同位素值偏轻，$\delta^{13}C_1 < -55‰$；而热解气则是在有机质热演化成熟-过熟生烃窗范围形成的成熟-高成熟及过成熟、亦以甲烷为主的烃类气，且干燥系数较高，$C_1/\Sigma C_n$为0.70~0.98，甲烷碳同位素值偏重，一般$\delta^{13}C_1 > -48‰$。当甲烷碳同位素值介于生物气与热解气甲烷碳同位素两者之间，则为以生物成因为主或以热解成因为主的混合气（何家雄等，2015）。因此，根据南海北部油气地质条件，结合该区水合物气组成及碳同位素的地球化学分析，该区勘探发现的水合物成因类型及气源构成，主要属于深水海底浅部地层中微生物对有机质的生物化学作用所形成的生物甲烷为主的混合气。但在某些运聚通道系统发育的局部地区亦有热解气为主的混合气的贡献。在国外，如在北阿拉斯加、马更些三角洲、墨西哥湾、梅索亚哈气田、里海和黑海等地区，勘探发现的天然气水合物亦有热解成因的气源供给（Milkov and Sassen，2001）。尤其是在北阿拉斯加和加拿大陆域水合物钻探成果均表明，深部热成熟烃源岩之烃源供给是天然气水合物富集成藏的重要条件。

微生物成因甲烷是指在低温环境下，微生物对沉积物有机质进行分解形成甲烷。一般情况下，其主要作用机理是CO_2还原反应和有机质发酵作用，其中CO_2与H发生的还原反应是微生物气形成的主要机制。在该过程中参与反应的CO_2主要由来自于沉积物中有机质所发生的氧化作用和脱羧作用形成。因此，浅层沉积物有机质含量对微生物成因甲烷气至关重要。目前世界上已发现大量生物气资源矿点，根据其生烃条件分析，微生物成因气的沉积有机质总有机碳含量一般要求大于0.5%，但也有部分实例显示有机碳含量达到0.12%也能达到微生物生烃门限（Dickens et al.，1997）。生物气形成温度要求为0~85℃，其产气高峰温度为45℃左右。据不完全统计，目前世界勘探发现的天然气资源类型中，生物成因气资源约占已勘探发现储量的20%，表明生物气资源在天然气资源构成中具有重要地位。根据南海北部勘探发现天然气水合物矿藏地质地球化学分析，尤其是气源构成分析，可以综合判识确定，该区海底深水区浅层天然气水合物主要气源供给主要来自浅层生物化学作用带的生物气贡献（何家雄等，2013；苏丕波等，2017）。

例如，南海北部神狐海域天然气水合物藏，该海域现今微生物作用活跃带主要为上中新统粤海组—第四系，未成岩沉积物生物甲烷产率较高。微生物作用形成的气源区与水合物藏下部的气烟囱或者断层裂隙带连通，可以提供气源供给；而深部下渐新统恩平组煤系和始新统文昌组泥岩生成的热解气，必须具有畅通的纵向运聚通道系统方可将其输送至深水海底浅层形成水合物藏。但该区这种非常畅通的纵向断层和气烟囱等运移通道甚少，仅仅在某些局部区域可能存在。因此该区如果依靠深部热解气区域供给，难以形成水合物藏。

2. 流体运移体系

天然气水合物的形成必须要具备充足的气源供给，其气源主要由微生物产气或烃源岩热解成烃生气作用所构成，或是以某种气为主构成混合气源。其中生物产气作用多发生于浅部地层，而烃源岩热解作用生气则发生在成熟门槛以下的深部地层之中。天然气水合物形成的富集场所与常规油气藏完全不同，必须在高压低温稳定带，即高压低温稳定域范围（相当于常规油气的圈闭），水合物方可富集成藏，而这种高压低温稳定带在海域主要分布于深水海底浅层，且稳定域厚度受控于温压地质条件。因此，海域天然气水合物主要分布于深水海底浅部地层中，其深度最深不超过1000 m。很显然，在该深度及以上的深水海底浅层范围中形成的水合物藏，均处于所在区域成熟生烃门槛之上，即未达到成熟门槛，在高压低温稳定带附近沉积物有机质未成熟生烃，无法提供热解气供给。由于天然气水合物稳定带距离烃源岩热解生烃的成熟门槛位置有一定的垂向距离，热解气气源难以向上输送至浅层高压低温稳定带。如果深部地层中存在垂向运聚通道系统与其连通，如断层裂隙、底辟和气烟囱等，即可为深部热解气气源与天然气水合物稳定带之间提供输送通道，进而形成热解成因类型的水合物藏。总之，对于热解气成因的天然气水合物矿藏而言，烃类流体运聚输导通道系统的作用至关重要。常规油气藏运聚规律及控制因素的相关研究表明，甲烷运移可以以水溶相、油溶相及扩散型相和气相等方式进行，但就甲烷流体运移的规模、效率和充注强度而言，直接连通的宏观运移通道的作用远超其他运移方式（苏丕波等，2017）。不言而喻，以垂向断裂、底辟和气烟囱构成的运聚通道系统，是形成热解成因天然气水合物藏的重要的流体运移体系，其控制了天然气水合物成因成藏特征及其分布富集规律。

南海周缘海域地质环境复杂，构造形式多样。在已经勘查发现天然气水合物的区域，BSR与其下伏运移通道具有多样化的位置关系。在南海西部的地震剖面上，下伏断裂往往发育到BSR以下，断裂附近存在明显的低振幅杂乱反射，证实了运移流体的存在，这些断裂为甲烷的运移和聚集提供了直接通道；南海北部和东部的一些地震剖面显示，断裂和岩体在某些位置上穿越BSR甚至直达海底，不但提供了热解气向上运移的通道，也为天然气水合物分解产生的甲烷提供了进一步运聚与渗漏的通道；而南海南部的一些地震剖面上的断裂通道，则与BSR具有一定的垂向距离。此时运移到断裂顶部的烃类流体，需要主要通过扩散作用的接替环节而进入天然水合物稳定带。由此可见，天然气水合物成藏系统中的流体运移体系，对于形成热解成因水合物藏及其资源规模至关重要，而烃类流体在地层中的运移通道系统构成及其运移路径，存在多种类型及形式，宏观运聚通道与微观运聚通道系统相互结合，可以完成烃类流体长距离输送，促使水合物能够在深水海底浅层、浅表层高压低温稳定带富集成藏。

尚须强调指出，不同区域的构造演化和沉积过程差异，会导致断裂和底辟等构造发育特征各不相同，形成不同类型的烃类流体运移体系即差异化运移体系。在差异化的运移体系作用下，天然气水合物矿藏的成因类型和运移聚集方式也会产生明显的差异，根据烃类供给来源、流体运输体系的不同特点，可以将南海天然气水合物总结为三种不同的成藏模式：原位微生物气水合物成藏模式、运移通道控制的他源热解气下生上储水合物成藏模式以及原位生物气和他源热解气共存的混合气水合物成藏模式。但根据目前勘查研究成果可以看出，原位微生物气水合物成藏模式是南海北部天然气水合物成藏的主要模式，他源热解气下生上储水合物成藏模式以及混合气水合物成藏模式分布相对局限，主要分布在台湾西南部海域等断裂、泥底辟及气烟囱等运移通道构造较发育的局部区域。

3. 富集成藏体系

天然气水合物的形成需要适宜的地质条件，合适的温度、水深、压力、孔隙水盐度、气体的组分和供给，这些都是天然气水合物形成的基本要求。天然气水合物主要分布在高压低温环境中。具备合适的温度、压力等相关条件，天然气水合物就能够稳定赋存，其范围即为天然气水合物稳定带。天然气水合物稳定带处于相态平衡状态，其分布深度和范围受温度、压力及孔隙水盐度等相关地质条件的控制。通常也将天然气水合物能够稳定形成及分布的范围称之为天然气水合物热力学稳定带。在稳定带内，天然气与水合物即可达到相平衡。其中，影响天然气水合物稳定带分布深度和稳定带厚度的关键控制因素，主要有温度、压力及盐度等基本地质参数。通过获取天然气稳定带的主控基本地质参数，结合相平衡曲线和实验数据，可以实现对天然气水合物稳定带的初步预测，目前，南海海域已查明的天然气水合物稳定带底界主要位于深水海底以下300～700 m。Katz（1971）基于水合物理论对梅索雅哈气田、普鲁德霍湾及辛普森角的天然气水合物稳定带深度曾进行过初步预测，结果显示上述几个区域的天然气水合物底界深度主要为300～500 m。其预测结果与上述区域的实际勘探结果基本吻合。

在南海区域地质调查过程中，对南海的地热数据进行了系统采集和搜集整理（图3.14）。整体上看，南海海盆的热流值明显高于周缘区域。南海天然气水合物主要异常区则多分布在南海周缘周围的附近区域。

南海北部热流密度平均值为79.8±21.52 mW/m²，热流密度在空间变化上具有"东西分块、南北分带"的特征。南北向上，由陆架区向海盆热流密度值逐渐升高；东西向上，西部的琼东南盆地及其陆坡区的地热流密度值要高于东部的珠江口和台西南盆地。

（1）南海西部，受印支地块挤出和古南海俯冲拖曳、南海扩张两种不同应力场的影响，南海西部断裂带两侧的地热流特征存在着明显差异性。在西侧，整体上具有南北两端高、中间低的特点，即北部莺歌海盆地和南部万安盆地的热流密度值较高，为100～80 mW/m²，尤其在万安断裂带附近热流密度值高，而且变化复杂。在东侧，热流密度值在空间上呈现高低相间的特点，并发育三条北东或北北东向的高热流密度带，由北往南分别为琼东南盆地-西沙海槽高热流密度带、西北次海盆西南-中沙海槽-中建南盆地中南部高热流密度带、西南次海盆西南裂谷线-曾母盆地西北部高热流密度带。

（2）南海东部，收集了马尼拉海沟31个数据，其热流密度平均值为34.1±12.9 mW/m²。其中，广海局采集数据9个，这些数据分布在马尼拉海沟西侧。其中，南段东侧的数据个别测点呈高热流异常值。此外，收集到吕宋群岛地区的钻井地热流数据17个，其热流密度平均值为50.8±13.8 mW/m²。虽然该区域的测点稀疏，但其热流密度的平均值比较低。南海东缘的热流密度值总体比较低，但有个别高异常值偏移背景值。又因数据稀少，难以区分马尼拉海沟区北、中和南段各自的地热流特征和空间变化规律。

（3）南海南部及东南部，从西向东，以卢帕尔走滑断裂、廷贾断裂、巴拉巴克断裂和马尼拉俯冲带为界，各个区块的大地热流具有明显的分段性。在廷贾断裂的西南侧，包括卢帕尔断裂走滑带及其巽他大陆架海区呈高热流状态，热流密度的平均值高于90 mW/m²。廷贾断裂带和巴拉巴克断裂之间的南海海槽盆地和文莱–沙巴盆地的热流较低。从巴拉巴克断裂带与马尼拉海沟之间，北巴拉望盆地的热流密度比礼乐盆地等西北侧的构造盆地要高一些。

总体来讲，南海海盆周缘海域具有天然气水合物形成的基本地质条件，中央海盆区由于其高热流、薄沉积特征，缺少气源，存在天然气水合物可能性较低。

除了形成天然气水合物所必要的温压条件外，岩性和构造特征也是控制天然气水合物形成的重要因素（Gorman et al.，2002）。实验数据表明（Lu and McMechan，2004）天然气水合物在砂质沉积物中富集程度更高，其饱和度可达79%～100%，在泥砂沉积物中为15%～40%，而在砂质黏土泥中只有2%～6%。实验结果与日本南海海槽、美国布莱克海台等处取得的天然气水合物样品分析结果基本一致。导致这一现象的原因与传统油气藏储集层类似，孔隙度高的地层可以提供更大储集空间，以供大量的烃类气体聚集成藏。

另外，天然气水合物成藏也受构造控制影响。不仅受到断层、底辟等构造体的产状影响，同时也受其封闭程度、附近地层的挠曲变形等构造因素的控制。如卡斯凯迪亚大陆边缘海岭区的天然气水合物，在地震反射剖面上明显呈现出向构造冠部集中的趋势（Torres et al.，2004，2002）。台湾西南部海域的天然气水合物，主要受火山弧外侧新增生楔的碰撞作用控制，呈现出与主动碰撞边缘平行的分布趋势。其成藏构造特征表现出与传统天然气藏具有一定的相似性，即富集于挠曲的穹窿顶部。

二、南海典型天然气水合物成藏模式与分布

前已论及，天然气水合物成矿成藏亦与常规油气成藏条件基本相似，均必须具有充足的烃源供给及不同类型的运聚输送系统，这是油气藏及天然气水合物成矿成藏的基础和前提条件。对于常规油气成藏而言，其必须完成或实现从烃源供给及运聚输送而最终到达目的地富集场所（圈闭）的运聚成藏过程，进而构成一个"从烃源到圈闭中运聚成藏"的完整含油气系统；而对于天然气水合物成矿成藏，亦必须具备一个充足的烃气源供给及运聚输导系统，将烃气源不断输送至高压低温稳定带（天然气水合物富集场所），构成一个烃气源供给运聚与海底浅层高压低温稳定带时空耦合配置良好的运聚成矿成藏系统，最终控制天然气水合物成矿成藏。

南海周缘海域具有良好的天然气水合物资源前景，是天然气水合物形成与分布的理想场所。本节拟从天然气水合物成藏理论出发，针对天然气水合物成藏的主要问题，对南海周缘四个天然气水合物异常区带中天然气水合物成藏模式进行分析探讨，重点分析研究对天然气水合物成矿成藏起决定作用的烃气源构成及供给运聚系统，以及高压低温稳定带（富集场所）形成的地质条件与关键控制和影响因素。在此基础上，构建天然气水合物成藏模型，深化对天然气水合物成藏系统的认识。

（一）南海北部水合物异常区带成藏地质模式

南海北部水合物异常区带位于南海北部陆坡区，主要范围包括珠江口盆地南部、双峰北盆地和尖峰北盆地，是我国天然气水合物相关研究最高的区域。其主要水深范围为200～2000 m，其中已识别天然气水合物异常区三个。该区中新统—始新统的沉积较厚，达500～5500 m，尤其在珠二拗陷一带厚度高达2000 m以上，其中始新统文昌组和恩平组是最重要的烃源岩。文昌组中–深湖相烃源岩有机碳含量为

2.85%，氯仿沥青"A"含量平均为0.224%，总烃水平约为1361 ppm，有机质类型以Ⅱ₁型为主；滨浅湖相烃源岩有机碳含量为1.19%，氯仿沥青"A"含量平均为0.2001%，总烃水平约为1056 ppm，有机质类型以Ⅱ₂-Ⅲ型为主。下渐新统恩平组主要为湖泊沼泽相和三角洲平原沼泽相沉积，有机质以陆源输入为主，含丰富的树脂化合物。泥岩TOC含量为43%，氯仿沥青"A"含量为23%，总烃水平约为968 ppm，有机质类型以Ⅱ₂-Ⅲ型为主，有机质成熟度为低–高成熟，局部为过成熟。以生气为主，兼少量轻质油，是重要的气源岩。这两套烃源岩在油气勘探中已证实是珠江口盆地主要烃源岩。始新统—渐新统烃源岩大量的生烃，为南海北部常规油气藏和天然气水合物藏均提供了充足的烃源供给。同时该区油气勘探亦表明，南海北部大陆边缘盆地生物气的烃源岩分布相当广泛，纵向上从上中新统至第四系，甚至在局部区域的中中新统的不同层段均有分布；区域上盆地浅水陆架及陆坡深水区，浅海相和半深海相的生物气泥质烃源岩分布普遍，其有机质丰度相对较高，已达到作为生物气烃源岩的标准，且具有一定的生烃潜力。

另外，油气勘探证实，南海北部陆坡区天然气藏具有晚期断裂控制成藏的特点，同时，深水区同样存在大量具有底辟构造和断裂相关的浅层亮点气异常反射，证明深部的油气被垂直输导到浅部地层，表明南海北部存在晚期活动的断裂和底辟带的垂向输导系统，可以大大改善天然气的垂向运移条件。

总之，根据油气地质条件，该区域不仅存在充足的生物气气源，而且局部纵向运聚通道发育区还具有热解气气源供给。依据水合物气源构成及供给特点与运聚通道系统及稳定域条件，结合数值模拟结果及地质成藏背景，构建了南海北部海域天然气水合物成藏地质模式。

1. 深部热解气垂向运移改造型水合物成藏模式

南海北部始新统—渐新统地层中深部烃源岩具有良好的生烃能力，是该区油气系统的主力烃源岩，同时为天然气水合物成藏提供了烃类气体来源。南海北部在地质历史上发生了多次规模不等的构造运动（吴能友等，2009）。构造活动使整个沉积体产生复杂的断裂体系和底辟构造，为深部气体向上运移提供良好通道。天然气水合物稳定域下断层和气烟囱比较发育，天然气水合物主要富集于上部稳定域内被泥岩层遮挡的砂岩层中，主要成因为浅部生物气聚集和深部热解气垂向运移混合成因。如图4.20中水合物藏A所示，深部烃源岩生产的烃类流体沿深大断裂或气烟囱等运移通道向上运移，部分进入砂岩储集层后聚集形成天然气藏，部分则继续向上运移；另外，天然气藏中的部分气体也可随超压孔隙流体不断渗漏，运移至浅部，直接进入天然气水合物稳定带；推测其中一部分经过微生物作用活跃带时被微生物降解改造，形成次生生物气；总之，在天然气水合物稳定带中热解气、次生生物气与浅部生物成因气混合在一起，在合适的温压环境下形成天然气水合物藏。当微生物作用强烈，且烃类气体被改造比较彻底时，水合物藏表现出次生生物气为主的特征。当生物作用相对微弱，改造不够彻底时，水合物藏表现出热解气和次生生物气共存的特征。整体上讲，水合物藏A中的天然气水合物表现为热成因（生物）成因气混合成因特征。

2. 浅层原位生物气水合物成藏模式

在部分断裂和气烟囱构造不发育的区域，深部热解气源虽然生气潜力较大，但由于缺乏运移通道，对天然气水合物成藏贡献不大。对应图4.20中水合物藏B所示，天然气水合物主要分布于浅部地层中，受下伏地层的封堵作用，热解气难以直接进入水合物藏；构成天然气水合物的烃类气体主要来自于地层中的微生物作用。这些生物气在砂岩层的疏导作用下在水合物稳定带不断汇集，水合物稳定带之上覆盖的泥岩作为良好的区域性盖层。可见，此类水合物成藏主要受地层岩性控制，气源主要为浅层原位生物气。

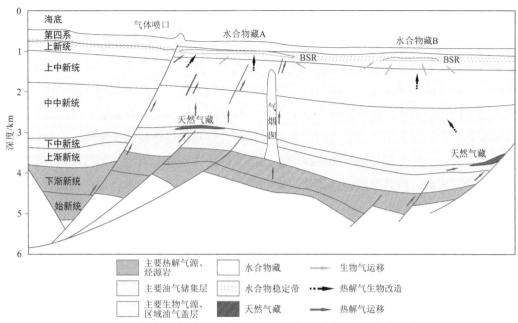

图4.20　南海北部异常区带天然气水合物成藏地质模式示意图

（二）南海东部水合物异常区带成藏地质模式

　　南海东部水合物异常区带位于东沙群岛东部与台湾岛西南之间海域，向南延伸至马尼拉海沟附近，主要范围包括台西南盆地、笔架南盆地和西吕宋海槽盆地，主要水深范围为400~3000 m。区域构造上属于俯冲增生带，BSR主要发育于增生楔上，异常区总面积为29718 km²。其中已识别天然气水合物异常区四个，区内BSR清晰、连续，一般位于海底以下300~400 ms，大致与海底平行，明显斜穿地层。

　　区内主要的烃源岩为台西南盆地深部生烃系统。根据相关样品有机地球化学分析结果，主要烃源岩为渐新统—下中新统有机质较丰富的海相泥页岩，次为侏罗系、白垩系高有机质丰度的陆相近海泥页岩。烃源岩有机质丰度较高，生源母质类型则无论是中生界还是新生界，均为腐殖型母质（Ⅲ型）。烃源岩成熟度据TCPOC盆模研究结果，该区大部分烃源岩多处于成熟-高成熟阶段，少部分已达过成熟。表明该区烃源岩多处在成熟-高成熟的气带油生烃成气窗范围，能够提供充足的烃气源。

　　在台西南盆地中央隆起带中部的部分探井所钻遇的上渐新统—下中新统烃源岩，属成熟-高成熟烃源岩，生源母质类型仍为Ⅲ型。台西南盆地中央隆起带中部所钻遇的侏罗系黑色页岩，其有机质类型属腐殖型（Ⅲ型），有机质丰富，属成熟-高成熟，部分达过熟的烃源岩，R_o达到0.8%~1.2%，接近产气高峰，是区内形成天然气水合物的主要烃源岩。台西南盆地中央隆起带中部探井均钻遇到下白垩统泥页岩，地球化学分析其有机质类型为腐殖型（Ⅲ型），有机质丰度较高，属成熟-高成熟成烃演化窗范围产气带油（凝析油）烃源岩。该区白垩系烃源岩具有良好生烃潜力，是中生代的主要烃源岩。

　　构造在东部异常区带天然气水合物成藏过程中具有重要作用。东缘异常区带紧邻南海东部边缘，属主动碰撞边缘。其构造主要受火山弧外侧新增生楔的碰撞作用控制，逆冲断层和与增生楔相关的褶皱带非常发育。由于板块的俯冲作用，临近盆地中早期沉积的烃源岩被带入增生楔之下；同时，由于挤压作用强烈，俯冲带内形成一系列叠瓦状逆断层，使得增生楔内部的压力得到释放，为烃类气体的运移提供向上运移通道的同时，也为运移提供了动力。当断层切过深部油气藏时，深部地层的高压得到释放，烃类流体析出并沿断层向上运移。在运移的过程中逐步完成相态分异，其中，甲烷气最易发生运移，其运移离最远，速度最快。浅部的褶皱构造可以给向上运移聚集的气体提供圈闭，造成甲烷气体的大量富集，在合适的温压条件下形成天然气水合物。

另外，俯冲区发育有大量底辟构造。底辟构造是在内部应力的作用下深部物质被挤入浅部的垂向构造。沉积层上拱或遭到刺穿，导致周边地层受牵引发生变形。其地震反射表现为同相轴错断、变形，内部表现为杂乱反射。泥底辟是深部流体在压力作用下释放上冲的结果，可以为深部气源的向上运移提供良好的通道。在泥底辟构造的形成过程中，会造成上覆地层和周围地层的变形和破裂，从而破坏地层的封堵作用，促进深部流体释放，对天然气水合物的成藏十分有利。这些构造活动为天然气水合物的聚集成藏提供了较为完善的输送条件。区内部分断层和底辟能量较强，活动达到海底附近，虽然可能导致流体释放，不利于气体和水合物的成藏，但其形成的流体喷口和羽状流可以作为天然气水合物存在的相关特征，有助于水合物异常区的初步识别和判定。

南海东部异常区带的天然气水合物成藏地质模式为（图4.21）区域俯冲运动将古近系（中生界）烃源岩带入增生楔内，并形成高压环境。烃源岩中的热成因烃类气体在区域挤压应力的作用下，沿着底辟和逆断层等构造向上运移。在运移过程中逐步被微生物分解作用改造，并与浅部的生物成因天然气发生混合。最终在浅部褶皱和逆断层形成的构造圈闭中发生聚集，在合适的温压带内形成天然气水合物藏。由于该区带远离盆地早期沉积中心，热解气体运移距离较远，供给有限。同时热解气在向上运移的过程中受到浅部中微生物的改造作用，主要表现为次生生物气的特征。加之浅层原生生物气的混入，该区带内的天然气水合物主要为表现生物气特征的混合成因气。

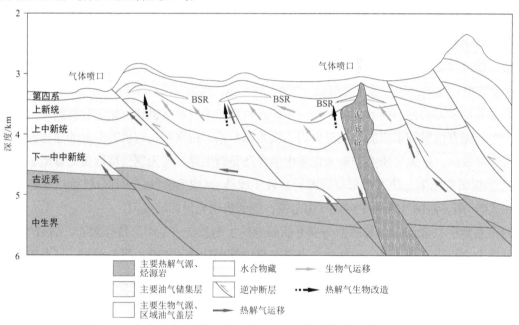

图4.21　南海东部异常区带天然气水合物成藏地质模式示意图

（三）南海西部水合物异常区带成藏地质模式

南海西部水合物异常区带位于南海西部陆架陆坡区，主要范围涵盖中建南盆地、琼东南盆地、西沙海槽盆地和中沙海槽。主要水深范围为1000~3000 m，最大水深为4000 m，其中已识别天然气水合物异常区17个。

南海西部海域始新统—下渐新统和下中新统湖相、河湖-三角洲相页岩、煤是主要的油气源岩。上始新统—渐新统烃源岩主要发育在同裂谷阶段的地堑、半地堑中，在盆地拗陷中心，渐新世沉积平均厚度为3000～4000 m，最厚达5000 m以上，生油层厚度大，主要为浅湖-半深湖相泥岩、湖相-三角洲相碳质页岩和煤。莺歌海盆地钻遇渐新世烃源岩含有的有机物质，其程度达到中等甚至很好，有机碳含量（TOC）为0.5%～5.9%，干酪根类型主要是Ⅱ型和Ⅲ型，局部深凹为Ⅰ型，主要生成天然气和石油，具有好的生烃潜力。下中新统烃源岩主要为湖相-湖（河）三角洲相、海湾相碳质页岩和煤，主要含有陆源有机质，其有机物质含量（TOC）为0.5%～1.99%，煤和碳质页岩样品TOC达到40%，局部煤层达到60%，含有机物程度达到好或很好，主要为Ⅲ型干酪根，局部为Ⅱ型干酪根，大部分样本HI小于300 mg HC/g TOC，主要生成天然气，具有较好的生烃潜力。本区天然气水合物专项研究程度相对较低，对浅部地层微生物生烃作用的定量研究还相对较少，难以评价其在天然气水合物成藏过程中的贡献。

　　构造条件是水合物富集成藏的重要控制因素，构造既是流体运移通道，又是水合物成矿场所。西缘异常区带位于南海西部边缘，其独特的大地构造位置决定了该区构造复杂，断层和不整合面非常发育。主要发育有北东向、北西向和近南北向三组正断层或张扭性断层，其中北东向断层最为发育，分布广泛，数量较多。广泛发育的断裂活动从纵、横向上将水合物稳定带与生烃拗陷贯穿起来，大多形成早于烃源岩排烃时期，对烃类流体的运移十分有利，是甲烷运移的很好通道。在垂向上，西部海域的断裂系统主要由两部分构成（图4.22），深大断裂的活动往往截止于中中新统底界面，贯穿上始新统—下中新统烃源岩，并在中部储集层富集成天然气藏，这些深大断裂是甲烷区域运移的主要通道；浅部地层另外发育一组密集的小型断裂，其活动时段为晚中新世至第四纪早期。这些小型断裂提供了继续向上运移的通道，使天然气藏调整所释放的甲烷能够进入天然气水合物稳定带，与孔隙水化合成藏。此外，还发育泥底辟构造和浅断裂，这些构造为水合物的形成提供了运移通道。

　　热流探测结果显示，中南建盆地的热流密度平均值为89 mW/m²，中西沙岛礁区和盆西海岭区热流密度平均值为74.9 ± 24.7 mW/m²。西沙海域南部测得地层温度为163℃，压力为10.2 MPa，温压条件也较适合天然气水合物的发育（杨涛涛等，2014）。

　　南海西部异常区带的天然气水合物成藏模式为始新统—渐新统烃源岩生成的烃类流体，沿深大断裂向上运移，一部分在中新统灰岩储集层中逐渐富集形成油气藏；另一部分烃类流体随着大型断裂继续向上运移，进入浅部地层的天然气稳定带中。同时，区内广泛发育断穿上新统底界面的中小尺度断层，为油气藏调整中释放的天然气提供了向上运移的通道。这两类烃类流体共同构成了本区天然气水合物形成的烃类基础。但由于缺乏相关数据，本区浅部地层微生物生烃的潜力尚不明确。进入稳定带的烃类气体在合适的温压条件下富集成藏，形成天然气水合物矿藏。随着海底温压条件的改变，部分天然气水合物的稳定条件遭到破坏，发生分解渗漏。向上渗漏的天然气在海底形成丘状体、气体喷口、羽状流等与气体渗漏相关的地质现象。在渗漏末期，受甲烷渗漏的剥蚀作用以及甲烷水解的腐蚀作用，海底发生垮塌，形成大量麻坑群。综上所述，本区带天然气水合物成藏系统表现出明显的油气、水合物同源共生关系。其微生物生烃作用的贡献尚不明确，有待进一步研究。天然气水合物的成藏过程以垂向运移为主要成藏模式，多期次、不同尺度的断裂是烃类流体运移富集的主要通道。海底的部分渗漏特征可以为水合物赋存的识别提供一定依据。

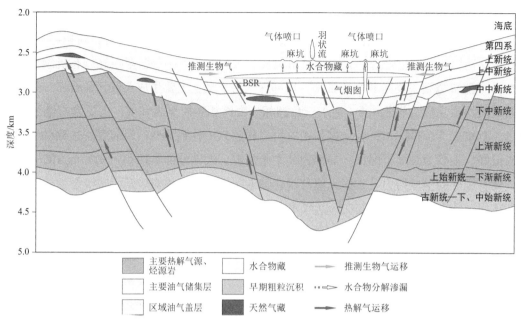

图4.22　南海西部异常区带天然气水合物成藏地质模式示意图

（四）南海南部及东南部水合物异常区带成藏地质模式

南海南部及东南部水合物异常区带位于南海南部边缘，南沙群岛东部、南部海域，南方浅滩至南薇斜坡之间的弧形区域。主要范围包括南沙海槽盆地、文莱–沙巴盆地和曾母盆地南部。主要水深范围为1000～2500 m，其中已识别天然气水合物异常区七个。该区最突出的特点是BSR分布十分广泛。

南海南部及东南部的主力生烃层位集中在始新统—中新统。

（1）礼乐盆地主要发育中生界、古新统—中始新统、上始新统—下渐新统烃源岩三套烃源岩。下—中始新统为新生代盆地主力烃源岩。该套地层主要为半深海环境形成的灰绿色-褐色含钙页岩，含微量海绿石和黄铁矿，偶见粉砂岩、砂岩，钻遇厚度约520 m，页岩有机碳含量高达1.5%～2.0%，干酪根类型以Ⅱ–Ⅲ型为主，具有中等-好的生烃潜力。

（2）曾母盆地烃源岩主要为渐新统—下中新统和中中新统海陆过渡相碳质页岩、煤层和海相泥岩。渐新统地层有机质丰度为0.12%～2.0%，干酪根类型为Ⅱ–Ⅲ型，具有中等-好的生烃潜力。下中新统烃源岩有机质含量达0.5%～2.0%，属于Ⅱ–Ⅲ型，为中等-好的烃源岩。

（3）万安盆地新生代地层主要发育两套烃源岩：①渐新统半深湖、近岸湖沼、潟湖-海湾相泥岩及煤系地层，有机质丰度较高，有机碳含量为0.5%～2.26%，为较好-最好的生油岩；②下中新统前三角洲、浅海相泥岩，有机质干酪根类型为Ⅱ–Ⅲ型，在盆地中部拗陷以Ⅱ型干酪根为主，在盆地南部的东南拗陷以Ⅲ型干酪根为主。其他盆地受限于盆地面积、烃源岩条件和研究程度，对区域性油气、水合物资源的影响较小或难以评价。此外，在南部海域以往针对天然气水合物开展的工作中，也未见对浅部地层微生物生烃作用的定量评价。结合第四纪以来的陆缘物质输送情况和沉积层厚度推断，本海域具备一定的原位生物生烃潜力。在水合物成藏过程中，生物气源应该具有相当的贡献比例。

区带内天然气水合物的分布与下伏断裂等构造体的活动表现出明显的相关性。广泛发育断裂、气烟囱，管状通道等多种类型气体疏导通道。在不同的构造位置，疏导通道的类型具有一定差异。总体来说，区带内广泛发育的断裂和底辟构造，是构成本区带内天然气水合物成藏的主要通道。

相关研究表明，南海南部及东南部海域海底平均温度为2～7℃，平均热流值为54～70 mW/m²。计算天然气水合物稳定带厚度为67～833 m，平均厚度为200～400 m（王淑红等，2005）。稳定带厚度较大，具备较好的水合物成藏条件。区带内浅部地层广泛发育三角洲、斜坡扇、滑塌和河道充填，这些相对富砂的沉积体可以为水合物成藏提供必要的储集空间。

　　天然气水合物的保存需要低温高压的环境，在部分海域，受海底温度变化，以及断裂、泥底辟等深部构造活动的影响，天气水合物的稳定条件遭到破坏。天然水合物发生分解，释放出的甲烷扩散至海底并发生渗漏。依照渗漏阶段的不同形成海底丘、流体喷口和麻坑等相关现象（图4.23）。同时，在部分渗漏点的下坡方向可见滑塌现象。天然气水合物的分解渗漏与滑坡之间的作用关系尚有争议。水合物在分解过程中会对其所在地层的物性产生显著影响，进而增大滑坡的可能性，但全球范围内尚未观测到由天然气水合物分解直接引起的滑坡，目前的研究认为，地震和负载变化仍然是触发滑坡的主要因素。同时，滑坡引起浅部地层的负载降低，间接降低了天然气水合物稳定带的压力，可能加剧天然气水合物的分解。尽管作用机理尚有争论，但大量实例证实天然气水合物分布与滑坡的相关性，故流体喷口和滑坡等相关现象对天然气水合物的存在可以起到一定的指示作用。

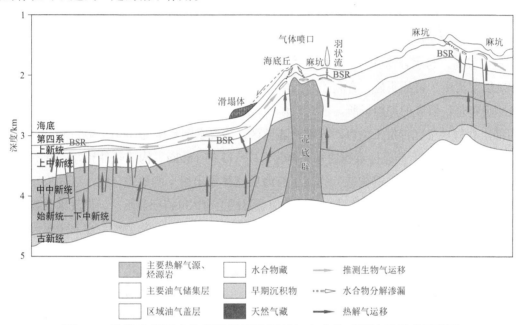

图4.23　南海南部及东南部异常区带天然气水合物成藏地质模式示意图

　　综上所述，南部及东南部异常区带天然气水合物的气源主要来自深部热成因气的运移聚集以及浅部微生物气的共同作用，进而在浅部细粒沉积层中形成天然气水合物。水合物的分布与其下发育的运移通道显示出明显的相关性，断裂、底辟、气烟囱等疏导构造发育的区域经常可见BSR显示，表明深部通道对甲烷的富集起控制作用；南海南部陆缘区海底温度较低，水深较大，为天然气水合物的保存提供了良好的条件。受环境变化、构造作用等相关因素的作用，部分天然气水合物发生分解渗漏，在海底表面可见海底丘、麻坑、流体喷口和滑塌等渗漏相关现象。可以为天然气水合物赋存区的初步识别提供参考。

三、南海水合物异常分布区带勘探开发潜力评价

　　南海北部水合物异常区带位于南海北部陆坡区，东沙群岛以南海域。主要水深范围为200～2000 m，其中已识别BSR分布区总面积45142 km²。该区水合物成矿特征非常明显，主要表现为BSR清晰、可靠，BSR与地层斜交现象明显；地震属性异常、速度高值异常明显，与BSR的分布区吻合；水合物成矿带下部

气体渗流特征明显。该区位于断裂发育的隆起带上，发育底辟构造和滑塌构造。为甲烷的运移和聚集成藏提供了通道。全区以半深海相沉积为主，局部发育等深流沉积，有机碳含量较高，沉积速率较高。ODP钻孔资料表明，该区在沉积速率、沉积组分和一些地球化学方面的特征都显示出利于天然气水合物的形成和保存。水合物成矿温压条件良好，区内顶空气及孔隙水等地球化学指标异常明显。稳定带潜在厚度大，普遍大于200 m，最厚超过300 m，是我国南海海域天然气水合物研究程度最高的区块。我国天然气水合物前两轮试采井位均位于该区带内，资源潜力大、距离陆地较近、施工作业难度较低。区带附近海域不存在主权争端，政治环境稳定，是目前南海勘探、开发前景最好的天然气水合物异常区带。

南海东部水合物异常区带位于东沙群岛东部与台湾岛西南之间海域，主要水深范围为400～3000 m，其中已识别BSR分布区面积为29718 km²。该区带是BSR地震反射特征最明显的区带。区内BSR一般位于海底以下300～400 m，大致与海底平行，明显斜穿地层。且BSR附近地震反射特征明显、清晰。天然气水合物稳定带潜在厚度较大，平均为200 m。在速度谱、波形剖面以及三瞬处理等地球物理资料提供的信息均有明显的显示，区内发育有特殊断裂带和快速堆积体等有利于天然气水合物形成分布的特殊构造体及构造区带，存在卫星热红外增温异常区和地热有利异常区。多处站位存在气态烃和孔隙水的明显异常，与天然气水合物有关的地球化学指标显示强烈。全区广泛发育滑塌扇、等深流沉积，大部分地区有机碳含量大于0.8%，沉积速率较高，与水合物有关的自生矿物黄铁矿较发育。上述证据均表明该区带具有相当的资源潜力。该区BSR反射清晰，特征明显，有利于对天然气水合物体系进行精细分析。不仅具备资源潜力，同时也是天然气水合物理论研究的理想场所。

南海西部水合物异常区带位于南海西部陆架陆坡区，主要水深范围为1000～3000 m，其中已识别BSR分布区总面积为53925 km²。调查区沉积速率大体为3.27～13.33 cm/ka。构造条件较好，特殊断裂带分布广泛，多处发育大型麻坑群和泥底辟构造，代表了有海底流体溢出留下的地貌证据。区内发现了天然气水合物存在的地球物理标志及少量地球化学异常，多条地震测线上有BSR特征显示。天然气水合物主要分布于上中新统以上地层中，主要出现在三角洲前缘与浅海接壤处，在浅海与半深海连接处也有少量分布。该区亦存在卫星热红外增温异常、烃气高含量异常；区内沉积物孔隙水硫酸盐变化梯度较大，反映存在较大向上的甲烷通量，并指示其下部可能存在天然气水合物；海底摄像发现有壳状沉积物，其上可见明显的气孔，推测可能是天然气水合物的重要赋存标志——碳酸盐结壳。上述证据均表明该区带具有一定的资源潜力。

南海南部及东南部水合物异常区带位于南海南部边缘，主要水深范围为1000～2500 m，其中已识别BSR分布区总面积62808 km²。该区最突出的特点是BSR分布十分广泛。水合物地震剖面特征明显，BSR以上存在明显的空白带，其下的弱振幅反射为游离气区。天然气水合物沉积成矿条件优越，浅表层沉积速率高，具备较好的烃源岩条件；构造条件较好，特殊断裂带分布广泛，为甲烷的运移和聚集成藏提供了通道；已发现卫星热红外增温异常和地热有利异常；推测的稳定带潜在厚度一般为100～300 m。该区带内水合物分布范围广、成矿地质条件优越，具有较好的资源潜力。但其远离陆地，地缘政治环境复杂，开发难度较大。

综上所述，南海北部异常区带资源潜力和勘探程度最高，距离我国陆域较近，是目前开发前景最好的资源区带。东部异常区带资源赋存特征明显，除良好的资源潜力外，具备较高的理论研究价值。西部异常区带亦具有一定的资源潜力，但受限于距离和地缘政治等因素，可供进一步开发的区域相对受限。南部异常区带资源潜力巨大，但不确定因素多，开发难度相对较大。

第/五/章

砂矿资源

　　我国砂矿资源调查始于20世纪50~60年代，但仅限于滨岸带砂矿的勘查评价。广东、广西、海南三省（自治区）滨岸带已发现和进行开采的大中型矿床124处、小矿床119处（王加林和屠强，2004），它们主要有锆石、独居石、磷钇矿、铌钽铁矿、钛铁矿、铬铁矿、金红石、锡石、砂金、石英砂等，大多数为复合型矿床。我国近海陆架区重矿物多达60多种，其中具有远景的矿物有金、锆石、金红石、钛铁矿、锐钛矿、独居石、磷钇矿、磁铁矿、石榴子石、金刚石等。南海目前已经探明有经济价值的砂矿资源按用途可分为两大类，包括有用重矿物砂矿和建筑用砂。南海周缘的含矿母岩为滨海砂矿形成提供了丰富的物质来源，漠阳江、鉴江、韩江、珠江、红河、澜沧江等水系则是砂矿运移输入的重要途径，在不同控矿因素作用下，有用矿物汇聚富集成为具有经济价值的矿产资源，特点是规模大、分布广。

　　本章通过对南海碎屑矿物中重矿物鉴定和品位计算，在南海海域内初步圈定出锆石、钛铁矿、锐钛矿、独居石、磁铁矿、石榴子石等重矿物异常区范围，并划分了24个有用重矿物砂矿成矿远景区和6个成矿带，包括位于南海北部陆架区锆石–磁铁矿–钛铁矿–独居石砂矿成矿带、海南岛周边海域锆石–锐钛矿–钛铁矿砂矿成矿带、南海西部锆石–磁铁矿砂矿成矿带、南海南部锆石–独居石–钛铁矿–磁铁矿砂矿成矿带、南海东部磁铁矿–锆石砂矿成矿带、台湾岛东南部海域磁铁矿–锆石–金红石–钛铁矿砂矿成矿带。

　　建筑用砂是指分布于海岸和近海，以中砂和粗砂为主，包括部分细砂和砾石的砂质堆积。海砂分选良好、品质优良，可以作为海洋工程用填料使用，经脱盐后的海砂可作为建筑集料使用，广泛用于城市建设、公路、铁路和桥梁等混凝土结构建筑（王圣洁和刘锡清，1997）；目前，广东、广西、海南、福建近海区域均有此类海砂资源分布并已有商业开采。本章建筑用砂主要是指含砂量≥50%的沉积物中的砂（0.063~2 mm），共划分了九个建筑用砂远景区。

第一节　有用重矿物砂矿资源

一、碎屑矿物及重矿物特征

（一）碎屑矿物种类及含量

　　通过在南海及邻域浅海及深海海域2606个站位表层沉积物0.063~0.125 mm粒级中，共鉴定有40种碎屑矿物，其中重矿物有20余种，包括磁铁矿、钛铁矿、锆石、金红石、锐钛矿、褐铁矿、黄铁矿、赤铁矿、石榴子石、电气石、片状矿物黑云母、白云母、绿泥石、硅酸盐矿物辉石、角闪石、绿帘石、自生矿物海绿石以及岩屑和风化矿物等。

　　综合考虑各站位重矿物出现概率及颗粒百分含量，分布相对普遍（>40%）且含量高（>1%）的矿物有岩屑、磁铁矿、角闪石、云母和火山玻璃；分布一般（<40%）且含量低（<1%）的矿物有绿帘石、赤铁矿、白钛石、金红石、石榴子石等。有用重矿物中磁铁矿、钛铁矿、锆石含量相对较高，为

1.05%～1.9%，而金红石、石榴子石含量相对较低，为0.36%～0.52%（表5.1）。

表5.1　表层沉积物重矿物成分及其含量分布表（颗粒百分含量）

重矿物	出现概率/%	平均含量/%	含量范围/%
绿泥石	25.1	3.32	0～24.04
岩屑	40.6	11.91	0.025～79.18
海绿石	31.89	6.96	0～89.07
辉石	25.56	1.82	0～15
磁铁矿	44.97	1.79	0～20.38
云母	59.98	2.15	0～38.97
黏土团	31.66	11.62	0～100
黄铁矿	8.94	1.05	0～42.13
钛铁矿	27.59	1.9	0～14.38
褐铁矿	28.89	2.34	0～44.57
绿帘石	25.63	0.85	0～14.45
角闪石	44.01	5.33	0～41.36
赤铁矿	25.36	0.62	0.001～7.97
白钛石	16.58	0.50	0～7.03
金红石	11.44	0.36	0～7.99
石榴子石	3.8	0.52	0～1.88
电气石	6.6	1.03	0～11.82
锆石	16.92	1.05	0～12.46
火山玻璃	57.63	12.91	0～95.08

（二）碎屑矿物丰度

碎屑矿物丰度（每克干样中含碎屑矿物的重量）变化范围为0.00143%～97.9%，均值为11.99%。碎屑矿物丰度总体上由陆架–陆坡–海盆呈现逐渐降低的趋势。高值区主要分布于海南岛周缘陆架和台湾浅滩西南区域，碎屑矿物丰度普遍高于50%。巽他陆架、黄岩岛、吕宋岛弧西部以及南海东南岛架西北部海域，碎屑矿物丰度也相对较高，通常为10%～30%，其他区域的碎屑矿物丰度均小于10%（图5.1）。

碎屑矿物丰度与沉积物颗粒粗细具有一定的相关性，与砂含量呈正相关，与平均粒径（Φ）呈弱负相关（图5.2）。

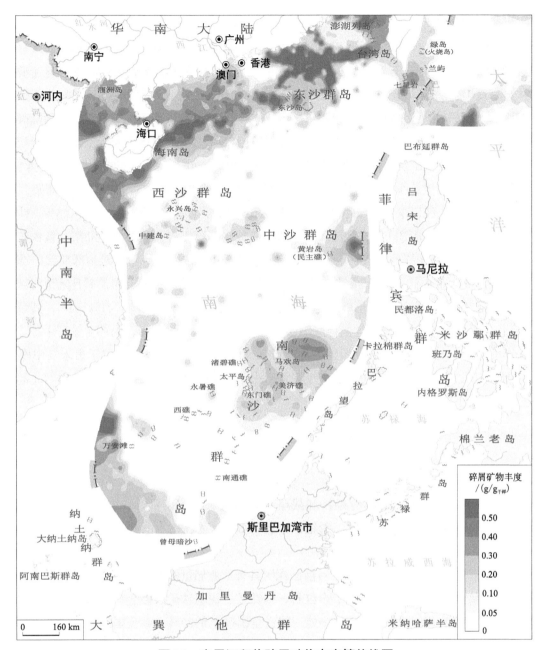

图5.1　表层沉积物碎屑矿物丰度等值线图

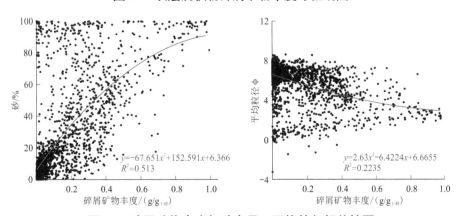

图5.2　碎屑矿物丰度与砂含量、平均粒径相关性图

（三）重矿物分布特征

石榴子石、锆石、白钛石及金红石是不易风化和蚀变的矿物，在南海以及台湾岛以东海域分布少，均仅少量分布于南海北部陆架及琉球岛坡、菲律宾海盆区。石榴子石平均含量为0.52%，高值区主要分布于巽他陆架，少量呈斑点状分布于南海北部陆架。锆石平均含量为1.05%，仅巽他陆架、南海北部珠江口东部陆架含量略高。金红石平均含量为0.36%，其中巽他陆架、北部湾北部、南海北部珠江口以西陆架的含量略高，其余海域含量低。白钛石平均含量为0.50%，含量普遍偏低，南海北部陆架及巽他陆架含量相对较高。

磁铁矿、钛铁矿、褐铁矿及赤铁矿为金属类矿物。磁铁矿分布较广泛，磁铁矿平均含量为1.79%，高值区主要分布于黄岩岛海域，少量呈斑块状分布于台湾岛西南侧和东南侧岛坡以及巽他陆架，菲律宾海盆、南海北部陆架中部珠江口东部海域略高，含量约为5%以上，其余海域含量均低于0.5%。钛铁矿、褐铁矿及赤铁矿仅分布于南海北部陆架、台湾岛坡、琉球岛坡、菲律宾海盆以及巽他陆架。钛铁矿平均含量为1.90%，高值区主要分布于巽他陆架、南海北部珠江口以西陆架，以及台湾浅滩南部局部区域，含量普遍高达5%，其余海域含量均低于1%。褐铁矿平均含量为2.34%，高值区主要分布于巽他陆架海域，含量高达9%，南海北部珠江口以西陆架、台湾岛东南侧岛坡等处略高，含量范围普遍为1%～3%，其余海域含量普遍偏低。赤铁矿平均含量为0.62%，含量普遍偏低，仅巽他陆架处含量略高，局部含量高达2%。

根据其分布特征，大致以北东向分界线为界，分为南北两区。北区高值区位于吕宋岛中南部以西海域，大致呈扇形往周边扩展，最北部可能有其他来源。南部的高值区位于民都洛与巴拉望到北部之间的西北海域，往西南含量下降。

二、有用重矿物砂矿资源分布特征

（一）主要矿种

全球范围内滨海、浅海蕴藏着具有经济和战略意义的重矿物砂矿资源，其中已被勘探和开发的矿种多达20余种，主要包括锆石、独居石、磷钇矿、铌钽铁矿、钛铁矿、铬铁矿、金红石、锐钛矿、锡石、砂金等。

我国滨浅海的重矿物种类多达60余种，目前已探明具有工业储量的滨浅海砂矿矿种有石英砂、锆石、独居石、磷钇矿、钛铁矿、锡石、磁铁矿、金红石、铬铁矿、铌钽铁矿、砂金矿以及少量的金刚石和砷铂矿等。南海已查明滨海有用重矿物砂矿100多处，约占全国砂矿的87%，而全国99%的滨海有用重矿物、95%的滨海锆石以及100%的滨海钛铁矿和独居石均集中在南海北部。

广东省的滨海有用重矿物砂矿资源相当丰富，主要为独居石、锆石、钛铁矿、褐钇铌矿、砂金、磷钇矿、锡石、石英砂等矿种，其中独居石、锆石等矿种常与钛铁矿共生。广西滨海砂矿资源蕴藏量十分丰富，有用矿种为磁铁矿、钛铁矿、石英砂等。海南省环岛海岸类型多样，有利于砂矿沉积和富集，形成丰富的砂矿资源，矿种为钛铁矿、锆石、独居石等。台湾省砂矿种类有磁铁矿、石英砂、钛铁矿、稀有金属、锆石、独居石以及少量砂金等，其中以磁铁矿和锆石分布最广。

主要重砂矿物特征如下所示。

磁铁矿：黑色、褐黑色，半自形次滚圆粒状、次棱角块状、半自形八面体状，不透明，金属光泽，高硬度，粒径为0.02～0.40 mm（部分轻微褐铁矿化）。

锆石：粉色、玫瑰色，半自形次滚圆柱状、半自形双锥状，透明–半透明，金刚–弱金刚光泽，高硬度，粒径为0.02～0.35 mm。

钛铁矿：黑色，次滚圆扁粒状、次棱角块状，不透明，金属光泽，高硬度，粒径为0.02～0.50 mm。

白钛石：驼色、灰色，次滚圆扁粒状，不透明，瓷状光泽，中硬度，粒径为0.03～0.30 mm。

石榴子石：粉色、黄红色，次滚圆粒状、次棱角块状，透明，玻璃光泽，高硬度，粒径为0.02～1.50 mm。

电气石：茶褐色，半自形柱状、次棱角块状、次滚圆粒状，透明，玻璃光泽，高硬度，粒径为0.03～0.50 mm。

黄铁矿：铜黄色，次滚圆粒状，不透明，金属光泽，高硬度，粒径为0.02～0.05 mm。

金红石：黑色、暗红色，半自形次滚圆柱状、次棱角块状，微透明–不透明，油脂光泽，高硬度，粒径为0.03～0.50 mm。

磷灰石：无色，次滚圆柱粒状、粒状、半自形柱状，透明，玻璃–毛玻光泽，中硬度，粒径为0.03～0.35 mm。

锐钛矿：天蓝色、灰蓝色、浅褐色，半自形双锥状、次滚圆粒状，透明，油脂光泽，高硬度，粒径为0.03～0.40 mm。

榍石：褐黄色、淡黄色，半自形次滚圆扁粒状，透明，油脂光泽，中硬度，粒径为0.02～0.20 mm。

独居石：浅黄绿色、橘黄色，次滚圆扁粒状，透明，油脂光泽，中硬度，粒径为0.03～0.20 mm。

铬铁矿：黑色，自形八面体状，不透明，金属光泽，高硬度，粒径为0.02～0.20 mm。

赤褐铁矿：黑褐色、红褐色，次滚圆粒状、次棱角块状，不透明，金属光泽，高硬度，粒径为0.03～0.25 mm。

铌钽铁矿：黑色，半自形次滚圆板柱状，不透明，金属光泽，高硬度，粒径为0.04～0.20 mm。

金属球粒：黑色，球粒状，不透明，金属光泽，高硬度，粒径为0.03～0.10 mm。

自然金：金黄色，片状，不透明，强金属光泽，低硬度，具延展性，粒径为0.10 mm。

磷钇矿：浅黄色，半自形扁八面体状，油脂光泽，中硬度，粒径为0.15 mm。样品中偶见，含量极低。

（二）滨海区有用重矿物砂矿分布特征

滨海砂矿大多数为复合矿床，成因类型主要以海积型为主，冲积、风积型次之，其中海积型成因矿床的矿体规模大，主要形成于沙堤、沙嘴，其次为沙地、沙滩、海积阶地；冲积、风积型成因矿床的矿体规模小，主要形成于河口堆积平原、冲积阶地、风积沙丘，少量形成于河床、河漫滩（李元山，1983；谭启新和孙岩，1988；姚伯初等，1998）。有关资源划分标准见表5.2，南海滨海、浅海砂矿的规模和分布见表5.3。

广东省沿海的滨海砂矿矿床以中小型矿床为主，大型矿床仅有3处，分为惠来-汕头-饶平、台山-新会、吴川-阳江、海丰-陆丰和琼东北-雷州半岛五个主要成矿带。

广西滨海砂矿石英砂一般与钛铁矿、独居石、锆石等一起富集成矿，综合开发利用价值高。已发现矿产地144处，查明砂矿床22处。目前已查明石英砂远景储量超过10亿t，钦州市犀牛脚和合浦县石康等地钛铁矿的保有储量为352.4万t，但已开采利用的矿床仅4处，因此具有较好的潜在资源开发和利用前景。

海南省环岛海岸已探明钛铁矿砂矿24处，储量为2096.4万t，锆石砂矿28处，独居石砂矿6处。近来在文昌市龙马新发现1处石英砂矿，在铺前锆石-钛铁矿矿区发现伴生石英砂矿床1处，储量均在2亿t以上。海南省滨海砂矿具有出露地表、易开采、矿种多、品位高、储量大、质量好、分布集中等优点，锆、钛等砂矿储量居全国第一。

南海矿产资源

台湾省目前发现磁铁矿砂矿16处，锆石砂矿13处。磁铁矿多分布在台湾岛西北和西部海岸；石英砂分布于西北部海岸；锆石、独居石及锆石–钛铁矿多分布于西北、西部海岸；砂金矿分布于东部的云雾溪河口–花莲港一带及东南部富岗海域；稀有金属砂矿及钛铁矿分布于北部和西部海岸以及南西和北西海区。

表5.2　南海滨海固体矿产资源划分标准表（据国土资源部《矿产资源储量划分标准》，2000年）

	边界品位	工业品位	大型/t	中型/t	小型/t	矿点
独居石	100～200 g/m³	300～500 g/m³	>10000	1000～10000	200～1000	<200
锆石	1～1.5 kg/m³	4～6 kg/m³	>20M	5M～20M	1M～5M	<1M
磷钇矿	30 g/m³	50～70 g/m³	>5000	500～5000	100～500	<100
钛铁矿	>10 kg/m³	>15 kg/m³	>100M	100M～20M	4M～20M	<4M
金红石	>1 kg/m³	>1.5 kg/m³	>10M	10M～2M	0.4M～2M	<0.4M
锡石	100～150 g/m³	200～300 g/m³	>4M	0.5M～4M	0.1M～0.5M	<20
金	3 g/t	5 g/t	>8	2～8	0.4～2	<100
钽矿物	10 g/m³	20～30 g/m³	>500	100～500	20～100	<20M
铌矿物	—	30～50 g/m³	>2000	2000～500	100～500	—
石英砂	—	—	>1000M	1000M～100M	20M～100M	

注：M为10⁶。

表5.3　南海滨海、浅海砂矿资源表

矿种	规模（型）	滨海/个	浅海/个	矿种	规模（型）	滨海/个
独居石	大	11	6	锡石	大	1
	中	34	26		中	6
	小	12	4		小	8
锆石	大	6	7	铌钽铁矿	大	—
	中	17	21		中	5
	小	44	57		小	6
磷钇矿	大	4		铬铁矿	大	
	中	9	—		中	—
	小	3	—		小	4
钛铁矿	大	9	2	石英砂	大	
	中	14	18		中	
	小	30	84		小	—
金红石	大	—	7			
	中	1	30			
	小	8	5252			

注：据谭启新和孙岩（1988）收集资料整理总结。

（三）浅海区有用重矿物砂矿分布特征

南海浅海具有资源远景的有用重矿物矿种主要有锆石、钛铁矿、金红石、锐钛矿、独居石、磁铁矿和石榴子石等。浅海砂矿的分布及资源评价常采用品位异常区和矿物高含量区两种划分方法，划分依据参考表5.4、表5.5。在圈定砂矿异常区时，应考虑其面积、矿种类型和矿产品位。数据经计算换算得出各矿物的品位特征，具体特征如下。

表5.4　南海浅海各有用重砂矿物品位划分标准表

矿种		工业品位 /(g/m³)	边界品位 /(g/m³)	异常下限 /(g/m³)	参考资料
重砂矿物	磁铁矿	25000	10000	2500	根据本调查区实际资料，异常大于该区平均品位，工业品位和边界品位参考钛铁矿
	钛铁矿	15000	10000	1500	据谭启新和孙岩，1988；沈若慧等，1999；陈忠等，2003；金秉福等，2004；周娇等，2018，2021；《砂矿（金属矿产）地质勘查规范》（DZ/T 0208—2002），修改
	锆石	2000	1000	250	
	金红石（锐钛矿）	2000	1000	100	
	石榴子石	6000	4000	1000	据黄龙等，2016
	独居石	300	100	30	据沈若慧等，1999；黄龙等，2016

表5.5　南海浅海重砂异常区矿物品位分级表　　　　　（单位：g/m³）

有用矿	边界品位	工业品位	I	II	III	IV	V
独居石	100～200	300～500	>100	75～100	50～75	25～50	<25
锆石	1000～1500	4000～6000	>1000	750～1000	500～750	250～500	<250
磷钇矿	30	50～70	>100	75～100	50～75	25～50	<25
钛铁矿	>10000	>15000	>10000	7500～10000	5000～7500	2500～5000	<2500
金红石	>1000	>1500	>1000	750～1000	500～750	250～500	<250
锐钛矿	>1000	>1500	>1000	750～1000	500～750	250～500	<250
锡石	100～150	200～300	>100	75～100	50～75	25～50	<25
铌钽矿	10	20～30	>10	7.5～10	5～7.5	2.5～5	<2.5

注：根据《矿产资源储量划分标准》（2000年）和《海洋调查规范》（1992年）修改。

钛铁矿、磁铁矿和锆石分布较广泛，主要集中在南海北部陆架、台湾岛西部、菲律宾海盆以及南海西南部海域，在其他海域呈零星分布；而金红石、锐钛矿和独居石的分布较少，主要分布在南海南沙地块、北部陆架、海南岛西南浅水海域；石榴子石分布范围局限，只在南海西南角分布，各矿物的品位特征见表5.6。

表5.6 南海浅海主要有用矿物的品位特征及分布表

矿物	分布站位数	品位最大值 /(g/m³)	高品位站位数 （异常品位及以上）	高品位点分布
钛铁矿	697	160291.75	115	主要集中在南海东北部陆架及陆架－陆坡转折带、南海西南部陆坡区，海南岛西部海域零星分布
磁铁矿	645	140010.12	234	主要集中在菲律宾海盆、南海东北部陆架及陆坡，零星分布于南海西部、西南部陆坡
锆石	331	73906.41	230	主要集中在台湾岛东南部、西南部陆架－上陆坡区，南海西部、南部陆坡，以及东部次海盆和海南岛西南部、东部浅水海域
金红石	270	5442.45	53	零星分布于东北陆架、台湾岛东部海域以及南海南部陆坡
锐钛矿	100	21615.88	53	零星分布于北部陆架、海南岛西南以及南海东南陆坡
独居石	36	4425.47	35	零星分布于南海东北及西部南部陆架
石榴子石	50	3038.03	11	零星分布于南海西南海域

1. 钛铁矿品位与分布特征

根据有用矿物异常区及品位划分标准，钛铁矿达到异常品位及以上的站位有115个，其中达工业品位有34个，达到边界品位有14个（表5.7）。品位异常值为2509.55～160291.75 g/m³，平均品位约15105.66 g/m³，达工业品位的面积约59823 km²，达边界品位面积约58711 km²，品位异常区总面积约325748 km²。钛铁矿品位异常区分布于南海东北陆架区和西南部陆坡区、菲律宾海盆、西沙群岛南部海域，海南岛周边海域零星分布（图5.3）；高值区集中台湾岛西部海域以及巽他陆架西南海域。

表5.7 南海及邻域钛铁矿品位信息表

钛铁矿	站位数/个	品位范围/(g/m³)	面积/km²
工业品位	34	15063.67～160291.75	59823
边界品位	14	10149.76～14509.79	58711
品位异常	67	2509.55～9756.65	325748

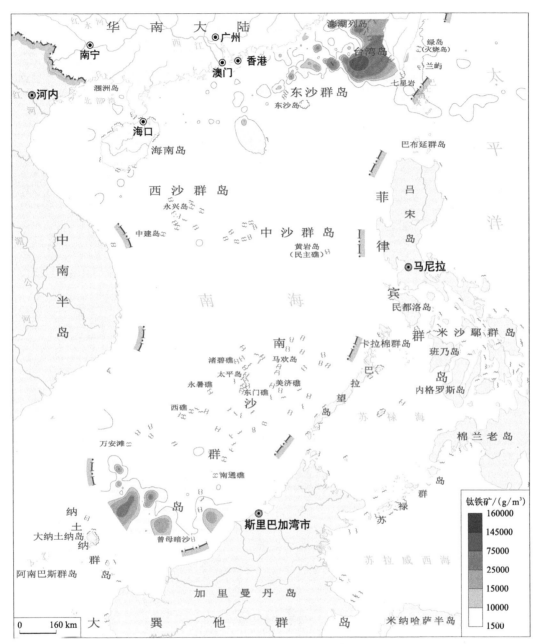

图5.3 钛铁矿品位异常分布图

2.磁铁矿品位与分布特征

根据有用矿物异常区及品位划分标准，磁铁矿达到异常品位及以上的站位有234个，其中达工业品位有58个，达到边界品位有61个（表5.8）。品位异常值为2564.34～140010.12 g/m³，平均品位约18256.86 g/m³；达工业品位的面积约45498 km²，达边界品位的面积约93946 km²，异常品位面积约233703 km²。主要呈片状、斑点状分布在南海东北陆架、菲律宾海盆，以及平行海岸线呈斑块状分布于中南半岛东部、南海西南部（图5.4）。

表5.8 南海及邻域磁铁矿品位信息表

磁铁矿	站位数/个	品位范围/(g/m³)	面积/km²
工业品位	58	25277.41~140010.12	45498
边界品位	61	10047.45~23692.77	93946
异常品位	115	2564.34~9967.27	233703

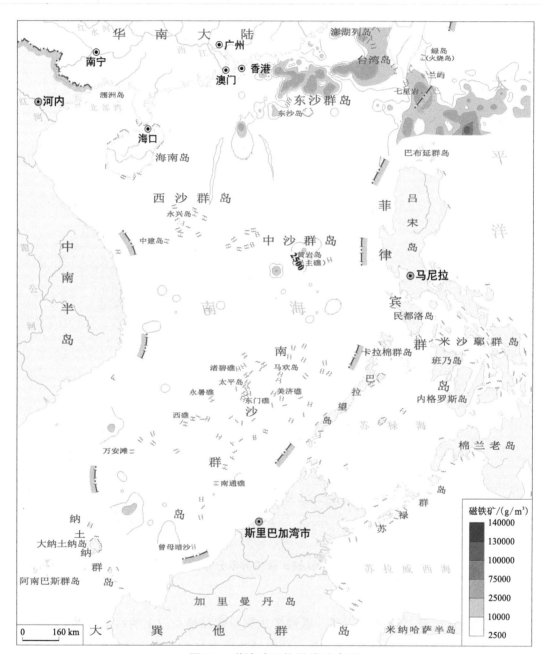

图5.4 磁铁矿品位异常分布图

3. 锆石品位与分布特征

根据有用矿物异常区及品位划分标准，磁铁矿达到异常品位及以上的站位有230个，其中达工业品位有118个，达到边界品位有42个（表5.9）。品位异常值为254.20~73906.41 g/m³，平均品位约6486.46

g/m³；达工业品位的面积约144941 km²，达边界品位的面积约67545 km²，异常品位面积约279427 km²。主要呈片状大面积分布在南海东北陆架、宋岛西部海域，在南海西南部呈条带状平行海岸线展布；其次是台湾岛东部海域、海南岛西南部和东南部海域呈斑点状零星分布（图5.5）。

表5.9　南海及邻域锆石品位信息表

锆石	站位数/个	品位范围/(g/m³)	面积/km²
工业品位	118	2028.94 ～ 73906.41	144941
边界品位	42	1002.02 ～ 1929.47	67545
异常品位	70	254.20 ～ 968.07	328414

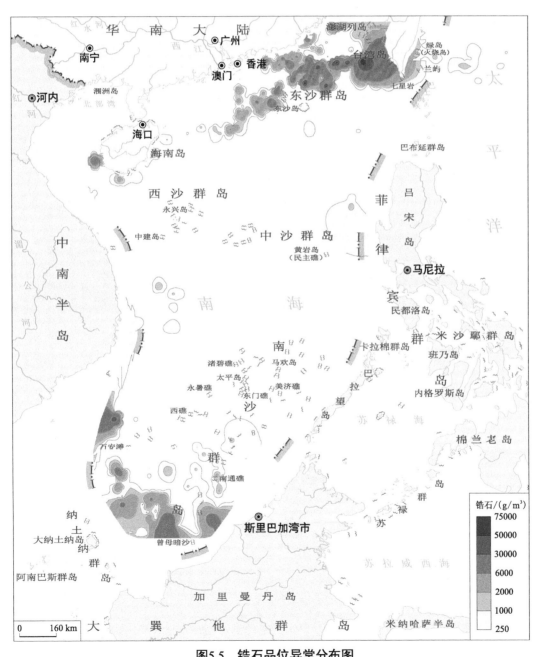

图5.5　锆石品位异常分布图

4. 独居石品位与分布特征

根据有用矿物异常区及品位划分标准，独居石达到异常品位及以上的站位有35个，其中达工业品位有26个，达到边界品位有8个（表5.10）。品位异常值为88.50～4425.47 g/m³，平均品位约1257.88 g/m³；达工业品位的面积约59174 km²，达边界品位的面积约50902 km²，异常品位面积约53966 km²。主要分布在南海南部，呈片状展布；其次是南海东北部海域，呈斑点状零散分布（图5.6）。

表5.10　南海及邻域独居石品位信息表

独居石	站位数/个	品位范围/(g/m³)	面积/km²
工业品位	26	406.90～4425.47	59174
边界品位	8	117.21～294.25	50902
异常品位	1	88.50	53966

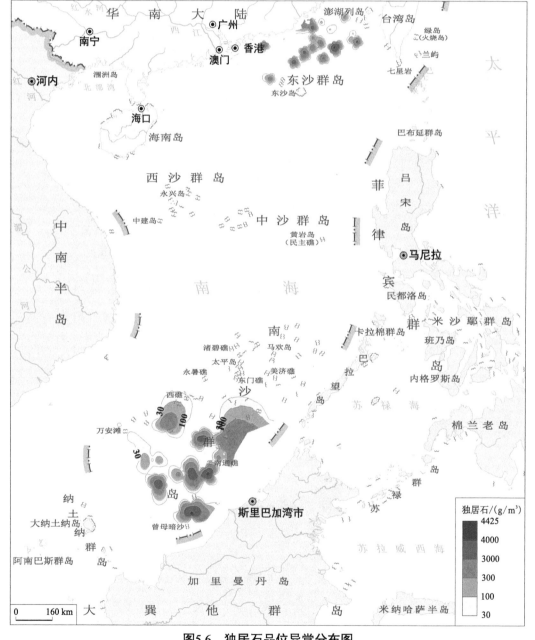

图5.6　独居石品位异常分布图

5. 金红石品位与分布特征

根据有用矿物异常区及品位划分标准，金红石达到异常品位及以上的站位有39个，其中达工业品位有6个，达到边界品位有14个（表5.11）。品位异常值为286.24～5442.46 g/m³，平均品位约1246.94 g/m³；达工业品位的面积约4196 km²，达边界品位的面积约6436 km²，异常品位面积约57435 km²。主要分布在南海南部，呈斑块状展布；其次零散分布于南海东北部海域以及台湾岛东部（图5.7）。

表5.11　南海及邻域金红石品位信息表

金红石	站位数/个	品位范围/(g/m³)	面积/km²
工业品位	6	2179.3～5442.46	4196
边界品位	14	1034～1524.66	6436
异常品位	19	286.24～974.71	57435

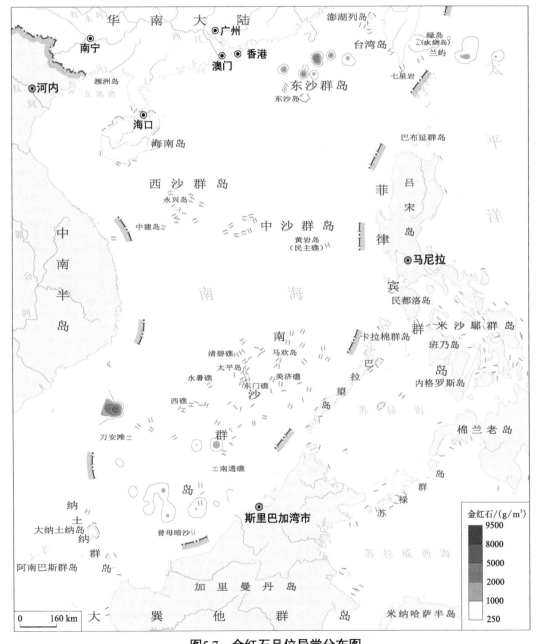

图5.7　金红石品位异常分布图

6. 锐钛矿品位与分布特征

根据有用矿物异常区及品位划分标准，锐钛矿达到异常品位及以上的站位有53个，其中达工业品位有12个，达到边界品位有24个（表5.12）。品位异常值为250.45～21615.88 g/m³，平均品位约1143.49 g/m³；达工业品位的面积约7006 km²，达边界品位的面积约11775 km²，异常品位面积约56531 km²。主要分布在南海东南部和南海北部陆架，呈块状、串珠状展布；零散分布于海南岛西北部、东北部海域（图5.8）。

表5.12　南海及邻域锐钛矿品位信息表

锐钛矿	站位数/个	品位范围/(g/m³)	面积/km²
工业品位	12	2171.91～21615.88	7006
边界品位	24	1004.24～1887.82	11775
异常品位	17	250.45～998.41	56531

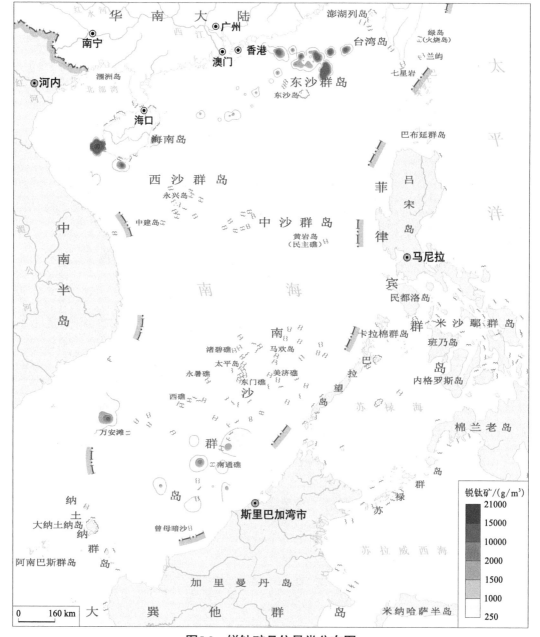

图5.8　锐钛矿品位异常分布图

7. 石榴子石品位与分布特征

根据有用矿物异常区及品位划分标准，石榴子石分布站位仅50个，其中11个站位达到异常品位，品位异常值为1001.35～3038.03 g/m³，平均品位约1588.34 g/m³，异常品位面积约11455 km²（表5.13）。分布在南海西南部，呈块状展布（图5.9）。

表5.13　南海及邻域石榴子石品位信息表

石榴子石	站位数/个	品位范围/(g/m³)	面积/km²
异常品位	11	1001.35～3038.03	11455

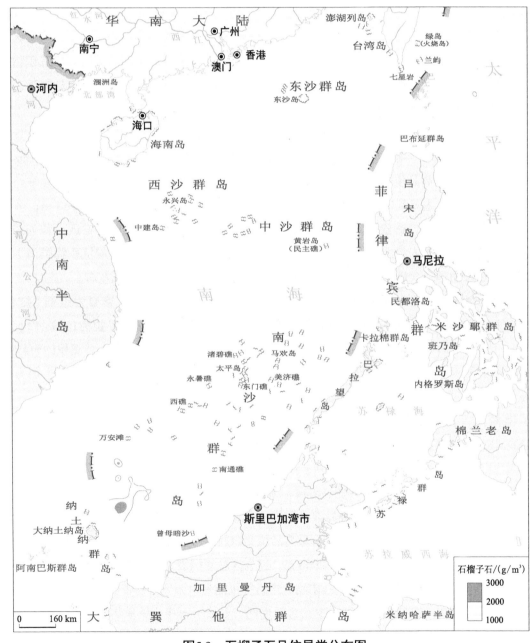

图5.9　石榴子石品位异常分布图

三、有用重矿物砂矿资源远景区

通过对南海区域地质调查成果资料的系统整理分析，根据砂矿的分布规律、大地构造背景、成矿条件以及成矿元素特征，圈定了24个成矿远景区，6个成矿带（表5.14，图5.10）。砂矿成矿主要受母岩类型、气候和水动力条件、海岸和地貌类型、沉积作用和成矿时代以及构造运动与海平面变化的控制。

（1）南海北部重矿物砂矿成矿带：南海北部海域的调查程度及研究程度均较高，矿产类型为锆石（Zr）–磁铁矿（MFe）–钛铁矿（TiFe）–独居石（Ce）砂矿复合砂矿（Zr·MFe·TiFe·Ce），包括ZS1~ZS4四个远景区。该成矿带矿种最为丰富且品位高，矿种主要为锆石、磁铁矿、钛铁矿、独居石、锐钛矿、金红石等，锆石最高品位达73906.41 g/m³，钛铁矿最高品位可达160291.75 g/m³，独居石最高品位可达4088.44 g/m³，磁铁矿最高品位达80031.21 g/m³，都达到了I~II级异常，且I级异常为主。该远景区主要集中在南海北部陆架浅海海域，大部分水深15~1200 m以内，不同水深海区均有分布，远景区总面积约为136612 km²，I级异常区面积106237 km²。矿床类型为浅滩或水下岸坡堆积砂矿，表层沉积物类型主要为含砾砂、粉砂、砂质粉砂、粉砂质砂，含砂量（0.0625~2 mm）较高，可达80%，水动力强，沉积物质主要来源于珠江、韩江、台湾岛西南水系等。

（2）海南岛周边海域重矿物砂矿成矿带：矿产类型为锆石–锐钛矿–钛铁矿复合砂矿（Zr·Ti·TiFe），包括ZS5~ZS10六个远景区，矿种主要为锆石、锐钛矿，其次为金红石、钛铁矿等，除锆石最高品位达21246.38 g/m³，锐钛矿最高品位可达21615.88 g/m³，金红石品位为1462.23 g/m³，属于I级异常外，其余为IV~V级异常。该远景区主要集中在海南岛西南部、东南部浅海区，水深一般在25~100 m，呈斑点状围绕海南岛四周海域零星分布，远景区面积相对较小，总面积约为20752 km²，I级异常面积5083 km²。物源主要为海南岛主干河流入口的邻近陆架区，来自于岛内河流携带的物质，表层沉积物类型主要为含砾泥质砂、粉砂、粉砂质砂、含砾泥、泥质砂，含砂量（0.0625~2 mm）可达50%左右。

（3）南海西部锆石–磁铁矿砂矿成矿带：主要为ZS11远景区，矿产类型为锆石–磁铁矿砂矿（Zr·MFe），矿种为锆石和磁铁矿，锆石最高品位为2095.28 g/m³，磁铁矿最高品位为10293.42 g/m³，都达到了I级异常。该远景区集中在南海西部，水深2000~4300 m，呈斑点状零散分布，总面积约为45904 km²，其中I级异常区面积1548 km²，高含量区的有用矿物可能与沿岸流有关。表层沉积物类型主要为粉砂质黏土，含砂量（0.0625~2 mm）小于10%左右。

（4）南海南部重矿物砂矿成矿带：矿产类型为锆石–独居石–钛铁矿–磁铁矿砂矿复合砂矿（Zr·Ce·TiFe·MFe），包括ZS12~ZS16五个远景区，矿种主要为锆石、独居石、钛铁矿、磁铁矿、锐钛矿、金红石、石榴子石等。该远景区由西南向东南，高含量区由平行海岸线分布变为垂直海岸线分布，由多矿种、多高含量区向单矿种、少高含量区转变。锆石、独居石、钛铁矿、金红石、锐钛矿都达到了I级异常，磁铁矿主要为II级异常，石榴子石主要为III级异常。品位由南海西南部到东南部降低，由平行岸线向垂直岸线方向降低，锆石最高品位达46800 g/m³，独居石最高品位达4425.47 g/m³，钛铁矿最高品位达38746.96 g/m³，位于南海西南部。该成矿带水深一般在100~2000 m，远景区总面积最大，约为188210 km²，I级异常区面积也最大，为130215 km²。该成矿带磁铁矿、钛矿物、锆石等可能是由湄公河携带而来，在入海口附近高含量点多、含量也高，而远离入海口，高含量点少、含量也低。石榴子石相比钛矿物、锆石，高含量点少、含量低。表层沉积物类型主要为含砾砂、泥、砂质粉砂，含砂量（0.0625~2 mm）小于10%。

（5）南海东部磁铁矿–锆石砂矿成矿带：矿产类型主要为锆石（Zr）及磁铁矿，只有三个站位达到高品位点，包括ZS17~ZS20四个远景区。该远景区位于吕宋岛西部的南海东部次海盆海山上，呈斑块状展布，水深在3000 m左右，总面积约25197 km²，其中I级异常区面积为1897 km²；磁铁矿达高品位的站位只有两个，品位分别为31044.27 g/m³、12846.14 g/m³；锆石达高品位的站位只有1个，品位为1325.93 g/m³。沉积物类型主要为砂质粉砂、钙质黏土，含砂量（0.0625～2 mm）小于30%，可能受吕宋岛物质、海底火山喷发物源以及台湾物源影响。

（6）台湾岛东南部海域重矿物砂矿成矿带：包括ZS21～ZS24四个远景区，矿产类型为磁铁矿–锆石–金红石–钛铁矿砂矿复合砂矿（MFe·Zr·Ti·TiFe），矿种主要为磁铁矿、锆石、金红石、钛铁矿、石榴子石等。该远景区分布于台西南岛坡、菲律宾海，呈东西向不规则状展布，水深变化较大，介于1000～6000 m；从近岸到远岸，由多矿种、多高含量点向单矿种、少高含量点转变。磁铁矿最高品位达140010.12 g/m³，锆石最高品位可达1694.74 g/m³，金红石最高品位可达1422.27 g/m³，磁铁矿、锆石、金红石都达到了I级异常，钛铁矿主要为III级异常，远景区总面积约为131359 km²，I级异常区面积为69544 km²。主要物源来自台湾岛，表层沉积物类型主要为含硅质含钙质黏土，颗粒总体较细，水动力弱，含砂量（0.0625～2 mm）小于10%。

表5.14　南海及邻域重砂矿物远景区表

编号	砂矿类型	位置	级别	品位/(g/m³)	水深/m
ZS1(Zr·TiFe·MFe·Ce)	锆石 – 钛铁矿 – 磁铁矿 – 独居石砂矿	南海北部陆架	I	锆石：419.73 ～ 73906.09（14）；钛铁矿：1656.18 ～ 125530.59（23）；磁铁矿：2621.12 ～ 65518.97（10）；独居石：123.33 ～ 1635.55（4）	24 ～ 3000
ZS2(Zr·MFe·Ce·TiFe·Ti)	锆石 – 磁铁矿 – 钛铁矿 – 独居石 – 锐钛矿 – 金红石砂矿	南海北部陆架	I	锆石：254.20 ～ 72275.04（92）；磁铁矿：2795.28 ～ 80031.21（83）；独居石：88.50 ～ 4088.44（19）；钛铁矿：1998.46 ～ 87532（65）；锐钛矿：250.45 ～ 11433.03（30）；金红石：604.41 ～ 5442.44（13）	17.8 ～ 1730
ZS3(Zr·MFe·TiFe·Ti·Ce)	锆石 – 磁铁矿 – 钛铁矿 – 锐钛矿 – 金红石 – 独居石砂矿	南海北部陆架	I	锆石：299.16 ～ 16233.92（50）；磁铁矿：2861.5 ～ 27582.54（28）；钛铁矿：1588.68 ～ 16596.67（15）；锐钛矿：300.54 ～ 1435.17（9）	56 ～ 500
ZS4(Zr)	锆石砂矿		III	锆石：538.07（1）	1165
ZS9(Zr·Ti)	锆石 – 锐钛矿 – 金红石砂矿	海南岛东	I	锆石：309.43 ～ 3165.31（3）；锐钛矿：2683.63（1）；金红石：1462.23（1）	70 ～ 120
ZS8(Zr·TiFe·Ti)	锆石 – 钛铁矿 – 锐钛矿砂矿	海南岛南	I～IV	锆石：578.16 ～ 3490.92（2）；钛铁矿：3108.66 ～ 3949.46（2）；锐钛矿：2959.7（1）	70 ～ 90
ZS7(Zr·Ti)	锆石 – 锐钛矿砂矿	海南岛西	I	锆石：212461（1）；锐钛矿：21615.88（1）	25 ～ 75
ZS6(Ti)	钛铁矿砂矿	海南岛西	IV	钛铁矿：4176.66（1）	60 ～ 65
ZS5(Ti)	钛铁矿砂矿	雷州半岛西	V	钛铁矿：1568.89 ～ 1978.02（3）	25 ～ 30
ZS10(Zr·Ti·TiFe)	锆石 – 锐钛矿 – 钛铁矿砂矿	海南岛西南	IV	锆石：465.15（1）；锐钛矿：788.73（1）；钛铁矿：3132.82（1）	90 ～ 100

续表

编号	砂矿类型	位置	级别	品位/(g/m³)	水深/m
ZS11(Zr·MFe)	锆石－磁铁矿砂矿	南海东部	I～II	锆石：307.27～2095.28（8）； 磁铁矿：3133.82～10293.42（7）	2000～4300
ZS12(Zr·Ti·MFe·TiFe)	锆石－金红石－锐钛矿－磁铁矿－钛铁矿砂矿	南海西南部	I～II	锆石：1980～46800（6）； 金红石：252～9540（3）； 锐钛矿：234～2700（5）； 磁铁矿：10080～12600（2）； 钛铁矿：3780（1）	100～1100
ZS13(ZrTiFeAiTiMFeCe)	锆石－钛铁矿－石榴子石－金红石－磁铁矿－锐钛矿－独居石砂矿	南海南部	I～III	锆石：250.88～17594.34（24）； 钛铁矿：1540.68～38746.96（15）； 石榴子石：1085.27～3038.03（7）； 金红石：497.45～1379.59（7）； 磁铁矿：3745.74～14338.05（7）； 锐钛矿：1265.97（1）； 独居：2531.94（1）	100～2000
ZS14(Ce·Zr)	独居石－锆石砂矿	南海南部	I	独居石：59.26～288.25（5）； 锆石：382.48～2028.94（3）	
ZS15(Ce)	独居石砂矿		I	独居石：979.93（1）	1900～2000
ZS16(Ce·Zr·TiFe.Ti)	独居石－锆石－钛铁矿－锐钛矿－金红石砂矿	南海南部	I	独居石：58.11～4425.47（12）； 锆石：367.48～9448.65（14）； 钛铁矿：1575.94～20905.14（10）； 锐钛矿：301.31～2171.91（6）； 金红石：368.13～2179.3（5）	50～3000
ZS17(MFe)	磁铁矿砂矿	南海东部	IV	磁铁矿：2787.82～4839.96(3)	3700～4100
ZS18(MFe)	磁铁矿砂矿	南海东部	I	磁铁矿：31044.27（1）	4200～4400
ZS19(MFe)	磁铁矿砂矿	南海东部	II	磁铁矿：2789.65～12846.14（7）	2700～4300
ZS20(Zr)	锆石砂矿	南海东部	I	锆石：828.22～1025.63（34）	3000～4300
ZS21(MFe)	磁铁矿砂矿	台湾岛以南	I	磁铁矿：4180.89～68240（11）	2000～3600
ZS22(MFe·TiFe·Ti·Zr·Ai)	磁铁矿－钛铁矿－金红石－锆石－石榴子石砂矿	台湾岛以东	I～IV	磁铁矿：3781.6～140010.14（73）； 钛铁矿：1747.03～5920.39（17）； 金红石：407.53～882.47（3）； 锆石：509.39～539.21（2）； 石榴子石：1218.92（1）	1000～6000
ZS23(Zr·Ti·TiFe·MFe)	锆石－金红石－钛铁矿－磁铁矿砂矿	台湾岛以东	I～IV	锆石：307.16～1694.74（8）； 金红石：296.8～1422.27（7）； 钛铁矿：1662.81～3912.65（3）； 磁铁矿：2873.7～4060.46（2）	4700～5600
ZS24(Ti·Zr·TiFe)	金红石－锆石－钛铁矿砂矿	台湾岛以东	I	金红石：286.24～1405.58（3）； 锆石：507.11～1624.4（2）； 钛铁矿：2081.36～2345.42（3）	4000～5200

注：级别以每种矿种最高级别统计；（ ）内为站位个数。

图5.10　南海及邻域重矿物砂矿远景区分布图

四、典型区域重矿物砂矿特征

（一）南海北部陆架重矿物砂矿资源特征

南海北部陆架东起台湾海峡，西至海南岛东侧，与我国华南地区重要的经济海岸带紧密相连。大陆架每年从周围河流接收大量陆源物质，雷州半岛至九龙江口共计每年输入碎屑沉积物约103万t（陈亮等，2016；Cao et al.，2019）。吴淑壮等（2016）分析了南海北部陆架区表层沉积物273个样品，其在表层沉积物中共鉴别出18种重矿物，其中重矿物占碎屑矿物的0.01%~4.73%（平均为0.26%）。这些重矿物包括了铌钽铁矿、金红石、独居石、锆石、白钛石、锡石、钛铁矿、磷钇矿等含稀有金属矿物。各种类重矿物的在每个站位具有较大差异，其中站位出现率最高的矿物为钛铁矿（99.63%），其次为锆石（91.6%）、白钛石（56.8%）；同时平均质量分数最高的是钛铁矿（15.37%），锆石次之（2.78%）。

根据南海北部陆架重矿物砂矿中锆石（$ZrSiO_4$）、锡石（SnO_2）、钛铁矿（$FeTiO_3$）、金红石（TiO_2）、磷钇矿（YPO_4）、独居石[$(Ce，La，Nd，Th)PO_4$]及铌钽铁矿[$(Fe，Mn)(Nb，Ta)_2O_6$]等矿物的化学组成特点，对部分稀有金属元素进行了合并，如Nb、Ta和Ce、La、Nd、Th，采用普通克里金插值法绘制得到元素（或组合）质量分数的等值线分布图如5.11所示。

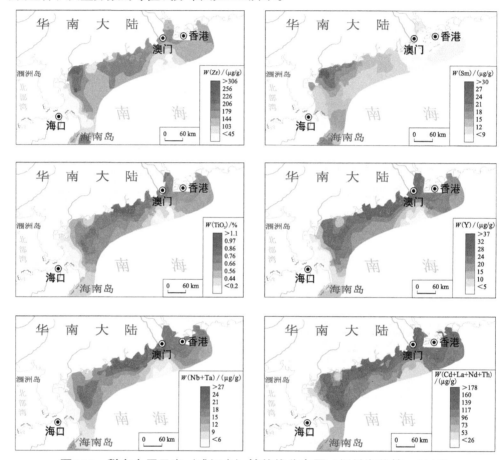

图5.11　稀有金属元素（或组合）等值线分布图（据吴淑壮等，2016）

一般认为南海北部的沉积物主要来源是陆源碎屑，河流的输入以及近岸陆源风化是该区沉积物的主要来源（陈丽蓉等，1986；吴淑壮等，2016）。大量的陆源碎屑在河流的携带下经过滨海区输送到浅海，碎屑沉积物的粒度与磨圆随着输送的距离不断变小和变好。因此，南海北部重矿物的类型与分布会受到沿岸基岩分布的控制。通过南海北部陆架沉积物稀土元素（REE）的分布特征，也反映了沉积物来源于华南大陆的花岗质母岩，特别是其分布受控于河流的输送影响（吴淑壮等，2016）。对沉积物来源的相关研究也表明，南海北部陆架的物质来源主要为入海泥沙（方建勇等，2014）。整个华南大陆海岸线长约5000 km，沿岸入海河流数百余条，对于沉积物贡献最大的河流当属珠江。珠江发源于西藏东南部，其沉积量来自四个主要支流，即西江、北江、东江和溪流河，珠江流域内碎屑锆石与南海北部盆地沉积物碎屑锆石也指示了珠江是该区沉积物最大来源（He et al.，2020）。此外，重矿物的分布除了受控于物源输入外，也与水动力环境的变化有关（Morton and Hallsworth，1999）。重矿物相关元素分布显示（图5.11），高值区主要集中在河口，这与河口水动力条件的变化导致重矿物沉积物有关（李正刚等，2011）。同时在研究区内，通常会形成一个向西的沿岸流（何映辉等，2009），这也是导致重矿物含量在该区会由东向西逐渐变少的一个控制因素。

沉积物的TiO$_2$主要来源是钛铁矿和金红石，且海水自生沉积物中TiO$_2$的富集量非常低，因此可以认为TiO$_2$指示了钛铁矿和金红石的分布；而钛铁矿和金红石的陆源产物主要来自于变质岩，珠江流域和海南岛东部具有变质岩能够提供物源。因此，钛铁矿和金红石受到了海南岛和珠江三角洲的共同控制，其来源可能与冰后期古珠江三角洲的残留沉积物有关（方建勇等，2014）。沉积物的Zr主要指示了锆石的含量，对比南海北部陆架重矿物与近岸滨海主要矿种的分布，其中锆石受控于雷州半岛以及海南岛东部滨海砂矿（吴淑壮等，2016）；而其余矿物的分布与近岸滨海砂矿之间并不存在完全的区域对应关系或继承性。综上所述，南海北部重矿物来源分布虽然主要受控于物源，但也受到了复杂的海流搬运导致分布存在一定的改变。

（二）南海东部重矿物砂矿资源特征

南海东部海域是指从台湾以南到菲律宾吕宋岛西南之间的区域，该区沉积物以褐色和灰色沉积物为主，沉积物的颜色受控于物质来源，包括铁锰结核与火山物质（张富元等，2004）。杨群慧等（2002）对南海东部（116°～121° 14′ E，12°～22° N）共188个站位的表层碎屑及自生矿物进行了鉴定分析，确定重矿物共计50余种。结果指示不同种类的重矿物含量大不相同，单矿物的含量变化为1.11%～12.82%。其中主要的矿物组成为普通角闪石、铁锰微结核、磁铁矿、普通辉石，总和约占重矿物总量的68.01%；次要矿物有绿帘石、黑云母、白云母、钛铁矿、自生黄铁矿、紫苏辉石、赤铁矿；少量玄武闪石、阳起石、锆石、石榴子石、磷灰石、榍石、白钛石等；极少量矿物，如电气石、金红石、硅灰石、独居石等仅在南海东部的局部海区或少数站位可见（杨群慧等，2002）。

不同矿物的分布特征结果显示，普通角闪石的含量分布从北向南，呈中-低-高的分布特点，高值区集中分布在南海东部的南处，且与玄武闪石、无色火山玻璃分布格局相似；普通辉石和紫苏辉石的高值区主要分布于南海东部的东北处邻近巴士海峡海域、吕宋海槽等区域，其分布与褐色火山玻璃的分布相近，此外，巴士海峡以西海区沉积物较粗，常含砂岩块和砾石（张富元等，2004），因此推测其来源可能与海底基性火山来源的物质有关；磁铁矿的分布广泛且含量较高（>30%），主要位于南海东部的南处，小部分出露于北坡-笔架海山附近，其分布范围与褐色火山玻璃相似，推测也与火山物质相关；钛铁矿、帘石类、锆石、石榴子石、榍石、金红则主要分布于靠近台湾的陆坡区，推测其来源于台湾岛风化剥蚀。事实上，台湾省以南到巴士海峡海域沉积物以陆源沉积物分布为主，这与沉积物中[87]Sr/[86]Sr值由0.718994降至0.706064的特征是一致的，一般认为[87]Sr/[86]Sr=0.719时指示来源与陆源碎屑，而在黄岩岛附近的火山灰中[87]Sr/[86]Sr值为0.704111～0.704370，指示与地幔源有关（张霄宇等，2003）。自生矿物主要包括铁锰微结核、黄铁矿、海绿石等，高值区主要是北部水深3500～4500 m的下陆坡和深海平原，一般认为来源大陆（李志珍和张富元，1990），但其分布具有一定集中性可能是受控于火山作用（马淑兰等，1987）。

总体上，南海东部的重矿物来源较为复杂多样，包括陆源、火山、自生等各种不同来源。这是因为沉积物分布主要受到沉积环境的影响（石学法，1992）。研究区北缘为南海大陆坡，陆坡以下的深海平原上分布了众多海山；东缘为一活动的、向东倾的俯冲带——吕宋沟弧区，地震火山活动频繁。其中陆源碎屑矿物主要分布在水深3500 m以浅的北部陆坡，而自生沉积矿物主要分布于16°～20° N的下陆坡区和深海平原，火山碎屑矿物则主要分布于15° N两侧的深海平原和海山区（杨群慧等，2002）。

（三） 海南岛周边海域重矿物砂矿资源特征

海南岛地形地貌变化是从中部高山区向四周海洋逐渐降低的，十分有利于地表径流的物质搬运。海南岛近海海域，其碎屑沉积物由其自身母岩风化、冲刷沉积所致（陈丽蓉等，1986）。构成岛体的母岩、母质主要是花岗岩（占46.7%）、玄武岩（占9.5%）、砂页岩（占20.7%）和浅海滨海沉积物（占15%）等（龚子同等，2004），这些岩石和第四纪沉积物是周边近海沉积的首要物质来源，为重砂矿物的形成提供了丰富的物源；海南岛沿岸昌化江、感恩河、望楼河、抱河、宁远河等陆源河流供给形成的陆架残留沉积物为重砂矿物的富集提供了物质来源；粉砂质砂、砂质粉砂、砾质泥、砂等粗粒沉积物类型也有利于重砂矿物的保存。

20世纪80年代初，广州海洋地质调查局在海南岛周边30 m水深以浅的海区，开展了1∶50万区域重矿物表层采样分析，依据样品中钛铁矿、锆英石、金红石、独居石的含量，在海南岛周边近岸浅海划分出九个重矿物找矿远景区（图5.12），砂矿主要赋存在全新统烟敦组中细砂层中，有用重矿物主要是锆英石和钛铁矿。

2010~2014年，青岛海洋地质研究所与海南省海洋地质调查研究院合作在海南岛周边约30 m水深以浅海区开展了砂矿资源潜力调查与评价工作，发现的矿体含矿层位为粉砂–泥质粉砂，有用重矿物则主要是金红石、锆英石，伴生白钛石、钛铁矿和少量独居石、磷钇矿。

周娇等（2018，2021）根据2014~2021年广州海洋地质调查局在海南周边的调查资料，相继在海南岛西南浅海发现三个潜在的有用重砂矿资源成矿远景区，以及海南岛东南部两个潜在的有用重砂资源成矿远景区。其中海南岛西南浅海有用重砂矿物以钛铁矿、锆石、金红石为主，其次是磁铁矿；海南岛东南部浅海有用重砂矿物以锆石、独居石、金红石、钛铁矿为主，黎安港–港坡港近海重砂矿物成矿远景区，水深30~60 m，面积约为1300 km²，沉积厚度为1.25 m，初步估算重矿物砂体规模为3.41亿m³，约4.92亿t，具有较好的开发前景。

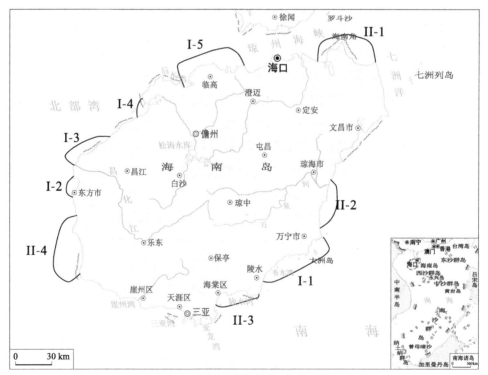

图5.12　海南岛周边近浅海锆钛砂矿远景区分布图

I-1：港坡港–保定海远景区；I-2：八所港远景区；I-3：昌化–南罗远景区；I-4：白马井远景区；I-5：新盈–马袅远景区；
II-1：铺前-景心角远景区；II-2：港北-博鳌远景区；II-3：新村港-南湾海远景区；II-4：莺歌海-感城远景区

第二节 建筑用砂资源

随着全球城市化和工业化的持续演进，砂作为基建和工业发展的必需品，用量也随之激增。全球每年有320亿～500亿t的砂用于制造混凝土、玻璃（Geiker et al.，2019）。建筑用砂砾石的资源量与开采问题已经受到广泛关注（王圣洁等，2003；Geiker et al.，2019）。建筑用砂是指分布于海岸和近海，以中砂和粗砂为主，包括部分细砂和砾石的砂质堆积。海砂分选良好、品质优良，可以作为海洋工程用料使用，经脱盐后的海砂可作为建筑材料使用。世界上发达国家纷纷大力推进海砂资源的开发，如以英国、日本、荷兰等为代表的30多个沿海国家于20世纪初、中期就已经开始利用近海建筑砂资源。特别是20世纪80年代以来，各国陆地建筑用砂源减少，加之环境保护的压力，迫使各国重新认识近海海砂资源的潜力。海砂资源以其分布广泛、资源丰富、分选好、品质优良、海上运输方便、开采较少影响到周围环境、能够保证区域可持续发展的优势而获得普遍的关注。各国根据实际情况，对海砂分布、矿床类型、开采技术、开采对环境影响等方面的问题进行了不同程度的综合研究，显著提高了海砂开发利用的效益（Narumi and Sekine，1989；Wang，2001；Boyd and Rees，2003）。

我国海砂资源调查始于20世纪60年代，但仅限于滨岸带海砂的勘查评价。20世纪80年代开始对近海建筑砂矿进行勘查评价，特别是20世纪90年代中后期，由于国内外市场的需求，驱动了我国近海建筑用砂矿床的勘查与开发，并陆续探明了几十处矿床。中国浅海海砂资源非常丰富，主要集中在台湾浅滩、琼州海峡东口、珠江口外，是良好的建筑用砂（王圣洁等，2003；仝长亮，2018）。与国外相比，我国建筑用砂相关的调查评价与研究开发还相对滞后。对我国近海建筑用砂矿床特征进行研究，不仅能丰富我国近海沉积体系以及有用矿产的研究，同时还能为我国建筑用砂开发拓展新的领域，对我国近海海砂资源的调查评价与勘查开发也具有一定的指导意义，可以提高找矿的有效性和开采工艺的合理性，减少经济风险。再者，通过对不同类型矿床形成、赋存条件及水动力环境的研究，可以制定环境保护的有效措施，防止海砂开采对环境的负面影响。本节根据南海沉积物实测资料分析，结合对前人研究成果的总结，对南海海砂资源进行远景预测，同时基于国内外最新研究进展对部分有利区域海砂资源的特征与成因进行系统归纳和总结。

一、我国建筑用砂资源特征及分布

我国现已探明的近海建筑砂矿主要分布在辽宁、山东、浙江、福建和广东省近海海域，据不完全统计共计27处，查明资源约计20亿t（表5.15）。

表5.15 中国近海建筑砂矿床分布及特征简表

矿床编号	地理位置	岸距/km	水深/m	矿石类型	矿床类型	矿床规模
1	辽宁省绥中六股河河口外海域	<5	<10	—	全新世三角洲水下沙坝型	—
2	辽宁省绥中六股河口南部海域	3～5	<10	—	全新世三角洲水下沙坝型	—
3	辽宁省瓦房店李官镇白沙山西北海域	18	6～9	—	中砂全新世潮流沙脊（席）型	大型
4	山东省烟台市庙岛群岛南部海域	4	12	中粗砂	全新世潮流沙脊型	中型
5	山东省烟台经济技术开发以北近海海域	1～2	12～20	中粗砂、中细砂	全新世潮流沙脊型	大型

续表

矿床编号	地理位置	岸距/km	水深/m	矿石类型	矿床类型	矿床规模
6	山东省威海市双岛湾入海口处	0～3.5	0～5	中细砂、细砂	全新世潮流沙脊型	中型
7	山东省荣成桑沟湾东浅海海域	5	10～20	砾砂	全新世潮流沙脊型	—
8	山东省海阳千里岩东北海域	25	25～30	中砂	更新世（古）河谷埋藏型	大型
9	山东省青岛市胶州湾外海域	5	>12	砾砂、中砂	更新世（古）河谷埋藏型全新世潮流沙脊型	大型
10	山东省日照奎山嘴南–虎山以东海域	5	8～12	中细砂、细砂	更新世（古）三角洲型	大型
11	浙江省舟山岛西北端和长白山岛附近海域	1～5	35～46	砾砂、粗砂	全新世潮流冲刷槽型	大型
12	浙江省舟山西蟹西南和摘箬山以南海域	0.4～3	47～119	砾砂、粗砂	全新世潮流冲刷槽型	大型
13	浙江省舟山市崎头洋海域	1.5～4	28～80	中砂、粗砂	全新世潮流冲刷槽型	大型
14	浙江省宁波北仑港区附近海域	1～2	40～70	中粗砂、中细砂、细砂	全新世潮流冲刷槽型	大型
15	浙江省温州洞头县大门岛海域	1～4	0.9～7.5	中细砂	全新世潮流沙脊	大型
16	福建省沙湾官井洋白马门口海域	<5	<5	细砂	全新世三角洲型	—
17	福建省南日岛海域	<5	<10	中砂、细砂	全新世潮流沙脊	中型
18	福建省惠安县泉州湾海域	1～2	3.0～10	中砂、细砂	全新世潮间带浅滩型	大型
19	福建省九龙江口外海域	<5	<10	—	全新世潮间带浅滩型	大型
20	福建省九龙江海门岛西北海域	<5	<10	—	全新世潮间带浅滩型	—
21	广东省珠江口外伶仃岛海域	3	26～30	粗砂、中砂、细砂	更新世（古）岸线型	大型
22	广东省珠江口外伶仃水道	2.5	5～18	砾砂、粗砂、中砂	更新世（古）三角洲型	大型
23	广东省东莞市沙角水域珠江口龙穴水道	7.5	<5	中粗砂、中细砂	更新世（古）三角洲型	大型
24	广东省伶仃洋沙湾东南、龙穴水道西北水域	4～5	<20	粗砂、中细砂	全新世湾口潮流沙坝型	大型
25	广东省珠江口龙穴水道与矾石水道间水域	12	4.9～8.9	粗砂、中细砂	全新世潮流沙脊型	大型
26	广东省湛江南山礁利剑门海域	<5	<10	—	全新世潮流沙脊型	—
27	广东省湛江市东海岛北、南三岛西南海域	2	2～5	粗砂、中砂、细砂	全新世三角洲水下沙坝型	大型

注：据国土资源部开发司资料。

现已探明的近海建筑砂矿床分布水深一般小于10 m，部分矿床水深为10～35 m，个别水深可达40～119 m，如浙江舟山群岛一带海域的全新世潮流冲刷槽型砂矿床和更新世河谷型埋藏砂矿床。砂矿床距离现今海岸线一般小于5 km，仅有少量矿区的离岸距离大于5 km，如山东海阳千里岩东北海域更新世河谷型埋藏砂矿床岸距达25 km。建筑砂矿床有全新世潮流沙脊型、全新世潮流冲刷槽型、现代及古三角洲沙坝型、现代及古滨海型、更新世古河谷型。现已探明的矿床以大型为主，个别为中型矿床。

二、南海建筑用砂资源分布远景

通过对广州海洋地质调查局1999～2016年实测资料的系统分析，对南海建筑用砂进行远景预测。其中砂是指颗粒粒径为0.063～2 mm的组分，其含量是在实验室中用筛析法测定。南海海域砂含量为0～100%，平均含量为22.33%，初步统计含量大于等于50%的海域为建筑用砂的远景开采区。

砂含量大于50%的区域主要分布于南海北部海南岛西南面到台湾海峡南部一线以北海域，其次为南部礼乐滩、万安滩、曾母暗沙附近海域，其余海域极为罕见，总面积为246397 km²（图5.13）。

图5.13 建筑用砂远景区分布图

具体建筑用砂远景区按地理位置顺序编号，主要特征如下（表5.16）。

（1）东沙群岛–台湾浅滩海域，分布水深为24～1198 m，位于南海北部东沙群岛和台湾浅滩附近陆架和陆坡海域，为南海最大建筑用砂远景分布区，面积为110226 km²。该区东沙群岛附近海域，以粗砂和中砂为主，局部细砂较多，其次为白色贝壳碎片和有孔虫颗粒，极少量重矿物，东沙群岛附近碳酸钙大于50%，碎屑矿物含量较少。其余海域碳酸钙含量较低，以碎屑矿物为主。

（2）海南岛东部–珠江口海域，分布水深为24～171 m，位于南海北部海南岛东部–珠江口一线陆架、陆坡海域，面积为43307 km²。砂占绝大多数，其含量为49.42%～81.71%；砾石含量为0.11%～8.46%；粉砂含量为12.74%～40.78%；含大量贝壳碎片和有孔虫颗粒。常见的有磁铁矿、锆石、锐钛矿等。该区局部海域碳酸钙含量较高。

（3）北部湾–莺歌海海域，位于海南岛西面和西南面的北部湾和莺歌海海域，分为南北两块，面积分别为11115 km²和1828 km²，总面积为12943 km²。砂占绝大多数，其含量为49.42%～81.71%；粉砂含量为12.74%～40.78%；碳酸钙含量较低，以碎屑矿物为主。

（4）琼东南海域，位于海南岛南面，西沙群岛西面的琼东南海域面积为1524 km²，以粉砂为主，其含量为65.74%～68.39%。

（5）万安滩海域，分布水深为65～195 m，位于东南部万安滩以西海域和西卫滩海域，面积分别为49163 km²和296 km²，总面积为49459 km²。粒级以粗砂为主，中砂、细砂含量较少；砂含量高达68.19%～97.44%，占据绝对优势。粉砂含量少，含量为1.94%～22.23%。砂质组分以石英、长石为主，其次为含白色、黄灰色贝壳碎屑和有孔虫颗粒，并含一些重矿物，如锆石、独居石等。该区只有西卫滩海域碳酸钙含量高外，其余海域碳酸钙含量较低，以碎屑矿物为主。

（6）曾母暗沙和南康暗沙海域，分布水深为65～195 m，位于南北曾母暗沙西和南康暗沙东南海域，面积分别为8778 km²和1146 km²，总面积为9924 km²。粒级以粗砂为主，中砂、细砂含量较少，碳酸钙含量较低。砂质组分以石英、长石为主，碳酸钙含量较低，以钙质生物碎屑为主。

（7）礼乐滩海域，位于南沙群岛礼乐滩海域，面积为17766 km²。以粗砂和中砂为主，细砂较少，该区碳酸钙含量较高，绝大部分海域含量大于50%，含大量贝壳碎片，可称为贝壳砂。

表5.16 建筑用砂远景区分布情况表

序号	分布海区	面积/km²	主要成分
Js1	东沙群岛－台湾浅滩	110226	粒级以粗砂和中砂为主，局部细砂较多，其次为白色贝壳碎片和有孔虫颗粒，以及少量重矿物，东沙群岛附近碳酸钙大于50%，碎屑矿物含量较少。其余海域以碎屑矿物为主
Js2	海南岛东部－珠江口	43307	砂含量为49.42%～81.71%；砾石含量为0.11%～8.46%；粉砂含量为12.74%～40.78%；含大量贝壳碎片和有孔虫颗粒，碳酸钙含量大部分海域较低（10%～30%）。常见的重矿物有磁铁矿、锆石、锐钛矿等
Js3	北部湾－莺歌海	12943	砂含量为49.42%～81.71%；粉砂含量为12.74%～40.78%；碳酸钙含量较低，以碎屑矿物为主
Js4	琼东南	1524	以粉砂为主，其含量为65.74%～68.39%，碎屑矿物为主，碳酸钙含量较低（20%～30%）
Js5	万安滩	49459	粒级以粗砂为主，中砂、细砂含量较少；砂含量高达68.19%～97.44%，占据绝对优势。粉砂含量少，含量为1.94%～22.23%。砂质组分主要以石英、长石为主，其次含贝壳碎屑和有孔虫颗粒，并含一些锆石、独居石等重矿物
Js6	曾母暗沙和南康暗沙	9924	粒级以粗砂为主，中砂、细砂含量较少，碳酸钙含量较低。砂质组分主要以石英、长石为主
Js7	礼乐滩	17766	粒级以粗砂和中砂为主，细砂较少，该区碳酸钙含量较高，绝大部分海域含量大于50%，含大量贝壳碎片，可称为贝壳砂
Js8	吕宋岛弧西侧	435	粒级以粉砂为主，矿物主要有石英、长石、钙质生物等，碳酸钙含量较高（大部分海域大于50%）
Js9	巴士海峡	813	以砂为主，含量为44.37%～60.71%，粉砂含量为20.52%～35.26%，砾石含量为13.05%～13.77%。重矿物含量达50%左右，主要有钛铁矿、独居石、锆石等

三、典型海域的建筑用砂资源特征

（一）福建近岸海域

福建海域地理位置独特，位于南海与东海的交界处，包含台湾浅滩，其海岸线长且曲折，受到流域、港湾、潮流等作用，形成了福建海砂资源分布广、蕴藏量大的特征，其产状以表层的潮流沙脊为主（彭钰琳等，2014）。基于多波束水深资料，对识别出的沙脊开展形态学研究，福建浅海潮流沙脊的平面分布特征如表5.17所示。

表5.17 福建浅海潮流沙脊平面分布特征表（据贾磊等，2020）

编号	底质	面积/km²	x轴长度/km	y轴长度/km	沙波间距/m	水深/m	沙脊方向
福-1	粉砂	4.8	4.9	1.4	50～100	25～30	东西
莆-1	砂	98.0	13.2	7.3	200～1000	10～30	南北
莆-2	砂	8.2	3.2	3.1	200～300	25～35	东西
莆-3	粉砂	28.4	11.8	3.2	150～500	25～35	东西
莆-4	粉砂	8.2	3.2	2.9	50～300	15～25	东西
莆-5	粉砂	3.7	2.8	1.9	500～1000	10～20	北西－南东
泉-1	粉砂	73.7	20.9	5.0	300～500	50～55	北东－南西
泉-2	砂	200.9	29.3	12.3	500～1000	55～65	北东－南西
厦-1	砾砂	78.8	16.7	5.5	500～1000	15～25	北东－南西
厦-2	砂	39.3	20.1	2.2	150～1000	15～25	北东－南西
厦-3	砂	210.6	31.3	6.8	100～1000	～20	北东－南西
厦-4	砂	76.2	20.1	4.9	200～500	40～50	北东－南西
厦-5	砂	36.2	12.3	3.3	200～500	25～50	北东－南西

福州近海海域发现1个规模较小的沙脊区（福-1沙脊区）[图5.14（a），表5.17]。福-1沙脊区内的海水深度为25～30 m，整个沙脊沿东西向呈纺锤形展布，主体长约4.9 km、宽约1.4 km、面积约4.8 km²，底质以粉砂为主。沙脊由近南北向的沙波组成，沙波间距为50～100 m（表5.17）。

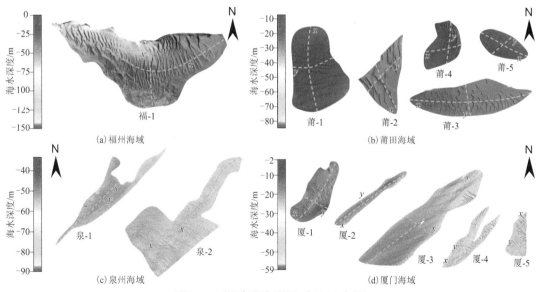

图5.14 福建浅海潮流砂体示意图

莆田近海发现五个沙脊区[图5.14（b），表5.17]，整体上发育的规模大小不一。莆-1沙脊区海水深度为10～30 m，近南北向呈矩形状展布，主体长约13.2 km、宽约7.3 km、面积约为98.0 km²，底质以砂为主。莆-1区沙脊由近东西向的沙波组成，沙波间距为200～1000 m。莆-2沙脊区海水深度为25～35 m，主体长约3.2 km、宽约3.1 km、面积约为8.2 km²，底质以砂为主。莆-2沙脊区西北侧无数据，推测西北侧仍有沙脊展布，总体上沙脊由近南北向的沙波组成，沙波间距为200～300 m。莆-3沙脊区海水深度为25～35 m，东西向展布近似矩形，主体长约11.8 km、宽约3.2 km、面积约为28.4 km²，底质以粉砂为主。莆-3沙脊由近南北向的沙波组成，沙波间距为150～500 m。莆-4沙脊区水深为15～25 m，东西向展布不规则发育，主体长约3.2 km、宽约2.9 km、面积约为8.2 km²，底质以粉砂为主。莆-4沙脊北侧无数据，推测北侧仍有沙脊展布。莆-4沙脊由近南北向的沙波组成，沙波间距为50～300 m。莆-5沙脊区海水深度为10～20 m，北西–东南向展布，近似菱形，主体长约2.8 km、宽约1.9 km、面积约为3.7 km²，底质以粉砂为主。莆-5沙脊由北东–南西向的沙波组成，沙波间距为500～1000 m。

泉州近海海域面积较大，在其西南部发现两个潮流砂体区，规模较大[图5.14（c），表5.17]。泉-1沙脊区水深为50～55 m，砂脊形状不规则，沿北东–南西向展布，东北宽、西南窄，主体长约20.9 km、宽约5.0 km、面积约为73.7 km²，底质以粉砂为主。泉-1沙脊由北西–南东向的沙波群组成，沙波间距为300～500 m。泉-2沙脊区水深为55～65 m，形状不规则，沿北东–南西向展布，东北窄、西南宽，主体长约29.3 km、宽12.3 km、面积约200.9 km²，底质以砂为主。泉-2区南侧无数据，但推测向南仍有展布。泉-2区沙脊由北西–南东向的沙波群组成，沙波间距为500～1000 m。

厦门近海西南部发现五个潮流砂体区，其规模较大[图5.14（d），表5.17]。厦-1沙脊区水深为15～25 m，沙脊呈近矩形状，沿近北东–南西向展布，主体长约16.7 km、宽约5.8 km、面积约为78.8 km²，底质以砾砂为主。沙脊由近北西–南东向的沙波组成，沙波间距为500～1000 m。厦-2沙脊区水深为15～25 m，沙脊呈长条状，沿北东–南西向展布，主体长约20.1 km、宽约2.2 km、面积约为39.3 km²，底质以砂为主。厦-2沙脊由近北西–南东向的沙波组成，沙波间距为150～1000 m。厦-3沙脊区水深约为20 m，沙脊近似矩形，北东–南西向展布，主体长约31.3 km、宽约6.8 km、面积约为210.6 km²，底质以砂为主。厦-3沙脊由近北西–南东向的沙波组成，沙波间距为100～1000 m。厦-4沙脊区水深为25～50 m，沙脊形状不规则，北东–南西向展布，主体长约20.1 km、宽约4.9 km、面积约为76.2 km²，底质以砂为主。厦-4沙脊由近北西–南东向的沙波组成，沙波间距为200～500m。厦-5区沙脊区水深为40～50 m，沙脊形状不规则，北东–南西向展布，主体长约12.3 km、宽约3.3 km、面积约为36.2 km²，底质以砂为主。沙脊由近北西–南东向的沙波组成，沙波间距为200～500 m。

总体上，基本可见福建浅海海域的潮流沙脊，由北往南、自西向东，沙脊发育的规模逐渐增大且砂质更好，近岸以粉砂为主，离岸越远则越以砂为主，整体走向由东西向变为北东–南西向。

（二）台湾浅滩

由于台湾海峡区域地理位置较为敏感，少有研究者对此区域进行大范围的调查研究。关于台湾浅滩的研究开启于20世纪60年代，Off（1963）在研究世界范围内的线性砂体时指出，在台湾海峡有一受控于半日潮作用同时水深较浅的区域，推断应该发育潮流沉积砂体。Liu等（1998）系统概述了中国海陆架现代潮流沉积系统，其中将台湾潮流沉积系统分为两个独立的侵蚀沉积单元：台湾海峡（冲刷沟）和台湾浅滩（沉积砂体）单元、澎湖水道（冲刷沟）和台中浅滩（沉积砂体）单元。关于后者澎湖水道（冲刷沟）和台中浅滩（沉积砂体）单元，近年来台湾研究相对较多，认为澎湖水道为受北向潮流控制的侵蚀沟槽，台中浅滩为潮控沉积砂体（Huang and Yu，2003；Wang et al.，2004；Liao and Yu，2005）。Liao等（2008）利用水深、地层剖面及表层沉积物资料探讨了台中浅滩的砂体结构及台中浅滩砂体的演化过程。而关于台湾浅滩的研究，近十几年仅有少量研究发表，杜晓琴（2008）利用对2006年6月所获台湾浅滩的底质、水深、多层位流速、流向以及观测数据进行了分析，探讨了台湾浅滩大型沙波区水流的时空分布特征、沉积物输运过程及影响因素，得出长期观测资料显示台湾浅滩沙波的快速迁移的状况可能是风暴事件引起的结论；廉耀康（2010）利用卫星影像观测台湾浅滩大型沙波的大体走向和分布，结合走航式海流观测、表层沉积物等数据探讨了台湾浅滩大型沙波区水流的时空分布特征、沉积物输运过程及影响因素，通过数值模拟的方法计算台湾浅滩输沙情况，并对沙波进行稳定性研究（廉耀康和李炎，2011）。最新关于台湾浅滩的研究也主要集中在对沙波地貌的地形傅里叶分解研究（朱超等，2019）、沙波迁移规律及动力机制（周洁琼，2019）、沙波演化特征（余威等，2015）、表层粒度及碎屑矿物分布特征（方建勇等，2012）。利用台湾浅滩风暴前、风暴后以及风暴一年后的沙波多波束数据对比，得出风暴潮的气旋能够导致不对称的沙波形态（Bao et al.，2020）。

　　台湾浅滩海砂物质来源主要为残留沉积物。沉积物供给的丰寡对沙波的形态和分布格局有明显的影响，台湾浅滩底质物源供给充足，在相同条件下易于形成线形沙波，且沙波间隔小；供给不足区，则会易形成半月形沙波，呈稀疏态散布。研究区地处台湾浅滩中部，底质物源（砂源）供给充足，为发育直线形沙波提供了物源条件。对于台湾浅滩海底沙波的形成主要有两种不同的认识：杨顺良等（1991）认为台湾浅滩海底沙波是晚玉木冰期滨岸砂丘经风力作用形成的风成沙丘或沙垄，再经冰后期风浪改造而成；张君元（1988）则提出台湾海峡西南和东北向的涌浪可能是影响海底沙波的形成、移动和形态特征的决定因素。杨顺良等（1991，1996）强调了台风的作用，认为强台风期间，巨大的海浪可对海底的沉积及地貌进行改造形成波痕、沙波，另外，残留沉积–现代地貌可受现代动力的改造。刘振夏和夏东兴（2004）认同台湾浅滩沉积具有残留特征和现代沉积特征，沙波由经常性的潮流作用形成，而突发性的大风暴搅动海底沉积物，对沙波起破坏作用，在落潮流的作用下，沉积物主要向南迁移。台湾浅滩海底沙波主要为线性展布，根据海底沙波发育走向可分为三个区：台湾浅滩东部沙波波峰线走向区、中部沙波波峰线走向区、西部沙波波峰线走向区，其分布与台湾浅滩海底地形特征有关（鲍晶晶，2014）。总之，台湾浅滩海砂资源既有残留沉积特征，又有现代沉积特征，现代过程受潮流和风暴的双重影响。

（三）海南岛北部海域

　　海南岛北部浅海海砂资源丰富，以砂砾质沉积为主，集中于琼州海峡东口潮流沙脊区、河口三角洲和沿岸水下岸坡等海域。仝长亮等（2020）通过对海南岛北部海域的地形地貌、地层、底质类型等方面的调查，分东、西两个区域研究了海砂资源的分布、范围、规模和类型等地质特征，并估算了海砂资源量，结合沉积环境，评价了各区域海砂的资源潜力（图5.15）。海南岛北部海域海砂分布广泛，但东、西区特征和规模具有较大差异，西区海砂以砂质砾和泥质砂为主，厚度为5~10 m；东区海砂以砂、砾质砂和砂质砾为主，厚度为10~50 m，规模远超西区。根据地形地貌、水动力和沉积环境等因素，海南岛北部海域海砂可分为潮流沙脊堆积体系、河口水下三角洲堆积体系、岬湾海岸水下岸坡堆积体系和侵蚀残留体系几种类型。其中位于琼州海峡东口浅滩区的潮流沙脊堆积体系海砂连续分布面积达328 km²，平均厚度超过25 m，资源量为83.9亿m³，最具潜力。

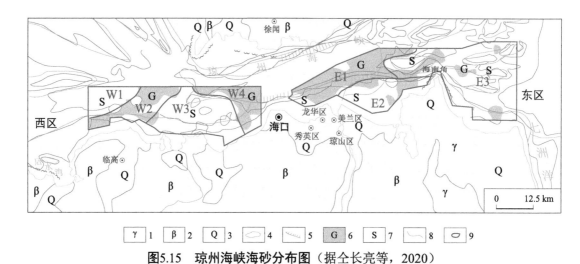

图5.15 琼州海峡海砂分布图（据全长亮等，2020）
1.花岗岩；2.第四纪火山岩；3.第四系；4.地貌类型；5.水下陡坡；6.砾质沉积物；7.砂质沉积物；8.河流；9.海砂分区

海南岛北部属于琼州海峡水道，东西向潮流为主要水动力环境，北东向的海浪环境则塑造了沿岸岬湾海岸地貌，陆源物质主要来源于南渡江和其他中小河流，海峡内属侵蚀环境，大量物质被搬运至海峡口堆积。因此，根据海砂的地貌形态、沉积环境和形成机制，可将海砂沉积体系初步划分为四类。

（1）潮流沙脊堆积体系。主要位于琼州海峡东口，分布有西南浅滩、南方浅滩和出水浅滩，及浅滩间冲刷槽，浅滩水深一般小于20 m，其中心部位小于5 m或低潮时出露。由于琼州海峡受到地形轮廓的影响，东西向往复潮流强劲，对海底的冲刷作用强烈。前人研究结果显示，琼州海峡内出露大范围的砾质碎屑沉积，或青灰色硬黏土，其中青灰色硬黏土为前第四纪的浅海相沉积，侵蚀特征明显，最大侵蚀厚度达100 m（张虎男和陈伟光，1987）。因此，潮流沉积体系具有充足的物质来源、合适的水动力环境和巨大的堆积空间，海砂资源潜力巨大，且在不断加积中。

（2）河口水下三角洲堆积体系。主要位于南渡江口和天尾角外缘海域及附近海域，水深一般小于40 m，地貌类型主要为河口外的水下三角洲和被潮流切割为水下陡坎的三角洲前缘，沉积物以泥质砂质砾和砂质砾为主，粒级为中砂和中细砂，含泥量一般不超过15%，分选较差，具有一定陆源沉积物特点。该堆积体系的物质主要来源于晚更新世以来的南渡江流域，粗颗粒物质较多，同时受到琼州海峡往复流的侵蚀，其三角洲影响范围不大，多分布于离岸不超过5 km的扇形范围，全新统厚度为15~20 m，向海方向逐渐减薄，由于海平面的升降影响，其内部多含泥质夹层（Pe-Piper et al.，2016）。河口水下三角洲堆积体系物质来源充足（近年来由于上游水库的建设，泥沙在逐步减少），但受到潮流的冲刷，其沉积空间有限，无法形成数十千米的堆积体，且海砂分选较差，含泥量较高，海砂资源潜力虽不及潮流沙脊体系，但其离岸近、厚度大、分布集中和易于开采，是海南省海砂资源的重要来源地。

（3）岬湾海岸水下岸坡堆积体系。主要位于海南岛北部近岸20 m以浅的海湾内。该沉积体系主要是全新世岸滩的自然延伸，受北东向波浪塑造和沿岸流影响较大，海砂沉积一般延伸至海峡冲刷槽边缘，厚度在10 m左右，粒度组分多样，反映了其多源的物质供给。该体系物源主要分两类，一类为琼州海峡水道沉积物的再搬运，颗粒往往较粗，堆积于湾口，形成沙坝或线状浅滩；另一类来自陆源物质的输入，经过湾内沿岸流和波浪的改造和分选，粒度相对较细，且分布具有一定的韵律性，同时由于水动力较弱，细粒悬浮物多在此堆积，部分区域含泥量较高（刘振夏等，1998；彭学超，2000；李占海等，2003）。该体系的物质来源多为中小河流，其沉积规模不大，且湾内水动力较弱，泥质成分较多，海砂成矿条件一般，资源潜力有限。

（4）侵蚀残留体系。主要位于琼州海峡中央水道的冲刷深槽或冲刷槽，水深一般为30～50 m，局部超过100 m。沉积物类型多样，包括砂、砾质砂、泥质砂、砂质砾等，目前处于潮流侵蚀环境中，沉积物组分中多含砂和砾质，泥质保存较少。沉积厚度较小，侵蚀较强烈，部分区域基本无全新世沉积，出露更新世或上新世地层，其沉积环境复杂（彭学超，2000）。因此，该体系可能含少量海砂，但其规模较小，且在不断侵蚀中，资源开发意义不大。

第三节　砂矿资源成矿模式与控矿因素

一、砂矿资源成矿模式

滨（浅）海砂矿的成矿作用过程中，物源条件是前提，适宜的气候-水动力、海岸和地貌类型及相对稳定的海平面是砂矿形成的必要条件。基于以下分析，结合南海砂矿资源分布特征及成矿条件，初步建立五种海洋砂矿成矿模式。

（一）近岸型

近岸型海砂（图5.16）的主控因素是受海岸带复合作用，包括了河流、沿岸流等综合因素，因此其海砂矿床主要沿岸分布。该模式主要适用有用重矿物砂矿的成矿模式。典型代表为南海西北陆架上近海系列砂矿床和湄公河口砂矿。这些重矿物砂矿主要分布在近海地区，中、外陆架的砂质沉积物中重矿物含量相对较低。这是由于低海平面时期的古海岸具有很高的重矿物发育潜力，而现代海侵可能破坏古海岸附近的重矿物矿床，并倾向于将重矿物由陆地输运到海岸和近海地区。非常重的矿物，如钛铁矿和锆石，更集中在海滩沉积物中。波浪和海平面海侵的横扫作用被认为是导致海滩沉积物分选和重矿物富集的原因（Komar，2007）。在沉积物供给量大的陆架上，重矿物砂矿倾向于沿大江大河的古三角洲发育；在以小型河流为主的陆架上，在海侵晚期和高海平面时期，重矿物砂矿倾向于在海岸外发育。滨海型砂矿主要在地形平坦处堆积，这是由于海进、海退形成的海岸线的变迁、河流的侧蚀作用对地貌进行改造，形成了较为宽阔的、适宜砂矿堆积的广阔场所，是海砂矿床形成和富集的重要条件。

事实上，海洋的沿岸流动力作用在滨海近岸型砂矿的成矿中起到了关键作用。对南海北部陆架沉积物输移的黏土矿物分析和块体岩石地球化学研究，表明表层和深层水流，包括广东沿岸流（GDLC）、南海暖流（SCSWC）、黑潮的南海支流（SCSBK）和黑潮北太平洋深水洋流（BNPDWC）的分支，是将沉积物从不同来源输送到南海北部的最重要水动力（Liu et al.，2011，2012，2013；Cai et al.，2013）。然而，沉积物中轻矿物颗粒和重矿物颗粒的水动力特性的差异会导致水流的不同输运机制。南海北部内、外陆架特征矿物组合的差异进一步表明，不同地区存在不同的输导机制。重矿物具有较高密度和通常较细的粒度，这使其更难被挟带，加上其较高的沉降速度，导致其通常作为推移质运移（Komar，2007；Papista et al.，2011；Marion and Tregnaghi，2013）。所以，重矿物在内部冲浪带内发育最好，通常在海岸线处最多，往往集中在海滩侵蚀区域，向近海方向的总体下降（Frihy et al.，1995）。Zhong等（2017）利用碎屑锆石U-Pb年龄探讨南海西北陆架表层沉积物输移机制，认为区内这些砂质沉积物在搬运过程中至少涉及三种水力条件。在内陆架，广东沿岸流可能是输送砂质沉积物的最重要的水动力流，而从广东沿岸流到雷琼海峡以东的气旋涡可以将剑河和南渡河的沉积物输送到雷州和沙巴之间的水域。然而，广东沿岸流并未到达外大陆架，这表明存在其他水力条件必须对沉积物向该区域的输送负责起作用。

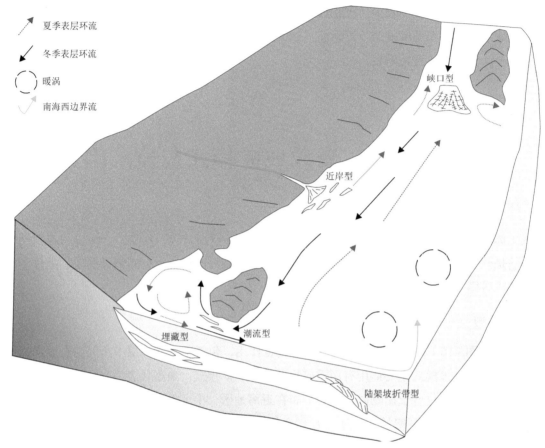

图例说明：
夏季表层环流
冬季表层环流
暖涡
南海西边界流

峡口型
近岸型
埋藏型
潮流型
陆架坡折带型

图5.16　砂矿资源成矿模式示意图

（二）潮流沙脊型

潮流沙脊是在陆架海的近海部分观察到的具有大型沉积韵律的集合砂体，具有丰富的可用砂矿资源（图5.16），主要适用于建筑用砂成矿模式。连续沙脊之间的间隔可达几千米，它们在百年时间尺度上演化，并且其波峰相对于主要潮流的方向做周期性旋转（Swart and Yuan，2018）。

南海潮流沙脊主要见于海南岛东方海域、福建近海海域及琼州海峡出口区。大多数潮流沙脊形成主要是受控于水动力作用及其反馈机制的综合影响。其中，海南岛东方海域潮流沙脊具有沙垄东侧推移质输移和残流主要向南推移以及西侧推移质输移和残流主要向北推移的特点，这种差异与沙丘的不对称性和迁移相吻合。跨脊输送较弱，主要集中在两侧沙脊的顶部。沙脊两侧推移质输移不平衡，导致沙脊不对称和波峰扭结。在该系统中，相邻沙垄之间的交叉沟输运非常重要，有助于构建沟中的推移质输运循环。沙垄的推移质输运也会使洼地发生积沙。事实上，波浪转换对沙脊的长期演化有着重要的影响，另外，长期和短期的天气条件对沙脊的变化也有影响，特别是短期极端天气条件，如风暴潮、台风等（Swart and Yuan，2018）。

（三）古河道埋藏型

古河道埋藏型砂体（图5.16）主要受控于古河流的发育，适用于建筑用砂成矿模式。分布在南海北部的珠江口外陆架区，在浅层沉积中常见晚更新世末—全新世初形成的古河道。南海北部晚更新世末—全新世初的古河道主要分布于内陆架区（水深60 m内），部分分布于现代河口外海区（水深10 m）。少量大型古河道可以向外陆架延伸（水深最大可达100 m），部分甚至越过外陆架到达陆架边缘。在内陆架区，根据其形成时代不同，埋藏在海底之下深度不等，多与上覆地层呈不整合接触；在外陆架乃至陆架边缘，由于活跃的古波浪和底流冲刷作用，全新世沉积层很薄或缺失，同期形成的古河道则直接暴露于海底，或者由低水位河流作用与海进作用的共同影响，使河流搬运而来的粗碎屑重新搬运沉积，形成沙丘、沙波。沙丘、沙波的迁移又可掩埋古河道，并破坏古河道的形态和沉积上的完整性（寇养琦和杜德莉，1994）。在纵剖面上，古河道最明显的几何外形为半透镜体。通常有下凹的河床底形，其两翼对称或多为非对称的倒钟形、U形、V形，与上下水平层很不协调，这是河流侵蚀切割基岩或水平沉积层所致。河流在发展过程中具有多期垂向下切和侧向侵蚀作用，并伴以充填堆积和侧向加积作用，因此在河床内部主要是冲槽叠复充填型和侧向加积型沉积结构。古河道物质组成遵循下粗上细的特征，其物质成分是随着河流的不同位置发生快速相变的。垂向上河道的沉积结构变化，这与环境的变迁或者构造作用有关（Bayliss et al.，2015）。

（四）峡口型

峡口型是指发育于海峡处的砂矿资源（图5.16），沉积物经过狭长的海峡至峡口处突然进入宽阔的水域，水动力作用突然减弱，导致海砂快速沉积。主要适用于建筑用砂资源的形成，典型代表为台湾浅滩。

台湾浅滩区域的海底沙波沉积明显受到峡口水动力作用影响，与近岸海底沙波有明显的特征差异。近岸海底沙波随着水深的增加而出现，而在台湾浅滩地区沙波出现频率较高，且随深度增加而消失。近岸沙波高度变化较台湾浅滩区小，前者一般变化范围为5～10 m，而台湾浅滩区的变化范围为10～20 m（Hu et al.，2013）。另外，台湾浅滩区的沙波发育模式也较为特殊。向海沙波比向陆沙波平缓，与近岸地区相反，这表明不同的动力影响沙波的形成。台湾浅滩区域海面洋流方向随风的变化而变化，但底流几乎全年向北（Wu et al.，2007；Hu et al.，2010）。杜晓琴等（2008）使用声学多普勒海流剖面仪（acoustical Doppler current profiler，ADCP）研究潮汐台湾浅滩的水流，结果表明沙波形态会受到潮汐作用影响。然而，潮汐泥沙输送量与风暴期间运输量相比较小。这个地区经常受到夏季台风的影响，当台风速度达到30～50 m/s时，波高可达10～12 m。即使在冬季，当东北风速超过16～20 m/s时，海浪高度也可以达到9～10 m，波长120～150 m（石谦等，2009）。总体上，通过海水底流与表层流对比，发现沙波结构受底流流速的控制较大（庄振业等，2004；石谦等，2009）。

（五）陆架坡折带型

陆架坡折带型海砂主要是指位于陆架坡折带处的砂矿资源。主要适用于重矿物砂矿的形成，典型代表为南海南部万安滩海域。该海域碎屑物来源丰富，主要来自巽他陆架和加里曼丹岛的南部陆源物质等多种不同物源方向的汇入，并通过陆架坡折带被输送进入南薇西盆地和北康盆地。在海底地形坡折带，也会发生阵发性的浊流等异常沉积事件（杨群慧等，2013），造成大量沉积物质在坡折带堆积。陆架坡折带及陆坡由于距物源较远，搬运距离长，残留物质常以细砂为主。巽他陆架是除两极地区外最宽广的陆架，地形梯度极为平缓，陆架坡折带水深、地形变化梯度较大，沉积物以粉砂、砂为主，是混合沉积区至现代远源陆坡沉积区的过渡沉积区，动力条件介于外陆架与陆坡区低海平面时期（末次盛冰期），陆架及坡折区沉积物主要来源于古巽他等河流沉积物，洋流的影响仅限于陆坡区（Liu et al.，2011），为残留沉积和现代沉积的混合沉积环境。

二、砂矿资源控矿因素分析

在滨（浅）海砂矿的成矿作用过程中，物源条件是前提，适宜的气候-水动力、海岸和地貌类型及相对稳定的海平面是砂矿形成的必要条件，总之，滨（浅）海砂矿的形成，必须是丰富的物质来源、优越的水动力条件与地貌形态和沉积机理等综合因素相互合理匹配的结果（谭启新和孙岩，1988）。

南海周缘的含矿母岩是砂矿形成的物质基础，漠阳江、鉴江、韩江、珠江、红河、湄公河等河流的是砂矿物质输送的重要途径。南海海域钛铁矿、金红石、锆石、独居石等矿物在构造运动、水动力变化及埋藏环境变迁等多种因素作用下，富集成具有潜在经济价值的矿物异常区。

（一）成矿物质来源（母岩类型）对砂矿的控制

砂矿的形成往往受多种因素控制，物质来源是决定的因素。即原生物源的有用矿物丰度和补给面积（剥蚀厚度），含矿丰度越高，补给面积越大，形成砂矿的可能性也就越大，反之则小。

纵观形成砂矿的物质来源，不外乎是陆源汇入、沿岸流带入和海区古砂矿上逆堆积。陆区必须存在规模大、矿物含量丰富的矿源岩，这是形成工业矿床的决定因素。矿源岩越近，搬运距离越短，越利于成矿。实践证明，重矿物类型在近矿母岩与矿床中具有同一性；沉积物的矿物组合、粒度在母岩和矿床中具有一致性；各矿床与母岩锆石中二氧化铪（HfO_2）含量具有相近性；各矿床与母岩中的锆石晶形具有相似性。

南海处于亚洲季风气候系统和热带复合带的交汇处，温度较高，降雨丰沛，有利于陆源物质发生风化作用；河流发育，大量河流搬运物质输入南海，南海海岸线发育，波浪潮汐作用也会侵蚀大量海岸带基岩，因此南海接受了大量陆源物质沉积。

福建沿岸及岛屿花岗岩和花岗闪长岩发育，厦门至东山一带沿岸为动力变质岩，台湾西部出露第三纪碎屑岩及安山岩和玄武岩（陈华胄，1993），台湾东部由蛇绿岩、蚀变超基性岩组成，澎湖列岛区则以橄榄玄武岩、碱性玄武岩和拉斑玄武岩为主（金庆焕，1989），南海北部碎屑物质主要来自台湾海峡两岸。构成海南岛岛体的母岩、母质主要是花岗岩（占46.7%）、玄武岩（占9.5%）、砂页岩（占20.7%）和浅海滨海沉积物（15%）等（龚子同等，2004），这些岩石和第四纪沉积物是周边近海沉积的首要物质来源。

南海西部海域沉积物平均粒径4Φ、6Φ、8Φ等值线显示出来自加里曼丹岛、古巽他河（沿纳土纳岛东北方向）和湄公河三个方向的物源；锆石、钛铁矿、角闪石、绿帘石、石榴子石高含量分布区显示出来自红河、湄公河、古巽他河和加里曼丹岛巴蓝河等物源区；来自红河水系，包括海南岛及中南半岛北部和华南大陆珠江、漠阳江、鉴江等水系的北部沉积物的长石/石英大于0.2；以湄公河为主，古巽他河、彭亨河和巴兰河搬运来的南部沉积物的长石/石英为0.1～0.2或小于0.1（王加林和屠强，2004）。

（二）沉积物类型

重砂矿物的富集不仅受物源的影响，也受沉积物底质类型的控制。据统计，我国近海目前已圈闭的砂矿异常区和高含量区底质类型主要为细砂，其次为粉砂质砂和中细砂，其他类型分布较少（谭启新和孙岩，1988）。世界上大部分陆架砂矿的钛铁矿、锆石等重砂矿物也都赋存于细砂和粗粉砂中，具有沉积物粒度分布集中及机械分异良好的现象（沈若慧等，1999）。

南海大陆架表层沉积物由现代沉积和残留沉积组成，0～500 m陆架区以及边缘以粗粒的砂砾沉积物为主，主要来自陆源，沉积物类型多，其中粉砂质砂、砂质粉砂和含砾砂是南海陆架最主要的沉积物类型，其分布范围从东北部台湾海峡至海南岛、从北部湾沿中南半岛到西南部巽他陆架及部分陆坡区、再到东面吕宋岛沿岸和南面加里曼丹岛沿岸均广泛分布。

粉砂分布面积也较大，分布于北部湾、北部陆架陆坡转折带和西南部陆架；含砾泥质砂、砾质砂、含砾泥等分布较广泛；海湾中沉积物较细，在海峡、开阔的陆架外缘沉积物较粗。常见的重矿物有磁铁矿、钛铁矿、金红石、锐钛矿、锆石、绿帘石、海绿石、绿泥石等，轻矿物以石英、长石为主。南海陆架沉积特点是陆源物质丰富、沉积速率高、物质粗、生物碎屑多、$CaCO_3$含量高。南海的重砂矿物主要富集在大陆架，部分位于陆坡。

南海陆坡坡度较陡，地形崎岖，水深变化大。500～3000 m陆坡区主要分布细粒沉积物，泥、粉砂、砂质粉砂、砂质泥分布极为广泛，粗粒的含砾泥质砂、含砾砂、砾质泥、砾质泥质砂、砾质砂、泥质砂、砂、粉砂质砂等类型，分布面积小，均呈斑块状局部分布，一般分布在水动力较强海域。

在大于3000 m的深海盆区中，硅质黏土、含钙质黏土、砂质粉砂分布广泛，其次是含钙质硅质黏土、含硅质钙质黏土、硅质黏土，钙质黏土、硅质钙质黏土、硅质软泥、砂质泥、砂质粉砂、含砾泥、砂局部分布。深海区中部分布着高出周围海底数千米的海山，沉积物为含火山灰硅质黏土，西南部是较平坦的、深度最大的深海平原，沉积物为硅质黏土。在南海海盆西部，有分布广泛的砂质粉砂，在水深超4000 m深水区亦有砂质泥、砂质粉砂、含砾泥、砂等粗粒和较粗粒沉积物局部分布。

（三）季风与水动力条件

水动力是控制重砂矿物富集的关键因素之一。河流既是有用矿物搬运入海重要渠道，又是冲积砂矿富集有利场所。河流分布密集、切割深、坡降大、源近流强，且流经矿源区，对重矿物的搬运极为有利，每条河流的入海口，在沿岸流指向的一侧，都形成了规模不等的工业矿床或矿点。当其河流汇水面积广泛、物质来源丰富时，可在河流的入海口、河漫滩、冲积阶地等地貌有利部位富集成矿。研究证明，大河流和出现在山地海岸极小河流不利于冲积砂矿形成，而流入平原海岸的中小型河流对砂矿富集最有利（谭启新和孙岩，1988）。另外，河流的河口地段是水动力条件交接区，不仅能形成河海混合成因砂矿，而且也能单独形成冲积砂矿，是找矿的有利地区，如粤东的大洋河、马店河、大桥河、麻岗河等中小河流分别形成了南山海、马店河、电城和博贺等大中型冲积砂矿。南海北部海域临近华南大陆、台湾岛和海南岛，这些地区发育有众多河流，向南海北部输送了大量的碎屑物质。中南半岛风化的碎屑颗粒对南海西部陆架、陆坡贡献显著。巽他陆架陆源碎屑丰富，其主要受其周边岛屿和湄公河物质的影响。

海洋的水动力（海浪、潮流、岸流、环流）具有破坏和建设的双重作用，是海积砂矿床形成的主要动能。海洋水动力因素决定着近岸地区陆源碎屑物的再分配和海底泥沙运动及其分布规律，海洋水动力的强弱及方向的变化则直接控制着海成砂矿的形成、分布规律及赋存的地貌部位等（谭启新和孙岩，1988）。因此，海洋水动力因素与滨海砂矿形成规律之间关系密切。

南海是连接印度洋–太平洋的最大边缘海，在季风、海峡水交换以及复杂地形影响下，南海环流呈现出独特的三层结构以及远强于大洋的混合特征（王东晓等，2019）。南海孕育了季节性环流形态转变并具有多涡结构的上层系统（图5.17）。南海上层环流并非由风生机制单独控制，而是一个风生、热盐、潮汐等多种动力过程耦合控制的环流系统。在海峡水交换的驱动下，南海环流呈现出显著的上（表层到750 m）、中（750～2400 m）、下（2400 m以深）三层环流结构。基于2011年在南海北部的潜标资料，Zhang等（2013）发现南海北部中尺度涡能够从海表一直延伸到海底，即便在水深3000 m的近海底，其流速仍可超过5 cm/s，从而对南海深海动力过程具有重要调控作用。而2012年南海东北部潜标观测进一步表明，中尺度涡在近海底引起的强流能够对深层沉积物的搬运产生重要影响（Zhang et al.，2014）。

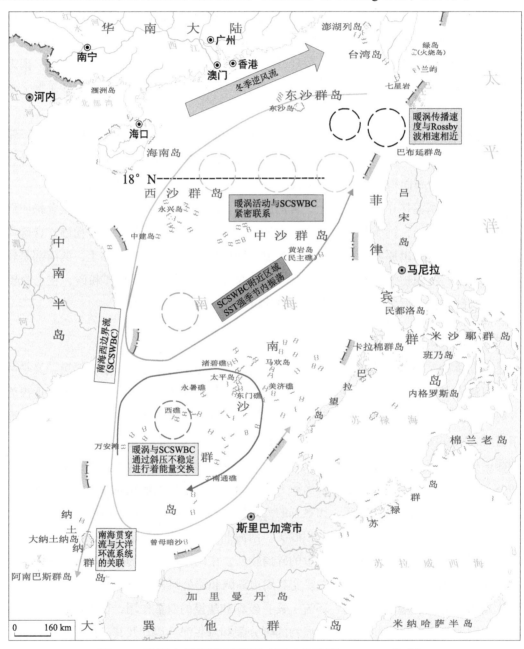

图5.17　南海上层环流示意图（据王东晓等，2019，修改）

（四）地貌条件

地貌与砂矿有直接关系。海岸带地貌除局部低山、生物海岸外，多为丘陵、台地地貌，不同的地貌类型形成的砂矿床有所区别，一般砂矿床主要产于砂质海岸、沙坝-潟湖海岸、三角洲海岸内。生物海岸、泥质海岸不成矿。砂矿成矿与地貌形态相联的有海积的、冲积的、残积的、浅海的及混合的几种类型。砂矿的形成与富集多受地貌形态的控制。不同的地貌形态，砂矿富集的部位不一样，一般在沙堤的根部、海滩的高潮线附近、沿岸沙堤的上中部、水下沙坝的顶部和向海坡的上部，以及冲积平原的边缘地貌部位，容易形成砂矿和富集（叶维强等，1990）。

而水下地貌类型繁多，最利于成矿的地貌类型包括以下两点。

1. 海岸地貌

（1）近海区台地地貌非常发育，极利于矿物活化、解离，并以最短距离呈面型供应成矿物质，如雷州半岛海岸。

（2）近岸为丘陵地貌，海岸类型为港湾、岬角相间的砂质海岸，海积沙堤发育，利于成矿，分布我省各地，以粤中西部海岸为主。

2. 水下地貌

（1）水下浅滩：近岸水下地形平缓，坡度小于千分之五。分选良好的水下砂质、粉砂质或分选中等的黏土质砂的浅滩沉积物，如雷州半岛东西两侧浅海区。

（2）水下三角洲：较大河流所挟带的物质入海后，在河口附近形成的扇形堆积体。

（3）海底沙波：砂质海底表面有规则的波状起伏地形，也是一种常见的微地貌类型。南海北部大陆架最大的地貌特点是海底沙波十分发育，陆架水下沙波地形的发育需要有较平坦的海底、丰富的砂源和较强的水动力条件。

（五）沉积作用

砂矿是第四纪堆积物的特殊成分，赋存于第四纪地层的特定层位中。成矿时代以晚全新世为主，矿床规模巨大，品位较高；中晚更新世次之，可形成大型矿床，品位高；中全新世矿床规模较小，工业意义较差。

多赋存于海相地层的海进层位中，分选性好，粒度均匀，以细砂为主，粉砂次之；少数产于在河口三角洲相地层内，分选性较差，粒度变化大，以含黏土质砂、细砂为主，可见含黏土砂砾层。

南海陆架区广泛分布较粗粒的碎屑沉积，在陆坡及海盆区分布为较细粒组分；富集亲陆源碎屑元素 SiO_2、Al_2O_3、Fe_2O_3、K_2O、MgO、Na_2O、TiO_2 以及微量的 Co、Ni、Cr、Zn、Zr 等，稀土元素丰度和分配模式接近陆源河流和中国浅海沉积物，球粒陨石标准化配分曲线形态明显右倾，轻稀土富集，重稀土亏损，呈陆壳稀土元素的典型特征。

南海分布两条火山地震带，东为琉球、台湾、菲律宾火山地层带，南为巽他火山地震带（冯文科等，1988），对南海的沉积作用影响较大，晚第四纪以来火山碎屑物质的沉积，主要是分布在南海海盆东部。

在南海的沉积物中，Cu、Ba 元素与火山矿物辉石和磁铁矿有一定的关系。海底残留扩张轴（位于 $15°N$）的南北两侧，是南海中、基性火山碎屑主要分布区。$15°N$ 以南为基性火山碎屑沉积区，重矿物主要有辉石、磁铁矿和角闪石；$15°N$ 以北为中性火山碎屑沉积区，重矿物以闪石、黑云母和磁铁矿为主。南海海底扩张区沉积物与其他海区沉积物元素沉积通量比较（表5.18）表明，南海海底扩张区沉积物与劳海盆隆起沉积物一样，沉积物中 Fe、Mn、Zn、Ni 等元素通量普遍高于大西洋海岭和东太平洋海隆沉积物，这说明南海和劳海盆沉积物金属元素的堆积速率是相当快的，超过了东太平洋海隆，而后者已经属于快速堆积的地区。沉积物中金属快速堆积显然与其丰富的物质来源有关。南海海底扩张区沉积物中的金属主要来自因海底扩张和断裂活动而产生的海底火山喷发和海水与玄武岩的相互作用（王加林和屠强，2004）。

表5.18　南海海底扩张区沉积物的元素沉积通量表（据王加林和屠强，2004）

海区	沉积速率/(mm/ka)	堆积速率							
		/[mg/(cm²·ka)]			/[μg/(cm²·ka)]				
		Al	Fe	Mn	Zn	Co	Ni	Pb	Cu
南海海底扩张区	32	181	190	20	316	54	222	54	195
劳海盆隆起	18（Bertine，1974）	73	147	20	224	181	181	83	372
东太平洋海隆	0.7（Goldberg，1965）	0.4	8	2	18	6	20	9	34
	5.3（Bender，1971）	3	58	18	136	47	153	66	254
大西洋海岭	0.5（Goldberg，1964）	2	4	0.4		5	8	3	10
	4（Ericson，1961）	15	34	3		36	62	27	78

南海在新近纪中中新世（16 Ma）实现海底扩张之后，在其周缘地区发育了大规模的火山运动（李通艺和郝梓国，1993）。其东带是台湾、菲律宾火山活动带，西带是中南半岛火山活动带，南带是巽他火山活动带。这些地区火山活动频繁，至今仍有火山喷发，但对南海西部海底沉积有影响的主要是西、南两条火山带。南海西部浅表层（含柱状样）曾多处发现火山玻璃、火山灰以及相关的矿物（紫苏辉石、磁铁矿、玄武闪石、高温β石英等），其中影响最大的是来自印度尼西亚苏门答腊群岛图博火山在7.35万年前的喷发事件，其火山灰厚度可达17 cm，这是对太平洋、印度洋地区晚第四纪沉积最有影响的一次火山事件。

（六）地球化学异常

1. 地球化学异常下限确定方法

确定地球化学异常下限是勘查地球化学工作中的一个基本问题，也是勘查地球化学应用于矿产资源勘查工程中指导成矿远景评价的一个关键性环节。

本研究采取的传统计算方法是建立在数据符合正态或对数正态分布基础上，对于测试数据进行离群点数据（最高值、最低值）的迭代处理，一般采用大于平均值+3×标准差的异常值剔除，小于$X-3S$异常值剔除（X为平均值，S为均方差），直至无离群点数值可剔除为止，使其符合正态分布，即所有数据全部分布在$X-3S$与$X+3S$之间，即形成背景数据，再以背景值加1.5倍均方差（$X+1.5S$）计算出异常下限。

2. 地球化学异常分布特征

运用以上方法，可圈定海底常见成矿元素SiO_2、Fe_2O_3、MnO、TiO_2、Zr、Ce异常区，其分布特征如图5.18所示。

图5.18　地球化学异常分布图

SiO$_2$：含量高值区位丁南海北部陆架（特别是台湾浅滩、北部湾陆架）、南海南部巽他陆架，此区域水深较浅，波浪和潮汐作用强，沉积于该区域的沉积物经水动力分选后，富含粗粒的石英碎屑矿物，具有较高的SiO$_2$含量，普遍在60%以上，与砂质沉积分布具有一定的相似性。SiO$_2$异常范围为74.06%～97.14%，SiO$_2$的异常区主要呈斑块状分布于台湾浅滩处，零星呈斑点状分布于珠江口附近（图5.18）。

Fe$_2$O$_3$：含量高值区主要分布在深海海盆区及菲律宾海盆，含量均值为6.03%，其中北部陆坡特别是东沙群岛附近出现多个斑块状异常高值区，陆坡次之。Fe$_2$O$_3$的异常范围为7.56%～10.46%，Fe$_2$O$_3$的异常区呈斑块状分布于南海东北部大陆架处，且主要分布在东沙群岛处（图5.18）。

MnO：高值区主要富集在北部下陆坡、南海海盆北部，中沙群岛以东以及南部陆坡区域，含量在2%以上。MnO的异常范围为1.72%～2.9%，MnO的异常区主要呈条带状集中分布于两处，南海深海盆的东北部以及西南部，且也有零星呈斑点状分布于海盆中部（图5.18）。海洋沉积物中锰的分布较为复杂，锰的富集可能与铁锰的迁移特性、海洋生物作用和海底热液活动等有关（图5.18）。

TiO$_2$：含量总体上随水深增加增大，高值区位于海盆区，均值约0.67%，中等含量区位于近岸陆架、陆坡。TiO$_2$的异常范围为0.85%～1.17%，TiO$_2$的异常区很小，仅呈两块小的斑点状分布。海洋沉积物中钛常以稳定重矿物钛铁矿、金红石、锐钛矿等形式存在，对沉积物的机械分异作用反应敏感（图5.18）。

Zr：含量富集区主要分布于南海北部陆架，特别是台湾浅滩区，其次是位于中南半岛东侧的陆架陆坡、部分深海平原以及南部陆架海域。Zr的异常范围为239～358 ppb（1ppb=10^{-9}），Zr的异常区主要呈条带状、斑块状分布于粤东沿岸、台湾浅滩附近，且也有零星呈斑点状分布于粤西近岸（图5.18）。主要以锆石的形式存在。

Ce：异常范围为86～117 ppb，呈斑块状分布南海南部深海盆、南沙陆坡，呈条带状分布于北部陆架区，是稀土元素的主要成分，受珠江、韩江、台湾河流物质的流入以及海底火山物质等各种沉积作用和沉积环境影响。

第 / 六 / 章

多金属结核（壳）资源

多金属结核（壳）等数量巨大的海洋自生沉积矿产，在漫长的生长历史中不仅富集了Mn、Fe、Co、Cu、Ni等有经济价值的金属元素，也富集了地壳中较为缺乏的稀土元素（REE）。因此，在海洋矿产资源开发过程中，对Mn、Fe、Co、Cu、Ni 等金属资源利用的同时，伴生稀土矿产也可能得到开发利用，成为稀土资源开发的一条新途径。

多金属结核又称为铁锰结核、锰结核（以下简称为结核），因富含Mn、Cu、Ni、Co、REY（REE和Y）、Mo、Ti和Li等多种经济金属元素而得名，主要是由海水中 Fe^{2+} 和 Mn^{2+} 氧化生成的铁锰氧化物（氢氧化物）胶体吸附海水中的金属离子并积聚在沉积物表面的固结核心上生长而成（Koschinsky et al.，1995；Hein and Koschinsky，2014）。结核生长在较为氧化的环境，受富氧底层流的影响，通常分布在水深为4000～6500 m有沉积物覆盖的深海平原，如太平洋海底平原和中印度洋海盆有超过50%的区域被铁锰结核所覆盖（Rona，2008；Hein et al.，2013）。根据铁锰结核形成的地质背景和化学成分，可分为热液结核、水成结核和成岩结核三大类（Bonatti et al.，1972；Bau et al.，2014；Josso et al.，2017），其中水成型结核的成矿物质主要来自底层周围海水，而成岩型结核的成矿物质是来自下伏沉积物孔隙水（Bau et al.，2014）。大多数情况下，现代海洋中的铁锰结核具有混合成因性质，成岩作用可使水成结壳和热液结壳发生蚀变，水热作用和成岩作用并不排除从海水中水成吸附元素的可能性（周娇等，2022）。混合成因类型结核直径一般为1～12 cm，其中大小为1～5 cm的结核最为常见。成岩型结核最大直径可以达到20 cm以上（Von Stackelberg，2000）；因此，成岩输入对结核的成矿贡献越大，结核的生长速率也就越高。太平洋发育较厚的铁锰壳层，在它们生长过程中可以记录超过10 Ma的海水和地质变化信息（De Carlo，1991；Hein et al.，2013）。多金属结核是重要的海底矿产资源，目前最具经济前景的富镍和富铜结核成矿区分布在东太平洋的CC区（clarion-clipperton zone)、南美附近的秘鲁海盆以及中印度洋海盆（Hein et al.，2013），富钴结核成矿区主要分布在南太平洋库克群岛附近海域（Hein et al.，2015）。因此，目前对结核的大部分研究主要集中在开阔的大洋海盆和平原等地（Hein et al.，2013；Hein and Koschinsky，2014），并且已有许多国家在主要的多金属结核成矿区与国际海底管理局签订了勘探合同（Hein et al.，2016；Conrad et al.，2017）。

铁锰结壳是一种常生长于海底地势较高处的（主要是海山）硬质基岩（或沉积物）上的"壳状"沉积矿产，富含铁、锰和稀土元素等（Schulz and Zabel，2000）。铁锰结壳主要分布于碳酸盐补偿深度（carbonate compensation depth，CCD）以上、最低含氧层（oxygen minimum zone，OMZ）中或以下水深500～3500 m的平顶海山、海台顶部和斜坡的裸露基岩上（Halbach and Puteanus，1984；潘家华和刘淑琴，1999；Hein et al.，2000）。

第一节　多金属结核（壳）分布特征

1979～1989年，在南海的调查就发现中沙群岛南部深海盆地及东沙群岛东南及南部的大陆坡存在多金属结核富集区，面积约为3200 km²。之后又有调查也在南海发现了10处铁锰结核、12处结壳和一些微结核（$\Phi<1$ mm）（陈忠等，2006）。随着南海1∶100万海洋区域地质调查工作的全面覆盖，发现铁锰结核、结壳的站位数量也逐渐在增加。目前为止，已经发现的铁锰结核有25处，结壳28处（图6.1，表6.1、

表6.2），它们主要分布于9°N以北、112°E以东的陆坡区和深海盆区。结核主要产于陆坡中部及深海盆周缘，水深为1000～3000 m，少数可达3400 m；结壳则产于南海海盆海山链和其围缘的海山、海台上，水深一般为1000～2400 m。西沙群岛、中沙台地和礼乐滩附近均曾发现比较大的结核，直径为4～5 cm，主要为水成类型结核。结壳厚1～3 cm，少数可达5～7 cm，如尖峰海山、贝壳海山、中沙台地等所见。南海结核、结壳的Cu、Ni、Co总量虽然比较低，但却富含稀土元素，具有较大的资源远景。

表6.1 南海结壳站位表

站位号	地貌位置	水深/m	结壳厚度/mm	基岩	资料来源
S-9	黄岩海山	1000		大洋玄武岩	王贤觉等，1984
S-10	中南海山	3000		大洋玄武岩	
8#	玳瑁海山	3429	1～5	大洋玄武岩	姚伯初等，1994
9#	珍贝海山	3116	15～20	大洋玄武岩	
10#	中南海山	3014	15～20	大洋玄武岩	
宪北海山	宪北海山	3000	20	火山岩	陈毓蔚和桂训唐，1998
40TKD	礼乐斜坡	1000	3.5±0.2	火山岩	
KD17	西北次海盆	2470	上层仅几毫米		鲍根德和李兴全，1993
KD21	中沙北海隆	2170	上层仅几毫米		
KD29	中沙海台	1250	上层仅几毫米		
尖峰海山	尖峰海山	1500	10～30，最厚为50	基-中酸性火山岩	陈毓蔚和桂训唐，1998；梁宏锋等，1991
ZJ57	盆西海岭	2237		基-中酸性火山岩	本书
ZJ60	盆西海岭	1650		基-中酸性火山岩	
HYD179	黄岩海山	3273	50	玄武岩	周娇等，2022
HYD180a	紫贝海山	2430	10～30，最厚为50	玄武岩	
HYD238	贝壳海山	3043	15～20	玄武岩	
HYD239	贝壳海山	3093	10～20，最厚为50	玄武岩	
TP17	永登暗沙	1044	10～13	礁灰岩	本书
TP31	礼乐滩	538	15～20	礁灰岩	
TP73	赤瓜礁	936	7～8	礁灰岩	
TP18	大渊滩	1108	2～3	礁灰岩	
ZSQD251A-1	东部次海盆	1950	10～50	蚀变玄武岩、礁灰岩	本书
ZSQD253A	东部次海盆	1150	10～20	礁灰岩	
DS66	管事平顶海山	1478	13～20		刘兴健等，2018
ST1	北部陆坡	1600			Guan er al.，2017
ZSQD42A	中沙北海隆	1230		灰岩	
HYD66	中南海山群	1378		玄武岩	
HYD104	东部次海盆	815	约5	基岩，礁灰岩	本书

表6.2 南海铁锰结核站位表

站位号	地貌位置	水深/m	结核/cm	资料来源
79-33	陆坡			中国科学院，1985
82-23	陆坡	1656	长为1～2.8，壳层厚1～5，最大直径为31～37，高为2.1	梁美桃等，1988
10#	中南海山基座	3014	壳层厚3～5	姚伯初等，1994
KD18	西北次海盆	3400	各种形状、大小结核	
KD20	中沙北海隆	1070	各种形状、大小结核	鲍根德和李全兴，1993
KD23	中沙北海隆	1400	各种形状、大小结核	
KD35	西沙台地	1500	球状、板状、不规则状	
44TKD	东南陆坡	1900	直径为40	陈毓蔚和桂训唐，1998
D-4-13	陆坡	3090		邱传珠，1983
SA1-28	北部陆坡	2000	多种形态，丰度为4 kg/m³	林振宏等，2003
ZJ86	中建阶地	1945	球状、椭球状	本书
HYD180	黄岩海山基座	3439	椭球状，直径为2～5	周娇等，2022
J158	东部次海盆	3570	球状	殷征欣等，2019
05E105	北部陆坡	472	不规则、球状	
05E204	北部陆坡	1370	圆柱状、球状	
10E204B	北部陆坡	1331	不规则状、圆柱状	Zhong et al.，2017
05E107	北部陆坡	2255	球状	
09KJ22	西部陆坡	1501	球状	
ZX31	北部陆坡	1000	棒状、不规则状、圆柱状	
SO4-1DG	北部陆坡	1700	球状、肾状、不规则状	
SO4-7DG	陆坡	1200	球状、不规则状，直径为6～12	张振国等，2013
SO4-12DG	海盆	1290	不规则状	
STD275	北部陆坡	1548	椭球体、球体，直径大多数为3～6，少数为1～3	
STD148	北部陆坡	1165	球状，直径为3～5	本书
54G	北部陆坡	1751	球状、椭球状，直径为5～15	

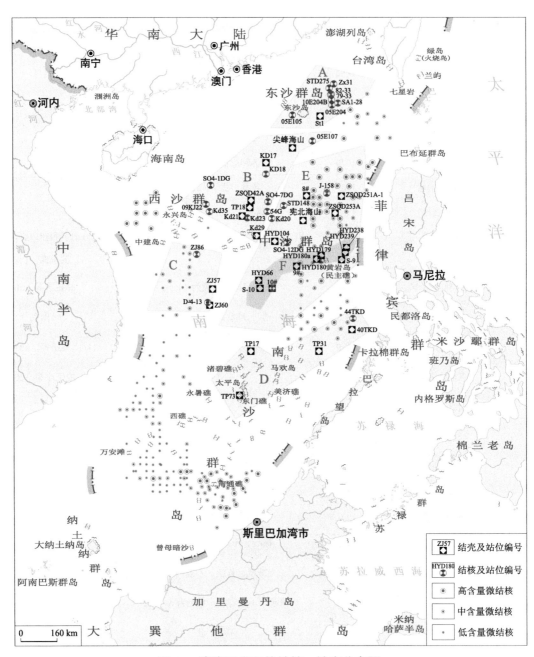

图6.1　南海已发现的结核、结壳分布图

A.南海东北部；B.南海西北部；C.南海西部陆坡；D.南海南部陆坡；E.南海海盆区；F.中央海山链

　　此外，还有广泛分布的微结核（直径小于1 mm），这是由于边缘海环境的高沉积速率、高掩埋作用使结核因被快速掩埋而难以生长为较大个体，只能形成所谓的"微结核"。铁锰微结核是南海表层沉积物中重要的组成部分，广泛分布于表层沉积物中，但含量非常不均，南海及台湾岛东南侧菲律宾海表层沉积物微结核在水深100～4500 m处均有分布，呈黑色、不透明、粒状、土状光泽、硬度小。在粒径为0.063～0.25 mm的沉积物中，微结核颗粒百分含量平均值为12.27%，东部次海盆微结核含量较高，其中南海海盆东北部为铁锰微结核的高含量区，其次是南部的南沙海槽区（图6.2）。

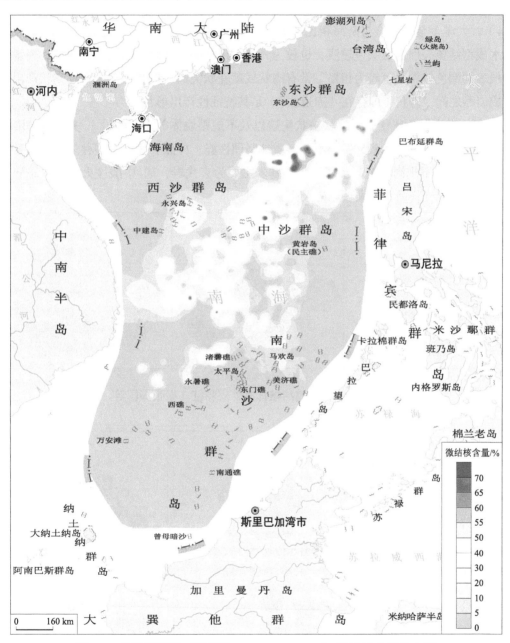

图6.2　表层沉积物（粒径为0.063～0.25 mm）微结核含量分布图

第二节　多金属结核（壳）结构、矿物、地球化学特征

一、结核（壳）的外部形态特征

南海多金属结核样品外观多数为黑褐色，形态发育良好，呈球状、椭球状、肾状或草莓状或者不规则状，表面为由光滑表面到带有瘤状或菜花状突起的粗糙表面（图6.3），一般表面颜色越深者表面也越粗糙；条痕为黑褐色，硬度小于小刀（<5.5）。南海多金属结核（壳）大小不一，最大直径可达12 cm左右（图6.4）。大洋多金属结核与南海相比，形态、大小、表面结构及产出状态更多种多样；受其成因性质影响，水成型结核表面通常颜色较浅，也较为光滑，形状多为规则的球状、椭球状、连生体状等；成岩型结核一般表面颜色较深，也较为粗糙，常有瘤状或菜花状突起，形状也多为不规则状产出；混合型介于水成型和成岩型之间，碟状（即存在"赤道线"）是其特征性产出形状。

多金属结壳外观为黑色球状、砾状、被状构造以及不规则块体等（图6.5）；多数呈单层构造覆盖在基岩上，厚度变化大，从几毫米到50 mm不等，质地坚硬性脆；样品表面形态多种多样，可见有光滑状、细砂或粗砂状、瘤状和不规则状突起及凹沟等。基岩主要为玄武岩、基–中酸性火山岩、碳酸盐岩等，在南海南部拖到的铁锰结壳样品常夹杂珊瑚礁及生物碎屑。

(a) SO4-1DG站位不规则球体　　　(b) SO4-1DG站位规则球体　　　(c) SO4-7DG站位不规则状

图6.3　南海西北陆源多金属结核样品外观特征（据张振国等，2013）

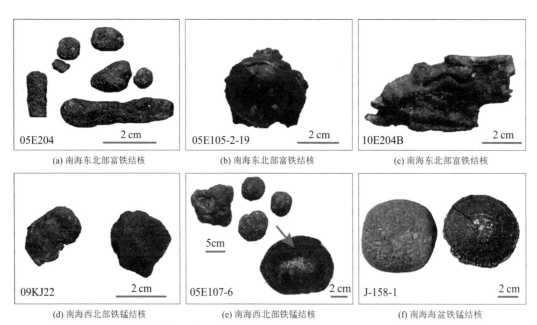

(a) 南海东北部富铁结核　　　(b) 南海东北部富铁结核　　　(c) 南海东北部富铁结核

(d) 南海西北部铁锰结核　　　(e) 南海西北部铁锰结核　　　(f) 南海海盆铁锰结核

图6.4　南海北部铁锰结核样品（据Zhong et al.，2017）

(a) 南海西部铁锰结壳　　　　　　　　　　　　　(b) 中央海盆结壳

图6.5　南海铁锰结壳野外样品照片

二、结核（壳）的内部结构特征

在高分辨率偏、反光镜下，多金属结核（壳）岩石薄片呈现出更为复杂的细微构造，在不同的韵律层内可以看到更细微的各类显微结构。由于锰结核中最基本的构造单元是非晶质的铁锰氧化物、晶质锰的氧化物和黏土等杂质构成的微层。它们的厚度从不足一微米到几十微米不等，根据不同矿物所具有的不同颜色和反射率，可以清晰地将其区别开来。非晶质的铁锰氧化物为浅灰色，较暗；晶质锰氧化物呈黄白色，较亮；而黏土矿物杂质为黑灰色（郭世勤和孙文泓，1992）。

多数结核切开横剖面后，可见以核部为中心，疏松层和致密层呈环状交替分布，具有平行纹层状构造。X射线衍射和透射电镜的分析表明，组成结核、结壳矿物的结晶程度都很低，多为不定形的胶状或偏胶状、偶尔见到微晶片状结构。铁锰矿物按沉积顺序富集，辐射–凸形富集方向指向生长方向，沿着生长剖面具有代表性的显微构造包括原生生长构造和不连续构造（平行不整合）（Guan et al.，2017），壳层通过显微镜下观察发现其显微结构类型丰富，具微层状、同心纹层状、球粒状、叠层状、斑杂状及花蕾状等构造（张振国等，2013）。

柱状构造[图6.6(a)～(c)、图6.7(a)]，由非晶质铁锰氧化物与黏土矿物微层有序地高角度弯曲叠置而成，有时可见分枝结构，相邻柱体及分枝之间由黏土类杂质或碎屑物充填。

叠层状构造[图6.6(d)、图6.7(e)]，非晶质铁、锰氧化物及黏土等杂质微层相间分布，构成的显微层状构造。层间厚度不一，叠层起伏，沿辐射方向层层叠起，顶点指向结核外部，疏松层中多见。

纹层状构造[图6.6(c)、(o)、图6.7(b)]，由铁锰质与黏土类杂质相间构成的显微层状构造，微层呈平缓波状平行延伸，延续性较好。围绕核心呈同心层状分布，多见于每一韵律层开始发育的层位。

鲕状构造[图6.6(f)、图6.7(c)]，铁、锰氧化物与黏土等杂质微层呈同心环状分布。

斑状或团状构造[图6.6(g)、(h)]，由微晶的锰氧化物和黏土等杂质构成。可见交代、交代残余和重结晶现象，原生微层纹状构造不存在或仅部分保留。

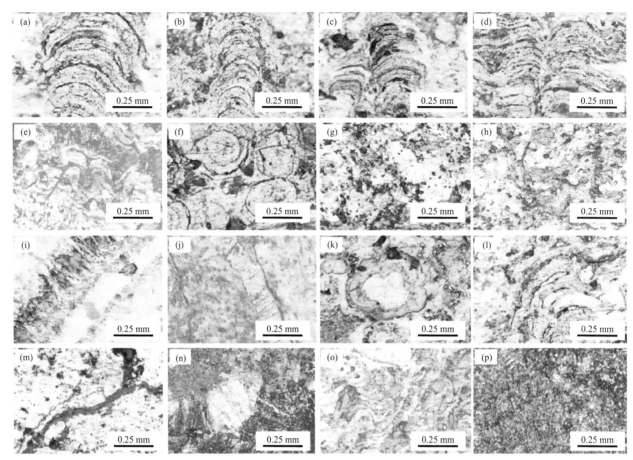

图6.6 S04-1DG-1样品的典型显微构造照片（据张振国等，2013）

条带状构造[图6.6(i)、(j)]，铁、锰氧化物与黏土等杂质近平行状相间排列，横向延伸比较稳定。

花瓣状构造[图6.6(k)]，铁锰氧化物和黏土矿物条带呈弧形弯曲，构成花瓣状外观，弧形弯曲的花瓣向四周伸展。条带主要指向结核增长方向，"花瓣"之间由黏土充填。

裂隙充填构造[图6.6(l)、(m)]，由于赋存条件的变化，结核胶结物发生碎裂，产生放射状的裂隙，从内核延伸到结核表面，结核中运移的流体，溶解和淋滤出部分铁锰物质，又在裂隙中沉淀下来，形成枝状或带状的充填构造。

颗粒状构造[图6.6(n)、(p)]，颗粒以均匀排列为特征，颗粒直径数十至数百微米，内部可见更为细微的同心纹层构造。

滑脱构造[图6.6(f)]，根据铁锰矿物胶结的碎屑矿物的数量，可以识别出滑脱构造。

同心不连续构造[图6.6(g)、(h)]，结核的典型生长构造，高反射率的小矿脉为沉积不连续构造（平行不整合）。不连续层周围有铁锰矿物和碎屑矿物共生。

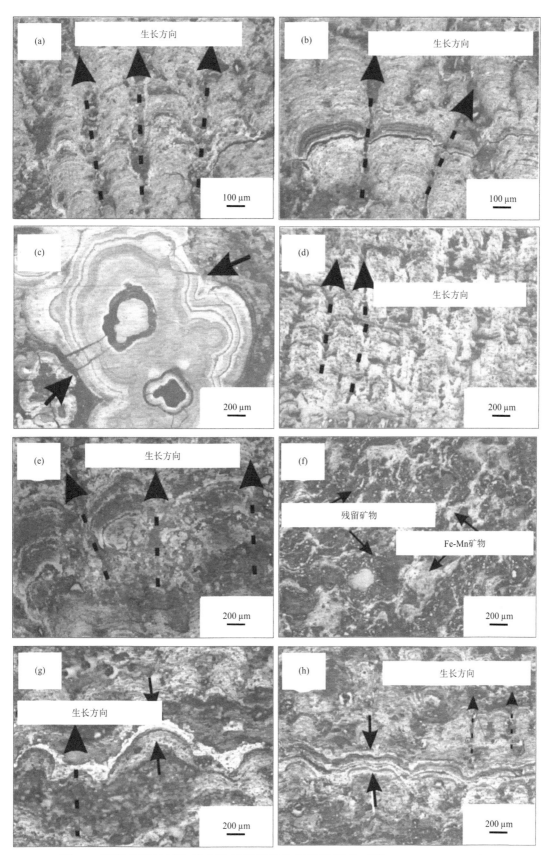

图6.7　南海典型结核和结壳生长显微结构的显微照片（据Guan et al.，2017）

三、结核（壳）的矿物特征

矿物组成常用的实验方法有X射线衍射分析、透射电子显微镜分析、红外光谱和穆斯堡尔谱的测试分析等。南海沉积物中的铁锰结核和结壳由多种矿物组成，组成铁锰结核、结壳的矿物主要为铁锰氧化物（δ-MnO_2，Fe_2O_3）和氢氧化物［$Mn(OH)_4$，$FeO(OH)$］或含水氧化物（$MnO_2 \cdot nH_2O$，$Fe_2O_3 \cdot nH_2O$）。矿物学研究表明，多金属结核（壳）的主要矿物包括钡镁锰矿（钙锰矿）（10 Å×水锰矿）、水钠锰矿（7 Å水锰矿）和水羟锰矿等（图6.8、图6.9，表6.3）。此外，还有包含非晶质–隐晶质的铁相矿物FeOOH——软锰矿、针铁矿、纤铁矿和磁铁矿等。但铁相矿物较少被检测到，可能是由于铁矿物结晶程度极差，主要呈无定型铁氧化物（氢氧化物）存在，研究显示（Zhong et al.，2017）针铁矿是东北陆坡铁锰结核（壳）最主要的矿物，图6.7(a)和图6.8(a)、(b)显示了针铁矿葡萄状结构和玫瑰花簇结构。所得X射线衍射曲线多呈散射型，以低峰强度为特征（图6.10、图6.11）。

组成结壳的锰矿物主要为钙锰矿和水羟锰矿（2.458 Å和1.420 Å），其次还有水钠锰矿（7.280 Å）。尖峰海山结壳富集钡镁锰矿而相对贫δ-MnO_2（梁宏锋等，1991），东部管事海山铁锰结壳矿物以水羟锰矿为主，含少量针铁矿，碎屑矿物主要是石英和长石（刘兴健等，2018），珍贝–黄岩海山链铁锰结壳矿物组成以水羟锰矿为主，其次为石英、斜长石等（图6.10）（周娇等，2022）。

结核、结壳中除以锰矿物为主体外，还有六方纤铁矿、羟铁矿、磁赤铁矿等铁矿物；微斜长石、钠长石、阳起石等硅酸盐矿物；蒙脱石、绿泥石等黏土矿物。它们的结晶程度良好，即尖锐的电子衍射斑点。

上述资料表明，南海结壳矿物组成与南海结核相近，但与只含水羟锰矿的太平洋结壳（潘家华和刘淑琴，1999）相比，则存在较大差别。通常认为δ-MnO_2是一种在强氧化环境下沉积的水成氧化物，是组成结壳的代表性矿物，而南海结壳除含水羟锰矿外，还含钙锰矿，故在矿物组成上更像是结核。南海结核中含有大量的硅酸盐矿物和碎屑矿物，主要包括石英、长石、黏土矿物（包括绿泥石、伊利石、蒙脱石）、云母、重晶石、方解石等。这些硅酸盐矿物和碎屑矿物代表陆源组分，表明南海结核受陆源碎屑矿物的影响较大，是明显区别于大洋多金属结核（壳）的特征之处。

图6.8　南海北部铁锰结核的抛光切片和扫描电镜生物矿化显微照片（据Zhong et al.，2017）

（a）微小的黄铁矿，黄色，分散在针铁矿镶嵌体中，含丰富的碎屑颗粒；（b）铁锰氧化物的葡萄状层状结构，柱间碎屑矿物集中；（c）富锰氢氧化物（钙锰矿和水钠锰矿）互生；（d）覆盖碳酸盐氟磷灰石自生晶体的细菌相关的生物膜（纤维、杆状和席状）；（e）、（f）被氢氧化铁覆盖的丝状和螺旋状纤维细菌

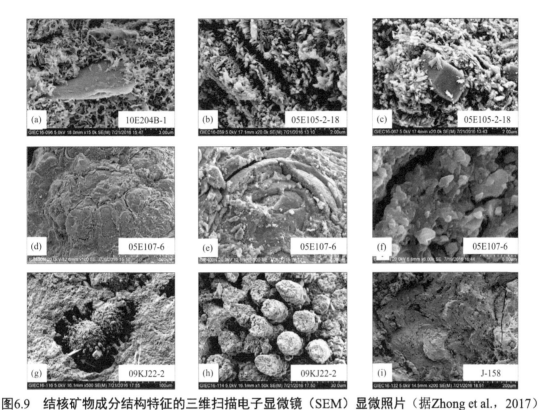

图6.9　结核矿物成分结构特征的三维扫描电子显微镜（SEM）显微照片（据Zhong et al.，2017）

（a）针铁矿包裹的自形CFA晶体；（b）富铁结核中的针铁矿玫瑰簇；（c）蒙脱石自生板；（d）、（e）结核中的葡萄状铁锰氧化物叠片；（f）钙锰矿小晶体；（g）有孔虫室充满自生CFA和分散重晶石（红色箭头）；（h）有孔虫室中形成柱状团簇的自形CFA晶体的细节；（i）铁锰结核中的Mn氧化物叠层

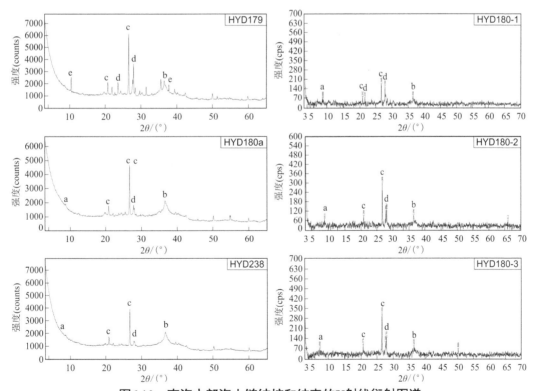

图6.10　南海中部海山链结核和结壳的X射线衍射图谱

counts表示在一步内收集到的光子数量；cps表示每秒收集到的光子个数。
a.水钠锰矿；b.水羟锰矿；c.石英；d.斜长石；e.角闪石

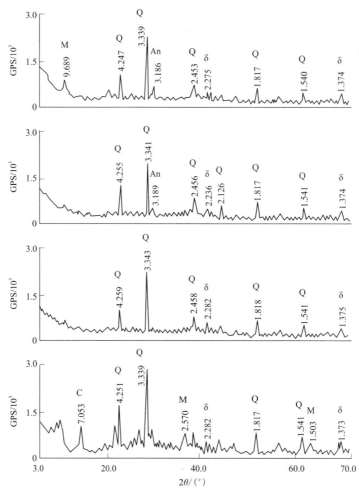

图6.11　南海西北部陆坡铁锰结核的XRD衍射图谱（据张振国等，2009）

δ.水羟锰矿；Q.石英；M.云母；An.长石；C.绿泥石

表6.3　南海边缘海多金属结核（壳）矿物组成表

样品	水深/m	主要矿物组成	副矿物组成	参考文献
05E 105	472	钙锰矿、水钠锰矿	石英、钠长石	Zhong et al.，2017
05E 107	2255	钙锰矿、水钠锰矿	石英、钠长石	殷征欣等，2019；Zhong et al.，2017
05E 204	1370	针铁矿	重晶石、黄铁矿、石英、黏土矿物	
09KJ22	1501	钙锰矿、水钠锰矿	碳氟磷灰石、钴土矿、重晶石	
J158	3570	水钠锰矿、钙锰矿	钴土矿	
ZX31	1000	针铁矿	重晶石、石英、黏土矿物	
10E204B	1331	针铁矿	石英、黏土矿物	
82-23	1656	水钠锰矿、钙锰矿	—	梁美桃等，1988
KD18	3400	1 nm 布塞尔矿、水羟锰矿	—	鲍根德和李全兴，1993
S04-1DG（NH1-0）	1700	水羟锰矿	石英、绿泥石	张振国，2007
S04-1DG（NH1-1）	—	水羟锰矿	石英、绿泥石、伊利石、钠长石	

样品	水深/m	主要矿物组成	副矿物组成	参考文献
S04-1DG（NH1-2）	—	水羟锰矿	石英、斜长石、方解石	张振国，2007
S04-1DG（NH1-3）	—	水羟锰矿	石英、云母、方解石、伊利石、蒙脱石	
S04-1DG	1700	水羟锰矿、钙锰矿	石英、云母、斜长石、方解石	
S04-7DG	1200	水羟锰矿	石英、方解石、斜长石	吴长航，2009
S04-12DG	1290	水羟锰矿	石英、云母、方解石、伊利石、蒙脱石	
SA1-28	2000	水羟锰矿	石英、斜长石、伊利石、角闪石、钾长石、白云石、白云母	林振宏等，2003
ZJ86	1945	水羟锰矿、钙锰矿	石英、斜长石	本书
HYD66	1378	水羟锰矿	石英、斜长石	
HYD104	815	水羟锰矿、钙锰矿	石英、斜长石	
ZSQD42A	1230	水羟锰矿	石英	Guan et al.，2017
ZSQD251A-1	1950	水羟锰矿	石英、斜长石	
ZSQD253A	1150	水羟锰矿	石英、斜长石	
STD275	1548	水羟锰矿、钙锰矿	石英、斜长石	本书；殷征欣等，2019
10#	3014	钙锰矿、水羟锰矿	黏土矿物、辉石	姚伯初等，1994
HYD180	3439	水羟锰矿	石英、斜长石	本书

四、结核（壳）的地球化学特征

（一）主微量元素特征

主微量元素测试方法有能谱、电子探针、X射线荧光法（X-ray fluorescence，XRF）以及等离子质谱法（ICP-MS）等。总结前人研究和广州海洋地质调查局1∶100万区调的成果发现，南海结核、结壳以Mn、Fe为主要成分，并含有一定量的Cu、Co、Ni、Ti等金属元素。南海结核（壳）的元素组成一般如下：Mn为0.17%～52.69%（一般介于13.76%～20.52%）；Fe为0.92%～54.59%（一般介于14.13%～18.94%）；Cu为0.002%～2.47%（一般介于0.1%～0.58%）；Ni为0.004%～0.86%（一般介于0.28%～0.44%）；Co为0.01%～2.83%（一般介于0.09%～0.23%）（表6.4）。在大洋条件下，结壳相对富Co，故又称为富钴锰壳。南海结核、结壳Co含量相对于西太平洋富Co结壳来说偏低，但是北部陆坡的某些站位样品Co含量达到了1.86%～2.83%的高含量，可称为富Co结壳。从表6.4也可以看出，位于不同位置的铁锰结核（壳），由于赋存环境的差异，其化学组成亦存在不同。东北陆坡Fe含量远高于Mn含量，Fe含量为7.17%～45.4%（平均为28.91%），Mn含量为0.17%～22.27%（平均为9.77%），其他金属元素的含量并不高，Cu+Co+Ni浓度极低，为0.01%～1.06%（平均为0.33%），普遍低于0.6%。西北陆坡Mn含量比Fe的含量略高，Mn含量介于10.25%～52.69%，Fe含量介于0.92%～18.89%，比东北陆坡更富含Cu、Co、Ni，Cu+Co+Ni浓度介于0.46%～2.95%（平均为1.06%）。西部陆坡Fe和Mn含量相当，Mn平均为15.13%，Fe平均为16.79%。西北次海盆与西部陆坡结核（壳）地球化学成分相似，Mn平均为15.81%，Fe平均为18.19%。南海海盆海山包括尖峰、珍贝、黄岩、中南海山等，Mn含量主要介于15%～23%，Fe介于11.45%～21.8%，金属元素含量丰富，特别是Ni、Ti含量较高。总的来说南海铁锰结核（壳）TMn/TFe总平均值较小，仅为0.83，而大洋多金属结核（壳），东北太平洋海盆区结核为6.48，海山区结核为1.51，中印度洋海盆区结核为3.11（张振国等，2010）。

表6.4　南海海区铁锰结核（壳）主要化学成分表　　　　　　（单位：%）

取样位置	样品号		Mn	Fe	Cu	Ni	Co	Ti	Zn	Pb	Ba	Sr	分析方法	资料来源
	SA1-28		7.71	7.168	0.039	0.1451	0.0342	0.2527	0.0205	0.0531	0.0297		中子活化	林振宏等，2003
	SA2-28		5.85	16.033	0.0614	0.1134	0.0247	0.3667	0.0202	0.0713	0.0201	0.0048	中子活化	
	ZX31-1		12.2	45.4	0.002	0.004	0.004	0.13	0.01	0.01	0.02	0.01	ICP-MS	
	05E204-1		1.17	36	0.0083	0.05	0.023	0.138	0.035	0.049	0.68	0.0368	ICP-MS	
	05E204-2		0.76	41.5	0.00653	0.0501	0.0227	0.084	0.0575	0.0224	0.0111	0.0155	ICP-MS	
	05E204B-1		4.77	34.2	0.0216	0.1051	0.0611	0.12	0.0604	0.096	0.035	0.0369	ICP-MS	Zhong et al.，2017
东北陆坡	05E204B-3		0.25	40.9	0.00386	0.576	0.0198	0.09	0.0371	0.0163	0.0107	0.0126	ICP-MS	
	05E105-2-18		0.17	45.4	—	0.026	0.0101	0.084	0.0137	0.0064	0.0053	0.009	ICP-MS	
	05E107-5		16.2	12	0.0733	0.658	0.1328	0.288	0.0641	0.1626	0.1213	0.0757	ICP-MS	
	05E107-7		18.4	10.5	0.0956	0.856	0.111	0.252	0.0838	0.1407	0.1136	0.0696	ICP-MS	
		外层	22.27	29.06	2.27	0.70	2.11	0.05	—	—	—	—	电子探针	梁美桃，1988
	82-23	中层	20.93	54.59	2.23	—	2.83	—	—	—	—	—	电子探针	
		内层	16.29	18.81	1.65	0.85	1.86	0.16	—	—	—	—	电子探针	
	KD35 ①		18.96	17.36	0.24	0.42	0.16	0.52	—	—	—	—	电子探针	陈毓蔚和桂训唐，1998
	KD35 ②		20.52	17.21	2.47	0.31	0.17	0.41	—	—	—	—		
	S04-1DG		10.25	15.26	0.007	0.3	0.15	0.37	—	0.19	0.12	0.09	ICP-AES、ICP-MS	张振国等，2013
	S04-1-5		49.78	0.92	0.81	0.36	—	—	—	—	—	—		
	S04-1-6		52.69	0.98	0.86	0.38	—	—	—	—	—	—		
西北陆坡	09KJ22-3-1		14.8	11.3	0.0783	0.389	0.136	0.27	0.0654	0.2263	1.039	0.254	ICP-MS	Zhong et al.，2017
	KD20		20.26	18.14	0.25	0.44	0.23	0.79	—	—	—	—		
	KD23		16.52	17.32	0.22	0.35	0.20	0.74	—	—	—	—		陈毓蔚和桂训唐，1998
	KD18-1		13.76	17.94	0.17	0.28	0.09	0.58	—	—	—	—		
	KD18-2		17.70	18.89	0.58	0.28	0.22	0.94	—	—	—	—		
	KD17		15.98	17.74	—	—	—	—	—	—	—	—	电子探针	鲍根德和李全兴，1993

续表

取样位置	样品号	Mn	Fe	Cu	Ni	Co	Ti	Zn	Pb	Ba	Sr	分析方法	资料来源
西部陆坡	ZJ57	13.1	17.57	0.042	0.17	0.18	0.414	0.0589	0.2492	0.06	0.118	XRF	本书
	ZJ60	17.32	18.14	0.076	0.59	0.17	0.438	0.059	0.2518	0.0673	0.1332	XRF	
	ZJ86	14.96	14.66	0.35	0.28	0.15	0.372	0.0712	0.1947	0.0724	0.0952	XRF	
西北次海盆区	J158	14.8	11.3	0.08	0.39	0.14	0.27	0.06	0.23	1.04	0.25	ICP-MS	Zhong et al., 2017
	S-9	15.44	14.67	0.04	0.3	0.25	0.72	—	—	0.0716	0.0676	—	王贤觉等，1984
	SC1	21.2	12.31	0.11898	0.6809	0.1280	0.26	0.099	0.1941	0.2132	0.0954	ICP-AES	梁宏锋等，1991
	SC2	23.42	11.45	0.1207	0.8421	0.1530	0.196	0.1242	0.1780	0.2032	0.0854	ICP-AES	
南海海盆海山	HYD179	14.84	18.89	0.1	0.29	0.18	0.5934	0.0584	0.2193	0.0723	0.1065	XRF	本书
	HYD180a	15.9	19.6	0.07	0.32	0.22	0.719	0.0574	0.2386	0.0779	0.1173	XRF	
	HYD238	17.61	21.8	0.1	0.3	0.19	0.611	0.0621	0.2547	0.0795	0.1311	XRF	
	HYD180	7.07	12.61	0.087	0.25	0.14	1.39	0.0576	0.1115	0.1403	0.0828	XRF	
	管事海山	31.8	16.8	0.07	0.1	0.09	—	—	—	—	—		刘兴健等，2018
	10#中南海山	15.40	15.17	0.10	0.43	0.14	0.54	0.07	0.07	0.08	0.10	XRF	姚伯初等，1994
	44TKD	13.50	14.13	0.04	0.28	0.15	—	—	—	—	—		陈毓蔚和桂训唐，1998
南部陆坡	TP17	20.71	13.63	0.042	0.17	0.18	0.378	0.0445	0.3168	0.1133	0.1327	XRF	本书
	TP31	7.58	9.6	0.076	0.59	0.17	0.3	0.2556	0.2556	0.1069	0.1025	XRF	
	TP73	16.96	13.36	0.035	0.28	0.15	0.3	0.3677	0.3677	0.0887	0.1260	XRF	

（二）稀土元素特征

多金属结核（壳）是稀土元素的富集体，其含量通常能够达到正常海洋沉积物的几倍至几十倍，甚至更高。因而，稀土元素的地球化学性质被广泛用来探讨有关海洋沉积物的地球化学问题，特别是Ce和Eu具有重要的环境指示意义。它们容易受到海洋环境Eh值（氧化-还原电位）变化的影响，在不同地质环境中以不同的价态而存在。Ce_{SN}/Ce_{SN}^*、Eu_{SN}/Eu_{SN}^*在底层水、沉积物、孔隙水之间的循环，很大程度上受控于海洋环境的氧化-还原条件，因而成为探讨海洋水体氧化-还原状态变化极为有效的示踪剂（韦刚健等，2001）。

稀土元素测试常用电感耦合等离子质谱仪分析。从表6.5可见其稀土元素含量变化较大，从最低29.76 ppm到最高2585.6 ppm变化，普遍为800~1800 ppm，南海结核、结壳的稀土元素总量平均值为1255.5 ppm，比东太平洋CC区结核（1026.5 ppm）高（CC区稀土元素数据引自郭世勤等，1994），是南海表层沉积物稀土总含量

表6.5 南海铁锰结核、结壳中稀土元素含量

（单位：10⁻⁶）

类型	样品号	La	Ce	Pr	Nd	Sm	Eu	Gd	Tb	Dy	Ho	Er	Tm	Yb	Lu	Y	REE	LREE	HREE	Ce_{SN}/Ce^*_{SN}	Eu_{SN}/Eu^*_{SN}	Y_{SN}/Ho_{SN}	资料来源
结壳	尖峰海山	113	717		147	18.4	4.53		4.18		8.64	23.7	3.32	8.89	1.69	127	1014.69	999.93	14.76	4.77	2.53		梁宏锋等, 1991
	HYD179	221	1475	54.3	218	50.5	12.7	58.3	8.44	45.4	9.3	25.9	3.49	22.8	3.26	157	2205.36	2031.5	173.86	3.11	1.09	0.67	本书
	HYD180a	258	1650	61.5	246	55.1	14.4	64.6	9.22	48.8	9.3	25.9	3.49	24.5	3.4	169	2474.21	2285	189.21	3.02	1.12	0.67	
	HYD238	299	1553	67	270	59.7	14.9	68.8	9.98	53.4	10.2	28	3.74	26.2	3.56	174	2467.48	2263.6	203.88	2.53	1.08	0.63	
	ZJ57	228	1576	50.4	198	48	10.4	51.3	7.1	39.2	7.42	20.4	2.66	18.9	2.94	142	2260.72	2110.8	149.92	3.39	0.98	0.70	
	ZJ60	288	1720	64.5	255	61.4	13.3	63.6	8.92	49	8.95	24.4	3.18	22	3.35	164	2585.6	2402.2	183.4	2.91	1.00	0.67	
	TP17	276.4	1422.4	61.3	265.8	61.8	14.6	72.7	9.8	51.2	9.4	25.6	3.4	22	3.4	151.2	2299.8	2102.3	197.5	2.52	1.01	0.59	
	TP31	124.7	724.9	28.3	126.4	30.9	7.6	39.7	5.7	33	6.7	19	2.6	17.1	2.7	144.5	1169.3	1042.8	126.5	2.82	1.00	0.79	王贤觉等, 1984
	TP73	222.8	1283.2	52	227.2	55.1	13.2	66.7	9.3	50.6	9.6	26.9	3.6	23.2	3.6	162.3	2047	1853.5	193.5	2.75	1.01	0.62	
	S-9	217.37	417.56	42.03	140.3	39.58	11.82	51.72	8.56	49.35	13.46	23.94	3.86	31.09	4.57	192.17	1055.31	868.66	186.55	1.00	1.16	0.52	Guan et al., 2017
	S-10	172.53	459.23	43.14	153.66	43.47	11.99	52.96	8.26	44.74	12.39	20.5	3.11	23.83	3.12	172.44	1052.93	884.02	168.91	1.23	1.19	0.51	张振国等, 2013
	ZSQ251A-1	261	1195	53.4	221	50.3	13.1	53.8	8.18	45.9	9	25.6	3.69	21.3	3.45	183.5	1964.72	1793.8	170.92	2.33	1.18		陈毓蔚, 1998
	ZSQ253A	146.5	796	30.4	125	28.3	7.44	31.2	4.7	26	5.2	15.85	2.26	13.15	2.13	113.5	1234.13	1133.64	100.49	2.75	1.10		
	SO4-7-1	238.1	1252.1	52.2	218.8	52.1	12.3	52.9	7.8	41.8	7.8	20.7	2.9	17.9	2.7		1980.1	1825.6	154.5	2.59	1.09		
	SO4-7-2	208.6	1193.2	44.3	184.7	44.1	10.4	45.6	6.7	36.2	6.9	18.5	2.7	16.6	2.6		1821.1	1685.3	135.8	2.86	1.20		
	KD35	233	1315.5	52.82	170.5	52.83	13.95	55.83	7.65	59	5.82	22	4.95	19	4.87	149.17	2017.72	1838.6	179.12	2.74	1.18	0.94	本书
	HYD180	124	591	28.4	113	23.9	6.56	27.9	3.96	21.7	4.16	11.4	1.49	10.5	1.47	88	969.44	886.86	82.58	2.30	1.22	0.78	
	HYD104	65.6	359	12.9	53.3	12.3	3.27	12.9	2.02	11.4	2.32	6.87	0.99	5.53	0.87	56.9	549.27	506.37	42.9	2.84	1.01		
	ZJ86	162	1134	35.8	140	33.2	7.51	36.1	4.91	27.4	5.34	14.7	1.95	13.9	2.16	98.8	1618.97	1512.51	106.46	3.43	1.09	0.68	Zhong et al., 2017
	05E204-1	39	110.2	8.38	33.8	7.33	1.7	7.35	1.06	5.25	1.07	2.84	0.43	2.69	0.42	24.1	221.52	200.41	21.11	1.41	1.12	0.83	
	05E204-2	25.1	74	5.05	20.1	4.57	1.07	4.4	0.73	3.88	0.83	2.27	0.37	2.45	0.38	19.4	145.2	129.89	15.31	1.51	1.16	0.86	
	10E204B-1	62.4	252.7	14.24	57.8	13.16	3.16	12.44	1.96	9.89	2.02	5.24	0.78	4.79	0.74	41	441.32	403.46	37.86	1.96	1.17	0.74	
	10E204B-3	20.6	45.2	4.07	16.4	3.47	0.85	3.38	0.54	3.13	0.65	1.82	0.29	1.89	0.3	17.8	102.59	90.59	12	1.14	1.09	1.01	
	05E105-2-18	6.5	11	1.28	5.1	1.04	0.25	1.1	0.19	1.14	0.28	0.81	0.13	0.8	0.14	10.5	29.76	25.17	4.59	0.88	1.11	1.38	
	05E105-2-19	15.8	41.3	2.48	10.5	2.21	0.55	2.42	0.42	2.57	0.62	1.75	0.27	1.65	0.26	20.9	82.8	72.84	9.96	1.49	1.11	1.24	
	ZX31-1	18.5	31.6	3.46	13.9	2.86	0.65	2.66	0.44	2.47	0.51	1.43	0.22	1.42	0.22	12.9	80.34	70.97	9.37	0.91	1.16	0.93	
结核	05E107-1	155.2	796.8	37.82	158.8	36.2	8.88	35.46	5.51	26.97	5.32	13.38	2.01	11.92	1.89	85	1296.16	1193.7	102.46	2.40	1.12	0.59	
	05E107-3	155.5	882.2	38.44	160.8	36.13	8.5	35.02	5.18	25.19	4.9	11.94	1.78	10.7	1.7	81.6	1377.98	1281.57	96.41	2.63	1.17	0.61	
	05E107-5	113.8	640.3	29.42	125.5	28.71	6.97	27.48	4.23	20.73	3.88	9.43	1.4	8.19	1.26	62	1021.3	944.7	76.6	2.55	1.22	0.59	
	05E107-6	109.5	546.3	24.38	103.7	24.03	6.04	22.56	3.43	16.61	3.12	7.84	1.13	6.83	1.03	51.1	876.5	813.95	62.55	2.44	1.17	0.60	
	05E107-7	124.7	561.6	25.84	108.8	25.48	6.18	24.17	3.7	18.73	3.54	9.15	1.33	7.97	1.18	60.4	922.37	852.6	69.77	2.28	0.98	0.63	
	09KJ22-3-1	90.5	810	23.41	92.7	20.93	4.65	23.46	2.97	14.03	2.79	7.39	1.12	6.8	1.07	51.1	1101.82	1042.19	59.63	4.05	0.95	0.67	
	09KJ22-3-2	105.6	1188	22.58	87.2	19.75	4.27	22.15	2.82	12.94	2.77	7.11	1.09	6.6	1.07	60.4	1483.95	1427.4	56.55	5.61	1.20	0.80	
	J158	69	398.9	16.58	69.4	16	4.06	15.69	2.44	12.3	2.44	6.2	0.95	5.78	0.86	76.7	620.6	573.94	46.66	2.72	1.52	1.15	张振国, 2013
	SO4-1-1	175.7	143.2	30.9	129.5	24.7	5.76	27.5	4.69	25.7	4.66	12.3	1.53	9.18	1.3		596.62	509.76	86.86	4.03	1.52		
	SO4-1-2	177.7	1247.3	32.1	131.3	25.3	5.84	27.9	4.62	24.8	4.6	11.9	1.45	8.99	1.26		1705.06	1619.54	85.52	4.46	1.03		
	SO4-1-3	87.5	603.3	16.3	64.2	12	1.49	10.5	1.75	9.5	1.81	4.9	0.65	4.1	0.62		818.62	784.79	33.83	0.44	1.03		
	SO4-12-1	197.8	913.1	41.9	176.9	42.7	10.2	45.6	6.8	37.8	7.5	20.4	2.9	17.7	2.7		1524	1382.6	141.4	3.78	1.03		本书
	SO4-12-2	201.3	897.2	40.7	168.9	40.4	9.5	43.2	6.5	36.9	7.5	20.5	3.1	18.4	2.9		1497	1358	139	3.66	0.62		
	SO4-12-3	160.5	986.9	32.7	136.3	32.9	7.9	35.1	5.4	29.9	5.9	16.1	2.4	14.2	2.2		1468.4	1357.2	111.2	2.31	1.08		
沉积物	南海表层沉积物	28.21	55.23	6.51	23.73	4.64	1.02	4.12	0.69	3.61	0.72	2.17	0.33	2.03	0.34	19.77	133.35	119.34	14.01	2.31	1.08		
	PAAS	38.2	79.6	8.83	33.9	5.55	1.08	4.66	0.774	4.68	0.991	2.85	0.405	2.82	0.433	27				2.28	1.06		McLennan, 1989

注：$Ce/Ce^*_{SN}=2Ce_{SN}/(La_{SN}+Pr_{SN})$，$Eu_{SN}/Eu^*_{SN}=2Eu_{SN}/(Sm_{SN}+Gd_{SN})$，其中SN表示后太古代澳大利亚页岩标准化（PAAS；McLennan，1989）。

（133.35 ppm）的约9.4倍；有的总稀土含量甚至高于富稀土的西太平洋结壳（平均为2097.1 ppm）（任江波等，2016），如位于南海海盆的黄岩海山、珍贝海山的HYD179、HYD180a、HYD238总稀土含量分别为2205.36 ppm、2474.21 ppm、2467.48 ppm，以及盆西海岭的ZJ57、ZJ60总稀土含量分别为2260.72 ppm、2585.6 ppm等；也存在低于南海表层沉积物稀土总含量的铁锰结核（壳），如位于东北陆坡的ZX31、10E204B-3、05E105-2-18、05E105-2-19稀土总含量分别为80.34 ppm、102.59 ppm、29.76 ppm、82.8 ppm。从表6.5也可看出，南海结壳稀土整体含量高于结核，结壳总稀土含量为1014.69～2585.6 ppm，平均为1879.5 ppm；结核总稀土含量为29.76～2017.72 ppm，平均为879.02 ppm。轻稀土元素LREE含量为27.17～2402.2 ppm，重稀土HREE含量为4.59～203.88 ppm，LREE/HREE为4.66～25.24，轻稀土远高于重稀土含量。Ce含量变化为11～1720 ppm，普遍为540～1200 ppm，Ce在南海结核、结壳中的富集率很高（图6.12），几乎占稀土元素总量的50%。Ce有正异常也存在负异常，Ce_{SN}^*/Ce_{SN}^*为0.09～641.5；同样，Eu也存在正异常和负异常，Eu_{SN}/Eu_{SN}为0.62～2.53；但南海铁锰结核（壳）绝大多数Ce和Eu为正异常。

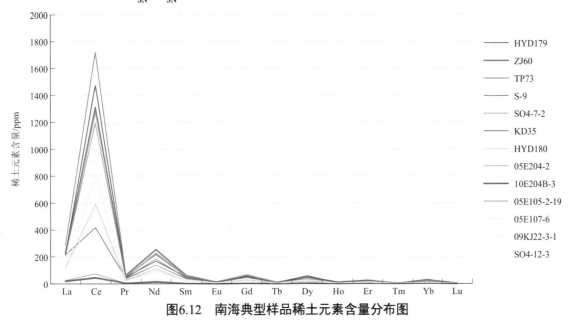

图6.12　南海典型样品稀土元素含量分布图

第三节　南海不同区域结核（壳）地球化学对比分析

利用前人过去30多年在南海铁锰结核（壳）的研究（主要位于南海中北部），以及新采集的铁锰结核（壳）样品进行了物理性质、矿物学和地球化学的综合测试分析，将南海划分为六个区域（图6.1）：南海东北部陆坡（A区）、南海西北部陆坡（B区）、南海西部陆坡（C区）、南海南部陆坡（D区）、南海海盆（E区）以及南海中央海山链（F区），并将六个区域铁锰结核（壳）进行了对比分析，发现存在南海不同区域铁锰结核（壳）地球化学元素含量存在差异。

一、南海东北部陆坡（A区）

南海东北陆坡区的铁锰结核组成矿物有δ-MnO$_2$、针铁矿、水针铁矿、石英、斜长石、角闪石、

钾长石、伊利石和白云母等（林振宏等，2003）。综合梁美桃（1988）、林振宏等（2003）和Zhong
等（2017）在东北陆坡区取样测试结果，发现Fe含量高、Mn含量低，铁锰成分变化较大，其中Fe含
量为7.17%～54.59%，Mn含量为0.17%～22.27%；Cu、Co、Ni、Pb含量低，Cu+Co+Ni含量主要为
0.01%～0.60%，平均值为0.18%，梁美桃等（1988）用电子探针方法测得数据偏高，平均达4.83%；Ni含
量为0.004%～0.85%，Pb含量为0.006%～0.1%。Mn/Fe值为0.001～0.13。Fe（高达54.59%）是东北陆坡
区的铁锰结核中最丰富的元素，其次是Al、Mg、P和Ca。南海东北部结核的特征是铁氢氧化物（针铁矿型）
比锰氧化物更占主导地位，这与深海结核中锰氧化物占主导地位不同（Hein et al.，2013）。东北部陆坡样
品结核（壳）稀土元素总浓度较低，范围为29.76～482.48 ppm，是南海铁锰结核（壳）稀土含量最低的区
域，轻稀土LREE为25.17～470.05 ppm，重稀土HREE为4.59～37.86 ppm，轻稀土比重稀土富集，正Ce异
常（Ce/Ce*=0.88～4.46）和正Eu异常（Eu/Eu*=1.09～1.52）。

二、南海西北部陆坡（B区）

南海西北部陆坡主要包括位于西沙群岛东北部及中沙群岛北部的结核（壳），结核壳层显微结构类
型丰富，呈现柱状、纹层状、叠层状、花瓣状、斑杂状等类型；主要矿物为δ-MnO_2。Fe、Mn含量中等，
Mn含量为10.25%～52.69%，远高于东北陆坡，Fe含量为0.92%～18.14%，比Mn含量略低，Mn/Fe值为
0.67～1.75（平均为1.18）；金属元素Cu+Ni+Co浓度为0.46%～2.95%，平均值达1.06%，含量相对较高，
高于南海其他区域；南海西北部结核的PAAS标准化微量元素模式强烈富集于Mo、Pb、Co、Ni和Cu，中
度亏损于V、Rb和Cr，REE总浓度为596.62～2017.72 ppm，平均含量达1145.75 ppm，轻稀土与重稀土的
比值（LREE/HREE）达5.86～25.24，存在较强的正Ce异常（平均Ce/Ce*=2.87）和弱正Eu异常（平均Eu/
Eu*=1.10）。

三、南海西部陆坡（C区）

广州海洋地质调查局2012年在西部陆坡三个站位获取了铁锰结核（壳），ZJ86站位位于中建阶地，拖
网拖到的铁锰结核主要为深黑色、呈球状或椭球状[图6.13(a)]，水深1945 m。铁锰结壳ZJ57[图6.13(b)]、
ZJ60[图6.6(a)]位于盆西海岭，水深分别为2237 m、1650 m，表面也呈深黑色，块状到不规则块状。内部为
白、黄褐色，含孔洞。总体而言，南海铁锰结核（壳）形状没有像大洋铁锰结核（壳）多，表面一般比太
平洋结核（壳）光滑[图6.13(a)]，其采样位置见图6.1。

铁锰结核、结壳常量元素化学成分主要有Si、Mn、Fe、Cu、Co、Ni等，SiO_2含量较高，为
22.4%～35.52%，Mn含量为13.10%～17.32%，Fe含量为14.66%～18.14%，Mn/Fe值平均小于1（表6.6）；
Mn的含量略低于B区，Fe的含量略高于B区。P、K的含量相对较低。微量元素中，Ni、Pb占了绝对优势，
Ni含量平均为3823.83 ppm，Pb含量为2095.67 ppm，其次是Co、Sr（表6.7）；Cu+Ni+Co浓度低于B区。

(a)

(b)

图6.13 西部陆坡铁锰结核及结壳样品

表6.6 西部陆坡铁锰结核（壳）常量元素分析结果表　　　　（单位：%）

站位	Na₂O	MgO	Al₂O₃	SiO₂	P₂O₅	K₂O	CaO	TiO₂	Mn	Fe	Mn/Fe	来源
ZJ57	2.32	1.90	5.64	35.52	0.94	0.68	4.18	0.69	13.10	17.57	0.746	本书
ZJ60	2.32	2.04	4.09	24.48	1.02	0.74	3.77	0.73	17.32	18.14	0.955	
ZJ86	2.62	2.07	6.88	33.98	0.72	1.06	2.84	0.62	14.96	14.66	1.020	
ZJ57-1	2.19	1.84	3.36	22.4	—	0.73	4.54	0.7	14.94	17.78	0.84	Guan et al.，2017
ZJ60-1	2.46	1.92	3.65	26	—	0.8	2.94	0.54	16.09	15.47	1.04	
ZJ86-1	2.24	1.84	4.15	28.47	—	0.89	2.12	0.58	15.68	14.93	1.05	

表6.7 西部陆坡铁锰结核（壳）微量元素分析结果表　　　　（单位：ppm）

站位	Co	Ni	Cu	Zn	V	Cr	Sr	Zr	Ba	Pb	来源
ZJ57	1900	3400	680	589	444	37.4	1118	506	600	2492	本书
ZJ60	1800	4300	680	590	514	25.9	1332	590	673	2518	
ZJ86	1200	5000	1200	712	406	38.6	952	457	724	1947	
ZJ57-1	1730	2810	322	448	477	20	1105	430	775	2080	Guan et al.，2017
ZJ60-1	1150	3820	431	566	455	20	958	399	831	1970	
ZJ86-1	831	3613	984.3	605.3	447	23.33	824.7	385	941.7	1567	

从西部陆坡拖网的三个站位来看（表6.5），铁锰结核、结壳的稀土元素总量ΣREE范围为1369.38～2585.6 ppm，平均值达到了1990.39 ppm，铁锰结壳（ZJ57、ZJ60）的ΣREE高于铁锰结核（ZJ86）。西部陆坡稀土总含量比南海其他区都要高，并且比中印度洋（ΣREE为641.55 ppm）（张振国等，2011）高3倍以上，比太平洋北部沉积物高3倍以上（太平洋锰结核区沉积物的ΣREE为632.27 ppm），比南海沉积物（ΣREE平均为131.68 ppm）则高14多倍。

四、南海南部陆坡（D区）

广州海洋地质调查局2014年在南海南部陆坡拖网发现，有两个站位的拖网样品为铁锰结壳，一个站位的拖网样品为铁锰结膜（局部），还有一个站位的拖网样品为浸染状的铁锰结壳（图6.14）。

TP17站位位于永登暗沙，水深1044 m，样品主要为不规则块状礁灰岩[图6.14(a)]，有球状结构，质地坚硬，内部发育气孔，性脆，大块直径为20～30 cm，小块直径为3～10 cm，其中夹杂珊瑚礁及生物碎屑，样品总重量约15 kg，表面覆有黑褐色铁锰结壳，厚度为1～1.3 cm。TP31站位位于礼乐滩东部边缘，水深为538 m，铁锰结壳为黑色壳状，覆盖在不规则块状礁灰岩上[图6.14(b)]，大块直径为20～50 cm，小块直径为3～10 cm，其中夹杂珊瑚礁及生物碎屑，表面的铁锰结壳厚度为1.5～2 cm。TP73站位位于九章群礁赤瓜礁附近，水深为936 m，样品主要为灰白色不规则块状礁灰岩[图6.14(c)]，大块直径为20～30 cm，小块直径为3～10 cm，TP73站位的拖网样品中仅局部表面为厚度0.7～0.8 cm的铁锰结壳膜。TP18站位位于大渊滩附近，水深为1108 m，样品主要为灰白色不规则块状变质火成岩[图6.14(d)]，质地坚硬，大块直径为15～20 cm，小块直径为3～10 cm，表层为黑色铁锰结壳；从严格意义上说，TP18站位拖到的样品因铁锰层厚太薄，厚度为0.2～0.3 cm，所以只能算是浸染状的铁锰结壳。

图6.14 南海南部陆坡铁锰结壳和铁锰结壳膜及侵染状铁锰结壳野外拖网照片

经对TP17、TP31和TP73三个站位样品进行化学分析表明，南部陆坡铁锰结壳常量元素化学成分中的Mn、Fe的含量较高，铁锰结壳的Mn/Fe值为0.79～1.52（表6.8）；SiO_2含量中等（6.58%～14.01%）；微量元素中，Pb占了绝对优势，其他比重较大的元素还有Co、Ni、Sr和Ba（表6.9）。

从三个站位稀土元素分析的结果来看（表6.5），铁锰结壳的稀土元素总量ΣREE分别为2299.8 ppm、1169.8 ppm、1853.5 ppm，TP17站位最高，平均值达1989.2 ppm，比西部陆坡（C区）略低。轻稀土LREE分别为2102.3 ppm、1169.3 ppm、2047 ppm，重稀土HREE分别为197.5 ppm、126.5 ppm、193.5 ppm，轻稀土明显比重稀土富集，正Ce异常（平均Ce/Ce*=2.70），这与其他区表现特征基本一致。

表6.8　南部陆坡拖网站位常量元素分析结果表　　　　　　（单位：%）

站位	Na₂O	MgO	Al₂O₃	SiO₂	P₂O₅	K₂O	CaO	TiO₂	Fe₂O₃	MnO	Mn/Fe
TP17	2.39	2.28	2.19	14.01	1.39	0.52	3.07	0.63	35.77	23.55	1.52
TP31	1.87	5.34	3.95	6.58	1.74	0.54	7.67	0.50	24.00	30.33	0.79
TP73	3.16	2.60	1.89	11.57	1.45	0.52	3.81	0.50	33.39	26.28	1.27

表6.9　南部陆坡拖网站位微量元素分析结果表　　　　　　（单位：ppm）

站位	Li	Sc	V	Cr	Co	Ni	Cu	Zn	Ga	Rb
TP17	4.5	11.2	505.5	9.6	1805.7	1720.7	415.0	445.2	32.0	5.8
TP31	66.1	11.1	522.4	14.6	1696.9	5854.6	764.0	782.0	29.1	7.0
TP73	5.6	11.0	590.5	11.7	1456.0	2789.2	345.5	542.8	22.9	6.0

站位	Sr	Zr	Nb	Cs	Ba	Ta	W	Pb	Th	U
TP17	1327.3	467.7	43.0	0.4	1133.1	1.0	70.5	3168.1	128.0	7.5
TP31	1025.2	255.1	32.6	0.5	1069.2	0.9	67.8	2555.9	46.7	9.3
TP73	1260.2	399.7	41.8	0.4	886.6	0.9	73.9	3676.6	119.0	10.8

五、南海海盆（E区）

南海海盆的样品主要位于西北次海盆（KD17、KD18，鲍根德和李兴全，1993）、东部次海盆（J158，Zhong et al.，2017；HYD104、ZSQ251A-1、ZSQ253A，Guan et al.，2017；S-9，王贤觉等，1984）。样品的Fe含量为9.36%～18.89%，Mn含量为12.47%～27.61%，Mn/Fe值为0.77～2.32，大部分Fe、Mn含量相当（表6.10）；Cu+Ni+Co平均总浓度为0.64%，其值在0.48%～1.08%（表6.11）；总稀土含量为549.27～1964.72 ppm，平均值为1265.45 ppm，轻稀土比重稀土富集（LREE/HREE达9.77～12.3），明显正Ce异常（Ce/Ce*=2.28～3.14）和正Eu异常（Eu/Eu*=1.06～1.22）（表6.5）。

表6.10　南部海盆铁锰结核（壳）常量元素分析结果表　　　　　　（单位：%）

站位	Na₂O	MgO	Al₂O₃	SiO₂	P₂O₅	K₂O	CaO	TiO₂	Fe	Mn	Mn/Fe
J158	2.38	2.9	8.23	—	0.36	1.19	2.27	0.46	9.36	14.7	1.42
HYD104	1.88	3.51	3.2	14.95	—	1.22	1.74	0.33	11.9	27.61	2.32
ZSQ251A-1	2.56	1.82	3.23	17.35	—	0.65	3.17	0.84	18.76	17.63	0.94
ZSQ253A	3.34	2.13	6.42	26.7	—	0.74	5.94	0.78	13.86	12.47	0.9
KD17	—	—	—	—	—	—	—	—	17.94	13.76	0.77
KD18-1	—	—	—	—	—	—	—	—	18.89	17.7	0.94
KD18-2	—	—	—	—	—	—	—	—	17.74	15.98	0.90
S-9	—	—	—	—	—	—	—	—	14.67	15.44	1.05

表6.11　南部海盆铁锰结核（壳）微量元素分析结果表　　　　（单位：ppm）

站位	Li	Sc	V	Cr	Co	Ni	Cu	Zn	Ga	Rb
J158	63.7	12.86	323.2	31.6	1190.3	4172.5	1199.2	584.2	17.8	36.4
HYD104	92.1	5.5	364	30	1170	4150	899	1340	34.1	17
ZSQ251A-1	3.7	9.9	540	20	1955	2830	369	480	27.3	8.8
ZSQ253A	12.4	10.2	367	30	1620	2820	366	484	22.2	13.1
KD17	—	—	—	—	900	2800	1700	—	—	—
KD18-1	—	—	—	—	2200	2800	5800	—	—	—
S-9	—	—	—	—	2500	3000	400	—	—	—

站位	Sr	Zr	Nb	Cs	Ba	Ta	Mo	Pb	Th	U
J158	540.1	226.7	15.1	2.72	1084.2	0.34	64.6	885.7	37.9	2.51
HYD104	748	131	22.5	0.96	2220	0.38	438	822	32.3	4.61
ZSQ251A-1	1175	492	44.2	0.51	965	0.47	320	2050	73.8	10.5
ZSQ253A	940	323	36.8	0.86	646	0.45	187.5	1415	53.7	7.3

六、南海中部海山链（F区）

广州海洋地质调查局2014年在南海中部海山链上获取的HYD179、HYD180a、HYD238、HYD239四个站位的结壳形状不规则，大小不一，表面覆盖有一层硬度不大、易碎的黑色结壳，基岩为硬度较大的黑色或者黄褐色玄武岩（图6.15），HYD238样品还看到玄武岩内有气孔构造。HYD180站位为结核样品，呈球状、椭球状，表面粗糙，可见少量瘤状突起，磨圆较好，结核直径为20~50 mm；表面覆有黄褐色黏土质粉砂（粉砂含量约为60%），说明其生长于深海硅质泥环境中；内部为含气孔-杏仁状玄武岩，主要由基质和斑晶构成，斑晶主要为角闪石、长石，结核以玄武岩为中心，疏松层和致密层交替分布，呈同心圆层状围绕玄武岩生长，致密层呈黑褐色，疏松层呈黄褐色，结核壳层与内核玄武岩接触边界可见棕褐色蚀变（图6.16），其采样位置见图6.2。

结壳主要成分有Mn、Fe、Si、Co、Ti、Ni、Pb、Sr、Cu等。其中Mn的含量分别为14.84%、15.9%、17.61%，Fe的含量分别为18.89%、19.6%、21.8%，Mn/Fe值小于1，与西太平洋海山站位相比，Mn含量偏低、Fe含量略高（表6.12），说明海盆海山结壳Fe的富集程度高于西太平洋海山区。其他的金属元素，如Co含量分别为0.18%、0.22%、0.19%，也低于西太平洋海山结壳的Co含量（0.51%）；但样品的Ni含量分别为0.29%、0.32%、0.30%，则明显高于西太平洋海山结壳的Ni含量（0.13%）；样品的Pb含量略高于西太平洋海山结壳中的含量（表6.12）。其他非成矿元素，如SiO$_2$、Al$_2$O$_3$含量明显较高，特别是HYD180站位结核样品这两者含量很高，而Mn、Fe含量相对很低，但结核中TiO$_2$、Ba含量较高，是结壳样品含量的近两倍。

(a) HYD179　　　　　　(b) HYD180a　　　　　　(c) HYD238

图6.15　南海中部海山链拖网获得的结壳样品图

图6.16　南海中部海山链拖网获得结核样品图（HYD180）

表6.12　常微量元素分析结果（X荧光光谱仪）以及与西太平洋海山对比表

站位	常量元素/%										
	Na$_2$O	MgO	Al$_2$O$_3$	SiO$_2$	P$_2$O$_5$	K$_2$O	CaO	TiO$_2$	Mn	Fe	Mn/Fe
HYD179	2.65	2.12	6.90	23.58	0.86	0.83	3.01	0.99	14.84	18.89	0.79
HYD180a	2.60	2.39	5.59	20.94	0.92	0.91	2.65	1.20	15.90	19.60	0.81
HYD238	2.29	2.02	3.78	17.48	1.01	0.65	2.60	1.02	17.61	21.80	0.81
HYD180	3.83	3.88	15.79	33.07	0.66	1.27	6.74	2.32	7.07	12.61	0.56
西太平洋海山	2.6	1.99	2.81	12.16	2.21	0.76	5.51	1.77	21.17	17.16	1.37

站位	微量元素 /ppm								
	Co	Ni	Cu	Zn	V	Sr	Zr	Ba	Pb
HYD179	1800	2900	1000	584	498	1065	558	723	2193
HYD180A	2200	3200	700	574	472	1173	616	779	2386
HYD238	1900	3000	1000	621	591	1311	689	795	2547
HYD180	1400	2500	870	576	272	828	397	1403	1115
西太平洋海山	5100	1300	1300	661	553	1127	626	1102	1600

七、对比分析

从南海东北部陆坡（A区）、南海西北部陆坡（B区）、南海西部陆坡（C区）、南海南部陆坡（D区）、南海海盆（E区）、南海中部海山链（F区）主量元素含量对比图（图6.17）可看出：A区Fe含量明显高于其他区，是其他区的两倍左右，但是Mn含量远低于其他区，Al$_2$O$_3$、K$_2$O、Na$_2$O也相对较低；B区Fe、Mn含量属于中等，Al$_2$O$_3$、K$_2$O、Na$_2$O等整体含量也属于中等；位于西沙群岛东北部的09KJ22-3-1和

09KJ22-3-2站位样品Ca、P含量异常高，代表了碳酸盐型的生物碎屑组分来源，HYD180站位Al_2O_3、K_2O、Na_2O、CaO含量相对较高，可能受到陆源碎屑、生物沉积共同影响；C区和F区SiO_2、Al_2O_3含量明显高于南部陆坡，说明西部陆坡和中央海山链铁锰结核（壳）形成过程中更多受到物源物质的提供；D区的Fe、Mn含量明显高于其他区，TMn+TFe含量占50%以上，Mn含量略高于Fe含量，另外C区、E区、F区与B区相似，Fe、Mn含量相当，TMn+TFe含量低于40%。PAAS标准化微量元素模式图（图6.18）显示C区、D区、E区、F区四个区微量元素配分模式基本一致，强烈富集Pb、Ni、Co、Sr，中度亏损Cu、Cr、Ba；A区各样品微量元素含量变化较大，总含量较低；B区分化成A、C两种模式。PAAS标准化稀土元素模式图（图6.19）显示六个区稀土元素配分模式基本一致，重稀土亏损，具有明显的Ce正异常（Ce_{SN}/Ce_{SN}^*=2.3～3.43）；由于海水中Ce^{3+}氧化为Ce^{4+}并随后被金属结核或结壳吸收为CeO_2，海洋自生的水文成因Fe-Mn氢氧化物通常表现出正Ce异常。C、D、F三个区总稀土含量为549.27～2585.6 ppm，平均达1580.34 ppm，含量远高于东太平洋海盆结核（668.38 ppm）、中印度洋海盆稀土（641.55 ppm）以及西太平洋海山结核含量（1343.6 ppm）（张振国等，2011），也高于A、B、E三区。

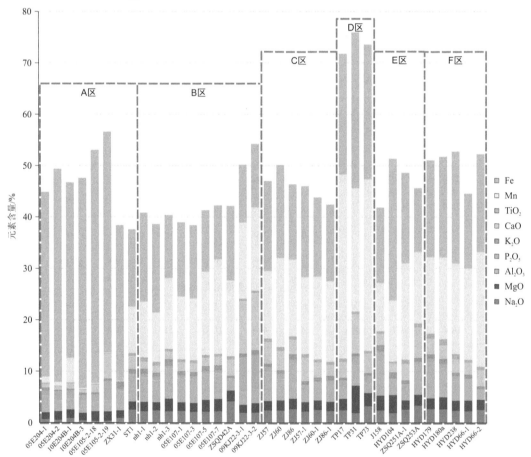

图6.17　南海各区不同站位主量元素对比柱状图

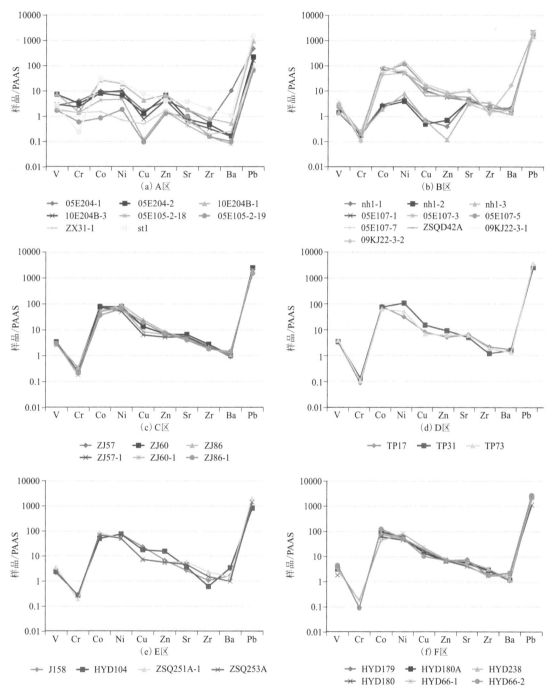

图6.18　南海各区样品的PAAS标准化微量元素模式对比图

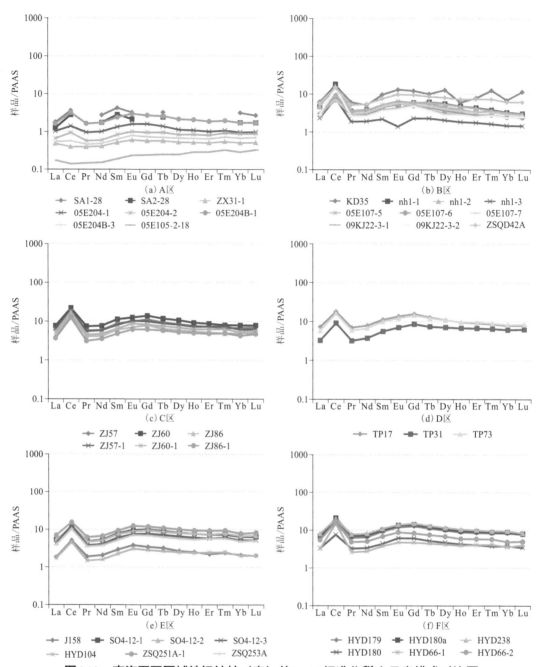

图6.19 南海不同区域铁锰结核（壳）的PAAS标准化稀土元素模式对比图

综上所述，南海六个不同区域的铁锰结核（壳）地学化学特征既存在一定相似性，也存在一定差异性：①含针铁矿的富铁结核产于南海东北陆坡（A区），具有高Fe、低Mn（Mn/Fe=0.1）的特征，相比其他区域，微量金属和稀土元素含量较低；②南海西北部陆坡（B区）分布有光滑的铁锰结核和铁锰结壳，Fe、Mn含量相当（Mn/Fe=1.07），微量金属富集中等，Co、Ni、Cu、Zn含量存在差异，Ce正异常；③南海西部陆坡（C区）和中央海山链（F区）同样分布有光滑的铁锰结核和铁锰结壳，Fe、Mn含量相近（Mn/Fe=0.95），中等微量元素含量，高稀土含量，明显Ce正异常；④南海南部（D区）具有较高的Fe、Mn含量，TMn+TFe含量占50%以上，高微量及稀土含量，明显Ce正异常、Eu正异常；⑤南海海盆（E区）Mn含量较高于Fe含量（Mn/Fe=1.40），中等微量及稀土元素含量。

第四节　南海铁锰结核（壳）成因、物质来源及资源潜力

一、南海铁锰结核（壳）成因模式

根据矿物成分、流体来源和构造环境，沉积铁锰氧化物矿床可分为水成型、成岩型、热液型和混合型（Bolton et al., 1988；Hein et al., 1997）。传统上，海洋结核和结壳的成因可以用Mn-Fe-(Cu+Ni+Co)×10三元图来判别（Bonatti et al., 1972）。然而，这种方法不能用来明确区分热液成因和成岩成因。REY模式可用于区分热液锰铁矿床、成岩铁锰结核和水成铁锰结核及结壳（Bau et al., 2014）。

Zhong等（2017）认为南海东北、西北、中央三个区域的结核（壳）形成模式与海洋学条件和构造演变有关。南海东北部斜坡区的结核（壳）形成于还原环境，Fe相对于Mn的富集程度很高（平均分别为38.7%和0.96%），受到水文作用和成岩作用的影响，认为该区的铁锰结核是由碳酸盐补偿深度以上早期成岩快速生长（平均为3320 mm/Ma）的黄铁矿（硫铁矿）结核氧化形成。相反，来自北太平洋的强劲深水流的侵入促进了南海西北部水成铁锰结核和结壳的缓慢生长（4～7 mm/Ma）。最后，火山作用可能促进了南海海盆铁锰结核和结壳的生长。

若单纯以结核（壳）的元素组成来探讨南海中南部三个区（C区、D区、F区）多金属结核（壳）的成因，其Mn/Fe值为0.56～1.52，低于代表多金属结核水成成因的平均值（＜2.5）；若从Mn-Fe-(Cu+Co+=Ni)×10三组分图解判断，南海样品部分分布于水成成因区（图6.20）；Bau等（2014）提出了一个新的成因分布图（图6.21），南海西部陆坡、南海中部海山链、南海南部陆坡三个区的样品全部落入水成成因区，即结核（壳）的主要矿物组分来源于海水，经过胶体沉淀形成结核壳层，后期成岩作用对其影响微乎其微；海底热液活动的标志矿物钙锰矿（冯雄汉等，2005）含量极不明显，证明热液的影响也非常有限。

微结核为海底自生成因，可能与南海深海平原火山活动向南海底层水团输入可溶性铁锰有关，在海底弱碱性条件下，海水中呈溶解状态的Mn^{2+}、Fe^{2+}被氧化为难溶的Mn^{4+}和Fe^{3+}，最终形成微结核。

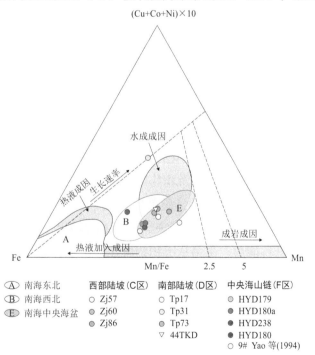

图6.20　研究区铁锰结核（壳）成因三角图解（据Bonatti et al., 1972；修改；其中A区、B区、E区参考Zhong et al., 2017；下同）

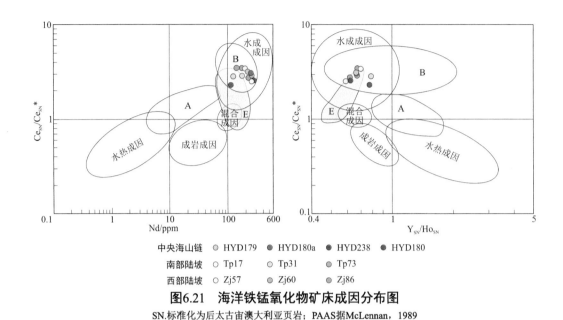

图6.21　海洋铁锰氧化物矿床成因分布图
SN.标准化为后太古宙澳大利亚页岩；PAAS据McLennan，1989

二、南海铁锰结核（壳）物质来源分析

边缘海环境与大洋环境存在重大差别，边缘海内部的陆架-陆坡-海盆体系与大洋盆地在沉积环境上存在明显不同，因而，毗连大陆的海底在矿产资源的分布上与远海（洋）区域相去甚远。由于陆源沉积物的大量输入，大陆边缘带成了石油天然气的良好储区，却也成了多金属结核生长发育的最大障碍。一方面，由于受到陆源沉积物稀释作用的影响，结核主要组分难以富集；另一方面，高沉积速率的边缘海环境，使得掩埋作用得以加强，结核因被快速掩埋而难以长大。南海北部陆架-陆坡体系是华南大陆基底向海域的延伸，巨量陆源剥蚀物通过地表水系进入并堆积在陆架与陆缘盆地，并可通过陆隆区抵达深海盆边缘。陆地来源向海洋表层输送微量金属，特别是冬季降水期间输送的河流颗粒物是大陆架铁、锰和其他微量金属的重要来源（Liu et al.，2008）。南海边缘海高Fe和Mn具有重要的环境指示意义，两者均是氧化还原敏感性元素，价态的变化对它们的沉淀和溶解有重要的控制作用（Brown et al.，2000）。南海东北部铁锰结核（壳）所在区域有大量富烃流体喷发和泥底辟发现，其中包括许多泥火山、甲烷相关自生碳酸盐（结壳、烟囱）、天然气水合物和麻坑等，Fe含量远高于Mn含量，Co含量也相对较高，但稀土含量非常低（平均为230 ppm），说明南海东北部形成于还原环境，Fe主要以FeS_2和磁铁矿形式存在，而Mn主要以离子的形式存在（Glasby et al.，2015），也可能与受碳氢化合物渗漏影响的海底沉积物中金属的微生物循环有关，海洋生物吸收携带的金属在死亡后释放，以及沉积物贮存的金属在早期成岩阶段释放回海水中。西北陆坡、南部陆坡和南海海盆Mn含量高于Fe含量，且稀土含量较高（平均为1488 ppm），说明这三个区结核结壳形成于强氧化环境，在氧化环境下溶解Mn的沉淀要比Fe相对滞后（Zwolsman et al.，1999），因此Mn比Fe具有更大的溶解性和活动迁移能力，更易从沉积物中迁移出来，而高Pb浓度也可能暗示了与火山热液活动有关。南海海山结壳中Mn主要来源于最低含氧层中游离态Mn^{2+}，而Fe来源于火山碎屑Fe和生物成因的Fe；在富氧水的作用下，形成大量混合胶体，选择性吸附水体中元素而共同沉淀于海山表面上，如管事海山（刘兴健等，2018）。南海中央海山大部分被认为是15 Ma前海底扩张停止后侵入的，而南海结核（壳）都只有几个百万年，高Sc浓度表明中央海山及海盆的铁锰结核（壳）的碎屑部分来自海底沉积物和火山物质（Zhong et al.，2017）。

多金属结核（壳）中稀土元素的富集是一个复杂的过程，受控于其物质组成及其物源供应、海底环境等赋存环境因素（崔迎春等，2008；任向文等，2010；姜学钧等，2011）。结核（壳）组分中铁锰的氧化物和氢氧化物都具有较大的比表面积，对稀土元素具有较强的吸附作用，可以从海水和沉积物中萃取稀土元素，促使其富集。由于Ce有Ce^{3+}和Ce^{4+}两种价态，比其他稀土元素更易沉淀，在较强的氧化环境中，Ce^{3+}可转变成Ce^{4+}，形成CeO_2沉淀，从而与其他三价稀土元素分离，也因此更易被多金属结核（壳）所吸附，Ce元素的这一特征，不仅造成其在结核（壳）中的高度富集，也往往用来指示海底环境的氧化程度（张振国等，2011）。

C、D、F三区的稀土含量明显高于其他区，结核（壳）形成早期该处有大量火山活动，南海扩张促使大量海底玄武岩生成和热液活动活跃，玄武岩的海底蚀变和热液流体为其提供了成矿来源。魏静娴（2015）通过对南海珍贝海山样品进行B元素含量测量和$\delta^{11}B$值相关图研究，发现呈正相关关系变化，认为该海山受到了海水低温表生过程的影响，那么海底广泛分布富含Fe、Mn、Cu、Co、Ni等金属元素的火山岩，在pH较低的海水条件下，从海底火山物质中淋溶出来的Fe、Mn等金属离子，由于携带呈胶体的溶液与新鲜海水的相互作用而使Fe、Mn发生氧化，然后围绕某个核心缓慢沉积下来，容易形成结核的环带状构造；同时，Fe、Mn的沉淀又加速了稀土的水解，促使Ce^{3+}向Ce^{4+}转化，而Ce^{+4}最易沉淀，从而导致铁锰矿床中呈现Ce正异常（王贤觉等，1984）。南海主要造岩元素Si、Al含量较高，说明结核（壳）形成过程中有南海周缘陆源物质供给。所以陆源风化物质的输入和海底火山的作用是稀土元素的主要来源（Piper，1974；张富元等，2005）。

南海陆坡区及深海盆中的海山及其周缘坡脚结核（壳）大部分属水成成因，与大洋沉积物相比，其金属元素的丰度比较低，不如太平洋的丰富，但稀土元素含量高，其稀土主要以离子吸附型形式存在。南海铁锰结核（壳）中稀土配分模式基本相同，即相对富轻稀土，负斜率，明显的Ce正异常，Eu亏损不明显，且其配分曲线具明显平缓。这表明南海铁锰结核、结壳遭受海水的作用比太平洋北部大，而太平洋北部铁锰结核遭受成岩作用影响比南海结核（壳）大（Elderfield et al.，1981）。这显然与南海结核（壳）所处的独特沉积环境有关。从南海结核（壳）样品对比来看，其共性是铈族稀土（ΣCe）均一致地显著大于钇族稀土（ΣY），这与太平洋北部铁锰结核、沉积物，南海沉积物、岩石较为一致，表现其陆壳稀土元素的典型特征。不同的是南海铁锰结核中轻稀土的富集程度比结壳大，其ΣCe/ΣY与南海花岗岩接近，与沉积物相差甚远，这表明南海铁锰结核（壳）中的稀土可能与南海中酸性岩类岩石具有某种成因联系。

三、南海多金属结核（壳）资源勘探与开发潜力

世界各国对多金属结核研究热潮的一个基本前提是结核富含Mn、Cu、Ni、Co等多种关键金属元素，具有很大的商业价值和良好的开发前景。世界各大洋中大约有15%的海底被多金属结核结壳所覆盖，多金属结核（壳）最主要的分布区是太平洋，其次是印度洋和大西洋。各大洋多金属结核（特别是太平洋多金属结核）的研究成果十分丰富和详细，但由于边缘海多金属结核的资源储量及经济价值与大洋多金属结核相差甚远，国内外一直对边缘海的多金属结核所蕴含的经济和科学意义重视不够，使得针对边缘海的多金属结核（壳）调查研究仍处于较低水平。

从目前的综合调查成果来看，南海多金属结核（壳）与大洋结核相比，多金属元素含量偏低，但稀土元素比大洋结核高很多，这一特点使得南海结核（壳）具有一定的资源意义。例如，南海西部陆坡、南部陆坡以及中央海山链的结壳样品都拥有很高的稀土含量，对今后南海多金属结核（壳）的资源调查及矿产评估具有一定的参考价值。另外，南海多金属结核（壳）在赋存深度、与大陆的距离等勘探开发条件方面

比大洋优越。广州海洋地质调查局通过海洋区域地质调查在南海发现多处多金属结核、结壳，说明南海拥有较为丰富的多金属结核（壳）资源，若达到一定的赋存丰度和资源量，作为商业开采的难度和费用都会大大低于远洋。

2018年4月27日，中国大洋38航次第二航段"蛟龙"号的第二次下潜中，在西沙甘泉海台附近海域发现大面积结核、结壳分布（图6.22）。此次下潜获取结核样品共计4.5kg，结壳样品五块（共计7kg）。初步探明了区域内结核、结壳发育的大致分布范围，对水深1000m级多金属结核采集试验区的选址工作具有重要的意义，同时对未来南海结壳的调查研究具有重要科学价值。

 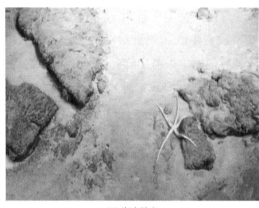

(a) 海底结核　　　　　　　　　　　　　　　　　(b) 海底结壳

图6.22　海底结核、结壳水下拍摄照片（"蛟龙"号，2018年）

我国于2016年首次在南海进行了多金属结壳的试采。2016年6月12日，广州海洋地质调查局"海洋六号"科考船搭载长沙矿山研究院研制的海底采矿头，前往南海开展多金属结壳采掘试验。此次采矿试验历时近3 h，试验水深为959 m。试验表明，研发设计的深海多金属结壳采矿头截割效率高，运行稳定可靠，收集到了一定数量的结壳矿粒样品。这是我国首次开展深海多金属结壳采掘技术海洋试验，试验验证了螺旋滚筒采矿头采掘多金属结壳矿体的可行性，获取了关键技术参数，为多金属结壳商业采矿机研制提供了设计依据，取得了阶段性突破成果，标志着我国向深海多金属结壳矿产资源的勘探工程研究又迈出了重大一步，为我国深海采矿工程的发展奠定了坚实的基础。

结　语

一、主要地质认识

南海是我国四大海域中矿产资源最为丰富的海区。本书以中国海域1∶100万海洋区域地质调查工作所获取的实际调查资料及研究成果为基础，系统收集前人在南海进行的油气资源、天然气水合物资源、砂矿资源、深海多金属结核和结壳资源等调查研究成果，通过大量资料的梳理、整合以及综合研究，全面总结了南海各类型矿产资源的分布特征、成藏成矿主控因素与赋存规律，分析了资源有利区带和勘探方向，期望能为我国南海的矿产资源战略研究、海洋矿产资源开发利用提供一些有益的借鉴，本书可以总结出以下几点重要认识。

（一）石油与天然气

（1）根据南海沉积盆地形成的动力学机制以及所处的板块构造环境、大地构造位置、地壳类型以及构造演化阶段和特征，将南海各盆地划分为三大类七种类型。

①与张裂有关的盆地，包括四种盆地类型：陆缘张裂盆地（如珠江口盆地、琼东南盆地等）、陆内张裂盆地（如北部湾盆地、永暑盆地）、裂离陆块盆地（如礼乐盆地、西北巴拉望盆地）和叠合盆地（如礼乐盆地、北巴拉望盆地和南沙海槽盆地）。

②与走滑拉张有关的盆地（走滑拉张盆地），如万安盆地、中建南盆地和莺歌海盆地。

③与挤压有关的盆地，包括周缘前陆盆地（如曾母盆地）、深海堆积盆地（如笔架南盆地）和弧前盆地（如文莱-沙巴盆地）。

（2）对南海10个典型含油气盆地的石油地质条件进行了梳理，并进行了南海南、北油气地质条件的对比分析。

①南海新生代油气地质条件表现为南海北部主要呈"下生、中储、上盖"成藏组合特征，烃源岩主要形成于新南海扩张前始新世湖相烃源岩、早渐新世海陆过渡相烃源岩，另外，渐新统内部也存在"下生上储"或"自生自储"生-储-盖组合。

②南海西部、南部烃源岩形成于渐新统—下中新统海陆过渡相烃源岩，主要是以"自生自储"式生-储-盖组合为主。

③南海中生代油气地质条件表现为上三叠统—下侏罗统、下白垩统泥（页）岩或含煤层系是主力烃源岩，古近系砂岩作为主要储集层，古近系砂岩互层的泥岩是局部盖层、新近系中新统泥岩是良好的区域性盖层，中、新生界不整合面和断裂体系作为良好的运移通道，形成了一套"古生新储"的成藏模式，但不排除可能存在中生界"自生自储"或始新统—渐新统烃源岩"新生古储"的成藏模式。

（3）在油气地质条件和已有勘探成果的综合分析基础上总结了南海油气资源赋存规律。

①南海北部新生界油气赋存规律特征表现为油气资源总体呈现"北侧近陆缘区富油，南侧远陆缘区富气"的分布特征，地温场特征控制富生烃凹陷的成烃成藏，晚期构造活动和微生物作用控制了深-浅层油

气藏与水合物的叠置共生系统。

②南海南部新生界油气赋存规律特征表现为"北张、南挤"的构造应力背景控制含油气盆地的发育、分布及含油气性，古水系控制了南部新生界大型碎屑岩储集体的分布，区域构造运动以及海平面变化控制了中新世碳酸盐岩储集层的发育。

③南海中生界油气赋存规律特征表现为南海打开过程中对古南海沉积地层的改造奠定了南海中生界油气赋存基础，多套优良的烃源岩的发育是中生界油气资源赋存的物质保障，中—新生界多套生、储、盖要素的时空有机匹配为形成油气藏提供了有利条件。

（二）天然气水合物

（1）地震剖面上的似海底反射层（BSR）是探测南海天然气水合物的主要识别标志。BSR主要发育在海底以下300～500 m的地层中，分布连续，具有强振幅、负极性以及与海底大致平行的特点，同时伴有速度异常和AVO、三瞬等地球物理特征异常。在BSR上部，可见振幅空白带异常反射特征，推测是水合物对沉积物孔隙的充填胶结作用，使得地层均质性增强，减少了波阻抗差；在BSR下部，可见具有异常的反射区，一般解释为被水合物所覆盖或封堵的游离气区。

（2）对南海整体的BSR识别追踪分析表明，南海BSR主要呈环带状围绕深海盆分布。台西南、东沙群岛南部、神狐暗沙东部、西沙海槽北坡、西沙群岛北部和南部、中建南、万安北、北康暗沙北部、南沙中部和礼乐滩东部等海区，是BSR分布较集中的地区。根据BSR的分布特征，将其划分为南海西缘、北缘、东缘、南缘等四个天然气水合物异常区带。

（3）根据天然气水合物成藏系统理论，对南海四个天然气水合物异常区带的成矿模式进行了梳理总结，并对异常区带的勘探前景进行了初步评价。

①南海北缘异常区带位于南海北部陆坡区，东沙群岛以南海域。该区水合物成矿特征非常明显，是我国南海海域天然气水合物研究程度最高的区块。我国天然气水合物前两轮试采井位均位于该区带内。资源潜力大，距离陆地较近，施工作业难度较低。区带附近海域不存在主权争端，政治环境稳定，是目前南海勘探、开发前景最好的天然气水合物异常区带。

②南海东缘异常区带位于东沙群岛东部与台湾岛西南之间海域，构造因素是这一区带天然气水合物成藏的主要特点和控制因素。该区BSR反射清晰，特征明显，有利于对天然气水合物体系进行精细分析。不仅具备相当的资源潜力，同时也是天然气水合物理论研究的理想场所。

③南海西缘异常区带位于南海西部陆架陆坡区，构造条件较好，特殊断裂带分布广泛；多处发育大型麻坑群和泥底辟构造。多条地震测线上有BSR特征显示。天然气水合物主要分布于上中新统以上地层中，主要出现在三角洲前缘与浅海接壤处，在浅海与半深海连接处也有少量分布。该区亦存在卫星热红外增温异常、烃气高含量异常、沉积物孔隙水硫酸盐异常等指示特征，另外，海底摄像也发现有碳酸盐结壳。上述证据均表明该区带具有一定的资源潜力。

④南海南缘异常区带位于南海南部边缘，BSR分布十分广泛。水合物地震剖面特征明显，BSR以上存在明显的空白带。其下的弱振幅反射为游离气区。该区带内天然气水合物分布范围广，成矿地质条件优越，具有较好的资源潜力。但其远离陆地，政治环境复杂，开发难度较大。

（三）砂矿资源

（1）通过对南海碎屑矿物中重矿物分析，品位计算，在南海及邻域海域内划分了锆石、钛铁矿、锐钛矿、独居石、磁铁矿、石榴子石等重矿物异常区范围，并圈定了24个成矿远景区、6个成矿带。

①南海浅海海域具有远景的矿种主要有锆石、钛铁矿、金红石、锐钛矿、独居石和石榴子石等。重矿物高品位矿点主要集中在南海东北陆架、菲律宾海盆、南海南部陆架，重矿物异常区主要位于南海的周缘陆架浅水区以及越东外陆架浅水海域和菲律宾海盆。其中锆石品位异常范围最大，达到工业品位的面积也最大；其次是磁铁矿、钛铁矿、独居石；锐钛矿、金红石相当；石榴子石品位异常范围最小。

②根据砂矿的分布规律、大地构造背景、成矿条件以及成矿元素特征，圈定了六个成矿带，包括位于南海北部陆架区锆石–磁铁矿–钛铁矿–独居石砂矿远景区、海南岛周边海域锆石–锐钛矿–钛铁矿砂矿远景区、南海西部锆石–磁铁矿砂矿远景区、南海南部锆石–独居石–钛铁矿–磁铁矿砂矿远景区、南海东部磁铁矿–锆石砂矿远景区、台湾岛东南部海域磁铁矿–锆石–金红石–钛铁矿砂矿远景区。

（2）沉积物中（0.063～2 mm）中砂含量大于50%的建筑用砂的远景区有九个，主要分布于南海北部海南岛西南面到台湾海峡南部一线以北海域，其次为南部礼乐滩、万安滩、曾母暗沙附近海域。

（3）基于南海砂矿资源分布特征及成矿特征，建立了近岸型、潮流沙脊型、古河道埋藏型、峡口型、陆架坡折型五种成矿模式，第一种和第五种模式主要适用于重矿物矿砂的形成，第二至四种模式主要适用于建筑用砂资源的形成。

（4）砂矿成矿主要受母岩类型、气候和水动力条件、海岸和地貌类型、沉积作用和成矿时代以及构造运动与海平面变化的控制。南海周边丰富的陆源物质输入、海底构造运动、海底火山活动、大型河流的流入都为砂矿的形成提供有利条件。

（四）多金属结核（壳）

（1）目前在南海已经发现的铁锰结核有25处，结壳28处。结核主要产于陆坡中部及深海盆周缘，水深为1000～2000 m，少数可达3400 m；结壳则产于南海海盆和其围缘的海山、海台上，前者水深较大，可达3000～3500 m，后者较小，一般为1000～2400 m。中沙群岛南部深海盆地及东沙群岛东南及南部的大陆坡地区有多金属结核的富集区。结核、结壳样品富含Mn、Fe、Si、Co、Ti、Ni、Pb、Sr、Cu等多种金属元素，稀土元素具有明显Ce正异常、LREE富集、ΣREE高的特点。与大洋沉积物相比，其金属元素的整体丰度不如太平洋的丰富，但稀土元素含量高，接近工业开采品位，具有潜在的经济价值。

（2）根据结核、结壳发育位置不同，将南海分为南海东北部陆坡（A区）、南海西北部陆坡（B区）、南海西部陆坡（C区）、南海南部陆坡（D区）、南海海盆（E区）以及南海中部海山链（F区）六个区。含针铁矿的富铁结核产于A区，含高Fe、低Mn，微量金属和稀土元素含量低；B区分布有光滑的铁锰结核和铁锰结壳，Fe、Mn含量相近，微量金属富集中等，Co、Ni、Cu、Zn含量存在差异，Ce正异常；C区和F区同样分布有光滑的铁锰结核和铁锰结壳，Fe、Mn含量相近，中等微量元素含量，稀土元素含量高，明显Ce正异常；D区含较高的Fe、Mn，TMn+TFe含量占50%以上，微量元素及稀土元素含量高，明显Ce正异常、Eu正异常；E区Mn含量较高，Fe含量较低，微量元素及稀土元素含量中等。

（3）根据Mn/Fe值和Mn-Fe-（Cu+Co+ Ni）×10三组分图解，可知南海多金属结核（壳）主要为水成成因。南海东北部斜坡区的结核（壳）形成于还原环境，Fe相对于Mn的富集程度很高，受到水文作用和成岩作用的影响，推测由碳酸盐补偿深度以上早期成岩快速生长（平均3320 mm/Ma）的黄铁矿（硫铁矿）结核氧化形成。南海其他区域的结核（壳）可能形成于氧化环境。南海西北部来自北太平洋的强劲深水流的侵入促进了水成铁锰结核（壳）的缓慢生长；中南部铁锰结核（壳）的主要矿物组分来源于海水，经过胶体沉淀形成结核壳层，后期受成岩作用影响较小，陆源风化物质的输入和海底火山的作用为其提供了主要物质来源。

二、未来工作建议

南海矿产资源潜力、成矿成藏机制等问题还有待进一步解决，未来可以从以下几个方面开展更为深入的研究工作。

（1）随着南海油气勘探、开发的进一步深入，获取越来越多的油气成藏的地质、地球物理、地球化学方面的资料，可以深入开展在南海形成演化过程中，南、北共轭陆缘含油气盆地成盆、成藏动力学机制研究。在此基础上，突出新区、新层位的找油气思路，从深水油气（新区）和中生界油气（新层位）两个方面对南海油气资源前景及勘探方向进行分析与预测，从而更好地指导南海油气勘探，为南海油气资源调查的战略部署和选区提供了参考，并为我国油气勘探企业进一步进行详细勘探打下基础。

（2）近年来，南海天然气水合物勘探和试采取得巨大成果，促使其成藏地质理论研究也取得了长足进步。但目前的研究主要集中在南海北部，对南海东、西、南三个边缘的相关研究相对较少。在未来的研究中，建议对南海东、西、南三个边缘海域天然气水合物成藏模式进行更深入的探讨。尤其是东部边缘，其水合物成藏主要受构造因素控制，似海底反射、空白带、游离气区、主控断裂等特征反射清晰，分布连续，具有较高的研究潜力。

同时，关于南海天然气水合物的烃气来源尚存争议。地球化学分析表明，在南海北部钻获的天然气水合物表现出浅部生物成因为主的特征。但驱使甲烷从海底浅部微生物所在层位向水合物稳定带运移的动力机制尚无定论。在深部热解气向上运移过程中，微生物的改造作用也有待进一步研究。针对天然气水合物的烃类来源开展深入研究，将有助于促进完善天然气水合物成藏理论，指导天然气水合物勘探开发。另外，随着全球气候逐渐变暖，天然气水合物分解渗漏也日渐加剧，之前的研究已经在南海发现了大量渗漏相关的羽状流、冷泉、麻坑等地质现象。开展天然气水合物分解渗漏机制的研究，明确其分解、渗漏的动力学过程，并评估其环境影响，将对了解南海碳的生物地球化学循环过程具有重要意义。

（3）南海砂矿资源丰富，建筑用砂与有用重矿物资源具有分布广、资源量大等特点。但是由于现阶段的调查主要是基于表层沉积物站位取样手段，对砂矿资源的调查缺少钻探等剖面资料的约束，从而制约了砂矿资源立体评价与成矿模式的建立。建议进一步在有利远景区开展深部砂矿资源的调查，利用井、震综合探测，更为准确全面地评价砂矿资源，摸清砂矿分布范围、深度、空间展布及资源量。同时选取典型的有利成矿区带，开展物源分析、成矿机理研究、成矿模型建立等更为细致的研究工作，建立南海砂矿资源的典型成矿模式。

（4）在南海已多处发现铁锰结核（壳），但分布相对零散，无法确切圈定其分布范围，评价资源量。另外，对南海北部及东北部铁锰结核（壳）的调查研究相对较成熟，但是南海西部、南部及中部的相关研究较缺乏，对铁锰结核（壳）成因机理未开展深入研究。建议下一步可以重点对已经发现金属元素及稀土含量较高的铁锰结核（壳）区域，如南海海盆黄岩-珍贝海山链、西部陆坡的盆西海岭、南沙陆坡等海区增加拖网、箱式站位以及海底摄像观测，评估其资源潜力。同时可以对南海西部、南部的样品进行地球化学、同位素及年代学研究，探讨其成因及生长演化模式，研究其成矿机理，为勘探与开采提供基础理论支撑。

参 考 文 献

鲍根德, 李全兴. 1991. 南海铁锰结核（壳）的元素地球化学研究. 热带海洋, 10(3): 44-50.

鲍根德, 李全兴. 1993. 南海铁锰结核（壳）的稀土元素地球化学. 海洋与湖沼, 24(3): 304-313.

鲍晶晶. 2014. 台湾浅滩沙波动力特征研究. 北京: 中国地质大学博士学位论文.

陈爱华, 徐行, 罗贤虎, 等. 2017. 南海北康盆地热流分布特征及其构造控制因素探讨. 地质学报, 91(8): 1720-1728.

陈长民. 2000. 珠江口盆地东部石油地质及油气藏形成条件初探. 中国海上油气. 地质, (2): 2-12.

陈长民, 施和生, 许仕策, 等. 2003. 珠江口盆地（东部）第三系油气藏形成条件. 北京: 科学出版社.

陈多福, 冯东, 陈光谦, 等. 2005. 海底天然气渗漏系统演化特征及对形成水合物的影响. 沉积学报, (2): 323-328.

陈国成, 郑洪波, 李建如, 等. 2007. 南海西部陆源沉积粒度组成的控制动力及其反映的东亚季风演化. 科学通报, 23: 2768-2776.

陈华胄. 1993. 台湾海峡表层沉积物中重矿物特征及其物质来源. 台湾海峡, 12(2): 136-144.

陈建东, 孟浩. 2013. 主要国家海洋天然气水合物研发现状及我国对策. 世界科技研究与发展, 35(4): 560-564.

陈进娥, 何顺利, 刘广峰. 2012. 我国海洋石油勘探开发装备现状及发展趋势. 油气藏评价与开发, 2(6): 67-71.

陈丽蓉, 徐文强, 申顺喜, 等. 1986. 南海北部和北部湾沉积物中的矿物组合及其分布特征. 海洋科学, 10(3): 6-10.

陈亮, 李团结, 杨文丰, 等. 2016. 南海北部近海沉积物重金属分布及来源. 生态环境学报, 25(3): 464-470.

陈思宇, 乔方利, 黄传江, 等. 2016. 基于CTD资料的南海南部上层环流结构分析. 海洋学报, 38(1): 1-9.

陈斯忠, 裴存民, 张明辉. 1991. 珠江口盆地东部某单井原油的地球化学特征研究. 沉积学报, (S1): 75-82.

陈毓蔚, 桂训唐. 1998. 南沙群岛海区同位素地球化学研. 北京: 科学出版社.

陈忠, 颜文, 古森昌, 等. 2003. 南沙海槽南部表层重矿物及其成矿远景. 海洋地质与第四纪地质, 23(1): 13-18.

陈忠, 杨慧宁, 颜文, 等. 2006. 中国海域固体矿产资源分布及其区划——砂矿资源和铁锰（微）结核-结壳. 海洋地质与第四纪地质, 26(5): 101-108.

陈忠, 颜文, 黄奇瑜, 等. 2007a. 南沙海槽潜在天然气水合物的地质环境及其指标特征. 地学前缘, (6): 299-308.

陈忠, 杨华平, 黄奇瑜, 等. 2007b. 海底甲烷冷泉特征与冷泉生态系统的群落结构. 热带海洋学报, (6): 73-82.

崔迎春, 刘季花, 任向文, 等. 2008. 中太平洋M海山富钴结壳稀土元素地球化学. 中国稀土学报, 26(6): 760-768.

邓希光, 吴庐山, 付少英, 等. 2008. 南海北部天然气水合物研究进展. 海洋学研究, (2): 67-74.

狄永军, 郭正府, 李凯明, 等. 2003. 天然气水合物成因探讨. 地球科学进展, (1): 138-143.

邸鹏飞, 冯东, 高立宝, 等. 2008. 海底冷泉流体渗漏的原位观测技术及冷泉活动特征. 地球物理学进展, (5): 1592-1602.

丁清峰, 孙丰月, 李碧乐. 2004. 东南亚北加里曼丹新生代碰撞造山带演化与成矿. 吉林大学学报(地球科学版), 34(2): 193-200.

杜德莉. 1994. 台西南盆地的构造演化与油气藏组合分析. 海洋地质与第四纪地质, (3): 5-18.

杜晓琴, 李炎, 高抒. 2008. 台湾浅滩大型沙波、潮流结构和推移质输运特征. 海洋学报: 中文版, 30(5): 124-136.

樊栓狮, 刘锋, 陈多福. 2004. 海洋天然气水合物的形成机理探讨. 天然气地球科学, (5): 524-530.

范广慧. 2016. 全球天然气水合物最新研究进展. 南海地质研究, (1): 70-83.

方建勇, 陈坚, 李云海, 等. 2014. 南海北部陆架表层沉积物重矿物分布特征及物源意义. 应用海洋学学报, 33(1): 11-20.

冯文科, 薛万俊, 杨达源. 1988. 南海北部晚第四纪地质环境. 广州: 广东科技出版社.

冯雄汉, 谭文峰, 刘凡, 等. 2005. 热液条件下钙锰矿的合成及其影响因素. 地球科学, (3): 347-352.

付强, 王国荣, 周守为, 等. 2020. 海洋天然气水合物开采技术与装备发展研究. 中国工程科学, 22(6): 32-39.

傅宁, 林青, 刘英丽. 2011. 从南海北部浅层气的成因看水合物潜在的气源. 现代地质, 25(2): 332-339.

高岗, 刚文哲, 张功成, 等. 2014. 珠江口盆地荔湾3-1深水气田成藏模拟实验. 天然气工业, 34(11): 26-35.

高红芳, 王衍棠, 郭丽华. 2007. 南海西部中建南盆地油气地质条件和勘探前景分析. 中国地质, (4): 592-598.

高亚峰. 2009. 海洋矿产资源及其分布. 海洋环境保护, (1): 13-15.

耿威, 孙治雷, 吴能友, 等. 2020. 巴伦支海西南部天然气水合物形成与分解影响因素. 海洋地质前沿, 36(9): 109-120.

公衍芬, 刘志杰, 杨文斌, 等. 2014. 海底热液硫化物资源研究现状与展望. 海洋地质前沿, 30(8): 29-34.

龚再升. 2005. 中国近海新生代盆地至今仍然是油气成藏的活跃期. 石油学报, 26(6): 1-6.

龚再升, 李思田, 等. 1997. 南海北部大陆边缘盆地分析与油气聚集. 北京: 科学出版社.

龚子同, 张甘霖, 漆智平. 2004. 海南岛土系概论. 北京: 科学出版社.

古森昌, 陈忠, 颜文, 等. 2001. 南沙海槽南部海区表层沉积物的地球化学特征及沉积环境. 海洋地质与第四纪地质, (2): 43-47.

郭世勤, 孙文泓. 1992. 太平洋多金属结核矿物学. 北京: 地质出版社.

郭世勤, 吴必豪, 卢海龙. 1994. 多金属结核和沉积物的地球化学研究. 北京: 地质出版社.

郝芳, 董伟良, 邹华耀, 等. 2003. 莺歌海盆地汇聚型超压流体流动及天然气晚期快速成藏. 石油学报, (6): 7-12.

郝沪军, 施和生, 张向涛, 等. 2009. 潮汕坳陷中生界及其石油地质条件——基于LF35-1-1探索井钻探索结果的讨论. 中国海上油气, 21(3): 151-156.

何家雄, 昝立声, 梁可明. 1992. 莺-琼盆地泥岩压实演化与油气运移研究. 石油实验地质, (3): 259-271.

何家雄, 梁可明, 马文红. 1993. 北部湾盆地海中凹陷凝析油气成因及烃源探讨. 天然气工业, (4): 12-23, 6.

何家雄, 陈伟煌, 李明兴. 2000. 莺-琼盆地天然气成因类型及气源剖析. 中国海上油气地质, (6): 33-40.

何家雄, 夏斌, 刘宝明, 等. 2005. 莺歌海盆地中深层天然气运聚成藏特征及勘探前景. 石油勘探与开发, 32(1): 37-42.

何家雄, 夏斌, 陈恭洋, 等. 2006a. 台西南盆地中新生界石油地质与油气勘探前景. 新疆石油地质, 27(4): 398-402.

何家雄, 夏斌, 王志欣, 等. 2006b. 南海北部大陆架东区台西南盆地石油地质特征与勘探前景分析. 天然气地球科学, (3): 345-350.

何家雄, 陈胜红, 刘海龄, 等. 2008a. 南海北部边缘区域地质与油气运聚成藏规律. 西南石油大学学报（自然科学版）, 30(5): 46-52, 12.

何家雄, 陈胜红, 刘士林, 等. 2008b. 南海北缘珠江口盆地油气资源前景及有利勘探方向. 新疆石油地质, (4): 457-461.

何家雄, 刘海龄, 姚永坚. 2008c. 南海北部边缘盆地油气地质及资源前景. 北京: 石油工业出版社.

何家雄, 陈胜红, 姚永坚, 等. 2008d. 南海北部边缘盆地油气主要成因类型及运聚分布特征. 天然气地球科学, (1): 34-40.

何家雄, 吴文海, 祝有海, 等. 2010a. 南海北部边缘盆地油气成因及运聚规律与勘探方向. 天然气地球科学, 21(1): 7-17.

何家雄, 颜文, 马文宏, 等. 2010b. 南海北部准被动陆缘深水区油气地质及与世界深水油气富集区类比. 天然气地球科学, 21(6): 897-908, 995.

何家雄, 祝有海, 翁荣南, 等. 2010c. 莺歌海盆地油气渗漏系统及油气勘探前景. 西南石油大学学报（自然科学版）, 32(1): 1-10, 189.

何家雄, 祝有海, 翁荣南, 等. 2010d. 南海北部边缘盆地泥底辟及泥火山特征及其与油气运聚关系. 地球科学——中国地质大学学报, 35(1): 75-86.

何家雄, 颜文, 祝有海, 等. 2013. 南海北部边缘盆地生物气/亚生物气资源与天然气水合物成矿成藏. 天然气工业, 33(6): 121-134.

何家雄, 苏丕波, 卢振权, 等. 2015. 南海北部琼东南盆地天然气水合物气源及运聚成藏模式预测. 天然气工业, 35(8): 19-29.

何家雄, 万志峰, 张伟, 等. 2019. 南海北部泥底辟/泥火山形成演化与油气及水合物成藏. 北京: 科学出版社.

何家雄, 钟灿鸣, 姚永坚, 等. 2020a. 南海北部天然气水合物勘查试采及研究进展与勘探前景. 海洋地质前沿, 36(12): 1-14.

何家雄, 李福元, 王后金, 等. 2020b. 南海北部大陆边缘深水盆地成因机制与油气资源效应. 海洋地质前沿, 36(3): 1-11.

何将启, 王彦. 2001. 莺歌海盆地盆地结构及天然气成藏模式研究. 石油实验地质, (4): 373-377.

何静, 刘学伟, 余振, 等. 2013. 含天然气水合物地层的孔隙度影响因素分析. 中国科学: 地球科学, 43(3): 368-378.

何良彪. 1991. 南海铁锰结核(壳)的地球化学特征. 黄渤海海洋, 9(4): 18-25.

何敏, 黄玉平, 朱俊章, 等. 2017. 珠江口盆地东部油气资源动态评价. 中国海上油气, 29(5): 1-11.

何映辉, 蔡树群, 王盛安. 2009. 北赤道流分叉点及南海北部环流的研究进展. 海洋学研究, 3(27): 74-84.

胡小强, 王晓龙, 龚屹, 等. 2015. 珠—坳陷文昌组烃源岩发育特征及控制因素. 特种油气藏, 22(5): 42-45.

黄龙, 张志珣, 杨慧良. 2012. 东海陆架北部表层有用重砂资源形成条件及成矿远景. 海洋地质前沿, 28(7): 10-16.

黄龙, 耿成, 王中波, 等. 2016. 渤海东部和黄河北部表层有用重砂资源及影响因素. 海洋地质前沿, 32(5): 40-46.

黄少婉. 2015. 南海油气资源开发现状与开发对策研究. 理论观察, (11): 91-93.

黄永样, Erwin S, 吴能友. 2008. 南海北部陆坡甲烷和天然气水合物地质: 中德合作SO-177航次成果专报. 北京: 地质出版社.

加藤正和. 1978. 石油探查技术. 化学工业, 1978: 29.

贾磊, 蔡鹏捷, 万荣胜, 等. 2020. 福建浅海潮流沙脊分布及形态特征. 地质学刊, 44(3): 302-306.

江文荣, 周雯雯, 贾怀存. 2010. 世界海洋油气资源勘探潜力及利用前景. 天然气地球科学, (6): 989-995.

江英. 2000. 甲烷可从大洋底的水合物中释放出来. 中国环境科学, (6): 539.

姜华, 王华, 肖军, 等. 2008. 珠江口盆地珠三坳陷构造反转与油气聚集. 石油学报, (3): 372-377.

姜华, 王华, 刘军, 等. 2009a. 珠江口盆地珠三坳陷神狐组——恩平组沉积时期南断裂活动性对沉积的控制作用. 地质科技情报, 28(2): 49-53.

姜华, 王华, 李俊良, 等. 2009b. 珠江口盆地珠三坳陷油气成藏模式与分布规律. 石油与天然气地质, 30(3): 275-281, 286.

姜学钧, 林学辉, 姚德, 等. 2011. 稀土元素在水成型海洋铁锰结壳中的富集特征及机制. 中国科学: 地球科学, 41(2): 197-204.

金秉福, 林振宏, 时振波, 等. 2004. 东海外陆架晚更新世沉积物中的有用重矿物及其资源潜力. 古地理学报, 6(3): 372-379.

金庆焕. 1989. 南海地质与油气资源. 北京: 地质出版社.

金庆焕, 李唐根. 2000. 南沙海域区域地质构造. 海洋地质与第四纪地质, 20(1): 1-8.

金庆焕, 刘振湖, 陈强. 2004. 万安盆地中部坳陷———个巨大的富生烃坳陷. 地球科学, (5): 525-530.

康家浩. 2020. 天然气水合物降压开采井中辅助加热的模拟实验研究. 长春: 吉林大学.

寇才修. 1984. 南海北部海区珠江口盆地前渐新统找油的新领域. 海洋地质与第四纪地质, (2): 43-49.

寇养琦, 杜德莉. 1994. 南海北部陆架第四纪古河道的沉积特征. 地质学报, (3): 268-277.

赖亦君, 杨涛, 梁金强, 等. 2019. 南海北部陆坡珠江口盆地东南海域GMGS2-09井孔隙水地球化学特征及其对天然气水合物的指示意义. 海洋地质与第四纪地质, 39(3): 135-142.

蓝坤, 朱贺, 何涛, 等. 2021. 天然气水合物相关的Slipstream海底滑坡体速度结构模型反演. 北京大学学报: 自然科学版, 57(3): 1-12.

雷超, 任建业, 张静. 2015. 南海构造变形分区及成盆过程. 地球科学, 40(4): 744-762.

雷新华, 林功成, 苗永胜, 等. 2013. 天然气水合物与传统油气资源共生成藏模式初探. 海相油气地质, 18(1): 47-52.

雷志斌, 杨明慧, 张厚和, 等. 2016. 南沙海域南部第三纪三角洲演化与油气聚集. 海相油气地质, 21(4): 21-33.

李春荣, 张功成, 梁建设, 等. 2012. 北部湾盆地断裂构造特征及其对油气的控制作用. 石油学报, 33(2): 195-203.

李家彪. 2005. 中国边缘海形成演化与资源效应. 北京: 海洋出版社.

李培廉, 杨文达. 2006. 东海陆坡–冲绳海槽天然气水合物研究. 广州: 海洋地质、矿产资源与环境学术研讨会.

李淑霞, 于笑, 李爽, 等. 2020. 神狐水合物藏降压开采产气量预测及增产措施研究. 中国海上油气, 32(6): 122-127.

李通艺, 郝梓国. 1993. 南海的构造演化. 海洋地质译丛, (4): 75-80.

李亚敏, 罗贤虎, 徐行, 等. 2010. 南海北部陆坡深水区海底原位热流测量. 宁波: 中国地球物理学会第二十六届年会、中国地震学会第十三次学术大会.

李友川, 邓运华, 张功成. 2012. 中国近海海域烃源岩和油气的分带性. 中国海上油气, 24(1): 6-12.

李友川, 张功成, 傅宁. 2014. 珠江口盆地油气分带性及其控制因素. 中国海上油气, 26(4): 8-14.

李元山. 1983. 南海北部（文昌–阳江）浅海区几种有用矿物分布特征. 第四纪地质, 4: 71-82.

李占海, 柯贤坤, 王倩, 等. 2003. 琼州海峡水沙输运特征研究. 地理研究, 22(2): 151-159.

李正刚, 初凤友, 张富元, 等. 2011. 南海西北部内陆架表层沉积物的重矿物分布及其控制因素. 海洋地质与第四纪地质, 31(4): 89-96.

李志珍, 张富元. 1990. 南海深海铁锰微粒的元素地球化学特征. 海洋通报, 9(6): 41-50.

廉耀康, 李炎. 2011. 台湾浅滩沉积物粒度特征及输运趋势. 台湾海峡, 30(1): 122-127.

梁宏锋, 姚德, 梁德华, 等. 1991. 南海尖峰海山多金属结壳地球化学. 海洋地质与第四纪地质, 11(4): 49-58.

梁建设, 张功成, 王璞環, 等. 2013. 南海陆缘盆地构造演化与烃源岩特征. 吉林大学学报（地球科学版）, 43(5): 1309-1319.

梁金强, 王宏斌, 苏新, 等. 2014. 南海北部陆坡天然气水合物成藏条件及其控制因素. 天然气工业, 34(7): 128-135.

梁美桃, 陈绍谋, 吴必豪, 等. 1988. 南海海盆和陆坡锰结核的特征及地球化学的初步研究. 热带海洋学报, 7(3): 10-18.

林明坤, 林川善, 潘燕俊, 等. 2016. 海南省东部浅海锆钛砂矿物特征及成矿条件浅析. 西部探矿工程, (11): 141-143.

林振宏, 吕亚男. 1996. 冲绳海槽中部表层沉积物的重矿物分布和来源. 青岛海洋大学学报, 26(3): 361-368.

林振宏, 季福武, 张富元, 等. 2003. 南海东北陆坡铁锰结核的特征和成因. 海洋地质与第四纪地质, 23(1): 7-12.

刘宝林, 王亚平, 李明, 等. 2004. ODP184航次岩芯海底沉积物元素相态研究及其对有机质和轻烃的指示意义. 地质科技情报, (3): 52-56.

刘宝明. 2009. 南沙海域中生界油气勘探新认识//第三届中国石油地质年会学术委员会. 第三届中国石油地质年会论文集. 北京: 石油工业出版社: 398-401.

刘宝明, 刘海龄. 2011. 南海及邻区中生界——新的油气勘探领域. 海洋地质与第四纪地质, 31(2): 105-109.

刘伯土, 陈长胜. 2002. 南沙海域万安盆地新生界含油气系统分析. 石油实验地质, 24(2): 110-114.

刘海龄, 阎贫, 姚永坚, 等. 2017. 南海东南部海域地质构造及其油气资源效应研究. 北京: 科学出版社.

刘金龙, 王淑红, 颜文. 2015. 海洋天然气水合物与深水油气共生关系探讨. 热带海洋学报, 34(2): 39-51.

刘金萍, 简晓玲, 王后金, 等. 2020. 南海西部中建南盆地烃源岩热演化史. 地质学刊, 44(Z1): 157-162.

刘军, 王华, 姜华, 等. 2006. 琼东南盆地深水区油气勘探前景. 新疆石油地质, (5): 545-548.

刘兴健, 唐得昊, 阎贫, 等. 2018. 南海东部管事海山铁锰结壳的矿物组成和地球化学特征. 海洋地质与第四纪地质, 39(3): 94-103.

刘以宣, 詹文欢. 1994. 南海变质基底基本轮廓及其构造演化. 安徽地质, 4(1-2): 82-90.

刘昭蜀. 2000. 南海地质构造与油气资源. 第四纪研究, 20(1): 69-77.

刘昭蜀, 赵焕庭, 范时清, 等. 2002. 南海地质. 北京: 科学出版社.

刘振湖. 2005. 南海南沙海域沉积盆地与油气分布. 大地构造与成矿学, (3): 410-417.

刘振夏, 夏东兴. 2004. 中国近海潮流沉积沙体. 北京: 海洋出版社.

刘振夏, 夏东兴, 望撰洋. 1998. 中国陆架潮流沉积体系和模式. 海洋湖沼通报, 29(2): 141-147.

刘志飞, Colin C, 黄维, 等. 2007a. 珠江流域盆地表层沉积物的黏土矿物及其对南海沉积物的贡献. 科学通报, 52(4): 448-456.

刘志飞, 赵玉龙, 李建如, 等. 2007b. 南海西部越南岸外晚第四纪黏土矿物记录: 物源分析与东亚季风演化. 中国科学D辑: 地球科学, 37(9): 1176-1184.

卢骏, 刘震, 张功成, 等. 2011. 南海北部小型海陆过渡相断陷地震相分析及沉积充填演化史研究——以琼东南盆地崖南凹陷崖城组为例. 海洋地质前沿, 27(7): 13-22.

卢振权, Sultan N, 金春爽, 等. 2008. 天然气水合物形成条件与含量影响因素的半定量分析. 地球物理学报, (1): 125-132.

鲁宝亮, 王璞珺, 吴景富, 等. 2014. 南海陆缘盆地中生界分布特征及其油气地质意义. 石油勘探与开发, 41(4): 497-503.

马淑兰, 柴之芳, 毛雪瑛, 等. 1987a. 南海铁锰沉积物的中子活化研究. 东海海洋, 5(1-2): 146-152.

马淑兰, 柴之芳, 毛雪瑛. 1987b. 深海沉积物中硅质小球的稀土元素丰富特征. 岩石矿物学杂志, (2): 175-179.

孟宪伟, 刘保华, 石学法, 等. 2000. 冲绳海槽中段西陆坡下缘天然气水合物存在的可能性分析. 沉积学报, (4): 629-633.

潘家华, 刘淑琴. 1999. 西太平洋富钴结壳的分布、组分及元素地球化学. 地球学报-中国地质科学院院报, 20(1): 47-54.

潘燕俊. 2005. 利用南海矿产资源, 发展海南省海洋经济. 北京: 第二届全国海洋高新技术产业化论坛论文集.

潘燕俊, 催汝勇, 林明坤, 等. 2017. 海南岛周边浅海砂矿资源潜力浅析. 海洋通报, 36(4): 458-467.

庞雄, 何敏, 朱俊章, 等. 2009. 珠二拗陷湖相烃源岩形成条件分析. 中国海上油气, 21(2): 86-90, 94.

彭学超. 2000. 琼州海峡地质构造特征及成因分析. 南海地质研究, (12): 44-57.

彭钰琳, 马超, 陈云英, 等. 2014. 福建海砂开采现状及建议. 海洋环境科学, 33(6): 140-143.

钱凤仪. 1996. 我国海洋矿产资源开发利用现状及其前景. 江苏地质科技情报, (1): 5-6.

邱传珠. 1983. 南海铁锰沉积物和火山碎屑沉积物特征及其分布规律的研究. 热带海洋学报, 2(4): 270-277.

任纪舜, 王作勋. 1997. 新一代中国大地构造图. 地质通报, (3): 225-230.

任江波, 何高文, 姚会强, 等. 2016. 西太平洋海山富钴结壳的稀土和铂族元素特征及其意义. 地球科学, 41(10): 1745-1757.

任向文, 石学法, 朱爱美, 等. 2010. 麦哲伦海山群富钴结壳铈富集的控制因素. 中国稀土学报, 28(4): 489-494.

邵磊, 尤洪庆, 郝沪军, 等. 2007. 南海东北部中生界岩石学特征及沉积环境. 地质评论, 53(2): 164-169.

沈若慧, 周定成, 廖连招. 1999. 台湾海峡西部海底有用重砂高品位分布与找矿意义. 台湾海峡, 18(2): 131-139.

施和生. 2015. 油气勘探"源-汇-聚"评价体系及其应用——以珠江口盆地珠一拗陷为例. 中国海上油气, 27(5): 1-12.

施和生, 雷永昌, 吴梦霜, 等. 2008. 珠一坳陷深层砂岩储层孔隙演化研究. 地学前缘, (1): 169-175.

石谦, 张君元, 蔡爱智. 2009. 台湾浅滩——巨大的砂资源库. 自然资源学报, 24(3): 507-513.

石学法. 1992. 海洋沉积环境研究的基本思想. 海洋科学, (2): 22-24.

时振波, 林晓彤, 杨群慧, 等. 2004. 南海东部晚更新世以来的火山沉积特征. 中国海洋大学学报（自然科学版）, (6): 1063-1068.

舒良树. 2012. 华南构造演化的基本特征. 地质通报, 31: 1035-1053.

苏广庆, 王天行. 1990. 南海的铁锰结核. 热带海洋, 9(4): 29-36.

苏丕波, 何家雄, 梁金强, 等. 2017. 南海北部陆坡深水区天然气水合物成藏系统及其控制因素. 海洋地质前沿, 33(7): 1-10.

苏新. 2004. 海洋天然气水合物分布与"气-水-沉积物"动态体系——大洋钻探204航次调查初步结果的启示. 中国科学D辑: 地球科学, (12): 1091-1099.

孙春岩, 王宏语. 2004. 西沙海槽天然气水合物资源调查区海底沉积物气态烃成因研究. 安徽: 第五届全国油气化探学术会议.

孙建业, 业渝光, 刘昌岭, 等. 2008. 天然气水合物新开采方法研究进展. 海洋地质动态, 24(11): 24-31.

孙龙涛, 孙珍, 詹文欢, 等. 2010. 南沙海域礼乐盆地油气资源潜力. 地球科学——中国地质大学学报, 35(1): 137-145.

孙岩, 韩昌甫. 1999. 我国滨海砂矿资源的分布及开发. 海洋地质与第四纪地质, 19(1): 117-122.

谭启新. 1998. 中国的海洋砂矿. 中国地质, 251(4): 23-26.

谭启新, 孙岩. 1988. 中国滨海砂矿. 北京: 科学出版社.

仝长亮. 2018. 海南岛海砂资源的分类特征及成矿特点分析. 中国地质调查, 5(3): 74-80.

仝长亮, 张匡华, 陈飞, 等. 2020. 海南岛北部海域海砂资源潜力评价. 中国地质, 47(5): 1567-1575.

万志峰, 夏斌, 蔡周荣, 等. 2010. 南海北部油气成藏区带的划分与勘探前景. 天然气工业, 30(8): 4-8.

汪品先. 1998. 向蓝色世界进军. 世界科技研究与发展, (4): 9-11.

王崇友, 何希贤, 裘松余. 1979. 西沙群岛西永一井碳酸盐岩地层与微体古生物的初步研究. 石油实验地质, (0): 23-39.

王东晓, 王强, 蔡树群, 等. 2019. 南海中深层动力格局与演变机制研究进展. 中国科学: 地球科学, 49(12): 1919-1932.

王汾连, 何高文, 赖佩欣. 2019. 太平洋富稀土深海沉积物及黏土组分（<2 μm）的Nd同位素特征及物源意义. 大地构造与成矿学, 43(2): 292-302.

王宏, 林方成, 李兴振, 等. 2012. 缅甸中北部及邻区构造单元划分及新特提斯构造演化. 中国地质, 39(4): 912-922.

王槐基. 1997. 莺歌海盆地地震异常体特征及其地震地质解释. 中国海上油气地质, (2): 59-66.

王加林, 屠强责. 2004. 海洋地质地球物理补充调查及矿产资源评价（1996~2002）. 北京: 海洋出版社.

王建桥, 祝有海, 吴必豪, 等. 2005. 南海ODP1146站位烃类气体地球化学特征及其意义. 海洋地质与第四纪地质, (3): 53-60.

王嘹亮, 刘振湖, 吴进民, 等. 1996. 万安盆地沉积发育史及其与油气生储盖层的关系. 中国海上油气地质, (3): 10-18.

王陆新, 潘继平, 杨丽丽. 2020. 全球深水油气勘探开发现状与前景展望. 石油科技论坛, 39(2): 31-37.

王平康, 张旭辉, 祝有海, 等. 2015. 冻土区"裂隙型"天然气水合物人工合成实验. 地质论评, 61(S1): 174-175.

王琼. 2013. 广东省滨海砂矿成矿地质条件及找矿远景浅析. 内蒙古煤炭经济, (1): 37-38.

王圣洁, 刘锡清. 1997. 滨浅海沉积砂、砾石资源的利用潜力. 海洋地质动态, 180(11): 1-3.

王圣洁, 刘锡清, 戴勤奋, 等. 2003. 中国海砂资源分布特征及找矿方向. 海洋地质与第四纪地质, 23(3): 83-89.

王淑红, 宋海斌, 颜文, 等. 2005. 南海南部天然气水合物稳定带厚度及资源量估算. 天然气工业, (8): 24-27.

王淑玲, 孙张涛. 2018. 全球天然气水合物勘查试采研究现状及发展趋势. 海洋地质前沿, 34(7): 24-32.

王淑玲, 白凤龙, 黄文星, 等. 2020. 世界大洋金属矿产资源勘查开发现状及问题. 海洋地质与第四纪地质, 40(3): 160-170.

王贤觉, 陈毓蔚, 吴明清. 1984. 铁锰结核的稀土和微量元素地球化学及其成因. 海洋与湖泊, 15(6): 501-514.

王子雯, 汪贵锋, 易春燕. 2018. 南海油气资源勘探开发形势分析. 中国石油和化工标准与质量, 38(20): 131-132.

韦刚健, 陈毓蔚, 李献华, 等. 2001. NS93-5钻孔沉积物不活泼微量元素记录与陆源输入变化探讨. 地球化学杂志, (3): 208-217.

韦振权, 何高文, 邓希光, 等. 2017. 大洋富钴结壳资源调查与研究进展. 中国地质, 44(3): 460-472.

魏静娴. 2015. I、硅酸盐高精度B同位素测定方法的建立及其应用, II、南海海山玄武岩的年代学和地球化学. 广州: 中国科学院大学.

魏喜, 邓晋福, 陈亦寒. 2005. 南海盆地中生代海相沉积地层分布特征及勘探潜力分析. 吉林大学学报（地球科学版）, 35(4): 456-468.

吴长航. 2009. 南海北部陆缘大型多金属结核的生长及元素地球化学特征研究. 北京: 中国地质大学（北京）.

吴冬, 朱筱敏, 张厚和, 等. 2014. 中国南沙海域大中型盆地沉积特征与油气分布. 古地理学报, 16(5): 673-686.

吴林强, 张涛, 徐晶晶, 等. 2019. 全球海洋油气勘探开发特征及趋势分析. 国际石油经济, 27(3): 29-36.

吴能友, 杨胜雄, 王宏斌, 等. 2009. 南海北部陆坡神狐海域天然气水合物成藏的流体运移体系. 地球物理学报, 52(6): 1641-1650.

吴能友, 李彦龙, 万义钊, 等. 2020. 海域天然气水合物开采增产理论与技术体系展望. 天然气工业, 40(8): 100-115.

吴世敏, 周蒂, 刘海龄. 2004. 南沙地块构造格局及其演化特征. 大地构造与成矿学, 28(1): 23-28.

吴淑壮, 王淑红, 陈翰, 等. 2016. 南海西北部陆架表层沉积物稀有金属矿物及相关元素的分布特征与影响因素. 矿物学报, 36(3): 429-440.

吴伟中, 夏斌, 姜正龙, 等. 2013. 珠江口盆地白云凹陷沉积演化模式与油气成藏关系探讨. 沉积与特提斯地质, 33(1): 25-33.

萧惠中, 张振. 2021. 全球主要国家天然气水合物研究进展. 海洋开发与管理, 38(1): 36-41.

解习农, 张成, 任建业, 等. 2011. 南海南北大陆边缘盆地构造演化差异性对油气成藏条件控制. 地球物理学报. 54(12): 3280-3291.

徐行, 陆敬安, 罗贤虎, 等. 2005. 南海北部海底热流测量及分析. 地球物理学进展, (2): 112-119.

徐行, 李亚敏, 罗贤虎, 等. 2012. 南海北部陆坡水合物勘探区典型站位不同类型热流对比. 地球物理学报, 55(3): 998-1007.

徐行, 王先庆, 彭登, 等. 2018a. 南海西北次海盆及其邻区的地热流特征与研究. 地球科学, 43(10): 3391-3398.

徐行, 姚永坚, 彭登, 等. 2018b. 南海西南次海盆的地热流特征与分析. 地球物理学报, 61(7): 2915-2925.

许东禹, 姚德, 梁宏锋, 等. 1994. 多金属结核形成的古海洋环境. 北京: 地质出版社.

沿海大陆架及毗邻海域油气区石油地质志编写组. 1992. 沿海大陆架及毗邻海域油气区（下册）, 中国石油地质志·卷十六. 北京: 石油工业出版社.

阎贫, 王彦林. 2013. 南沙礼乐盆地Sampaguita气田发现的启示. 海洋开发与管理, 30(B12): 64-67.

颜佳新. 2005. 加里曼丹岛和马来半岛中生代岩相古地理特征及其构造意义. 热带海洋学报, 24(2): 26-32.

颜佳新, 周蒂. 2002. 南海及周边部分地区特提斯构造遗迹问题与思考. 热带海洋学报, 21(2): 43-49.

杨楚鹏, 姚永坚, 李学杰, 等. 2010. 南海南部曾母盆地新生界煤系烃源岩生油条件. 石油学报, 31(6): 920-926.

杨楚鹏, 姚永坚, 李学杰, 等. 2011. 万安盆地新生代层序地层格架与岩性地层圈闭. 地球科学——中国地质大学学报, 36(5): 845-852.

杨楚鹏, 姚永坚, 李学杰, 等. 2014. 南海南部曾母盆地中新世碳酸盐岩的层序地层. 地球科学——中国地质大学学报, 39(1): 91-98.

杨楚鹏, 李学杰, 姚永坚, 等. 2015. 西南巴伦支海海底天然气渗漏的地球物理–地球化学标志及其成因机制. 海洋地质与第四纪地质, 35(3): 135-144.

杨楚鹏, 刘杰, 杨睿, 等. 2019. 北极阿拉斯加北坡盆地天然气水合物成矿规律与资源潜力. 极地研究, 31(3): 309-321.

杨道斐. 1993. 华南滨海砂矿分布特征和浅海找矿. 海洋地质, (4): 1-22.

杨慧宁, 陈忠, 颜文, 等. 2005. 南海海域固体矿产资源与分布//张洪涛, 陈邦彦, 张海启. 我国近海地质与矿产资源. 北京: 海洋出版社.

杨计海, 易平, 黄保家. 2005. 莺歌海盆地生物气成藏特征. 天然气工业, (10): 4-7.

杨木壮, 吴进民. 1996. 南海南部新生代构造应力场特征与构造演化. 热带海洋, 15(2): 45-52.

杨木壮, 潘安定, 沙志彬. 2010. 陆缘地区天然气水合物成藏地质模式. 海洋地质与第四纪地质, 30(6): 85-90.

杨群慧, 林振宏, 张富元, 等. 2002. 南海东部重矿物分布特征及其影响因素. 中国海洋大学学报（自然科学版）, 32(6): 956-964.

杨群慧, 李木军, 杨胜雄, 等. 2013. 南海西南部表层沉积物粒度特征及输运趋势. 海洋地质与第四纪地质. 33(6): 1-7.

杨胜雄. 2013. 南海天然气水合物富集规律与开采基础研究专集. 北京: 地质出版社.

杨胜雄, 等. 2015. 南海海洋地质与矿产资源. 天津: 中国航海图书出版社.

杨胜雄, 等. 2019. 南海天然气水合物成藏理论. 北京: 科学出版社.

杨顺良, 洪华生, 邱院, 等. 1991. 闽南–台湾浅滩渔场地形地貌与上升流的关系. 北京: 科学出版社.

杨顺良, 骆惠仲, 梁红星. 1996. 东山岛以东近岸海域水下沙丘及其环境. 台湾海峡, (4): 324-330, 437.

杨涛涛, 吕福亮, 王彬, 等. 2014. 西沙海域南部天然气水合物发育特征及成藏模式. 海相油气地质, 19(3): 66-71.

杨文达, 陆文才. 2000. 东海陆坡–冲绳海槽天然气水合物初探. 海洋石油, (4): 23-28.

杨志力, 吕福亮, 吴时国, 等. 2013. 西沙海域天然气水合物的地震响应特征及分布. 地球物理学进展, 28(6): 3307-3312.

姚伯初. 1998a. 南海的地质构造及矿产资源. 中国地质, 251(4): 27-30.

姚伯初. 1998b. 南海北部陆缘天然气水合物初探. 海洋地质与第四纪地质, (4): 12-19.

姚伯初. 1999. 东南亚地质构造特征和南海地区新生代构造发展史. 南海地质研究, (11): 1-13.

姚伯初, 刘振湖. 2006. 南沙海域沉积盆地及油气资源分布. 中国海上油气, 18(3): 150-160.

姚伯初, 曾维军, Hayes D E, 等. 1994. 中美合作调研南海地质专报. 武汉: 中国地质大学出版社.

姚伯初, 杨胜明, 吴能友, 等. 1998. 粤桂琼滨海砂矿勘探现状与分布特征//何其锐. 南海资源开发研究. 广州: 广东经济出版社.

姚伯初, 万玲, 刘振湖, 等. 2004a. 南海南部海域新生代万安运动的构造意义及其油气资源效应. 海洋地质与第四纪地质, 24(1): 69-77.

姚伯初, 万玲, 吴能有. 2004b. 大南海地区新生代板块构造活动. 中国地质, 31(2): 113-122.

姚永坚, 姜玉坤, 曾祥辉. 2002. 南沙海域新生代构造运动特征. 中国海上油气地质, 16(2): 42-46, 53.

姚永坚, 吴能友, 夏斌, 等. 2008. 南海南部海域曾母盆地油气地质特征. 中国地质, 35(3): 503-513.

姚永坚, 高红芳, 何家雄, 等. 2009. 南海东北部潮汕坳陷及陆上邻区中生界烃源岩初步研究. 天然气地球科学, 20(6): 862-871.

叶建良, 秦绪文, 谢文卫, 等. 2020. 中国南海天然气水合物第二次试采主要进展. 中国地质, 47(3): 557-568.

叶维强, 黎广钊, 庞衍军. 1990. 广西滨海地貌特征及砂矿形成的研究. 海洋湖沼通报, (2): 54-61.

殷征欣, 王海峰, 韩金生, 等. 2019. 南海边缘海多金属结核与大洋多金属结核对比. 吉林大学学报（地球科学版）, 49(1): 261-277.

于兴河, 王建忠, 梁金强, 等. 2014. 南海北部陆坡天然气水合物沉积成藏特征. 石油学报, 35(2): 253-264.

余威, 吴自银, 周洁琼, 等. 2015. 台湾浅滩海底沙波精细特征、分类与分布规律. 海洋学报, 37(10): 11-25.

虞夏军. 1994. 南海锰结核生长方式特征研究. 杭州: 国家海洋局第二海洋研究所.

曾鼎乾. 1996. 地质文选, 应用古生物等资料的体验并兼论南海（西部）第三系几个主要生物地层界线. 北京: 石油工业出版社.

张本. 1998. 海南海洋资源与开发. 世界科技研究与发展, 20(4): 106-110.

张富元, 章伟艳, 张德玉, 等. 2004. 南海东部海域表层沉积物类型的研究. 海洋学报, (5): 94-105.

张富元, 张霄宇, 杨群慧, 等. 2005. 南海东部海域的沉积作用和物质来源研究. 海洋学报, 27(2): 79-90.

张功成, 朱伟林, 米立军, 等. 2010. "源热共控论": 来自南海海域油气田"外油内气"环带有序分布的新认识. 沉积学报, (5): 146-164.

张功成, 米立军, 屈红军, 等. 2011. 全球深水盆地群分布格局与油气特征. 石油学报, 32(3): 369-378.

张功成, 陈国俊, 张厚和, 等. 2012. "源热共控"中国近海盆地油气田"内油外气"有序分布. 沉积学报, 30(1): 1-19.

张功成, 米立军, 屈红军, 等. 2013a. 中国海域深水区油气地质. 石油学报, 34(S2): 1-14.

张功成, 谢晓军, 王万银, 等. 2013b. 中国南海含油气盆地构造类型及勘探潜力. 石油学报, 34(4): 611-627.

张功成, 屈红军, 刘世翔, 等. 2015. 边缘海构造旋回控制南海深水区油气成藏. 石油学报, 36(5): 533-545.

张功成, 唐武, 谢晓军, 等. 2017. 南海南部大陆边缘两个盆地带油气地质特征. 石油勘探与开发, 44(6): 849-859.

张功成, 贾庆军, 王万银, 等. 2018. 南海构造格局及其演化. 地球物理学报, 61(10): 4194-4215.

张功成, 屈红军, 张凤廉, 等. 2019. 全球深水油气重大新发现及启示. 石油学报, 40(1): 1-34, 55.

张光学, 陈芳, 沙志彬, 等. 2017. 南海东北部天然气水合物成藏演化地质过程. 地学前缘, 24(4): 15-23.

张国伟, 郭安林, 王岳军, 等. 2013. 中国华南大陆构造与问题. 中国科学: 地球科学, 43(10): 1553-1582.

张洪涛, 张海启, 祝有海. 2007. 中国天然气水合物调查研究现状及其进展. 中国地质, (6): 953-961.

张厚和, 赫栓柱, 刘鹏, 等. 2017. 万安盆地油气地质特征及其资源潜力新认识. 石油实验地质, 39(5): 625-632.

张虎男, 陈伟光. 1987. 琼州海峡成因初探. 海洋学报, 9(5): 594-602.

张怀文, 冯宇思, 刘斌辉, 等. 2019. 天然气水合物地层降压开采出砂数值模拟. 科学技术与工程, 19(26): 151-155.

张金华, 樊波, 刘瑞江. 2020. 天然气水合物钻探现状与钻井技术. 科学技术与工程, 20(35): 14343-14351.

张君元. 1988. 台湾海峡南部海底地形的新发现. 海洋科学, (4): 22-26.

张莉, 李文成, 李国英, 等. 2004. 南沙东北部海域礼乐盆地含油气组合静态地质要素分析. 中国地质, (3): 320-324.

张莉, 沙志彬, 王立飞. 2007. 南沙海域礼乐盆地中生界油气资源潜力. 海洋地质与第四纪地质, 27(4): 97-102.

张莉, 张光学, 王嘹亮, 等. 2014. 南海北部中生界分布及油气资源前景. 北京: 地质出版社.

张莉, 徐国强, 林珍, 等. 2019. 南海北部陆坡及台湾海峡地层与沉积演化. 北京: 地质出版社.

张强, 吕福亮, 王彬, 等. 2012. 南海油气分布特征及主控因素探讨. 海相油气地质, 17(3): 1-8.

张强, 贺晓苏, 王彬, 等. 2018a. 南海沉积盆地含油气系统分布特征及勘探潜力评. 中国海上油气, 30(1): 40-49.

张强, 吕福亮, 贺晓苏, 等. 2018b. 南海近5年油气勘探进展与启示. 中国石油勘探, 23(1): 54-61.

张涛, 蒋成竹. 2017. 深海矿产资源潜力与全球治理探析. 中国矿业, 26(11): 14-18.

张霄宇, 张富元, 章伟艳. 2003. 南海东部海域表层沉积物锶同位素物源示踪研究. 海洋学报, 25(4): 43-49.

张霄宇, 石学法, 黄牧, 等. 2019. 深海富稀土沉积研究的若干问题. 中国稀土学报, 37(5): 517-529.

张兴茂, 翁焕新. 2005. 南海东北部陆坡铁锰沉积记录对环境变化的指示意义. 海洋学报, 27(1): 93-100.

张永勤. 2010. 国外天然气水合物勘探现状及我国水合物勘探进展. 探矿工程（岩土钻掘工程）, 37(10): 1-8.

张振国. 2007. 南海北部陆缘多金属结核地球化学特征及成矿意义. 北京: 中国地质大学（北京）.

张振国, 方念乔, 杜远生, 等. 2008. 南海西北陆缘多金属结核地球化学及其与大洋结核的对比. 海洋地质与第四纪地质, 28(4): 51-56.

张振国, 方念乔, 杜远生, 等. 2009. 南海西北陆缘多金属结核地球化学特征及成因. 地球科学——中国地质大学学报, 34(6): 955-962.

张振国, 高莲凤, 沈鹏飞, 等. 2010. 南海西北陆缘新型多金属结核的发现及意义. 海洋地质动态, 26(4): 32-35.

张振国, 高莲凤, 李昌存, 等. 2011. 多金属结核/结壳中稀土元素的富集特征及其资源效应. 中国稀土学报, 29(5): 630-636.

张振国, 杜远生, 吴长航, 等. 2013. 南海西北陆缘大型多金属结核的生长过程及其对晚新生代古海洋环境变化的响应. 中国科学: 地球科学, 43(7): 1168-1179.

赵斌, 刘胜旋, 李丽青, 等. 2018. 南海冷泉分布特征及油气地质意义. 海洋地质前沿, 34(10): 32-43.

赵静, 梁前勇, 尉建功, 等. 2020. 南海北部陆坡西部海域"海马"冷泉甲烷渗漏及其海底表征. 地球化学, 49(1): 108-118.

赵强, 许红, 吴时国, 等. 2009. 南沙曾母盆地与北巴拉望盆地碳酸盐台地形成演化及其比较沉积学. 海洋地质动态, 25(9): 1-9.

郑洪波, 陈国成, 谢昕, 等. 2008. 南海晚第四纪陆源沉积: 粒度组成、动力控制及反映的东亚季风演化. 第四纪研究, 3: 414-424.

郑之逊. 1993. 南海南部海域第三系沉积盆地石油地质概况. 国外海上油气, 40(3): 113-125.

中国科学院南海海洋研究所. 1985. 南海海区综合调查研究报告(二). 北京: 科学出版社.

舟丹. 2013. 天然气水合物开发对环境的影响. 中外能源, 18(12): 50.

周川. 2013. 南海北部陆架外缘海底沙波分布规律及活动机理研究. 青岛: 中国科学院大学.

周蒂, 颜佳新, 丘元禧, 等. 2003. 南海西部围区中特提斯东延通道问题. 地学前缘, 10(4): 469-477.

周蒂, 孙珍, 杨少坤, 等. 2011. 南沙海区曾母盆地地层系统. 地球科学, 36(5): 789-797.

周娇, 杨楚鹏, 孙桂华, 等. 2018. 海南岛西南浅海域有用重砂资源潜力分析. 地质科技情报, 37(2): 89-96.

周娇, 蔡观强, 邹郦琦, 等. 2021. 海南岛东南部浅海有用重砂的资源潜力. 海洋地质前沿, 37(12): 58-65.

周娇, 蔡鹏捷, 杨楚鹏, 等. 2022. 南海东部次海盆海山链多金属结核（壳）地球化学特征及成因分析. 地球科学, 47(7): 2586-2601.

周洁琼. 2019. 台湾浅滩多尺度海底沙波特征、迁移规律及动力机制研究. 杭州: 浙江大学.

周子云. 2017. 南海岛屿冲突各方在南海的油气开发现状及动因研究. 广州: 暨南大学.

朱超, 吴自银, 周洁琼, 等. 2019. 台湾浅滩多尺度沙波地貌的地形傅里叶分解. 海洋学报, 41(9): 136-144.

朱建成, 吴红烛, 马剑, 等. 2015. 莺歌海盆地D1-1底辟区天然气成藏过程与分布差异. 现代地质, 29(1): 54-62.

朱伟林. 2010. 南海北部深水区油气地质特征. 石油学报, 31(4): 521-527.

朱伟林, 黎明碧, 吴培康. 1997. 珠江口盆地珠三坳陷石油体系. 石油勘探与开发, (6): 21-23, 114-115.

朱伟林, 张功成, 高乐. 2008. 南海北部大陆边缘盆地油气地质特征与勘探方向. 石油学报, 29(1): 1-9.

朱伟林, 张功成, 钟锴, 等. 2010. 中国南海油气资源前景. 中国工程科学, 12(5): 46-50.

朱伟林, 钟锴, 李友川, 等. 2012. 南海北部深水区油气成藏与勘探. 科学通报, 57(20): 1833-1841.

朱岳年. 1998. 天然气水合物: 能源与环境科学的前沿问题. 科技导报, (11): 58-60.

祝有海, 张光学, 卢振权, 等. 2001. 南海天然气水合物成矿条件与找矿前景. 石油学报, (5): 6-10.

祝有海, 吴必豪, 罗续荣, 等. 2008. 南海沉积物中烃类气体（酸解烃）特征及其成因及来源. 现代地质, 22(3): 8.

祝有海, 张永勤, 文怀军, 等. 2010. 祁连山冻土区天然气水合物及其基本特征. 地球学报, 31(1): 7-16.

庄振业, 林振宏, 周江, 等. 2004. 陆架沙丘（波）形成发育的环境条件. 海洋地质前沿, 20(4): 5-10.

Ali M Y B, Abolins P. 1999. Chapter 15: central Luconia Province. In: Leong K M (ed). The Petroleum Geology and Resources of Malaysia. Kuala Lumpur: Petronas.

Almond J, Vincent P, Williams L R. 1990. The application of detailed reservoir geological studies in the D18 Field, Balingian Province, offshore Sarawak. Geological Society of Malaysia Bulletin, 27: 137-159.

Aurelio M A, Peña R E, Taguibao K J L. 2012. Sculpting the Philippine archipelago since the Cretaceous through rifting, oceanic spreading, subduction, obduction, collision and strike-slip faulting: contribution to IGMA5000. Journal of Asian Earth Sciences, 72: 102-107.

Aurelio M A, Forbes M T, Taguibao K J L, et al. 2014. Middle to Late Cenozoic tectonic events in south and central Palawan (Philippines) and their implications to the evolution of the southeastern margin of South China Sea: evidence from onshore structural and offshore seismic data. Marine and Petroleum Geology, 58: 658-673.

Bao J, Cai F, Shi F, et al. 2020. Morphodynamic response of sand waves in the taiwan shoal to a passing tropical storm. Marine Geology, 426: 1-11.

Bau M, Schmidt K, Koschinsky A, et al. 2014. Discriminating between different genetic types of marine ferro-manganese crusts and nodules based on rare earth elements and yttrium. Chemical Geology, 381: 1-9.

Bayliss N, Pickering K T. 2015. Transition from deep-marine lower-slope erosional channels to proximal basin-floor stacked channel-levée-overbank deposits, and syn-sedimentary growth structures, middle eocene banastón system, ainsa basin, spanish pyrenees. Earth-Science Reviews, 144: 23-46.

Berné S, Lericolais G, Marsset T, et al. 1998. Erosional offshore sand ridges and lowstand shorefaces: examples from tide- and wave-dominated environments of France. Journal of Sedimentary Research, 68(4): 540-555.

Bolton B R, Both R, Exon N F, et al. 1988. Geochemistry and mineralogy of seafloor hydrothermal and hydrogenetic Mn oxide deposits from the Manus Basin and Bismarck Archipelago region of the southwest Pacific Ocean. Marine Geology, 85: 65-87.

Bonatti E, Fisher D E, Joensuu O, et al. 1972. Iron-manganese barium deposit from the northern Afar Rift (Ethiopia). Economic Geology, 67: 717-730.

Boyd S E, Rees H L. 2003. An examination of the spatial scale of impact on the marine benthos arising from marine aggregate extraction in the central English Channel. Estuarine, Coastal and Shelf Science, (57): 1-16.

Briais A, Patriat P, Tapponnier P. 1993. Updated interpretation of magnetic anomalies and seafloor spreading stages in the South China Sea: implication for the Tertiary tectonics of Southeast Asia. Journal of Geophysical Research, 98: 6299-6328.

Brown E, Callonnec L, German C. 2000 . Geochemical cycling of redox-sensitive metals in sediments from Lake Malawi: a diagnostic paleotracer for episodic changes in mixing depth. Geochimica et Cosmochimica Acta, 64: 3515-3523.

Bünz S, Mienert J, Berndt C. 2003. Geological controls on the Storegga gas-hydrate system of the mid-Norwegian continental margin. Earth and Planetary Science Letters, 209(3-4): 291-307.

Cai G Q, Miao L, Chen H J, et al. 2013. Grain size and geochemistry of surface sediments in northwestern continental shelf of the South China Sea. Environmental Earth Sciences, 70: 363-380.

Cao L, Liu J, Shi X, et al. 2019. Source-to-sink processes of fluvial sediments in the northern south china sea: constraints from river sediments in the coastal region of South China. Journal of Asian Earth Sciences, 185: 1-13.

Chen D F, Dong F, Zheng S, et al. 2006. Pyrite crystallization in seep carbonates at gas vent and hydrate site. Materials Science & Engineering C, 26(4): 602-605.

Clark A, 陈颐亨. 1993. 南海的海洋矿物资源. 海洋地质, 3: 71-88.

Clift P, Lee G H, Duc N A, et al. 2008. Seismic reflection evidence for a dangerous grounds miniplate: no extrusion origin for the South China Sea. Tectonics, 27(3): 159-174.

Collett T S. 2010. Resource potential of gas hydrates: recent contributions from international research and development projects. In: Vining B A, Pickering S C (eds). Petroleum Geology: From Mature Basins to New Frontiers—Proceedings of the 7th Petroleum Geology Conference. London: Geological Society.

Collett T S, Dallimore S R. 1999. Hydrocarbon gases associated with permafrost in the Mackenzie Delta, Northwest Territories, Canada. Applied Geochemistry, 14(5): 607-620.

Collett T S, Ginsburg G D. 1998. Gas hydrates in the Messoyakha gas field of the West Siberian Basin—a re-examination of the geologic evidence. International Journal of Offshore and Polar Engineering, 8(1): 22-29.

Collett T S, Lee M W, Agena W F, et al. 2011. Permafrost-associated natural gas hydrate occurrences on the Alaska North Slope. Marine and Petroleum Geology, 28(2): 279-294.

Conrad T, Hein J R, Paytan A, et al. 2017. Formation of Fe-Mn crusts within a continental margin environment. Ore Geology Reviews, 87: 25-40.

Cullen A B. 2010. Transverse segmentation of Baram-Balabac Basin, NW Borneo: refining the model of Borneo's tectonic evolution. Petroleum Geoscience, 16(1): 3-29.

De Carlo E H. 1991. Paleoceanographic implications of rare earth element variability within a Fe-Mn crust from the central pacific ocean. Marine Geology, 98: 449-467.

Dickens G R. 2003. Rethinking the global carbon cycle with a large, dynamic and microbially mediated gas hydrate capacitor. Earth Planet Science Letter, 213(3): 169-183.

Dickens G R, 张延敏. 1998. 大型天然气水合物储层中甲烷的实地直接测量. 天然气地球科学, (Z1): 77-79.

Dickens G R, Castillo M M, Walker J C. 1997. A blast of gas in the latest Paleocene: simulating first-order effects of massive dissociation of methane hydrate. Geology, 25(3): 259-262.

Dillon W P, Acosta J, Uchupi E, et al. 1998. Joint Spanish-American Research Uncovers Fracture Pattern in Northeastern Caribbean. Eos, Transactions American Geophysical Union, 79(28): 336-337.

Dodd N, Blondeaux P, Calvete D, et al. 2003. Understanding coastal morphodynamics using stability methods. Journal of Coastal Research, 19(4): 849-865.

Dyer K R, Huntley D A. 1999. The origin, classification and modelling of sand banks and ridges. Continental Shelf Research, 19: 1285-1330.

Elderfield H, Hawkesworth C J, Greaves M J, et al. 1981. Rare earth element geochemistry of oceanic ferromanganese nodules and associated sediments. Geochimica et Cosmochimica Acta, 45: 513-528.

Feng D, Chen D, Roberts H H. 2009. Petrographic and geochemical characterization of seep carbonate from Bush Hill (GC 185) gas vent and hydrate site of the Gulf of Mexico. Marine and Petroleum Geology, 26(7): 1190-1198.

Franke D. 2013. Rifting, lithosphere breakup and volcanism: comparison of magma-poor and volcanic rifted margins. Marine and Petroleum Geology, 43: 63-87.

Fuller M, Ali J R, Moss S J, et al. 1999. Paleomagnetism of Borneo. Journal of Asian Earth Sciences, 17: 3-24.

Fyhn M B W, Boldreel L O, Nielsen L H. 2009. Geological development of the central and south Vietnamese margin: implications for the establishment of the South China Sea, Indochinese escape tectonics and Cenozoic volcanism. Tectonophysics, 478: 184-214.

Geiker M R, Michel A, Stang H, et al. 2019. Limit states for sustainable reinforced concrete structures. Cement and concrete Research, 122: 189-195.

Glasby G P, Li J, Sun Z L. 2015. Deep-sea nodules and Co-rich Mn crusts. Marine Georesources & Geotechnology, 33(1): 72-78.

Gorman A R, Holbrook W S, Hornbach M J, et al. 2002. Migration of methane gas through the hydrate stability zone in a low-flux hydrate province. Geology, 30(4): 327-330.

Guan Y, Sun X M, Ren Y Z, et al. 2017. Mineralogy, geochemistry and genesis of the polymetallic crusts and nodules from the South China Sea. Ore Geology Reviews, 89: 206-227.

Halbach P. 1985. Cobalt-rich and platinum-bearing manganese crusts nature, occurrence, and formation. Workshop on Mlarine Minerals of the Pacific, Honolulu: East-West Center.

Halbach P, Puteanus D. 1984. The influence of the carbonate dissolution rate on the growth and composition of Co-rich ferromanganese crusts from central Pacific seamount areas. Earth Planetary Science Letters, 68(1): 73-87.

Hall R. 2002. Cenozoic geological and plate tectonic evolution of SE Asia and the SW Pacific: computer-based reconstructions, model and animations. Journal of Asian Earth Sciences, (20): 353-431.

Hall R. 2013. Contraction and extension in northern Borneo driven by subduction rollback. Journal of Asian Earth Sciences, 76: 399-411.

Hall R, van Hattum M W A, Spakman W. 2008. Impact of India-Asia collision on SE Asia: the record in Borneo. Tectonophysics, 451: 366-389.

Han X Q, Erwin S, Huang Y Y, et al. 2008. Jiulong methane reef: microbial mediation of seep carbonates in the South China Sea. Marine Geology, 249(3-4): 243-256.

Harold H W. 1997. Play concepts-northwest Palawan, Philippines. Journal of Southeast Asian Earth Sciences, 15(2-3): 251-273.

He J, Garzanti E, Cao L C, et al. 2020. The zircon story of the Pearl River (China) from Cretaceous to present. Earth-Science Reviews, 201: 103078.

Heimendahl M V, Hubred G L, Fuerstenau D W, et al. 1976. A transmission electron microscope study of deep-sea manganese nodules. Deep Sea Research and Oceanographic Abstracts, 23(1): 69-79.

Hein J R, Koschinsky A. 2014. Deep-ocean ferromanganese crusts and nodules. In: Holland H D, Turekian K K (eds). Treatise on Geochemistry. Oxford: Elsevier.

Hein J R, Koschinsky A, Halbach P, et al. 1997. Iron and manganese oxide mineralization in the Pacific. In: Nicholson K, Hein J R, Bühn B, Dasgupta S (eds). Manganese Mineralization: Geochemistry and Mineralogy of Terrestrial and Marine Deposits. London: Geological Society of London Special Publication.

Hein J R, Koschinsky A, Bau M, et al. 2000. Cobaltrich ferromanganese crusts in the Pacific. In: Cronan D S (ed). Handbook of Marine Mineral Deposits. Boca Raton: CRC Press.

Hein J R, Mizell K, Koschinsky A, et al. 2013. Deep-ocean mineral deposits as a source of critical metals for high- and green-technology applications: comparison with land-based resources. Ore Geology Reviews, 51: 1-14.

Hein J R, Spinardi F, Okamoto N, et al. 2015. Critical metals in manganese nodules from the Cook Islands EEZ, abundances and distributions. Ore Geology Reviews, 68: 97-116.

Hein J R, Conrad T, Mizell K, et al. 2016. Controls on ferromanganese crust composition and reconnaissance resource potential, Ninetyeast Ridge, Indian Ocean. Deep-Sea Research Part I-Oceanographic Research Papers, 110: 1-19.

Holbrook W S. 2013. Seismic studies of the blake ridge: implications for hydrate distribution, methane expulsion, and free gas dynamics. In: Paull C K, Dillon W P (eds). Natural Gas Hydrates. Occurrence, Distribution, and Detection, Geophysical Monograph 124, Washing D C: American Geophysical Union.

Hornbach M J, Saffer D M, Holbrook W S. 2004. Critically pressured free-gas reservoirs below gas-hydrate provinces. Nature, 427(6970): 142-144.

Hu J Y, Kawamura H, Li C Y. 2010. Review on current and seawater volume transport through the Taiwan Strait. Journal of Oceanography, 66: 591-610.

Hu Y, Chen J, Xu J, et al. 2013. Sand wave deposition in the Taiwan Shoal of China. Acta Oceanologica Sinica, 32(8): 28-36.

Huang C Y, Yuan P B, Lin C W, et al. 2000. Geodynamic processes of Taiwan arc-continental collision and comparison with analogs in Timor, Papua New Guinea, Urals and Corsica. Tectonophysics, 325: 1-21.

Huang Z Y, Yu H. 2003. Morphology and geologic implications of Penghu Channel off southwest Taiwan. Terrestrial, Atmospheric and

Oceanic Sciences, 14(4): 469-485.

Hutchison C S. 1992. The Eocene unconformity in Southeast Asia and East Sundaland. Geological Society of Malaysia Bulletin, 32: 69-88.

Hutchison C S. 1996. The "Rajang Accretionary Prism" and "Lupar Line" problem of Borneo. In: Hall R, Blundell D J (eds). Tectonic Evolution of SE Asia. London: Geological Society London Special Publication, 106: 247-261.

Hutchison C S. 2004. Marginal basin evolution: the southern South China Sea. Marine and Petroleum Geology, 21(9): 1129-1148.

Hutchison C S. 2005. Geology of North-West Borneo. Amsterdam: Elsevier.

Kato Y, Fujinaga K, Nakamura K, et al. 2011. Deep-sea mud in the Pacific Ocean as a potential resource forrare-earth elements. Nature Geoscience, 4(8): 535-539.

Katz D L. 1971. Depths to which frozen gas fields (gas hydrates) may be expected. Journal of Petroleum Technology, 23(4): 419-423.

Kolbe H, Siapno B. 1974. Manganese nodules further resources of nickel and copper on the deep ocean floor. Geoforum, 5(4): 63-82.

Komar P D. 2007. The entrainment, transport and sorting of heavy minerals by waves and currents. In: Mange M A, Wright D T (eds).

Heavy   Minerals in Use. Developments in Sedimentology, Amsterdam: Elsevier.

Kong X, Jian L, Du Y, et al. 2011. Seismic geomorphology of buried channel systems in the western South Huanghai Sea: retrodiction for paleoenvironments. Acta Oceanologica Sinica, 30(1): 47-58.

Koschinsky A, van Gerven M, Halbach P. 1995. First investigations of massive ferromanganese crusts in the NE Atlantic in comparison to hydrogenetic Pacific occurrences. Marine Georesources & Geotechnology, 13(4): 375-391.

Kudrass H R, Werdicke M, Cepek P, et al. 1986. Mesozoic and Cainozoic rocks dredged from the South China Sea (Reed Bank area) and Sulu Sea and their significance for plate tectonic reconstructions. Marine and Petroleum Geology, 3: 19-30.

Kvenvolden K A. 1998. 天然气水合物中甲烷的地球化学研究. 李玉梅译. 天然气地球科学, (Z1): 9-18.

Kvenvolden K A, Redden G D. 1980. Hydrocarbon gas in sediment from the shelf, slope, and basin of the Bering Sea. Pergamon, 44(8): 1145-1150.

Kvenvolden K A, Ginsburg G D, Soloviev V A. 1993. Worldwide distribution of subaquatic gas hydrates. Geo-Marine Letters, 13(1): 32-40.

Lallemand S, Theunissen T, Schnürle P, et al. 2013. Indentation of the Philippine Sea Plate by the Eurasia Plate in Taiwan: details fromrecent marine seismological experiments. Tectonophysics, 594: 60-79.

Lee G H, Lee K, Watkins J S. 2001. Geological evolution of the Cuu Long and Nam Con Son Basins, offshore southern Vietnam, South China Sea. AAPG Bull, 85: 1055-1082.

Lee T Y, Lawver L A. 1995. Cenozoic plate reconstruction of Southeast Asia. Tectonophysics, 251(1-4): 85-138.

Lee T Y, Lo C H, Chung S L. 1998. $^{40}Ar/^{39}Ar$ dating result of Neogene basalts in Vietnam and its tectonic implication. Geodynamics Series, (27): 317-330.

Leloup P H, Arnaud N, Lacassin R, et al. 2001. New constraints on the structure, thermochronology, and timing of the Ailao Shan-Red River shear zone, SE Asia. Journal of Geophysical Research, 106: 6683-6732.

Levin L A, Amon D J, Lily H. 2020. Challenges to the sustainability of deep-seabed mining. Nature Sustainability, 3: 784-794.

Liang Q Y, Hu Y, Feng D, et al. 2017. Authigenic carbonates from newly discovered active cold seeps on the northwestern slope of the South China Sea: constraints on fluid sources, formation environments, and seepage dynamics. Deep-Sea Research Part I-Oceanographic Research Papers, 124: 31-41.

Liao H, Yu H. 2005. Morphology, hydrodynamics and sediment characteristics of the Changyun sand ridge offshore western Taiwan. Terrestrial, Atmospheric and Oceanic Sciences, 16(3): 621-640.

Liao H, Yu H, Su C. 2008. Morphology and sedimentation of sand bodies in the tidal shelf sea of eastern Taiwan Strait. Marine Geology, 248: 161-178.

Liew T C, Page R W. 1985. U-Pb zircon dating of granitoid plutons from the west coast of Peninsular Malaysia. Journal of the Geological Society of London, 142: 515-526.

Liu J, Saito Y, Kong X H. 2010. Delta development and channel incision during marine isotope stages 3 and 2 in the western South Yellow Sea. Marine Geology, 278: 54-76.

Liu J G, Xiang R, Chen M H, et al. 2011. Influence of the Kuroshio current intrusion on depositional environment in the Northern South China Sea: evidence from surface sediment records. Marine Geology, 285: 59-68.

Liu J G, Yan W, Chen Z, et al. 2012. Sediment sources and their contribution along northern coast of the South China Sea: evidence from clay minerals of surface sediments. Continental Shelf Research, 47: 156-164.

Liu J G, Xiang R, Chen Z, et al. 2013. Sources, transport and deposition of surface sediments from the South China Sea. Deep-Sea Research Part I-Oceanographic Research Papers, 71: 92-102.

Liu Z F, Tuo S T, Colin C, et al. 2008. Detrital fine-grained sediment contribution from Taiwan to the northern South China Sea and its relation to regional ocean circulation. Marine Geology, 255: 149-155.

Liu Z X, Xia D X, Berne S. 1998. Tidal deposition systems of China's continental shelf with special reference to the eastern Bohai Sea. Marine Geology, 145(3-4): 225-253.

Locat J, Lee H J. 2002. Submarine landslides: advances and challenges. Canadian Geotechnical Journal, 39(1): 193-212.

Lu S M. 2015. A global survey of gas hydrate development and reserves: specifically in the marine field. Renewable and Sustainable Energy Reviews, 41: 884-900.

Lu S M, McMechan G A. 2004. Elastic impedance inversion of multichannel seismic data from unconsolidated sediments containing gas hydrate and free gas. Society of Exploration Geophysicists, 69(1): 164-179.

Lu W J, Chou I M, Burruss R C. 2008. Determination of methane concentrations in water in equilibrium with sI methane hydrate in the absence of a vapor phase by in situ Raman spectroscopy. Geochimica et Cosmochimica Acta, 72(2): 412-422.

Lu Y T, Luan X W, Lyu F L, et al. 2017. Seismic evidence and formation mechanism of gas hydrates in the Zhongjiannan Basin, western margin of the South China Sea. Marine and Petroleum Geology, 84: 274-288.

Ma X, Li J, Yan J. 2017. Tide-induced bedload transport pathways in a multiple-sand-ridge system offshore of Hainan Island in the Beibu Gulf, northwest South China Sea. Earth Surface Processes & Landforms, 43: 2738-2753.

MacDonald I R, Bender L C, Vardaro M, et al. 2005. Thermal and visual time-series at a seafloor gas hydrate deposit on the gulf of Mexico Slope. Earth and Planetary Science Letters, 233(1-2): 45-59.

Madon M, Ly K C, Wong R. 2013. The structure and stratigraphy of deep water Sarawak, Malaysia: implications for tectonic evolution. Journal of Asian Earth Sciences, 76: 312-333.

Makogon Y, Holditch S, Makogon T. 2007. Natural gas-hydrates—a potential energy source for the 21st Century. Journal of Petroleum Science and Engineering, 56(1): 14-31.

Marion A, Tregnaghi M. 2013. A new theoretical framework to model incipient motion of sediment grains and implications for the use of modern experimental techniques. In: Rowiński P (ed). Experimental and Computational Solutions of Hydraulic Problems. GeoPlanet: Earth and Planetary Sciences, Berlin, Heidelberg: Springer.

Matsumoto R, Ryu B J, Lee S R, et al. 2011. Occurrence and exploration of gas hydrate in the marginal seas and continental margin of the Asia and Oceania region. Marine and Petroleum Geology, 28(10): 1751-1767.

McLennan S M. 1989. Rare earth elements in sedimentary rocks: influence of provenance and sedimentary processes. In: Lipen B R, McKay G A (eds). Geochemistry and Mineralogy of Rare Earth Elements. Review in Mineralogy, Washington D C: Mineralogical Society of America.

Metcalfe I. 2011. Tectonic framework and Phanerozoic evolution of Sundaland. Gondwana Research, 19: 3-21.

Milkov A V. 2003. Global estimates of hydrate-bound gas in marine sediments: How much is really out there? Earth-Science Reviews, 66(3-4): 183-197.

Milkov A V, Sassen R. 2001. Estimate of gas hydrate resource, northwestern Gulf of Mexico continental slope. Marine Geology, 179(1): 71-83.

Milkov A V, Xu W Y. 2005. Comment on "Gas hydrate growth, methane transport, and chloride enrichment at the southern summit of Hydrate Ridge, Cascadia margin off Oregon" by Torres et al. [Earth Planet. Sci. Lett. 226 (2004) 225–241]. Earth and Planetary Science Letters, 239(1): 162-167.

Morton A C, Hallsworth C R. 1999. Processes controlling the composition of heavy mineral assemblages in sandstones. Sedimentary Geology, 124(1-4): 3-29.

Mountain D C. 1985. The contribution of changing energy and import prices to changing average labor productivity: a profit formulation for Canada. The Quarterly Journal of Economics, 100(3): 651-675.

Narumi Y, Sekine A. 1989. Deep sea aggregate mining technology in Japan. Rock Products, (1): 5-12.

Nath B N, Balaram V, Sudhakar M, et al. 1992. Rare earth element geochemistry of ferromanganese deposits from the Indian Ocean. Marine Chemistry, 38: 185-208.

Neurauter T W, Bryant W R. 1990. Seismic expression of sedimentary volcanism on the continental slope, northern gulf of Mexico. Geo-Marine Letters, 10(4): 225-231.

Nguyen H T, Trinh X C, Nguyen T T, et al. 2012. Modeling of petroleum generation in Phu Khanh Basin by Sigma-2D software. Petrovietnam, 10: 3-13.

Niino H, Emery K O. 1961. Sediments of shallow portions of East China Sea and South China Sea. Geological Society of America Bulletin, 72(5): 731-762.

Off T. 1963. Rhythmic linear sand bodies caused by tidal currents. AAPG Bull, 47(2): 324-341.

Papista E, Dimitrakis D, Yiantsios S G. 2011. Direct numerical simulation of incipient sediment motion and hydraulic conveying. Industrial & Engineering Chemistry Research, 50: 630-638.

Patrick J, Verloo M. 1998. Distribution of soluble heavy metals between ionic and complexed forms in a saturated sediment as affected by pH and redox conditions. Water Science and Technology, 37: 165-171.

Pattiaratchi C B, Harris P T. 2002. Hydrodynamic and sand-transport controls on en echelon sandbank formation: an example from Moreton Bay, eastern Australia. Marine and Freshwater Research, 53: 1101-1113.

Pecher I A, Kukowski N, Ranero C R, et al. 2001. Gas hydrates along the Peru and Middle America trench systems. In: Paull C K , Dillon

W P (eds). Natural Gas Hydrates: Occurrence, Distribution, and Detection. Washington D C: American Geophysical Union.

Pe-Piper G, Piper D J W, Wang Y, et al. 2016. Quaternary evolution of the rivers of northeast Hainan Island, China: tracking the history of avulsion from mineralogy and geochemistry of river and delta sands. Sedimentary Geology, 333: 84-99.

Piper D Z. 1974. Rare earth elements in ferromanganese nodules and other marine phases. Geochimica et Cosmochimica Acta, 38: 1007-1022.

Pubellier M, Meresse F. 2013. Phanerozoic growth of Asia: geodynamic processes and evolution. Journal of Asian Earth Sciences, 72: 118-128.

Pubellier M, Monnier C, Maury R, et al. 2004. Plate kinematics, origin and tectonic emplacement of supra-subduction ophiolites in SE Asia. Tectonophysics, 392(1-4): 9-36.

Rangin C, Bellon H, Benard F, et al. 1990. Neogene arccontinent collision in Sabah, Northern Borneo (Malaysia). Tectonophysics, 183: 305-319.

Rangin C, Spakman W, Pubellier M, et al. 1999. Tomographic and geological constraints on subduction along the eastern Sundaland margin (South-East Asia). Bulletin of the Geological Society of France, 170: 775-788.

Raschka H, Nacario E, Rammlmair D, et al. 1985. Geology of the ophiolite of central Palawan Island, Philippines. Ofioliti, 10: 375-390.

Replumaz A, Tapponnier P. 2003. Reconstruction of the deformed collision zone between India and Asia by backward motion of lithospheric blocks. Journal of Geophysical Research, 108 (B6): 2285.

Rona P A. 2008. The changing vision of marine minerals. Ore Geology Reviews, 33: 618-666.

Rona P A, Scott S P. 1993. A special issue on seafloor hydrothermal mineralization: new perspectives-preface. Economic Geology and the Bulletin of the Society, 88: 1933-1976.

Sales A O, Jacobsen E C, Morado Jr A A, et al. 1997. The petroleum potential of deep-water northwest Palawan Block GSEC 66. Journal of Asian Earth Sciences, 15(2-3): 217-240.

Schulz H D, Zabel M. 2000. Marine Geochemistry. Heidelberg: Springer.

Shao L, Li X, Geng J, et al. 2007. Deep water bottom current deposition in the northern South China Sea. Science in China Series D: Earth Sciences, 7: 1060-1066.

Sibuet J C, Hsu S K, Normand A. 2004. Tectonic significance of the Taitung Canyon, Huatung Basin, east of Taiwan. Marine Geophysical Researches, 25(1-2): 95-107.

Sloan E D, IIappel J, Hnatow M A. 1994. International Conference on Natural Gas Hydrates. New York: Academy of Sciences.

Soloviev V A, Ginsburg G D. 1997. Water segregation in the course of gas hydrate formation and accumulation in submarine gas-scepage fields. Marine Geology, 137(1-2): 59-68.

Swart H, Yuan B. 2018. Dynamics of offshore tidal sand ridges, a review. Environmental Fluid Mechanics, 19: 1047-1071.

Taylor B, Hayes D E. 1980. The tectonic evolution of the South China Basin. In: Hayes D E (ed). The Tectonic and Geologic Evolution of the Southeast Asian Seas and Islands. Washington D C: American Geophysical Union.

Taylor B, Hayes D E. 1983. Origin and history of the South China Sea Basin. In: Hayes D E (ed). The Tectonic and Geologic Evolution of the Southeast Asian Seas and Islands. Washington D C: American Geophysical Union.

Todd S P, Dunn M E, Barwise A. 1997. Characterizing petroleum charge systems in the tertiary of SE Asia. Petrolem Geology of Southeast Asia, 126(1): 25-47.

Tongkul F. 1994. The geology of Northern Sabah, Malaysia: its relationship to the opening of the South China Sea Basin. Tectonophysics, 235(1-2): 131-147.

Torres M E, Mcmanus J, Hammond D E. 2002. Fluid and chemical fluxes in and out of sediments hosting methane hydrate deposits on Hydrate Ridge, OR, I: hydrological provinces. Earth and Planetary Science Letters, 201: 525-540.

Torres M E, Wallmann K, Tréhu A M, et al. 2004. Gas hydrate growth, methane transport, and chloride enrichment at the southern summit of Hydrate Ridge, Cascadia margin off Oregon. Earth and Planetary Science Letters, 226(1-2): 225-241.

Tréch A M, Bohrmann G, Rack F R, et al. 2003. Proceedings of the Ocean Drilling Program Initial Report Volume 204. College Station Texas: Texas A & M University.

Tréhu A M, Bohrmann G, 姚伯初. 2004. ODP204航次科学报告: 天然气水合物的分布和动力学. 海洋地质动态, (5): 15-16.

Tryon M D, Brown K M. 2004. Fluid and chemical cycling at Bush Hill: implications for gas- and hydrate-rich environments. Geochemistry, Geophysics, Geosystems, 5(12): Q12004.

van Hattum M W A, Hall R. Pickard A L, et al. 2006. SE Asian sediments not from Asia: provenance and geochronology of North Borneo sandstones. Geology, 34: 589-592.

Viola G, Anczkiewicz R. 2008. Exhumation history of the Red river shear zone in northern Vietnam: new insights from zircon and apatite fission-track analysis. Journal of Asian Earth Sciences, 33(1-2): 78-90.

Von Stackelberg U. 2000. Manganese nodules of the Peru Basin. In: Cronan D S (ed). Handbook of Marine Mineral Deposits. Boca Raton: CRC Press.

Wang E, Burchfiel B C. 1997. Interpretation of Cenozoic tectonics in the right-lateral accommodation zone between the Ailao Shan shear zone and the eastern Himalayan syntaxis. International Geology Review, 39: 192-219.

Wang G, Qiao F, Dai D, et al. 2011. A possible generation mechanism of the strong current over the northwestern shelf of the South China Sea. Acta Oceanologica Sinica, 30: 27-32.

Wang P X, Li Q Y. 2009. The South China Sea: Paleoceanogrphy and Sedimentology. Heidelberg: Springer.

Wang S J. 2001. Research on marine aggregate resources in China . CCOP Newsletter, (26):20-24.

Wang Y H, Chao L Y, Lwiza K M M, et al. 2004. Analysis of flow at the gate of Taiwan Strait. Journal of Geophysical Research, 109(C2): C02025.

Waseda A. 1998. Organic carbon content, bacterial methanogenesis, and accumulation processes of gas hydrates in marine sediments. Geochemical Journal, 32(3): 143-157.

Wu C R, Chao Y, Hsu C. 2007. Transient, seasonal and interannual variability of the Taiwan Strait current. Journal of Oceanography, 63: 821-833.

Wu J, Suppe J, Lu R, et al. 2016. Philippine Sea and East Asian Plate tectonics since 52 Ma constrained by new subducted slab reconstruction methods. Journal of Geophysical Research: Solid Earth, 121: 4670-4741.

Wu W N, Hsu S K, Lo C L, et al. 2009. Plate convergence at the westernmost Philippine Sea Plate. Tectonophysics, 466: 162-169.

Yeh K Y, Chen Y N. 2001. The first finding of Early Cretaceous radiolarians from Lanyu, the Philippine Sea Plate. Bulletin of National Museum of Natural Science, 13: 111-145.

Yu H S, Hong E. 2006. Shifting submarine canyons and development of a foreland basin in SW Taiwan: controls of foreland sedimentation and longitudinal sediment transport. Journal of Asian Earth, 27(6): 922-932.

Yu S B, Kuo L C, Punongbayan R S, et al. 1999. GPS observation of crustal deformation in the Taiwan-Luzon region. Geophysical Research Letters, (26): 923-926.

Zhang Y, Liu Z, Zhao Y, et al. 2014. Mesoscale eddies transport deep-sea sediments. Scientific Reports, 4: 5937.

Zhang Z W, Zhao W, Tian J W, et al. 2013. A mesoscale eddy pair southwest of Taiwan and its influence on deep circulation. Journal of Geophysical Research Atmospheres, 118(12): 6479-6494.

Zhong L, Li G, Yan W, et al. 2017. Using zircon U-Pb ages to constrain the provenance and transport of heavy minerals within the northwestern shelf of the South China Sea. Journal of Asian Earth Sciences, 134: 176-190.

Zhong Y, Chen Z, Javier G F, et al. 2017. Composition and genesis of ferromanganese deposits from the northern South China Sea. Journal of Asian Earth Sciences, 138: 110-128.

Zhu S, Li X J, Zhang H D, et al. 2020. Types, characteristics, distribution, and genesis of pockmarks in the South China Sea: insights from high-resolution multibeam bathymetric and multichannel seismic data. International Geology Review, 63(7): 1-21.

Zwolsman J J G, van Eck G T M. 1999. Geochemistry of major elements and tracemetals in suspended matter of the Scheldt estuary, southwest Netherlands. Marine Chemistry, 66(1-2): 91-111.